80C51 单片机实验实训 100 例

——基于 Keil C 和 Proteus

张志良　编著

北京航空航天大学出版社

内 容 简 介

本书系单片机实验实训教材或单片机教学参考书。内容包括 C51 程序 Keil 调试、输出信号控制、片外扩展、显示、键盘、中断、定时/计数器、串行口、A-D/D-A、常用测控电路等 100 个应用实例，还编有 Keil C51 编译软件和 Proteus ISIS 虚拟仿真软件操作基础。读者可在 PC 机上，不涉及具体硬件实验设备，虚拟本书全部案例项目仿真运行。既能教学演示观赏，又可让学生课后边学边练、实验操作。

本书不配光盘，但可从网上（www.buaapress.com.cn）免费下载 100 实例仿真文件包，内含 Proteus 仿真电路 DSN 文件和驱动程序 hex 文件。100 实例全部通过 Keil 调试和 Proteus 虚拟仿真，电路与程序真实可靠，能直接用于或移植于实际工程项目。程序条例清晰，每条语句均有注释，便于阅读理解。本书适合本专科开设单片机课程的学校和学生使用。

图书在版编目(CIP)数据

80C51 单片机实验实训 100 例：基于 Keil C 和 Proteus/
张志良编著. -- 北京：北京航空航天大学出版社，
2015.1
　　ISBN 978 - 7 - 5124 - 1603 - 1

Ⅰ. ①8… Ⅱ. ①张… Ⅲ. ①单片微型计算机－高等
学校－教学参考资料 Ⅳ. ①TP368.1

中国版本图书馆 CIP 数据核字(2014)第 235976 号

80C51 单片机实验实训 100 例——基于 Keil C 和 Proteus
张志良　编著
责任编辑　胡晓柏　张　楠
*
北京航空航天大学出版社出版发行
北京市海淀区学院路 37 号(邮编 100191)　http://www.buaapress.com.cn
发行部电话：(010)82317024　传真：(010)82328026
读者信箱：emsbook@gmail.com　邮购电话：(010)82316936
北京楠海印刷厂印装　各地书店经销
*
开本：710×1 000　1/16　印张：22.75　字数：485 千字
2015 年 1 月第 1 版　2015 年 1 月第 1 次印刷　印数：3 000 册
ISBN 978 - 7 - 5124 - 1603 - 1　定价：49.00 元

前　言

　　单片机应用领域之广，几乎到了无孔不入的地步，自动化、数字化、智能化、信息化均离不开单片机的应用。因而高校工科类专业普遍开设了"单片机应用"课程。然而，单片机课程是一门实践性很强的课程，既需要学习理论知识，更需要实验实训应用。本书即为单片机实验实训应用教材，并有以下特点：

　　(1) 基于 Keil C51 和 Proteus 软件。单片机实验实训需要配备价格不菲的开发设备，且各校硬件实验设备各不相同。本书编写基于 Keil C51 和 Proteus 软件，读者可在 PC 机上，不涉及具体硬件实验设备，虚拟单片机应用电路和目标程序调试运行。既能教学演示观赏，又可让学生课后边学边练、实验操作。使单片机教学变得相对方便和有效。

　　(2) 网上免费下载仿真文件包。为降低书价不配光盘，将原光盘内容改为仿真文件包，内含 100 实例的 Proteus 仿真电路 DSN 文件和驱动程序 hex 文件，不设门槛，读者可以登录北京航空航天大学出版社网站 www.buaapress.com.cn 的"下载专区"免费下载。其中 hex 文件由书中相应程序在 Keil 编译时自动生成。可能有读者认为，自行输入冗长的 C51 程序，很不方便。但有利于感悟 C51 对程序输入的要求，这也是一个学习过程。况且，学习本书程序，不是简单地观看 Proteus 仿真运行效果，而是在理解的基础上，修改、验证、移植、拼接、创新，编写出自己的运行程序，并在 Proteus ISIS 虚拟电路上仿真运行。编者赞赏的是后一种学习方法，更能取得良好的学习效果。

　　(3) 全部通过 Keil 调试和 Proteus 虚拟仿真。前 22 例因不涉及 80C51 单片机片外元件，无 Proteus 虚拟仿真，仅通过 Keil 调试；后 78 例全部通过 Keil 调试和 Proteus 虚拟仿真。因此，100 实例电路与程序真实可靠，能直接用于或移植于实际工程项目。

　　(4) 实例项目内容丰富，便于选择。100 实例为常见/常用教学和工程案例，基本上能适用和满足绝大多数院校和专业的教学需求。但软件仿真不宜完全替代单片机实际硬件实验实训。编者建议：读者可根据本校硬件实验设备情况和专业需要，从中选择部分案例,进一步硬件实验实训操作,以增强教学效果。

（5）程序条理清晰,每条语句均有注释,便于阅读理解。实例项目中,若遇有74系列 TTL、CMOS4000 系列、I^2C 或其他接口电路芯片时,均给出电路芯片功能和应用介绍。

本书由上海电子信息职业技术学院张志良主编,邵瑛、邵菁、刘剑昀参编。其中第1、2章由邵瑛编写,第3、4章由邵菁编写,第5、6章由刘剑昀编写,其余部分由张志良编写并统稿。

限于编者水平,书中错误不妥之处,恳请读者批评指正(编者的 Email:zzlls@126.com),有信必复。

张志良
2015 年 1 月

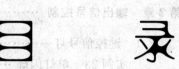

目 录

80C51单片机实验实训100例——基于Keil C和Proteus

第 **1** 章

C51 程序 Keil 调试

本章的实验实训例题不涉及外围电路元件,因此不用 Proteus,而用 Keil C51 纯软件调试。Keil C51 可以检测程序语法错误,观测程序运行的过程和结果。Keil C51 调试操作方法,可参阅本书第 8 章。

1.1 求 和

求和是单片机应用系统中的常见课题,也是学习 C51 编程的必备基础。

实例 1 sum=1+2+…+100

1. 程序设计

求和程序一般需用到循环语句,通常有 for 循环、while 循环和 do-while 循环 3 种形式。

(1) for 循环形式程序

```
void  main() {                        //主函数
  unsigned char   n;                  //定义循环序号变量 n
  unsigned int    sum = 0;            //定义和变量 sum,并赋初值
  for(n = 1; n< = 100; n ++ )         //for 循环:初值 n = 1,条件 n< = 100,变量更新 n ++
    sum = sum + n;                    //循环体语句:累加求和(也可写成:sum += n;)
  while(1);}                          //原地等待,避免局部变量释放
```

(2) while 循环形式程序

```
void  main() {                        //主函数
  unsigned char   n = 1;              //定义循环序号变量 n,并赋初值
  unsigned int    sum = 0;            //定义和变量 sum,并赋初值
  while(n< = 100){                    //while 循环:当 n≤100 时循环,否则跳出循环
    sum = sum + n;                    //循环体语句:累加求和(也可写成:sum += n;)
    n ++ ;}                           //修正循环变量,n = n + 1,并返回循环条件判断
  while(1);}                          //原地等待,避免局部变量释放
```

(3) do-while 循环形式程序

```
void  main() {                    //主函数
  unsigned char  n = 1;           //定义循环序号变量 n,并赋初值
  unsigned int  sum = 0;          //定义和变量 sum,并赋初值
  do{sum = sum + n; n ++ ;}       //do - while 循环体语句:累加求和,并修正循环变量
  while(n< = 100);                //循环条件判断:当 n≤100 时循环,否则跳出循环
while(1);}                        //原地等待,避免局部变量释放
```

2. Keil 调试

(1) 打开 μVision,建立工程项目,设置工程属性

双击桌面图标 μVsion(**图**)后,进入工程编辑启动界面,按 8.1 节所述步骤方法操作:

① 选择 Project→New Project 菜单项,然后输入新项目名,选择路径,保存新项目,默认扩展名为".uV2";若打开已有项目,可选择"Open Project"。

② 保存新项目后,系统弹出选择单片机型号的对话框,可按需选择使用的单片机型号。例如,选择 Atmel 公司的 AT89c51 单片机。

③ Project→Options for Target 'Target 1',弹出工程属性设置对话框,该框中有 10 个标签页,大部分设置项都可以按默认值设置,有两处需要设置修改:一是 Target 标签页中的"Xtal(MHz)"框(默认值 24 MHz),可按需设置单片机的工作频率;二是 Output 标签页"Create Executable"框中的"Create Hex File"项默认为未选,若需要生成可执行 Hex 代码文件(用于写入单片机 ROM 或进一步 Proteus 虚拟电路仿真),则应选中打勾。

(2) 编写和输入源程序

编写源程序,以在 Word 中较为方便,而在 μVision 程序编写窗口,因幅面和字体较小,且不熟悉其功能图标和快捷键,编写相对不便。因此编者建议,先在 word 界面西文状态下编写源程序,然后再把该文本程序复制到 μVision 程序编写窗口。

需要特别提醒的是,程序语句中不能加入全角符号。例如全角的分号、逗号、圆括号、引号、大于小于号等。否则,编译器都将这些全角符号视作语法出错。

(3) 程序编译链接及语法纠错

① 直接单击图 8 - 19、图 8 - 20 工具栏中编译图标(**图**),在屏幕下方输出窗口的 Build 标签页中,将出现图 8 - 21 所示的编译信息。若显示"0 Error(s),0 Warning(s)",表示源程序语法无错;否则,会有错误报告示出,双击该行可以定位到出错的位置,修改后重新编译,直至全部修正完毕。

② 单击图 8 - 19、图 8 - 20 工具栏中链接制作图标(**图**),在屏幕下方输出窗口的 Build 标签页中将出现图 8 - 22 所示的链接信息。若显示"0 Error(s),0 Warning(s)",表示整个编译链接过程完成,可进入程序调试阶段。

（4）进入调试状态，打开有关观测窗口

① 单击图 8-23 工具栏中进入/退出调试状态的图标按钮（⊕），此时程序处于待运行状态。

② 单击图 8-23 工具栏中图标（⊠），打开变量观测窗口，如图 8-29 所示，Locals 标签页显示程序中两个局部变量：n 和 sum，值均为 0。显示值形式可选择十进制数（Deciml）或十六进制数（Hex），右击"Value"，弹出"Number Base"选项及其下拉式菜单，如图 8-31 所示，可选择显示值形式。

调试时可有多种选择：单步、全速等。本例只需观测程序运行的最终结果 sum 值，可先观测全速运行方式。

（5）程序调试

① 单击图 8-25 调试工具条中全速运行图标（⊟），此时调试工具条中暂停图标（⊗）变成红色（表示被激活，可操作），同时变量观测窗口 Locals 标签页中局部变量 n 和 sum 消隐，单击红色暂停图标，该图标复原为灰色，Locals 标签页恢复显示：n=101，sum=5050。表示 n=101 时停止累加，之前累加值 sum=5050。

需要说明的是，Locals 页只能显示当前运行函数的局部变量，例如本函数的局部变量 n 和 sum。函数运行结束，这些局部变量就会被释放（释放后就观察不到了）。为此，本例函数在程序末尾加了一句 while(1)，表示程序运行尚未结束，可避免局部变量释放，这样就可以从 Locals 页读到 n 和 sum 的值。

但若在变量观测窗口 Watch#1 或 Watch#2 标签页按图 8-30 所示方法，设置观测变量 n 和 sum，则无论有否 while(1)语句，该标签页均有 n 和 sum 值显示。设置方法是：单击该标签页窗口中<type F2 to edit>，然后按 F2 键，再输入变量名 n，回车；再次单击<type F2 to edit>，按 F2 键，用同样方法输入变量名 sum，即能设置并显示该两个变量的动态值。

② 若选择单步运行，可观察到程序运行过程。不断单击单步运行图标（⟟），程序逐行依次运行，变量观测窗口 Locals 标签页中 n 和 sum 值依次逐步增加：n=1，sum=0；n=2，sum=1；n=3，sum=3；n=4，sum=6；n=5，sum=10；…；n=101，sum=5050。注意，n 值的变化总是先于 sum 值的变化。

需要说明的是，本例 3 种形式循环语句程序运行的最终结果 sum 值相同，但运行过程和路径略有不同。读者可在 Keil 调试中，体会、比较上述 3 种程序运行过程的区别。

③ 修改变量 n 赋值数据，重新编译链接调试，可得到不同 n 值的程序运行结果。

3. 思考与练习

3 种形式的循环语句程序有什么区别？

实例 2　sum＝1＋3＋5＋…＋99

1. 程序设计

本例与实例 1 类同，也可编写 for 循环、while 循环和 do-while 循环 3 种形式的程序。

（1）for 循环形式程序

```
void  main() {                        //主函数
  unsigned char  n;                   //定义循环序号变量 n
  unsigned int   sum = 0;             //定义和变量 sum,并赋初值
  for(n = 1; n < = 99; n = n + 2)     //for 循环:初值 n = 1,条件 n < = 99,变量更新 n = n + 2
    sum = sum + n;                    //循环体语句:累加求和(也可写成:sum += n;)
  while(1);}                          //原地等待,避免局部变量释放
```

（2）while 循环形式程序

```
void  main() {                        //主函数
  unsigned char  n = 1;               //定义循环序号变量 n,并赋初值
  unsigned int   sum = 0;             //定义和变量 sum,并赋初值
  while(n < = 99) {                   //while 循环:当 n≤99 时循环,否则跳出循环
    sum = sum + n;                    //循环体语句:累加求和
    n = n + 2;}                       //修正循环变量,n = n + 2,并返回循环条件判断
  while(1);}                          //原地等待,避免局部变量释放
```

（3）do-while 循环形式程序

```
void  main() {                        //主函数
  unsigned char  n = 1;               //定义循环序号变量 n,并赋初值
  unsigned int   sum = 0;             //定义和变量 sum,并赋初值
  do{sum = sum + n; n = n + 2;}       //do-while 循环体语句:累加求和,并修正循环变量
  while(n < = 99);                    //循环条件判断:当 n≤99 时循环,否则跳出循环
  while(1);}                          //原地等待,避免局部变量释放
```

2. 同类题：sum＝2＋4＋6＋…＋100

偶数求和与奇数求和类同，仅循环初值、终值不同，也可编写 for 循环、while 循环和 do-while 循环 3 种形式的程序。

（1）for 循环形式程序

```
void  main() {                        //主函数
  unsigned char  n;                   //定义循环序号变量 n
  unsigned int   sum = 0;             //定义和变量 sum,并赋初值
  for(n = 2; n < = 100; n = n + 2)    //for 循环:初值 n = 1,条件 n < = 100,变量更新 n = n + 2
    sum = sum + n;                    //循环体语句:累加求和(也可写成:sum += n;)
  while(1);}                          //原地等待,避免局部变量释放
```

（2）while 循环形式程序

```
void  main() {                  //主函数
  unsigned char   n = 2;        //定义循环序号变量n,并赋初值
  unsigned int    sum = 0;      //定义和变量sum,并赋初值
  while(n< = 100) {             //while循环:当n≤100时循环,否则跳出循环
    sum = sum + n;              //循环体语句:累加求和
    n = n + 2;}                 //修正循环变量,n = n + 2,并返回循环条件判断
  while(1);}                    //原地等待,避免局部变量释放
```

（3）do-while 循环形式程序

```
void  main() {                       //主函数
  unsigned char   n = 2;             //定义循环序号变量n,并赋初值
  unsigned int   sum = 0;            //定义和变量sum,并赋初值
  do{sum = sum + n; n = n + 2;}      //do - while循环体语句:累加求和,并修正循环变量
  while(n< = 100);                   //循环条件判断:当n≤100时循环,否则跳出循环
  while(1);}                         //原地等待,避免局部变量释放
```

3. Keil 调试

本例 Keil 调试同实例 1,奇数求和程序运行结果:n＝101,sum＝2500。偶数求和程序运行结果:n＝102,sum＝2550。

4. 思考与练习

奇数求和程序与偶数求和程序有什么不同?

实例 3　sum＝1!＋2!＋…＋10!

1. 程序设计

```
void  main() {                      //主函数
  unsigned char   n;                //定义循环序号变量n
  unsigned long   fac = 1;          //定义阶乘变量fac,并赋初值
  unsigned long   sum = 0;          //定义和变量sum,并赋初值
  for(n=1; n< = 10; n++ ) {         //for循环:初值n = 1,条件n< = 10,变量更新n++
    fac * = n;                      //循环体语句:求阶乘
    sum += fac;}                    //循环体语句:累加求和
  while(1);}                        //原地等待,避免局部变量释放
```

2. Keil 调试

本例 Keil 调试同实例 1,程序运行结果:n = 11, fac = 10! = 362880, sum ＝4037913。

3. 思考与练习

变量 fac 和 sum 的数据类型为什么要定义为"long"?

5

1.2　排　序

实例 4　a、b、c 从小到大排序

已知 80C51 内 RAM 以 30H 为首地址的 3 个单元中分别存放无符号字符型数据 a、b、c，试按从小到大次序将它们重新存放在该 3 个单元中。

1. 程序设计

```
unsigned char data   a _at_ 0x30;        //定义变量 a 绝对地址内 RAM 30H
unsigned char data   b _at_ 0x31;        //定义变量 b 绝对地址内 RAM 31H
unsigned char data   c _at_ 0x32;  .     //定义变量 c 绝对地址内 RAM 32H
void  main() {                           //主函数
   unsigned char  m;                     //定义暂存器 m
   a = 3;b = 2;c = 1;                     //变量 a,b,c 赋值(<256,可随意设置)
   if(a>b)                               //第一个 if 语句,若 a>b
      if(b>c)  {m = a;a = c;c = m;}      //if - else 语句嵌套。若 a>b 且 b>c,则 ac 交换
      else  {m = a;a = b;b = m;}         //若 a>b 且 b<c,则 ab 交换
   else                                  //对应于 if(a>b),即 a<b
      if(a>c)  {m = a;a = c;c = m;}      //属于 else 的内嵌语句。若 a<b 且 a>c,则 ac 交换
   if(b>c)  {m = b;b = c;c = m;}}        //第二个 if 语句,若 b>c,则 bc 交换
```

2. Keil 调试

① 按实例 1 所述步骤,编译链接并进入调试状态。

② 单击图 8 - 25 调试工具条中存储器窗口图标(▦),打开存储器窗口。在 Memory #1 窗口的 Address 编辑框内键入"d:0x30",以便观测 RAM 内 30H～32H 数据。

③ 先单步运行(❼)一步,看到 Memory #1 窗口内 30H、31H、32H 已分别存入 a、b、c 初始赋值数据。

④ 然后全速运行(▤),看到 RAM 30H～32H 3 个单元中的数据已按从小到大次序重新排列。

⑤ 改变程序中 abc 原始数据排列(按大小顺序共有 6 种),重新编译链接进入调试状态,运行程序,执行结果均相同。

3. 思考与练习

试述第一个 if 语句执行后的结果是什么?

实例 5　数组 a[8] 从大到小(从小到大)排序

已知数组 a[8]={11,66,22,55,44,77,88,33},试将其从大到小排列。

1. 程序设计

```
void  main() {                           //主函数
  unsigned char  i,j,k,m;                //定义循环序号变量 i,j,最大值序号 k,暂存器 m
  unsigned char  a[8] = {11,66,22,55,44,77,88,33};   //定义数组 a[8],并赋值
  for(i = 0; i<7; i++) {                  //for 循环 1,循环变量 i,选择法排序
    k = i;                                //最大值序号 k 赋值,设最大值为首个元素
    for(j = i; j<8; j++)                  //for 循环 2,循环变量 j,选出最大值
      if(a[k]<a[j])  k = j;               //与后续元素比较,若 a[k]<a[j],最大值序号变更
    m = a[k];a[k] = a[i];a[i] = m;}}      //交换位置
```

2. Keil 调试

① 按实例 1 所述步骤,编译链接并进入调试状态。

② 单击调试工具条中变量观测窗口图标(☒),打开变量观测窗口,观察 Locals 标签页中数组 a 的首地址为 0x09(注意:若编制程序不同,a 的首地址可能也不同)。

③ 单击调试工具条中存储器窗口图标(▤),打开存储器窗口,在 Memory♯1 窗口的 Address 编辑框内键入"d:0x09"(0x09 是根据变量观测窗口 Locals 页中数组 a 的首地址)。右击其中任一单元,在右键菜单中选择 Decimal(十进制)(参阅图 8 - 31)。

④ 先单步运行(🐾)一步,看到 Memory♯1 窗口首地址 0x09 的 8 个连续单元显示数组 a[]原始排列数据。

⑤ 全速运行(▤)后,Memory♯1 窗口首地址 0x09 的 8 个连续单元显示从大到小排序数据:88、77、66、55、44、33、22、11。

⑥ 改变程序中数组 a 的原始数据排列,重新编译链接进入调试状态,观察运行结果。

3. 从小到大排序程序

a[8]从小到大排序,只需将上例程序第 7 行语句中"a[k]<a[j]"改为"a[k]>a[j]"即可。

```
void  main() {                           //主函数
  unsigned char  i,j,k,m;                //定义循环序号变量 i,j,最小值序号 k,暂存器 m
  unsigned char  a[8] = {11,66,22,55,44,77,88,33};   //定义数组 a[8],并赋值
  for(i = 0; i<7; i++) {                  //for 循环 1,循环变量 i,选择法排序
    k = i;                                //最小值序号 k 赋值,设最小值为首个元素
    for(j = i; j<8; j++)                  //for 循环 2,循环变量 j,选出最小值
      if(a[k]>a[j])  k = j;               //与后续元素比较,若 a[k]<a[j],最小值序号变更
    m = a[k];a[k] = a[i];a[i] = m;}}      //交换位置
```

数组 a[8]从小到大排序 Keil 调试与从大到小排列 Keil 调试相同。

4. 思考与练习

abc 排序与数组 a[8]排序有什么不同?

实例 6　数组元素按相反顺序存放

试将数组 a[10]中 10 个元素按相反顺序存放,
如图 1-1 所示。

1. 程序设计

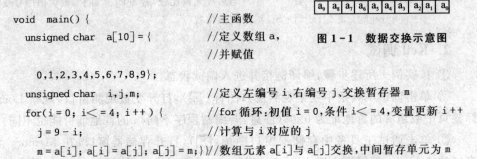

图 1-1　数据交换示意图

```
void  main() {                 //主函数
  unsigned char  a[10] = {     //定义数组 a,
                               //并赋值

    0,1,2,3,4,5,6,7,8,9);
  unsigned char  i,j,m;        //定义左编号 i、右编号 j、交换暂存器 m
  for(i = 0; i<= 4; i++) {     //for 循环:初值 i = 0,条件 i<= 4,变量更新 i++
    j = 9 - i;                 //计算与 i 对应的 j
    m = a[i]; a[i] = a[j]; a[j] = m;})//数组元素 a[i]与 a[j]交换,中间暂存单元为 m
```

2. Keil 调试

① 按实例 1 所述步骤,编译链接并进入调试状态。

② 单击调试工具条中变量观测窗口图标(▦),打开变量观测窗口,观察 Locals
标签页中数组 a 的首地址为 0x08(注意:若编制程序不同,a 的首地址可能也不同)。

③ 单击调试工具条中存储器窗口图标(▦),打开存储器窗口,在 Memory♯1
窗口的 Address 编辑框内键入"d:0x08"(0x08 是根据变量观测窗口 Locals 页中数组 a
的首地址)。右击其中任一单元,在右键菜单中选择 Decimal(十进制)(参阅图 8-31)。

④ 先单步运行(┦)一步,看到 Memory♯1 窗口首地址 0x08 的 10 个连续单元
已依次存入数组 a 数据:0、1、2、3、4、5、6、7、8、9。

⑤ 全速运行(▤)后,Memory♯1 窗口首地址 0x08 的 10 个连续单元已按相反
顺序存放数组 a 数据:9、8、7、6、5、4、3、2、1、0。

⑥ 改变程序中数组 a 的原始数据排列,重新编译链接进入调试状态,观察运行
结果。

3. 思考与练习

怎样获取数组 a 的首地址?

实例 7　解压缩 BCD 码

已知 5 个压缩 BCD 码,存于首地址为 0030H 的片外 RAM 的连续 5 个单元中,
试将其分离后存入首地址为 40H 的片内 RAM 连续 10 个单元中。

1. 程序设计

```
unsigned char  xdata  a[5] _at_ 0x0030;   //定义字符型数组 a,绝对地址片外 RAM 0030H
unsigned char  xdata  a[5] = {0x1a,0x2b,0x3c,0x4d,0x5e};      //数组 a 赋值
unsigned char  data  b[10] _at_ 0x40;   //定义字符型数组 b,绝对地址片内 RAM 40H
void  main() {                          //主函数
  unsigned char  i;                     //定义循环序号变量 i
  for(i = 0; i<5; i++) {                 //for 循环:初值 i = 0;条件 i<5;变量更新 i = i+1
    b[2 * i] = a[i]>>4;                  //40H、42H、44H、46H、48H 单元变换数据(取高 8 位)
    b[2 * i + 1] = a[i]&0x0f;}}          //41H、43H、45H、47H、49H 单元变换数据(取低 8 位)
```

2. Keil 调试

① 按实例 1 所述步骤,编译链接并进入调试状态。

② 单击调试工具条中存储器窗口图标(▦),打开存储器窗口,在 Memory ♯1 窗口的 Address 编辑框内键入 d:0x40,右击其中任一单元,在右键菜单中选择 Unsigned Char(无符号字符型数据),并去除 Decimal(十进制)的"√";在 Memory ♯2 窗口的 Address 编辑框内键入 x:0x0030,右击其中任一单元,在右键菜单中选择 Unsigned Char(无符号字符型数据),并去除 Decimal(十进制)的"√"。看到 Memory ♯1 窗口内 0x40 及其后续 10 个单元为 0,Memory ♯2 窗口内 0x0030 及其后续 5 个单元已依次存入数组 a 数据:1A、2B、3C、4D、5E。

③ 全速运行(▤)后,看到 Memory ♯1 窗口内 0x40 及其后续 10 个单元,已依次存入分离后的数据:1、A、2、B、3、C、4、D、5、E。

④ 改变程序中数组 a 的原始数据排列,重新编译链接进入调试状态,观察运行结果。

3. 思考与练习

怎样分离高 8 位和低 8 位数据?

1.3　打印输出

本书的打印输出并非真的连接打印机打印输出,而是利用 C51 编译器串行输入/输出信息窗口(图标🖳),输出并观测程序运行的结果。从 Serial ♯1 窗口输入/输出信息,需调用 C51 库函数 printf 和 scanf,并且,串行口参数需要初始化(参阅 8.3.6 小节)。

实例 8　按顺序打印输出数组元素

已知数组 a[10]＝{1,2,3,4,5,6,7,8,9,10},试将其按顺序从串行信息窗口输出。

1. 程序设计

```
# include <reg51.h>                           //包含访问 sfr 库函数 reg51.h
# include <stdio.h>                           //包含 I/O 库函数 stdio.h
void  main() {                                //主函数
  unsigned char a[10] = {1,2,3,4,5,6,7,8,9,10};    //定义数组 a[10]并赋值
  unsigned char i;                            //定义循环序号变量 i
  TMOD = 0x20;                                //串口初始化:定时器 1 工作方式 2
  TH1 = TL1 = 0xE6;                           //置 1200 波特率(f_osc = 12 MHz)
  SCON = 0x52;                                //串口方式 1,允许接收,清发送中断
  TCON = 0x40;                                //设置中断控制,启动 T1
  for(i = 0; i < 10; i++)                     //for 循环:数组下标从 0 直至 9
    printf("%bu ,", a[i]);}                   //串行信息窗口输出:根据数组下标 i 找出数组元素
```

2. Keil 调试

① 按实例 1 所述步骤,编译链接并进入调试状态。

② 单击调试工具条中 1 号串行信息窗口图标(🔲),打开串行输入/输出信息窗口 Serial #1。

③ 全速运行(🔲)后,看到 Serial #1 窗口显示:1,2,3,4,5,6,7,8,9,10。

3. 思考与练习

在程序中,运行 printf 语句有什么前提条件?

实例 9　输出 100~200 间能被 3 整除的数

试从串行输入/输出信息窗口输出显示 100~200 之间能被 3 整除的数。

1. 程序设计

```
# include <reg51.h>                           //包含访问 sfr 库函数 reg51.h
# include <stdio.h>                           //包含基本输入输出库函数 stdio.h
void  main() {                                //主函数
  unsigned char  i,j = 0;                     //定义循环序号变量 i,整除数计数器 j
  TMOD = 0x20;                                //串口初始化:定时器 1 工作方式 2;
  TH1 = TL1 = 0xE6;                           //置 1200 波特率(f_osc = 12MHz)
  SCON = 0x52;                                //串口方式 1,允许接收,清发送中断
  TCON = 0x40;                                //设置中断控制,启动 T1
  for(i = 100; i < = 200; i++) {              //for 循环:初值 i = 100,条件 i < = 200,变量更新
                                              //i = i + 1
    if((i % 3)! = 0)  continue;               //选择语句:若 i 不能被 3 整除,则判断下一个
    printf("%bu,", i);                        //串行信息窗口输出 i 值
    j++;                                      //整除数计数器 j 加 1
    if(j % 11 == 0)  printf("\n");}}          //一行输出数满 11 个,换行
```

2. Keil 调试

① 按实例 1 所述步骤，编译链接并进入调试状态。

② 单击调试工具条中 1 号串行信息窗口图标（🔁），打开串行输入/输出信息窗口 Serial #1。

③ 全速运行（🔁）后，看到 Serial #1 窗口显示：

102,105,108,111,114,117,120,123,126,129,132,
135,138,141,144,147,150,153,156,159,162,165,
168,171,174,177,180,183,186,189,192,195,198,

3. 思考与练习

试分别按下列要求改动程序，并 Keil 调试，在 1 号串行信息窗口打印输出。

① 20～250 之间能被 3 整除的数；

② 100～200 之间能被 5 整除的数；

③ 串行输出，5 个一行。

实例 10　计算并输出半径 r 等于 1～10 时的圆面积 a

试计算并输出半径 r 等于 1～10 时的圆面积 a，但要求圆面积大于 200 时就停止。

1. 程序设计

```
#include <reg51.h>              //包含访问 sfr 库函数 reg51.h
#include <stdio.h>              //包含 I/O 库函数 stdio.h
#define  PAI  3.1416            //定义常量 PAI = 3.1416
void  main() {                  //主函数
  unsigned char  r;            //定义半径 r(无符号字符型变量)
  float  a;                     //定义圆面积 a(浮点型变量)
  TMOD = 0x20;                  //串口初始化:定时器 1 工作方式 2;
  TH1 = TL1 = 0xE6;             //置 1200 波特率(fosc = 12 MHz)
  SCON = 0x52;                  //串口方式 1,允许接收,清发送中断
  TCON = 0x40;                  //设置中断控制,启动 T1
  for(r=1; r<=10; r++) {        //for 循环:初值 r=1;条件 r<=10;变量更新 r=r+1
    a = PAI * r * r;            //计算圆面积 a = πr²
    if(a>200)  break;           //圆面积大于 200 时就跳出循环
    printf("r=%bu,a=%f\n",r,a);} //输出半径 r 值及对应圆面积 a 值
  while(1);}                     //原地等待,避免局部变量释放
```

2. Keil 调试

① 按实例 1 所述步骤，编译链接并进入调试状态。

② 单击调试工具条中图标（🔁），打开串行输入/输出信息窗口 Serial #1。

③ 全速运行(▤)后,看到 Serial ♯1 窗口显示:

r=1,a=3.141600　　r=2,a=12.566400　　r=3,a=28.274400　　r=4,a=50.265600

r=5,a=78.539990　　r=6,a=113.097600　　r=7,a=153.938400

此时暂停图标变成红色,Locals 标签页显示消隐;单击红色暂停图标,该图标复原灰色,Locals 标签页显示 r=8,a=201.0624,表明已跳出循环。

④ 也可单步运行。

单击调试工具条中图标(▨),打开变量观测窗口,Locals 标签页中显示局部变量 r 和 a。右击 Value,弹出 Number Base 选项及其下拉式菜单,选择十进制数(Deciml)显示值形式。不断单击单步运行图标(▨),Locals 标签页中局部变量 r、a 和 Serial ♯1 窗口依次显示上述数据。

3. 思考与练习

怎样理解"printf("r=%bu,a=%f\n",r,a);"语句中输出格式转换符"%bu"、"%f"的作用? 若改为其他形式的格式转换符,试 Keil 调试,观测其输出结果。

实例 11　输出变量 x 对应的平方值

已知 0~10 平方表数组 s[]={0,1,4,9,16,25,36,49,64,81,100},试根据变量 x 中的数值查找对应的平方值,存入 y 中。

1. 程序设计

```
# include <reg51.h>                    //包含访问 sfr 库函数 reg51.h
# include <stdio.h>                    //包含 I/O 库函数 stdio.h
unsigned int   code  s[] = {           //定义 0~10 平方表数组 s[],并赋值
  0,1,4,9,16,25,36,49,64,81,100};
void   main() {                        //主函数
  unsigned char   x;                   //定义无符号字符型变量 x
  unsigned int   y = 0;                //定义无符号整型变量 y
  TMOD = 0x20;                         //串口初始化:定时器 1 工作方式 2;
  TH1 = TL1 = 0xE6;                     //置 1200 波特率(f_osc = 12 MHz)
  SCON = 0x52;                         //串口方式 1,允许接收,清发送中断
  TCON = 0x40;                         //设置中断控制,启动 T1
  scanf("%bu",&x);                     //串口输入变量 x 值(无符号字符型十进制整数)
  y = s[x];                            //查表对应的平方数值,存入 y
  printf("x=%bu,y=%u\n",x,y);          //串口输出 x 值和对应的平方数 y 值
  while(1);}                           //原地等待,避免局部变量释放
```

2. Keil 调试

① 按实例 1 所述步骤,编译链接并进入调试状态。

② 单击调试工具条中图标（▨），打开变量观测窗口，Locals 标签页中显示局部变量 x 和 y，值均为 0。单击 value，在右键菜单中选择 Decimal（十进制）。

③ 单击单步运行图标（♻），程序依次运行。执行"scanf("%bu",&x);"语句后，暂停图标（✖）变为红色。

④ 单击调试工具条中图标（🐆），打开串行输入/输出信息窗口 Serial ♯1。该窗口内光标闪烁，表示可以串行输入。键入 x 具体数值（例如 5），回车后（注意：回车是必须动作，表示"确认"）暂停图标复原为灰色，且文本编辑窗口内光标指向下一程序行"y＝s[x];"。

说明：也可先打开 Serial ♯1 窗口（参阅下例）。

⑤ 继续单步运行，Locals 标签页显示：x＝5，y＝25。

⑥ 继续单步运行，Serial ♯1 窗口显示：x＝5，y＝25。

⑦ 也可全速运行（▤），暂停图标变为红色。激活"Serial ♯1"后，键入 x 具体数值（例如 5），回车后，Serial ♯1 窗口显示：x＝5，y＝25。

⑧ 双击进入/退出调试状态的图标按钮（🔍）（表示退出后重新进入），然后按上述步骤，键入 x 其他具体数值（x＜＝10），观察运行结果。

3. 思考与练习

在怎样的条件下，才能在 Serial ♯1 窗口有效输入数据信号？（参阅 8.3.6 小节。）

实例 12　摄氏温度转换为华氏温度

已知 0～9 摄氏—华氏温度非线性转换表，试用查表法将某点摄氏温度转换为华氏温度。

1. 程序设计

```
# include <reg51.h>                //包含访问 sfr 库函数 reg51.h
# include <stdio.h>                //包含 I/O 库函数 stdio.h
unsigned char code   t[10]＝{      //摄氏转华氏数组 t，并赋值
    32,34,36,37,39,41,43,45,46,48};
void   main(){                     //主函数
    unsigned char   c,f;           //摄氏温度变量 c，华氏温度变量 f
    TMOD = 0x20;                    //串口初始化:定时器 1 工作方式 2;
    TH1 = TL1 = 0xE6;               //置 1200 波特率(f_osc = 12 MHz)
    SCON = 0x52;                    //串口方式 1,允许接收,清发送中断
    TCON = 0x40;                    //设置中断控制,启动 T1
    while(1){                       //无限循环
        scanf("%bu",&c);            //串口输入摄氏温度 c 值(无符号字符型十进制整数)
        f = t[c];                   //查表对应的华氏温度 f
        printf("c = %buC,f = %buF\n",c,f);}}  //串口输出对应的华氏温度值
```

2. Keil 调试

① 按实例 1 所述步骤,编译链接并进入调试状态。

② 单击调试工具条中图标(🔲),打开变量观测窗口,Locals 标签页中显示局部变量 c 和 f,值均为 0。单击 value,在右键菜单中选择 Decimal(十进制)。

③ 单击调试工具条中图标(🖺),打开串行输入/输出信息窗口 Serial ♯1。

④ 单击单步运行图标(🏃),程序依次运行。执行"scanf("%bu",&c);"后,暂停图标(⊗)变为红色。

⑤ 单击 Serial ♯1 窗口,窗口内光标闪烁(表示被激活),键入摄氏温度 c 值,例如 4,回车后(注意:回车是必须动作,表示"确认"),暂停图标复原为灰色,且文本编辑窗口内光标指向下一程序行"f=t[c];"。

⑥ 继续单步运行,Locals 标签页显示:c=4,f=39;Serial ♯1 窗口显示:c=4C,f=39F。

⑦ 也可全速运行。单击全速运行图标(🔳),暂停图标变为红色。打开串行输入/输出信息窗口,待 Serial ♯1 窗口内光标闪烁,键入摄氏温度 c 值(例如 3),回车,Serial ♯1 窗口内换行显示:c=3C,f=37F;再次键入摄氏温度 c 值(例如 5),回车,Serial ♯1 窗口内换行显示:c=5C,f=41F。若继续键入,继续转换显示;若单击红色暂停图标,退出运行。

3. 思考与练习

弄清"printf("c=%buC,f=%buF\n",c,f);"语句中,每一字符(包括标点符号)的含义和作用。

实例 13   a、b、c 排序打印输出

a、b、c 排序已在实例 4 中给出,本例是从串行输入/输出信息窗口随机输入 3 个数据,然后再从该窗口输出其排序前后的数据。

1. 程序设计

```
# include <reg51.h>              //包含访问 sfr 库函数 reg51.h
# include <stdio.h>              //包含 I/O 库函数 stdio.h
void  main() {                   //主函数
  unsigned char  a,b,c,m;        //定义无符号字符型变量 a、b、c,暂存器 m
  TMOD = 0x20;                   //串口初始化:定时器 1 工作方式 2;
  TH1 = TL1 = 0xE6;              //置 1200 波特率(f_osc = 12 MHz)
  SCON = 0x52;                   //串口方式 1,允许接收,清发送中断
  TCON = 0x40;                   //设置中断控制,启动 T1
  scanf("%bu%bu%bu",&a,&b,&c);   //输入 abc 具体数据
  printf("a=%bu,b=%bu,c=%bu\n", a,b,c);   //输出排序前的 a、b、c 值
  if(a>b)                        //第一个 if 语句,若 a>b
    if(b>c)  {m=a;a=c;c=m;}      //if-else 语句嵌套。若 a>b 且 b>c,则 ac 交换
```

```
    else  {m=a;a=b;b=m;}          //若 a>b 且 b<c,则 ab 交换
  else                            //对应于 if(a>b),即 a<b
    if(a>c)  {m=a;a=c;c=m;}       //属于 else 的内嵌语句。若 a<b 且 a>c,则 ac 交换
  if(b>c)  {m=b;b=c;c=m;}         //第二个 if 语句,若 b>c,则 bc 交换
  printf("a=%bu,b=%bu,c=%bu\n", a,b,c);  //输出排序后的 a、b、c 值
  while(1);}                      //原地踏步,无限循环
```

2. Keil 调试

① 按实例 1 所述步骤,编译链接并进入调试状态。

② 单击调试工具条中图标(⌧),打开变量观测窗口,Locals 标签页中显示局部变量 a、b 和 c,值均为 0。单击 value,在右键菜单中选择 Decimal(十进制)。

③ 单击调试工具条中图标(⌧),打开串行输入/输出信息窗口 Serial ♯1。

④ 单击单步运行图标(⌧),执行"scanf("%bu%bu%bu", &a,&b,&c);"后,暂停图标(⌧)变为红色。

⑤ 单击 Serial ♯1,窗口内光标闪烁(表示被激活),依次键入 abc 原始数据(设为 3、2、1),注意每键入一个数据,要回车一次。暂停图标复原为灰色;Locals 标签页中显示先前键入的 abc 数据:a=3、b=2、c=1;文本编辑窗口内光标指向下一程序行"printf("a=%bu,b=%bu,c=%bu\n", a,b,c);"。

⑥ 继续单步运行"printf("a=%bu,b=%bu,c=%bu\n", a,b,c);"程序行,Serial ♯1 窗口显示:a=3、b=2、c=1。

⑦ 继续单步运行,执行第 2 个"printf("a=%bu,b=%bu,c=%bu\n", a,b,c);"程序行后,Serial ♯1 窗口显示:a=1、b=2、c=3,表明排序完成,达到题目要求。而且不论 abc 原始数据如何排列(共有 6 种),程序执行后,均显示 a=1,b=2,c=3。

⑧ 也可全速运行。单击全速运行图标(⌧),暂停图标变为红色。单击 Serial ♯1,窗口内光标闪烁(表示被激活),依次键入 abc 原始数据(设为 3、2、1),注意每键入一个数据,要回车一次。最后一个数字输入毕,Serial ♯1 窗口立即显示:a=1、b=2、c=3。

同时,Locals 标签页中原显示的局部变量 a、b、c 消隐,单击红色暂停图标,红色复原为灰色,Locals 标签页恢复显示:a=1,b=2,c=3。

3. 思考与练习

怎样在单步运行和全速运行情况下,从 Serial ♯1 窗口连续输入 abc 原始数据?

实例 14　16 个数据从大到小排列输出

试将 16 个单字节无符号数从大到小排列并分二行打印输出。

1. 程序设计

实例 5 已给出数组 a[8] 从大到小排序程序,本例是从串口随机输入 16 个数据,然后再从串口分二行分别输出其排序前后的数据。

```
# include <reg51.h>              //包含访问 sfr 库函数 reg51.h
# include <stdio.h>              //包含 I/O 库函数 stdio.h
#define uchar unsigned char     //用 uchar 表示 unsigned char
void main() {                   //主函数
  uchar data  i,j,k,m;          //定义字符型变量 i,j,k(最大值序号)、m(暂存器)
  uchar data  a[16];            //定义整型数组 a[16]
  TMOD = 0x20;                  //串口初始化:定时器 1 工作方式 2
  TH1 = TL1 = 0xE6;             //置 1200 波特率(f_osc = 12 MHz)
  SCON = 0x52;                  //串口方式 1,允许接收,清发送中断
  TCON = 0x40;                  //设置中断控制,启动 T1
  for(i = 0; i<16; i++)         //for 循环
    scanf("%bu",a+i);           //串口输入数组 a 数据(无符号字符型十进制整数)
  for(i = 0; i<16; i++) {       //for 循环
    if(i%8 == 0)  printf("\n"); //若 i 是 8 的整倍数,换行(输出时,8 个一行)
    printf("a[%bu] = %bu,",i,a[i]);} //输出数组 a 原始数据元素
  for(i = 0; i<15; i++) {       //for 循环,选择法排序
    k = i;                      //最大值序号 k 赋值,设最大值为首个元素
    for(j = i; j<16; j++)       //for 循环,依次与后续数组元素比较,选出最大值
      if(a[k]<a[j])  k = j;     //比较,若 a[k] <a[j],最大值序号变更
    m = a[k];a[k] = a[i];a[i] = m;} //交换位置
  printf("\n");                 //换行
  for(i = 0; i<16; i++) {       //for 循环
    if(i%8 == 0)  printf("\n"); //若 i 是 8 的整倍数,换行(输出时,8 个一行)
    printf("a[%bu] = %bu,",i,a[i]);}  //输出从大到小排序后数组 a 的数据元素
  while(1);}                    //原地踏步,无限循环
```

2. Keil 调试

① 按实例 1 所述步骤,编译链接并进入调试状态。

② 单击调试工具条中图标(⊞),打开变量观测窗口,Locals 标签页中显示局部变量 i、j、k、m 和 a,其中 a 为数组,编译器安排其首地址为 0x24。

③ 单击调试工具条中图标(▦),打开存储器窗口。在 Memory #1 窗口的 Address 编辑框内键入"d:0x24",以便观测内 RAM 24H 为首地址的数组 a 中的数据。

④ 单击全速运行图标(▤),暂停图标(✖)变为红色。

⑤ 单击调试工具条中图标(➿),打开串行输入/输出信息窗口 Serial #1。窗口内光标闪烁(表示被激活),依次键入数组 a 的原始数据:

a[16] = {11,99,66,22,111,55,0,222,44, 155,77,255,133,100,88,33}

注意每键入一个数据,均要回车一次。回车后,Memory #1 窗口内 0x24 及其后续单元依次显示键入的数组 a 元素。最后一个数据键入完毕,回车后,Serial #1 窗口立即显示数组 a 原始数据和排序后的数据。前二行是排序前的原始数据,后二行是排序后的数据:

a[0] = 11,a[1] = 99,a[2] = 66,a[3] = 22,a[4] = 111,a[5] = 55,a[6] = 0,a[7] = 222,
a[8] = 44,a[9] = 155,a[10] = 77,a[11] = 255,a[12] = 133,a[13] = 100,a[14] = 88,a[15] = 33,

a[0] = 255,a[1] = 222,a[2] = 155,a[3] = 133,a[4] = 111,a[5] = 100,a[6] = 99,a[7] = 88,
a[8] = 77,a[9] = 66,a[10] = 55,a[11] = 44,a[12] = 33,a[13] = 22,a[14] = 11,a[15] = 0,

⑥ 与此同时,Memory #1 窗口以 0x24 为首地址的 16 个单元内,也改为排序后的数组 a 数据。

3. 思考与练习

从 Serial #1 窗口打印输出时,怎样换行排列?

实例 15　打印输出金字塔图形

试打印图 1-2 所示金字塔图形。

1. 程序设计

```
# include <reg51.h>               //包含访问 sfr 库函数 reg51.h
# include <stdio.h>               //包含 I/O 库函数 stdio.h
void  main() {                    //主函数
  unsigned char  i,j,k;           //定义无符号字符型变量 i、j、k
  TMOD = 0x20;                    //串口初始化:定时器 1 工作方式 2;
  TH1 = TL1 = 0xE6;               //置 1200 波特率($f_{osc}$ = 12 MHz)
  SCON = 0x52;                    //串口方式 1,允许接收,清发送中断
  TCON = 0x40;                    //设置中断控制,启动 T1
  for(i=1; i<=6; i++) {           //6 行金字塔循环
    for(k=6; k>i; k--)            //输出空格循环
      printf(" ");                //打印输出空格
    for(j=1; j<=2*i-1; j++)       //输出" * "循环
      printf(" * ");              //打印输出" * "
    printf("\n");}                //换行
  while(1);}                      //原地等待
```

```
          *
         ***
        *****
       *******
      *********
     **********
```
图 1-2　金字塔图形

2. Keil 调试

① 按实例 1 所述步骤,编译链接并进入调试状态。
② 单击调试工具条中图标( ),打开串行输入/输出信息窗口 Serial #1。
③ 全速运行后,即可看到 Serial #1 窗口内显示图 1-2 所示金字塔图形。

1.4　查找统计

实例 16　查找并统计 ASCII 字符" $ "的个数

试统计 ASCII 字符型数组 a[16]="1234abcd! # $ % & $ +?"中字符" $ "的

个数。

1. 程序设计

```
unsigned char  code  a[16] =        //定义 ROM 中 ASCII 字符型数组,并赋值
   "1234abcd! # $ % & $ + ?";
void  main(){                        //主函数
   unsigned char  i,j = 0;           //定义序号变量 i,统计"$"个数 j
   for(i = 0; i<16; i++)             //for 循环:初值 i = 0;条件 i<16;变量更新 i = i + 1
     if(a[i] == '$')  j++;           //若数组元素 a[i]与"$"的 ASCII 码相同,计数 j = j + 1
   while(1);}                        //原地等待,避免局部变量释放
```

2. Keil 调试

① 按实例 1 所述步骤,编译链接并进入调试状态。

② 单击调试工具条中图标(🔲),打开变量观测窗口,Locals 标签页中显示局部变量 i、j,值均为 0。单击 value,在右键菜单中选择 Decimal(十进制)。

③ 全速运行后,Locals 页内数据消隐,暂停图标变成红色。单击红色暂停图标,该图标复原为灰色,Locals 页恢复显示:i = 16,j = 2。表明数组 a[16]中字符"$"的个数为 2。

实例 17　查找并统计数组 a[16]中正数、负数和零的个数

已知 ROM 中有符号字符型数组 a[16] = {0x11,0x22,0x33,0x44,0x55,0x66, 0x77,0x88,0x99,0xaa,0xbb,0xcc,0xdd,0xee,0xff,0},试统计该数组元素中正数、负数和零的个数。

1. 程序设计

```
char  code  a[16] = {               //定义 ROM 中有符号字符型数组 a[16],并赋值。
   0x11,0x22,0x33,0x44,0x55,0x66,0x77,0x88,0x99,0xaa,0xbb,0xcc,0xdd,0xee,0xff,0};
void  main() {                       //主函数
   unsigned char  p,n,z,i;           //定义正、负、零计数器 p、n、z,序号变量 i
   p = 0; n = 0; z = 0;              //正、负、零计数器 p、n、z 清 0
   for(i = 0; i<16; i++) {           //for 循环:初值 i = 0;条件 i<16;变量更新 i = i + 1
     if(!a[i])  z++;                 //若数组元素 a[i] = 0,零计数器 z + 1
     else  if(a[i]>0)  p++;          //若数组元素 a[i] >0,正数计数器 p + 1
     else  n++;}                     //否则,负数计数器 n + 1
   while(1);}                        //原地等待,避免局部变量释放
```

2. Keil 调试

① 按实例 1 所述步骤,编译链接并进入调试状态。

② 单击调试工具条中图标(🔲),打开变量观测窗口,Locals 标签页中显示局部

变量 p、n、z、i,值均为 0。单击 value,在右键菜单中选择 Decimal(十进制)。

③ 全速运行后,Locals 页内数据消隐,暂停图标变成红色。单击红色暂停图标,该图标复原为灰色,Locals 页恢复显示:p=7,n=8,z=1,i=16。表明数组 a[16] 中,正数有 7 个,负数有 8 个,零有 1 个。

实例 18　查找并统计 1~99 之间的偶数项

试找出 1~99 之间的偶数项,并打印输出。

1. 程序设计

```
# include <reg51.h>                  //包含访问 sfr 库函数 reg51.h
# include <stdio.h>                  //包含 I/O 库函数 stdio.h
void  main() {                       //主函数
  unsigned char  i,j;                //定义无符号字符型变量 i,j
  TMOD = 0x20;                        //串口初始化:定时器 1 工作方式 2;
  TH1 = TL1 = 0xE6;                   //置 1200 波特率($f_{osc}$ = 12 MHz)
  SCON = 0x52;                        //串口方式 1,允许接收,清发送中断
  TCON = 0x40;                        //设置中断控制,启动 T1
  for(i=1; i<=99; i++) {              //for 循环:搜索并输出
    if(i%2==0) {                      //判是否偶数
      j++;                            //是偶数,j 计数
      printf("%bu,",i);               //打印输出
      if(j%10==0)  printf("\n");}}}   //若 j 是 10 的整倍数,换行(10 个一行)
```

2. Keil 调试

① 按实例 1 所述步骤,编译链接并进入调试状态。

② 单击调试工具条中图标( ),打开串行输入/输出信息窗口 Serial #1。

③ 全速运行后,即可看到 Serial #1 窗口中显示程序运行结果:

```
2,4,6,8,10,12,14,16,18,20,
22,24,26,28,30,32,34,36,38,40,
42,44,46,48,50,52,54,56,58,60,
62,64,66,68,70,72,74,76,78,80,
82,84,86,88,90,92,94,96,98,
```

1.5　延　时

单片机应用系统实时控制常需要延时,延时既可用定时/计数器控制,也可用延时程序控制。汇编语言延时程序的延时时间可以比较精确计算,而 C51 延时函数因需编译,其确切的延时时间除与延时循环参数有关外,还与具体的编译软件、变量的

存储器类型有关,很难计算,且误差较大。

　　C51 延时函数一般用循环语句,根据延时时间长短,可用单循环、双循环或多循环形式。有形式参数的延时子函数,在调用时赋予实际参数,可得到不同的延时时间。本节提供几例常见常用的 12 MHz 条件下的延时子函数。

实例 19　单循环延时

1. 程序设计

（1）无形式参数延时 4 ms

```
void  dy4ms() {                    //延时 4 ms 子函数
  unsigned int  t = 500;           //定义无符号整型变量 t(延时循环参数)并赋值
  while( -- t);}                   //while 循环:t = t - 1,若 t = 0,则跳出循环
```

（2）无形式参数延时 0.5 s

```
void  dy500ms() {                  //延时 0.5 s 子函数
  unsigned int  t = 62500;         //定义无符号整型变量 t(延时循环参数)并赋值
  while( -- t);}                   //while 循环:t = t - 1,若 t = 0,则跳出循环
```

（3）有形式参数单循环延时(形式参数的存储器类型为无符号整型变量)

```
void  dy(unsigned int  t)          //有参数单循环延时子函数。形式参数为无符号整型 t
  {while( -- t);}                  //while 循环:t = t - 1,若 t = 0,则跳出循环
```

（4）有形式参数单循环延时(形式参数的存储器类型为无符号长整型变量)

```
void  dy1(unsigned long  t)   //有参数单循环延时子函数。形式参数为无符号长整型 t
  {while( -- t);}                  //while 循环:t = t - 1,若 t = 0,则跳出循环
```

（5）for 单语句延时

① for(t = 0; t < 350; t ++);　　//延时 2 ms 语句。需在程序初定义变量 t 为 int 型
② for(t = 0; t < 1940; t ++);　　//延时 10 ms 语句。需在程序初定义变量 t 为 int 型
③ for(t = 0; t < 10900; t ++);　　//延时 0.5 s 语句。需在程序初定义变量 t 为 long 型
④ for(t = 0; t < 21730; t ++);　　//延时 1 s 语句。需在程序初定义变量 t 为 long 型

2. Keil 调试

延时时间可在主函数调用时检测,方法是:

① 在调用延时子函数或延时语句行设置断点;

② 当程序运行至该断点时,记录寄存器窗口(参阅图 8 - 27)中 sec 值;

③ 单击"过程单步"运行图标,让延时子函数一步运行完毕;

④ 再次查看寄存器窗口中 sec 值,两者之差,即为延时子函数延时时间。

　　需要说明的是,若单独调试延时子函数,需将函数名改为 main,否则无法进入调试状态,并须在末尾加一条原地等待语句 while(1),避免子函数反复运行出错。

上述程序(1)、(2)为无形参延时子函数,延时时间固定。程序(3)为有形参单循环延时子函数,主函数调用时需给形参 t 赋值,不同的实参赋值可得到不同的延时时间。将形参 t 分别赋值 500 和 62 500,可分别得到与(1)、(2)相同的延时时间。程序(4)与(3)的区别是形参数据类型不同,即使形参数值相同,延时时间也相差很大。当形参 t 分别为 12 500 和 25 000 时,延时时间分别为 0.5 s 和 1 s。程序(5)、(6)、(7)、(8)为单语句延时,可在函数中直接引用,但需在程序初定义变量 t 的数据类型,不同的数据类型,即使 t 值相同,延时时间同样相差很大。

3. 思考与练习

为什么延时循环参数相同数值不同数据类型,会引起延时时间相差很大?

实例 20 双循环延时

双循环和多循环延时函数一般能延长延时时间。

1. 程序设计

```
void dly(unsigned int t) {          //双循环延时子函数。形式参数为无符号整型变量 t
  unsigned char j;                  //定义无符号字符型局部变量 j
  for(; t>0; t--)                   //外循环。若 t>0,则执行内循环后,t=t-1
    for(j=244; j>0; j--);}          //内循环。初值 j=244;条件 j>0;变量更新 j=j-1
```

2. Keil 调试

调试方法与上例相同。

当形参 t 分别为 1 000、2 000 时,延时时间约分别为 0.5 s 和 1 s。

上述程序若将形参 t 的数据类型改为 long 型,并设置 t=112 150 时,可延时 1 min。

3. 思考与练习

有形式参数的延时子函数,在调用时赋予实际参数,有什么好处?

1.6 数据块传送

实例 21 外 RAM→内 RAM

试将外 RAM 2000H 为首址的 8 个数据读出并写入内 RAM 40H 为首址的存储区域。

1. 程序设计

```
# include <absacc.h>               //包含绝对地址访问库函数 absacc.h
void  main() {                     //主函数
```

80C51 单片机实验实训 100 例——基于 Keil C 和 Proteus

```
  unsigned char  i;                    //定义序号变量 i
  for(i = 0; i<8; i++)                 //for 循环:初值 i = 0;条件 i<8;变量更新 i = i + 1
     DBYTE[0x40 + i] = XBYTE[0x2000 + i];   //数据读写转移
  while(1);}                           //原地踏步,等待下一指令
```

2. Keil 调试

① 按实例 1 所述步骤,编译链接并进入调试状态。

② 单击调试工具条中图标(▦),打开存储器窗口。在 Memory♯2 窗口的 Address 编辑框内键入"x:0x2000"。右击其中任一单元,弹出右键菜单,选择 unsigned char,并单击 Decimal(打勾表示按十进制数显示),各存储单元显示"000"。

③ 在 Memory♯1 窗口 Address 编辑框内键入"d:0x40",按上述方法选择 unsigned char 和 Decimal,各存储单元显示"000"。

④ 切换至 Memory♯2 窗口,右击 0x2000 单元,弹出右键菜单;单击最下面一条 "Modify Memory at X:0x002000",弹出修改存储数据值对话框,键入该存储单元数据,单击 OK 按钮即可。按照此法依次键入外 RAM 2000H 为首址的 8 个数据,例如:11、22、33、44、55、66、77、88。

⑤ 单击全速运行图标(▦),暂停图标(✖)变为红色。

⑥ 再次切换到 Memory♯1 窗口,看到内 RAM 0x40 首址的 8 个存储单元已经分别改为先前存入外 RAM 2000H 为首址的 8 个数据:11、22、33、44、55、66、77、88。

实例 22　ROM→内 RAM

试将 ROM 1000H 为首址的 8 个数据读出并写入内 RAM 30H 为首址的存储单元。

1. 程序设计

```
# include <absacc.h>                   //包含绝对地址访问库函数 absacc.h
void  main() {                         //主函数
  unsigned char  i;                    //定义序号变量 i
  for(i = 0; i<8; i++)                 //for 循环:初值 i = 0;条件 i<16;变量更新 i = i + 1
     DBYTE[0x30 + i] = CBYTE[0x1000 + i];   //依次读入数据,存内 RAM 首址 30H
  while(1);}                           //原地踏步,等待下一指令
```

2. Keil 调试

同上例。仅在 Memory♯2 窗口的 Address 编辑框内键入"c:0x1000",其余操作类同。

第 2 章

输出信号控制

从本章开始,后续实例全部画出 Proteus ISIS 虚拟仿真电路,然后装入 Keil C51 调试后自动生成的 Hex 文件,仿真运行。Proteus ISIS 具体操作方法可参阅本书第 9 章。

2.1 键控信号灯

实例 23 单灯闪烁

已知 80C51 单片机,P1.0 端口接发光二极管,要求控制该发光二极管闪烁,闪烁频率约为 1 s,即亮暗各 0.5 s。

1. 电路设计

单灯电路只涉及 P1.0 端口接发光二极管,因此由 80C51 单片机最小系统加上发光二极管组成,如图 2-1 所示。C_{01}、C_{01} 和石英晶体与 80C51 片内反相放大器组成振荡电路,振荡频率取决于石英晶体的振荡频率,本例取 12 MHz。C_{01}、C_{01} 主要起频率微调和稳定作用,一般取 33 pF。R_{00}、C_{00} 构成 RC 微分电路,在上电瞬间,产生一个微分脉冲,其

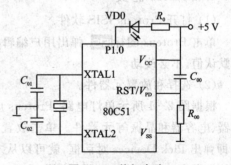

图 2-1 单灯电路

宽度若大于 2 个机器周期,80C51 将复位。为保证微分脉冲宽度足够大,RC 时间常数应大于 2 个机器周期,一般取 10 kΩ 和 2.2 μF。VD0 为发光二极管,P1.0 输出低电平时亮,输出高电平时暗。R_0 为限流电阻,此处取 330 Ω。

2. 程序设计

```
# include <reg51.h>        //包含访问 sfr 库函数 reg51.h
sbit  P10 = P1^0;          //定义 P10 为 P1 口第 0 位
void  main(){              //主函数
```

```
unsigned long  t;              //定义无符号长整型变量 t(延时参数)
while(1){                       //无限循环,并执行以下循环体语句
  P10 = !P10;                   //P1.0 取反
  for(t = 0; t<=10860; t++);}}  //延时 0.5 s(12 MHz)
```

3. Keil 调试

(1) 按实例 1 所述步骤,编译链接,语法纠错,并进入调试状态。注意在 Output 选项卡 Create Executable 框中的 Create Hex File 选项应打勾,Keil 调试后可自动生成 Proteus 仿真所需 Hex 代码文件。

(2) 选择 Peripherals→I/O-Port 菜单项,选择"Port1",弹出图 8 - 36(b)所示 P1 口对话窗口。其中,上面一行(标记"Px")为 I/O 口输出变量,下面一行(标记 "Pins")为模拟 I/O 口引脚输入信号。"打勾"(√)为"1","空白"为"0",单击可修改。

(3) 单击单步运行图标(⤵),光标指向"for(t=0; t<=10860; t++);"语句行,记录寄存器窗口(参阅图 8 - 27)中 sec 值。再次单击单步运行图标,"for(t=0; t<=10860; t++);"语句执行完毕。光标返回"P10=!P10;"语句行,再次记录 sec 值,两者之差即为延时语句延时时间,即发光二极管闪烁间隔时间(本例在 $f_{osc}=$ 12 MHz 条件下约为 0.5 s)。

(4) 单击全速运行图标(▤),暂停图标(⊗)会变为红色。同时可看到 P1.0 在 "√"(表示 1)与"空白"(表示 0)之间切换跳变,表明 P1.0 端所接的发光二极管闪烁。

4. Proteus 仿真

(1) 打开 Proteus ISIS 软件。

单击 Proteus 图标 ISIS,弹出用户编辑界面如图 9 - 3 所示,编辑环境设置一般可按默认值,不必改动。

(2) 选择和放置元器件。

根据图 2 - 1 所示单灯电路,Proteus 虚拟仿真电路需要 80C51、发光二极管、电阻器、电容器和晶振等元器件。单击放置元件图标 和元器件选择窗口左上方的 P,即弹出 Pick Devices 对话框,就可以从左侧元器件种类窗口(Category)列出的元器件大类中选择和放置元器件操作了。

① 选择 80C51。单击元器件种类窗口(Category)中 Microprocessor Ics(微控制器),元器件搜索结果窗口(Results)弹出大量微控制器芯片,如图 9 - 9 所示,选择 AT89C51,右侧元器件电路图形预览和元器件封装外形预览窗口会分别弹出电路图形和封装外形,双击元器件搜索结果窗口中的 AT89C51,此时,AT89C51 会罗列在元器件选择窗口中。不必关闭 Pick Devices 对话框,可继续选择其他元器件(宜一次性完成全部元器件选择)。

② 选择发光二极管。单击元器件种类窗口(Category)中 Optoelectronics(光电器件),元器件子类窗口(Sub Category)弹出所属子菜单,单击 LEDs(发光二极管),

元器件搜索结果窗口(Results)弹出 LED 品种选项,单击所需品种,待该元件显示电路图形和封装外形后,双击该元件,该元件会罗列在元器件选择窗口中。

需要说明的是,LED 品种共有多个选项。其中 3 个品种的图形符号与国标相符,但电路运行时不会真正"发光",是否导通"发光"需根据该发光二极管正负端高低电平判断(电路运行后,各端点会出现红色或蓝色小方块,红色小方块代表高电平,蓝色小方块代表低电平)。另有 8 个品种,图形符号属旧国标,但电路运行导通时会发出红、兰、绿、黄等颜色光,比较直观(不需要根据正负端高低电平来判断是否"发光")。因此,编者建议,读者宜选用有色的 LED 品种,例如:红(LED-RED)、绿(LED-GREEN)、黄(LED-YELLOW)发光二极管。

③ 选择电阻器。单击元器件种类窗口(Category)中 Resistors(电阻器),元器件子类窗口(Sub Category)弹出所属子菜单,单击"Chip Resistor 1/8W 5%",元器件搜索结果窗口(Results)弹出该子类电阻标称值细分选项,选择 10 kΩ。待该元件显示电路图形和封装外形后,双击该元件,该元件会罗列在元器件选择窗口中。

④ 选择电容器。单击元器件种类窗口(Category)中 Capacitors(电容器),元器件子类窗口(Sub Category)弹出所属子菜单。单击 Ceramic Disc(瓷片电容),元器件搜索结果窗口(Results)弹出该子类电容细分选项,选择 33 pF,待该元件显示电路图形和封装外形后,双击该元件,该元件会罗列在元器件选择窗口中。再次从 Sub Category 窗口选择 Miniature Electronlytic(小型电解电容),Results 窗口弹出该子类电容细分选项,选择 2.2 μF,待该元件显示电路图形和封装外形后,双击该元件,该元件会罗列在元器件选择窗口中。

⑤ 选择晶振。单击元器件种类窗口(Category)中 Miscellaneous(多种器件),元器件搜索结果窗口(Results)弹出多种器件选项,选择 CRYSTAL,待该元件显示电路图形和封装外形后,双击该元件,该元件会罗列在元器件选择窗口中。

⑥ 电路所需元器件全部完成选择后,关闭 Pick Devices 对话框。在已经罗列电路所需全部元器件的元器件选择窗口中,单击 AT89C51,该元器件所在行变为蓝色,将鼠标移进原理图编辑窗口,鼠标形状变为"笔"状,选择适当位置,鼠标左键双击,AT89C51 就放置在原理图编辑图纸上。按上述方法,依次放置其他元器件,同类元器件若有多个时,可连续多次移动位置双击。

⑦ 放置电源和接地终端。单击图 9-3 左侧配件模型工具栏中图标 ,元器件选择窗口列出的终端符号选项,左键分别单击电源( )、接地( )终端符号,鼠标形状变为"笔"状,移至原理图编辑窗口适当位置,双击。

(3) 布线。

在原理图编辑窗口将元器件适当放置、排列后,就可以用导线将它们连接起来,构成一幅完整的电路原理图。

单击图 9-3 左侧配件模型工具栏中选择对象图标 ,移至原理图编辑窗口后,变为白色箭形鼠标,指向一个元件的引脚端点,此时白色箭形鼠标变为绿色笔形鼠标,并在该引脚端点处出现一个红色小虚线方框后单击;然后拖曳至另一元件的引脚端点,在该引脚端点处出现一个红色小虚线方框后再次单击。若需中途拐弯,可在拐弯处再单击一次;若需中途放弃连线,可右击。注意,连线的起点和终点必须是元件的引脚端点。

按上述方法连接单灯闪烁 Proteus 仿真电路如图 2-2 所示。

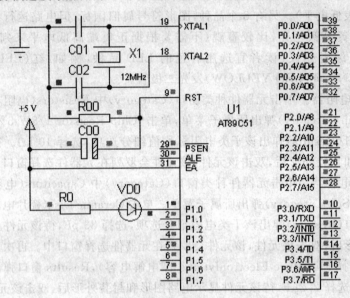

图 2-2 单灯闪烁 Proteus 仿真电路

（4）电气规则检查（ERC）。

Proteus 仿真电路画好以后,还需要检测一下有否错误（指电气规则上的错误,例如短路）。

选择 Tools→Electricl Rule Check（缩写为 ERC）菜单项,或单击主工具栏中电气规则检查图标，。若电气规则检查通过,则弹出电气规则检查报告,其中有 No ERC errors found（未发现 ERC 错误）语句。单击 Save As 按钮可存盘（ERC 文件）。若有 ERC 错误,必须排除,否则无法进行 VSM 虚拟单片机仿真。

（5）虚拟仿真运行。

① 双击 AT89C51,弹出元件编辑对话框,单击 Program File 栏右侧图标，打开 Select File Name 对话框,调节 Hex 文件路径,单击"打开"按钮,返回后,单击 OK 按钮,完成装入 Hex 文件操作。

② 单击全速运行按钮 ▶（运行后该按钮颜色变为绿色）,可看到 P1.0 端口所接发光二极管按亮暗各 0.5 s 不断闪烁。

③ 终止程序运行,可按停止按钮 ■。

5. 思考与练习

改变程序中延时参数 t 的数据类型和参数值,重新 Keil 调试,测试延时时间,生成新的 Hex 文件,并重新装入 Proteus 仿真电路 AT89C51 中,再次全速运行,观测闪烁效果。

实例 24　双键控 3 灯

已知信号灯电路如图 2-3 所示,要求实现:

① S0 单独按下,红灯亮,其余灯灭;

② S1 单独按下,绿灯亮,其余灯灭;

③ S0、S1 均未按下,黄灯亮,其余灯灭;

④ S0、S1 均按下,红绿黄灯全亮。

1. 电路设计

复位和振荡电路是 80C51 单片机最小系统组成部分,元件标称值一般固定不变,为简洁电路图面,默认不予画出,本书后续电路均照此办理。

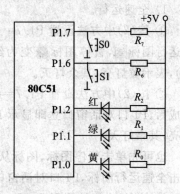

图 2-3　2 键控 3 信号灯电路

P1.0～P1.2 分别接黄、绿、红发光二极管,输出低电平时亮,输出高电平时暗。R_0～R_2 为限流电阻,取 330 Ω。S0、S1 为控制键,分别接 P1.7、P1.6。按键闭合时输入 0,按键断开时输入 1。R_7、R_6 为上拉电阻,取 10 kΩ,接+5 V。

2. 程序设计

```
#include <reg51.h>          //包含库函数 reg51.h
sbit  s0 = P1^7;            //定义 s0 为 P1.7
sbit  s1 = P1^6;            //定义 s1 为 P1.6
sbit  R = P1^2;             //定义 R 为 P1.2
sbit  G = P1^1;             //定义 G 为 P1.1
sbit  Y = P1^0;             //定义 Y 为 P1.0
void  main() {              //主函数
  while(1) {                //无限循环
    if((s0!=0)&&(s1!=0)){   //若 S0、S1 均未按下,则
      Y=0; R=G=1;}          //黄灯亮,其余灯灭
    else  if((s0!=1)&&(s1!=0)){  //若 S0 单独按下,则
      R=0; G=Y=1;}          //红灯亮,其余灯灭
    else  if((s0!=0)&&(s1!=1)){  //若 S1 单独按下,则
      G=0; R=Y=1;}          //绿灯亮,其余灯灭
    else  {R=G=Y=0;}}}      //若 S0、S1 均按下,3 灯均亮
```

3. Keil 调试

(1) 按实例 1 所述步骤,编译链接,语法纠错,并进入调试状态。

(2) 选择 Peripherals→I/O-Port 菜单项,选择"Port1",弹出图 8-36(b)所示 P1 口对话窗口。其中,上面一行(标记"Px")为 I/O 口输出变量,下面一行(标记"Pins")为模拟 I/O 口引脚输入信号。"打勾"(√)为"1","空白"为"0",单击可修改。

(3) 根据程序的不同调试要求,一般可分为断点运行、单步运行和全速运行。由于本例程序是根据 S0、S1 按键不同的开合状态控制红绿黄灯亮暗状态,因此须设置 S0、S1 开合状态,然后运行程序,观测红绿黄灯亮暗状态。

1) 全速运行。

① 按(2)中方法设置 P1.7=1、P1.6=1(打勾),表示 S0、S1 均未按下。单击全速运行图标🔳,暂停图标⊗变为红色,同时 P1.0=0(空白),P1.1=1、P1.2=1(打勾),表示黄灯亮,其余灯灭。

② 按(2)中方法设置 P1.7=0(空白)、P1.6=1(打勾),表示 S0 单独按下。设置完成后,P1 口对话窗口立即显示 P1.2=0(空白)、P1.0=1、P1.1=1(打勾),表示红灯亮,其余灯灭。

也可先单击暂停图标,图标从红色复原为灰色,然后设置 P1.7=0、P1.6=1,再单击全速运行图标,P1 口对话窗口也会显示 P1.2=0、P1.0=1、P1.1=1。

③ 按(2)中方法设置 P1.7=1(打勾)、P1.6=0(空白),表示 S1 单独按下。设置完成后,P1 口对话窗口立即显示 P1.1=0(空白)、P1.0=1、P1.2=1(打勾),表示绿灯亮,其余灯灭。

④ 按(2)中方法设置 P1.7=0、P1.6=0(空白),表示 S0、S1 均未按下。设置完成后,P1 口对话窗口立即显示 P1.0=0、P1.1=1、P1.2=1(空白),表示红绿黄灯全亮。

2) 单步运行。

① 按(2)中方法设置 P1.7=1、P1.6=1(打勾),表示 S0、S1 均未按下。单击单步运行图标"🔳",执行"if((s0!=0)&&(s1!=0){R=0;G=Y=1;}"指令后,P1.0=0(空白),P1.1=1、P1.2=1(打勾),表示黄灯亮,其余灯灭。

② 按(2)中方法设置 P1.7=0(空白)、P1.6=1(打勾),表示 S0 单独按下。单击单步运行图标,执行"else if((s0!=1)&&(s1!=0)){R=0;G=Y=1;}"指令后,P1.2=0(空白)、P1.0=1、P1.1=1(打勾),表示红灯亮,其余灯灭。

③ 按(2)中方法设置 P1.7=1(打勾)、P1.6=0(空白),表示 S1 单独按下。单击单步运行图标,执行"else if((s0!=0)&&(s1!=1)){G=0;R=Y=1;}"指令后,P1.1=0(空白)、P1.0=1、P1.2=1(打勾),表示绿灯亮,其余灯灭。

④ 按(2)中方法设置 P1.7=0、P1.6=0(空白),表示 S0、S1 均未按下。单击单步运行图标,执行"else {R=G=Y=0;}"指令后,P1.0=0、P1.1=0、P1.2=0(空白),表示红绿黄灯全亮。

3) 断点运行。

① 设置断点。将光标移至第一条 if 语句行前双击;或光标移至该程序行以后,

单击断点设置图标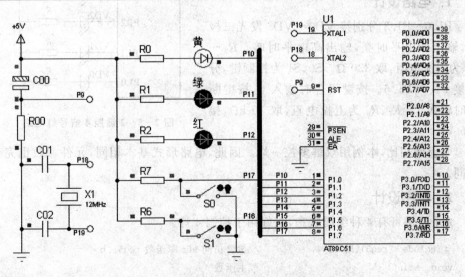（此处为小图标），该行语句前会出现一个红色小方块标记,表示此处已被设置为断点。

② 断点运行。单击全速运行图标"☰",由于预先设置了断点,因此当程序全速运行至断点时,会停下来等待调试指令。若程序运行之初,P1.7、P1.6(s0,s1) 状态被设置为 11(两键断开),则 P1 口 P1.2~P1.0 状态为 110,表示黄灯亮,其余灯灭。若改变 P1.7、P1.6(s0,s1) 的状态设置,例如分别设置为 01、10 或 00,则 P1.2~P1.0 状态会分别变成 011、101 和 000,即分别表示红灯亮(其余灯灭)、绿灯亮(其余灯灭)和红绿黄灯全亮。

4. Proteus 仿真

(1) 按实例 23 所述 Proteus 仿真步骤,打开 Proteus ISIS 软件,按表 2-1 选择和放置元器件,并连接线路,画出 Proteus 仿真电路如图 2-4 所示。

表 2-1   实例 24 Proteus 仿真电路元器件

名 称	编 号	大 类	子 类	型号/标称值	数 量
80C51	U1	Microprocessor Ics	80C51 family	AT89C51	1
石英晶体	X1	Miscellaneous	CRYSTAL	12 MHz	1
电阻		Resistors	Chip Resistor 1/8W 5%	10 kΩ,330 Ω	6
电容	C00	Capacitors	Miniature Electronlytic	2.2 μF	1
	C01	Capacitors	Ceramic Disc	33 pF	2
按键	S0、S1	Switches & Relays	Switches	SW-SPST	2
发光二极管		Optoelectronics	LEDs	红、绿、黄	3

图 2-4   双键控 3 灯 Proteus 仿真电路

(2) 双击 Proteus ISIS 仿真电路中 AT89C51,装入 Keil 调试后自动生成的 Hex 文件。

(3) 单击"全速运行"按钮,电路虚拟仿真运行。设置按键 S0、S1 不同状态(单击右侧两个小红点,左边是闭合,右边是断开),可看到红绿黄灯按题目要求显示亮暗。

① 程序之初,因 S0、S1 均未按下,所以黄灯亮,其余灯灭。

② 单击 S0 右侧第一个小红点(内有↓),S0 单独按下,红灯亮,其余灯灭。

③ 单击 S1 右侧第一个小红点(内有↓),S0、S1 均按下,红绿黄灯全亮。

④ 单击 S0 右侧第二个小红点(内有↑),S0 断开、S1 单独按下,绿灯亮,其余灯灭。

⑤ 单击 S1 右侧第二个小红点(内有↑),S0、S1 均断开,红灯亮,其余灯灭。

(4) 终止程序运行,按停止按钮,3 灯均灭。

5. 思考与练习

C51 循环语句有多种形式,都能实现本例控制要求。试用 switch 语句编程(可参阅下例或免费下载本书配套的仿真软件包),并进行 Proteus 仿真。

实例 25　双键控 4 灯

已知电路如图 2-5 所示,要求实现:

① S0、S1 均未按下,VD0 亮,其余灯灭;

② S0 单独按下,VD1 亮,其余灯灭;

③ S1 单独按下,VD2 亮,其余灯灭;

④ S0、S1 均按下,VD3 亮,其余灯灭。

1. 电路设计

P1.0~P1.3 分别接 VD0~VD3 发光二极管,输出低电平时亮,输出高电平时暗。$R_0 \sim R_3$ 为限流电阻,取 330 Ω。S0、S1 为控制键,分别接 P1.7、P1.6。按键闭合时输入 0,按键断开时输入 1。R_7、R_6 为上拉电阻,取 10 kΩ,接 +5 V。

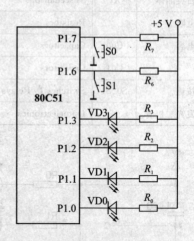

图 2-5　2 键控 4 信号灯电路

与上例相比,本例用双键多控一灯。因此,电路形式基本相同,元件参数也完全相同。

2. 程序设计

2 个按键可有 4 种编码状态,正好用于控制 4 灯。

```
#include <reg51.h>              //包含访问 sfr 库函数 reg51.h
void  main(){                    //主函数
  unsigned char  Q;              //定义无符号字符型变量 Q
```

```
P1 = P1|0xcf;                          //置 P1.7、P1.6 输入态,4 灯灭,P1.5、P1.4 状态不变
while(1) {                             //无限循环
  Q = P1&0xc0;                         //读 P1.7、P1.6 键状态
  switch(Q) {                          //switch 语句开头,根据表达式 Q 的值判断
    case 0:                            //S0、S1 均按下,则
      P1 = P1&0xf0|0xc7; break;        //VS3 亮,其余灯灭,并终止 switch 语句
    case 0x80:                         //S1 单独按下,则
      P1 = P1&0xf0|0xcb ;break;        //VD2 亮,其余灯灭,并终止 switch 语句
    case 0x40:                         //S0 单独按下,则
      P1 = P1&0xf0|0xcd ;break;        //VD1 亮,其余灯灭,并终止 switch 语句
    default:                           //S0、S1 均未按下,则
      P1 = P1&0xf0|0xce;}}}            //VD0 亮,其余灯灭
```

3. Keil 调试

（1）按实例 1 所述步骤,编译链接,语法纠错,并进入调试状态。

（2）选择 Peripherals→I/O-Port,选择"Port1",弹出 P1 口对话窗口。其中,上面一行(标记"Px")为 I/O 口输出变量,下面一行(标记"Pins")为模拟 I/O 口引脚输入信号。"打勾"(√)为"1","空白"为"0",单击可修改。

（3）参照上例 Keil 调试方法,可断点运行、单步运行和全速运行。此处给出全速运行:

① 单击全速运行图标,暂停图标变为红色,因初始状态为 P1.7＝1、P1.6＝1(打勾),因此,P1.3～P1.0 状态为"1110",表示 VD0 亮,其余灯灭。

② 单击 P1.7 下面一行(标记"Pins"),"打勾"变为"空白",表示 P1.7 引脚模拟输入信号为 0,即 S0 单独按下,P1.3～P1.0 状态立即变为"1101",表示 VD1 亮,其余灯灭。

③ 单击 P1.6 下面一行(标记"Pins"),"打勾"变为"空白",表示 P1.6、P1.7 引脚模拟输入信号均为 0,即 S0、S1 均按下,P1.3～P1.0 状态立即变为"0111",表示 VD3 亮,其余灯灭。

④ 单击 P1.7 下面一行(标记"Pins"),"空白"变为"打勾",表示 P1.7 引脚模拟输入信号为 1(P1.6 仍为 0),即 S1 单独按下,P1.3～P1.0 状态立即变为"1011",表示 VD2 亮,其余灯灭。

4. Proteus 仿真

（1）按实例 23 所述 Proteus 仿真步骤,打开 Proteus ISIS 软件,按表 2－2 选择和放置元器件,并连接线路,画出 Proteus 仿真电路如图 2－6 所示。

（2）双击 Proteus ISIS 仿真电路中 AT89C51,装入 Keil 调试后自动生成的 Hex 文件。

（3）单击全速运行按钮,电路虚拟仿真运行。设置按键 S0、S1 不同状态(单击右

侧两个小红点,左边是闭合,右边是断开),可看到 VD0～VD3 按题目要求亮暗。

① 程序之初,因 S0、S1 均未按下,所以 VD0 亮,其余灯灭。

② 单击 S0 右侧小红点,S0 单独按下,VD1 亮,其余灯灭。

③ 单击 S1 右侧小红点,S0、S1 均按下,VD3 亮,其余灯灭。

④ 再次单击 S0 右侧小红点,S0 断开,S1 单独按下,VD2 亮,其余灯灭。

⑤ 再次单击 S1 右侧小红点,S0、S1 均断开,VD0 亮,其余灯灭。

（4）终止程序运行,可按停止按钮。

表 2-2　实例 25 Proteus 仿真电路元器件

名　称	编　号	大　类	子　类	型号/标称值	数　量
80C51	U1	Microprocessor Ics	80C51 family	AT89C51	1
石英晶体	X1	Miscellaneous	CRYSTAL	12 MHz	1
电阻		Resistors	Chip Resistor 1/8W 5%	10 kΩ,330 Ω	6
电容	C00	Capacitors	Miniature Electronlytic	2.2 μF	1
	C01	Capacitors	Ceramic Disc	33 pF	2
按键	S0、S1	Switches & Relays	Switches	SW-SPST	2
发光二极管		Optoelectronics	LEDs	红、绿、黄、蓝	4

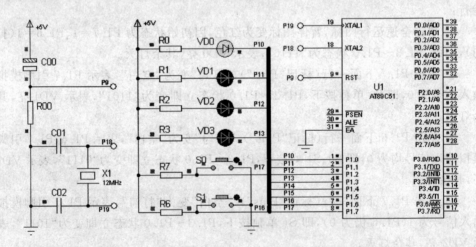

图 2-6　双键控 4 灯 Proteus 仿真电路

5. 思考与练习

上例用 if-else 语句编程,本例用 switch 语句编程,都能实现控制要求。试用 if-else 语句编程(可参阅上例或免费下载本书配套的仿真软件包),并进行 Proteus 仿真。

实例 26　无锁按键的 4 种不同键控方式

按键按能否锁定分为有锁按键和无锁按键。有锁按键按下释放后仍能锁定闭合状态，只有再次按一下才能解除闭合状态，回归断开状态。典型的无锁按键就是电脑键盘上的按键，不能锁定闭合状态，除非按住键不予释放。

在程序中，无锁按键的键控方式，根据其闭合和释放状态，可有多种不同的形式。本例要求按以下 4 种不同方式分别键控 VD0～VD3。

① S0 按下，VD0 亮；S0 释放，VD0 暗；

② S1 按下，VD1 亮；S1 释放，VD1 延时 2 s 后暗。

③ S2 按下，VD2 不亮；S2 释放，VD2 亮，并延时 2 s 后暗。

④ S3 按第 1 次，VD3 亮，并继续保持；按第 2 次，VD3 才暗。

1. 电路设计

P1.0～P1.3 分别接 VD0～VD3 发光二极管，输出低电平时亮，输出高电平时暗。R_0～R_3 为限流电阻，取 330 Ω。S0～S3 为无锁按键，键信号输入端分别为 P1.4～P1.7，按键闭合时输入 0，按键断开时输入 1。R_4～R_6 为上拉电阻，取 10 kΩ，接 +5 V，如图 2-7 所示。

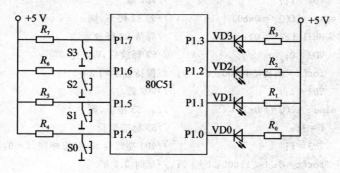

图 2-7　无锁按键不同方式键控灯电路

2. 程序设计

```
#include <reg51.h>          //包含访问 sfr 库函数 reg51.h
sbit s3 = P1^7;             //定义 s3 为 P1.7
sbit s2 = P1^6;             //定义 s2 为 P1.6
sbit s1 = P1^5;             //定义 s1 为 P1.5
sbit s0 = P1^4;             //定义 s0 为 P1.4
sbit VD3 = P1^3;            //定义 VD3 为 P1.3
sbit VD2 = P1^2;            //定义 VD2 为 P1.2
sbit VD1 = P1^1;            //定义 VD1 为 P1.1
sbit VD0 = P1^0;            //定义 VD0 为 P1.0
void  main() {              //主函数
```

```
unsigned char   Q;                          //定义键状态寄存器 Q
unsigned long   t;                          //定义延时参数 t
bit   f = 1;                                 //定义 S3 标志,按下为 0
P1 = 0xff;                                   //置 P1.7～P1.4 为输入态,VS3～VS0 灯灭
while(1) {                                   //无限循环
  Q = P1&0xf0;                               //读 P1.7～P1.4 键状态
  if(Q! = 0xf0) {                            //若 P1.7～P1.4 信号电平有变化,即有键闭合
    for(t = 0; t<200; t ++ );                //延时约 10 ms 消抖
    Q = P1&0xf0;                             //重读 P1.7～P1.4 键状态信号
      if(Q! = 0xf0) {                        //若 P1.7～P1.4 有低电平,确认有键闭合
        if(Q == 0xe0) {                      //若 S0 按下,则
          VD0 = 0;                           //VD0 亮
          while(s0 == 0);                    //等待 S0 释放
          VD0 = 1;}                          //S0 释放后,VD0 暗
        else  if(Q == 0xd0) {                //若 S1 按下,则
          VD1 = 0;                           //VD1 亮
          while(s1 == 0);                    //等待 S1 释放
          for(t = 0; t<44000; t ++ );        //S1 释放后,VD1 保持显示约 2 s
          VD1 = 1;}                          //VD1 暗
        else   if(Q == 0xb0) {               //若 S2 按下,则
          while(s2 == 0);                    //等待 S2 释放
          VD2 = 0;                           //S2 释放后,VD2 亮
          for(t = 0; t<44000; t ++ );        //保持显示约 2 s
          VD2 = 1;}                          //VD2 暗
        else   if(Q == 0x70) {               //若 S3 按下,则
          f = !f;                            //S3 标志取反
          VD3 = f;                           //VD3 亮暗与 S3 标志相同,f = 0,亮
          for(t = 0; t<11000; t ++ );        //延时 0.5 s
          while(s3 == 0);}}}}}               //等待 S3 释放
```

3．Keil 调试

(1) 按实例 1 所述步骤,编译链接,语法纠错,并进入调试状态。

(2) 选择 Peripherals→I/O-Port 菜单项,选择"Port1",弹出 P1 口对话窗口。其中,上面一行(标记"Px")为 I/O 口输出变量,下面一行(标记"Pins")为模拟 I/O 口引脚输入信号。"打勾"(√)为"1","空白"为"0",单击可修改。

(3) 单击单步运行图标,程序依次运行,至"Q＝P1&0xf0;"和"if(Q！＝0xf0)"语句行,反复在该两行之间徘徊。因初始状态为 P1.7＝1,P1.6＝1,4 个按键未按下,未改变状态。因此,程序反复测试有否按键按下,并等待按键按下。

(4) 在程序运行至"Q＝P1&0xf0;"语句行阶段,单击 P1.4 下面一行(标记"Pins"),"打勾"变为"空白",表示 S0 按下。继续单步运行,程序进入 S0 键控阶段。

因 S0 按下，P1.0 由"打勾"变为"空白"，表示 VD0 亮。但单步运行至"while(s0＝＝0)；"语句行，停留不动，原因是等待 S0 释放。再次单击 P1.4 下面一行，"空白"变为"打勾"，表示 S0 释放，光标指向下一语句行，继续单步运行，P1.0 随之由"空白"变为"打勾"，表示 VD0 暗。继续单步运行，因后续语句无关，返回"Q＝P1&0xf0；"语句行，等待新的键状态变化。

（5）在程序运行至"Q＝P1&0xf0；"语句行阶段，单击 P1.5 下面一行（标记"Pins"），"打勾"变为"空白"，表示 S1 按下。继续单步运行，程序进入 S1 键控阶段。因 S1 按下，P1.1 由"打勾"变为"空白"，表示 VD1 亮。但单步运行至"while(s1＝＝0)；"语句行，停留不动，原因是等待 S1 释放。再次单击 P1.5 下面一行，"空白"变为"打勾"，表示 S1 释放。光标指向下一语句行，继续单步运行。与上述 S0 键功能不同的是，P1.1 不是随之由"空白"变为"打勾"，而是要执行完延时 2 s 语句"for(t＝0；t＜44000；t＋＋)；"后，P1.0 才由"空白"变为"打勾"，表示 S1 释放并延时 2 s 后 VD0 才暗。继续单步运行，因后续语句无关，返回"Q＝P1&0xf0；"语句行，等待新的键状态变化。

（6）在程序运行至"Q＝P1&0xf0；"语句行阶段，单击 P1.6 下面一行（标记"Pins"），"打勾"变为"空白"，表示 S2 按下。继续单步运行，程序进入 S2 键控阶段。与上述 S1 键功能不同的是，P1.2 不是随之由"打勾"变为"空白"，而是停留在"while(s2＝＝0)；"语句行不动，原因是等待 S2 释放。再次单击 P1.6 下面一行，"空白"变为"打勾"，表示 S2 释放。光标指向下一语句行，继续单步运行。P1.2 由"打勾"变为"空白"，表示 S2 释放后 VD2 才亮。继续单步运行，执行完延时 2 s 语句"for(t＝0；t＜44000；t＋＋)；"后，P1.2 由"空白"变为"打勾"，表示 S2 释放后 VD2 仅亮了 2 s 就暗了。继续单步运行，因后续语句无关，返回"Q＝P1&0xf0；"语句行，等待新的键状态变化。

（7）在程序运行至"Q＝P1&0xf0；"语句行阶段，单击 P1.7 下面一行（标记"Pins"），"打勾"变为"空白"，表示 S3 按下。继续单步运行，程序进入 S3 键控阶段。P1.3 由"打勾"变为"空白"，表示 VD3 亮。运行至"while(s3＝＝0)；"语句行，停留不动，原因是等待 S3 释放。再次单击 P1.7 下面一行，"空白"变为"打勾"，表示 S3 释放。继续单步运行，返回"Q＝P1&0xf0；"语句行，等待新的键状态变化。但 P1.3 却保持空白不变，表示 VD3 继续亮下去。直到再次单击 P1.7 下面一行，"打勾"变为"空白"，程序第 2 次进入 S3 键控阶段。P1.3 由"空白"变为"打勾"，表示第 2 次按下 S3 键后，VD3 暗。单击 P1.7 下面一行，"空白"变为"打勾"，表示 S3 释放。继续单步运行，返回"Q＝P1&0xf0；"语句行，等待新的键状态变化。上述过程表示：第一次按 S3（后释放），VD3 亮并继续保持；直到第二次按 S3（后释放），VD3 才暗。

4. Proteus 仿真

（1）按实例 23 所述 Proteus 仿真步骤，打开 Proteus ISIS 软件，按表 2-3 选择和放置元器件，并连接线路，画出 Proteus 仿真电路如图 2-8 所示。

表 2 - 3   实例 26 Proteus 仿真电路元器件

名 称	编 号	大 类	子 类	型号/标称值	数 量
80C51	U1	Microprocessor Ics	80C51 family	AT89C51	1
石英晶体	X1	Miscellaneous	CRYSTAL	12 MHz	1
电阻		Resistors	Chip Resistor 1/8W 5%	10 kΩ、330 Ω	9
电容	C00	Capacitors	Miniature Electronlytic	2.2 μF	1
	C01	Capacitors	Ceramic Disc	33 pF	2
按键	S0、S1	Switches & Relays	Switches	BUTTON	4
发光二极管		Optoelectronics	LEDs	红、绿、黄、蓝	4

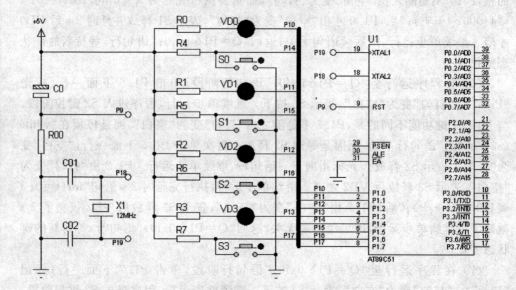

图 2 - 8   不同方式键控灯 Proteus 仿真电路

（2）双击 Proteus ISIS 仿真电路中 AT89C51，装入 Keil 调试后自动生成的 Hex 文件。

（3）单击全速运行按钮，电路虚拟仿真运行。

首先需要说明的是，本例选用的 BUTTON 按键有两种运行功能：有锁运行和无锁运行。做有锁运行时，单击按键图形中小红圆点，单击第 1 次闭锁，第 2 次开锁。做无锁运行时，单击按键图形中键盖帽"⊏⊐"，单击 1 次，键闭合后弹开 1 次，不闭锁。

① 单击 S0 盖帽，VD0 亮；S0 释放，VD0 暗。单击 S0 盖帽，按住不放，VD0 保持亮，释放后 VD0 暗。单击 S0 小红圆点，S0 闭合，VD0 亮并保持；第 2 次单击 S0 小红圆点，S0 释放，VD0 暗。表明 S0 的功能效果是：按下，VD0 亮；释放，VD0 暗。

② 单击 S1 盖帽，VD1 亮；S1 释放，VD1 延时 2 s 后暗。单击 S1 盖帽，按住不放，VD1 保持亮，释放后，延时 2 s 后 VD1 暗。单击 S1 小红圆点，S1 闭合，VD1 亮并保持；第 2 次单击 S1 小红圆点，S1 释放，延时 2 s 后 VD1 暗。表明 S1 的功能效果是：按下，VD1 亮；释放，延时 2s 后 VD1 暗。

③ 单击 S2 盖帽，VD2 不亮；S2 释放，VD2 亮后延时 2 s 后暗。单击 S2 盖帽，按住不放，VD2 保持不亮，释放后 VD2 亮，延时 2 s 后暗。单击 S2 小红圆点，S2 闭合，VD2 不亮并保持；第 2 次单击 S2 小红圆点，S2 释放后 VD2 亮，延时 2s 后暗。表明 S2 的功能效果是：按下，VD2 不亮；释放后亮，延时 2 s 后暗。

④ 第 1 次单击 S3 盖帽，VD3 亮；S3 释放，VD3 继续保持亮。第 2 次单击 S3 盖帽，VD3 暗；S3 释放，VD3 继续保持暗。第 1 次单击 S3 小红圆点，S3 闭合，VD3 亮并保持；第 2 次单击 S3 小红圆点，S3 释放，VD3 继续保持亮；第 3 次单击 S3 小红圆点，S3 闭合，VD3 暗；第 4 次单击 S3 小红圆点，S3 释放，VD3 继续保持暗。表明 S3 的功能效果是：按第 1 次，VD3 亮并保持；按第 2 次，VD3 才暗。

（4）终止程序运行，可按停止按钮。

5．思考与练习

仔细验证和体会无锁按键 4 种不同键控方式的功能效果和程序编制区别。

2.2　循环灯

实例 27　流水循环灯

流水循环灯要求 8 个发光二极管以流水方式循环点亮，每次点亮时间约为 0.5 s。掌握了 8 个发光二极管流水循环，就不难学会 16、32，以至更多发光二极管流水循环和花样循环。

1．电路设计

P1.0～P1.7 端口分别接发光二极管，并通过限流电阻接 +5 V。P1.0～P1.7 输出低电平时发光二极管亮，$R_0 \sim R_7$ 取 330 Ω，电路如图 2 - 9 所示。

2．程序设计

流水循环灯的程序设计可有多种方式。例如，控制方式有 C51 逻辑移位、内联函数循环移位和读数组方式，循环方式有 for 循环和 while 循环，延时子函数有单循环、双循环和单语句等，读者可参照本节 3 例编写，百花齐放。

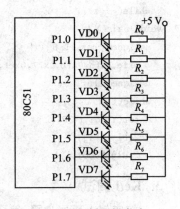

图 2 - 9　循环灯电路

(1) C51 逻辑移位控制

```
# include <reg51.h>                      //包含访问 sfr 库函数 reg51.h
void  main() {                           //主函数
  unsigned char   i = 0;                 //定义循环序号 i
  unsigned char Q = 0x01;                //定义亮灯状态字 Q,并赋初值
  unsigned long   t;                     //定义长整型延时参数 t
  while(1) {                             //无限循环
    for(i = 0; i<8; i++) {               //流水循环
      P1 = ~Q;                           //输出 P1 口亮灯
      for(t = 0; t<= 11000; t++);        //延时 0.5 s
      Q = Q<<1;}                         //修改亮灯位
    Q = 0x01;}}                          //一周循环结束,亮灯状态字恢复初值
```

(2) 内联函数循环移位控制

```
# include <reg51.h>                      //包含访问 sfr 库函数 reg51.h
# include <intrins.h>                    //包含访问内联库函数 intrins.h
void dy500ms() {                         //延时 0.5 s 子函数
  unsigned int   t = 62500;              //定义延时循环参数 t 并赋值
  while(-- t);}                          //while 循环:t = t - 1,若 t = 0,则跳出循环
void  main() {                           //主函数
  unsigned char Q = 0xfe;                //定义亮灯状态字 Q,并赋初值
  for(; ;) {                             //无限循环
    P1 = Q;                              //亮灯
    dy500ms();                           //调用延时子函数 dy,约延时 0.5 s
    Q = _crol_(Q,1);}}                   //循环左移一位
```

(3) 读数组方式控制

```
# include <reg51.h>                      //包含访问 sfr 库函数 reg51.h
void  dly(unsigned long  t) {            //延时子函数。形式参数为无符号长整型 t
  while(-- t);}                          //while 循环:t = t - 1,若 t = 0,则跳出循环
void  main() {                           //主函数
  unsigned char   L[8] = {               // 定义循环灯数组 L 并赋值
    0xfe,0xfd,0xfb,0xf7,0xef,0xdf,0xbf,0x7f};
  unsigned char   i;                     //定义循环序号 i
  while(1) {                             //无限循环
    for(i = 0; i<8; i++) {               //流水循环
      P1 = L[i];                         //读亮灯数组,输出 P1 口
      dly(1000);}}}                      //调用双循环延时子函数 dly,约延时 0.5 s
```

3. Keil 调试

(1) 按实例 1 所述步骤,编译链接,语法纠错,并进入调试状态。

（2）选择 Peripherals→I/O-Port 菜单项，选择"Port1"，弹出 P1 口对话窗口。其中，上面一行（标记"Px"）为 I/O 口输出变量，下面一行（标记"Pins"）为模拟 I/O 口引脚输入信号。"打勾"（√）为"1"，"空白"为"0"，单击可修改。此时 P1.0～P1.7 全部打勾，打勾表示灯暗，空白表示灯亮。

（3）单击全速运行图标（圝），"空白"从 P1.0 逐位快速移至 P1.7，并不断循环，表示发光二极管 VD0～VD7 循环点亮。

需要说明的是，在 Keil C51 软件 P1 对话框中，"空白"变化速率并不反映 P1 口实时变化速率，它是经过编译软件处理过的，真实的延时时间是寄存器窗口中 sec 值，读者不要产生错觉。因此，P1 口"空白"的快速移动节奏看得不是很清楚。

全速运行速度很快，整个程序中间不停顿，可直接得到最终结果，但若程序有错，难以确认错在哪里。单步执行是每执行一行语句停一停，等待下一行执行命令。此时可以观察该行指令执行效果，若有错便于及时发现和修改。

本例给出 3 种程序，单步运行调试方法略有不同，现分别叙述如下。

（4）程序（1）、（2）调试方法基本相同。

① 单击变量观测窗口图标（圝），Locals 标签页中显示程序局部变量 Q，P1 口是根据亮灯状态字 Q 值输出的。因此，观测 Q 值的变化就可观测 P1 口亮灯状态。但需注意的是，程序（1）与（2）中的 Q 值是不同的。程序（1）的 Q 值是高电平亮有效，程序（2）的 Q 值是低电平亮有效。

② 单击单步运行图标（圝）（程序（2）在执行延时子函数"dy500ms()"时应用"过程单步"（圝），一步跳过），程序在 for 循环语句中循环，观测 Locals 标签页中 Q 值的变化，从 0x01→0x02→0x04→0x08→0x10→0x20→0x40→0x80（程序（2）Q 值为 0xFE→0xFD→0xFB→0xF7→0xEF→0xDF→0xBF→0x7F）。同时，若用"1"替代"打勾"，"0"替代"空白"，则观测到 P1 对话窗口状态依次为："1111 1110"、"1111 1101"、"1111 1011"、…、"1011 1111"、"0111 1111"，表明发光二极管依次从 P1.0→P1.7 循环点亮。

（5）程序（3）调试方法。

① 单击变量观测窗口图标，Locals 标签页中显示数组 L 及其首地址 0x08。单击存储器窗口图标（圝），在 Memory♯1 窗口的 Address 编辑框内键入数组 L 首地址"d:0x08"。单击 Memory♯2，再回击 Memory♯1，Memory♯1 窗口显示以 0x08 为首地址的存储单元序列。右击其中任一单元，在弹出的右键菜单中，若"Decimal"（十进制）有"√"，单击去除，即选择十六进制，并选择 Unsigned Char，即无符号字符型数据变量。

② 单击单步运行图标（圝），程序越过数组 L 赋值语句至 for 循环语句，观测到 Memory♯1 窗口以 0x08 为首地址的存储单元已经存储了数组 L 的数值：FE、FD、FB、F7、EF、DF、BF、7F。然后进入 for 循环，在 P1 口输出亮灯数据"P1=L[i]；"与延时子函数"dly(1000)；"之间循环。需要注意的是，运行延时子函数"dly(1000)"时

应用"过程单步"（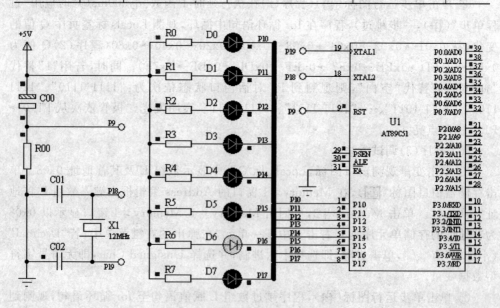），一步跳过。可以观测到 P1 对话框中"空白"从 P1.0 逐次向左移位至 P1.7，表明发光二极管依次从 P1.0→P1.7 循环点亮，且不断循环。

（6）检测延时函数或延时语句延时时间。单步运行至延时函数或延时语句行，记录寄存器窗口（参阅图 8 - 27）中 sec 值。延时语句仍单步运行；延时函数则单击"过程单步"运行图标，让延时函数一步运行完毕。再次查看寄存器窗口中 sec 值。两者之差，即为延时函数或延时语句的延时时间。

4. Proteus 仿真

（1）按实例 23 所述 Proteus 仿真步骤，打开 Proteus ISIS 软件，按表 2 - 4 选择和放置元器件，并连接线路，画出 Proteus 仿真电路如图 2 - 10 所示。

表 2 - 4　实例 27 Proteus 仿真电路元器件

名　称	编　号	大　类	子　类	型号/标称值	数　量
80C51	U1	Microprocessor Ics	80C51 family	AT89C51	1
石英晶体	X1	Miscellaneous	CRYSTAL	12 MHz	1
电阻		Resistors	Chip Resistor 1/8W 5%	10 kΩ、330 Ω	9
电容	C00	Capacitors	Miniature Electronlytic	2.2 μF	1
	C01	Capacitors	Ceramic Disc	33 pF	2
发光二极管	D0～D7	Optoelectronics	LEDs	YELLOW	8

图 2 - 10　循环灯 Proteus 仿真电路

（2）双击 Proteus ISIS 仿真电路中 AT89C51，装入 Keil 调试后自动生成的 Hex 文件（3 种程序生成 3 份 Hex 文件，可先装任一种）。

（3）单击"全速运行"按钮，电路虚拟仿真运行。8 个发光二极管 D0～D7 会按题目要求循环点亮，不断循环。若选用有色发光二极管（例如"LED-YELLOW"），可直观地看到发出有色亮光，观赏效果很好。

（4）终止程序运行，可按停止按钮。

（5）终止运行后，再次双击 AT89C51，装入另一种程序的 Hex 文件，全速运行，观测运行效果。

5. 思考与练习

（1）为什么程序（1）与（2）中的亮灯状态字 Q 会不同？

（2）若要求亮灯次序相反，试编制程序并 Keil 调试和 Proteus 仿真。

实例 28　花样循环灯

上例所述流水循环灯亮灯循环方式比较简单，本例要求实现各种花样亮灯循环。从上例程序（3）可悟出，只须编写花样循环码数组，然后按序输出，几乎可以随心所欲实现各种花样亮灯循环。

1. 电路设计

电路仍如图 2-9 所示。

2. 程序设计

根据以下两种花样亮灯循环要求，编制程序。

（1）花样循环 1

① 全亮 2 s；

② 从上至下依次暗灭（间歇约 0.5 s），每次减少 1 个，直至全灭；

③ 从上至下依次点亮（间歇约 0.5 s），每次增加 1 个，直至全亮；

④ 闪烁 5 次（亮暗时间各约 0.5 s）；

⑤ 重复上述过程，不断循环。

```
#include <reg51.h>                        //包含访问 sfr 库函数 reg51.h
unsigned char code led[30]={             //定义花样循环码数组,存在 ROM 中
  0,0,0,0,                                //全亮 2 s
  0x01,0x03,0x07,0x0f,0x1f,0x3f,0x7f,0xff, //从上至下依次暗灭,每次减少 1 个,直至
                                          //全灭
  0xfe,0xfc,0xf8,0xf0,0xe0,0xc0,0x80,0x00, //从上至下依次点亮,每次增加 1 个,直至
                                          //全亮
  0xff,0x00,0xff,0x00,0xff,0x00,0xff,0x00,0xff,0x00};  //闪烁 5 次
void main(){                             //主函数
  unsigned char  i;                      //定义循环变量 i
  unsigned long  t;                      //定义长整型延时参数 t
  while(1){                              //无限循环
```

```
    for(i = 0; i<30; i ++ ) {                          //花样循环
        P1 = led[i];                                   //读亮灯数组,并输出至 P1 口
        for(t = 0; t< = 11000; t ++ );}}}              //延时 0.5 s
```

（2）花样循环 2

① 全亮,全暗,并重复 1 次;

② 从上至下,每次亮 2 个,并重复 1 次;

③ 从上至下,每次亮 4 个,并重复 1 次;

④ 从上至下,每次间隔亮 2 个(亮灯中间暗 1 个),并重复 1 次;

⑤ 从上至下,每次间隔亮 4 个(亮灯中间暗 1 个),并重复 1 次;

⑥ 上述过程更新间隔 0.5 s,不断循环重复。

```
#include <reg51.h>                                     //包含访问 sfr 库函数 reg51.h
unsigned char  code  led[28] = {                       //定义花样循环码数组,存在 ROM 中
    0x00,0xff,0x00,0xff,                               //全亮,全暗,并重复 1 次
    0xfc,0xf3,0xcf,0x3f,0xfc,0xf3,0xcf,0x3f,           //每次亮 2 个,并重复 1 次
    0xf0,0x0f,0xf0,0x0f,                               //每次亮 4 个,并重复 1 次
    0xfa,0xf5,0xaf,0x5f,0xfa,0xf5,0xaf,0x5f,           //每次间隔亮 2 个(亮灯中间暗 1 个),
                                                       //并重复 1 次
    0xaa,0x55,0xaa,0x55};                              //每次间隔亮 4 个(亮灯中间暗 1 个),
                                                       //并重复 1 次
void  main() {                                         //主函数
    unsigned char  i;                                  //定义循环变量 i
    unsigned long  t;                                  //定义长整型延时参数 t
    while(1) {                                          //无限循环
        for(i = 0; i<28; i ++ ) {                       //花样循环
            P1 = led[i];                               //读亮灯数组,输出 P1 口
            for(t = 0; t< = 11000; t ++ );}}}          //延时 0.5 s
```

上述程序也可利用指针指向并输出数组元素。例如,上述花样循环 2 程序可改写如下:

```
#include <reg51.h>                                     //包含访问 sfr 库函数 reg51.h
unsigned char  code  led[28] = {                       //定义花样循环码数组,存在 ROM 中
    0x00,0xff,0x00,0xff,                               //全亮,全暗,并重复 1 次
    0xfc,0xf3,0xcf,0x3f,0xfc,0xf3,0xcf,0x3f,           //每次亮 2 个,并重复 1 次
    0xf0,0x0f,0xf0,0x0f,                               //每次亮 4 个,并重复 1 次
    0xfa,0xf5,0xaf,0x5f,0xfa,0xf5,0xaf,0x5f,           //每次间隔亮 2 个(亮灯中间暗 1 个),
                                                       //并重复 1 次
    0xaa,0x55,0xaa,0x55};                              //每次间隔亮 4 个(亮灯中间暗 1 个),并重
                                                       //复一次
void  main() {                                         //主函数
    unsigned long  t;                                  //定义长整型延时参数 t
```

```
unsigned char    * p;               //定义指向数组的指针变量 p
while(1) {                          //无限循环
  for(p = led;p<led + 28;p ++ ) {   //花样循环,循环变量为指针变量 p
    P1 = * p;                       //按指针变量 p 读亮灯数组,并输出至 P1 口
    for(t = 0; t< = 11000; t ++ );}}}  //延时 0.5 s
```

3. Keil 调试

Keil 调试类同上例。

(1) 按实例 1 所述步骤,编译链接,语法纠错,并进入调试状态。

(2) 打开 P1 口对话窗口,全速运行,P1.0～P1.7 中的"空白"(表示亮灯)位置会按题目要求快速变化,不过由于变化过快,不易看清。

(3) 连续单步运行,P1.0～P1.7 的亮灯状态按题目要求逐"步"变化,能看清全部亮灯变化过程。

(4) 检测延时时间。运行"for(t=0；t<11000；t++)；"语句前,记录寄存器窗口(参阅图 8 - 27)中 sec 值；执行完后,再次查看寄存器窗口中 sec 值。两者之差,即为延时语句延时时间。

4. Proteus 仿真

(1) Proteus 仿真电路可用上例图 2 - 10 所示电路。

(2) 双击 Proteus ISIS 仿真电路中 AT89C51,装入 Keil 调试后自动生成的 Hex 文件(2 种程序生成 2 份 Hex 文件,可先装任一种)。

(3) 单击全速运行按钮,电路虚拟仿真运行。8 个发光二极管 D0～D7 会按题目要求循环点亮,不断循环。若选用有色发光二极管(例如"LED - YELLOW"),可直观地看到发出有色亮光,观赏效果很好。

(4) 终止程序运行,可按停止按钮。

(5) 终止运行后,再次双击 AT89C51,装入另一种程序的 Hex 文件,全速运行,观测运行效果。

5. 思考与练习

读者可参照本节 2 例,自行编写百花齐放的花样循环灯程序并仿真运行。

2.3　模拟交通灯

实例 29　模拟交通灯

十字路口交通灯,单片机可模拟控制其亮暗及闪烁。

1. 电路设计

设计模拟交通灯电路如图 2 - 11 所示,共 4 组红黄绿灯,P1.0～P1.2 分别控制

横向 2 组红黄绿灯,P1.3~P1.5 分别控制纵向 2 组红黄绿灯。

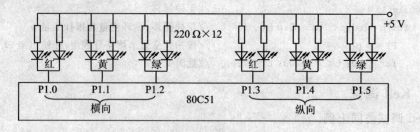

图 2-11　模拟交通灯电路

2. 程序设计

交通灯模拟控制要求:相反方向相同颜色的灯显示相同,垂直方向相同颜色的红绿灯显示相反。横向绿灯先亮 4 s(为便于观察运行效果而缩短时间),再快闪 1 s(亮暗各 0.1 s,闪烁 5 次);然后黄灯亮 2 s;横向绿灯黄灯亮闪期间,纵向红灯保持亮状态(共 7 s);再然后纵向绿灯黄灯重复上述横向绿灯黄灯亮闪过程,纵向与横向交替不断。

```
# include <reg51.h>              //包含访问 sfr 库函数 reg51.h
sbit  GA = P1^2;                 //定义 GA 为 P1.2(横向绿灯)
sbit  GB = P1^5;                 //定义 GB 为 P1.5(纵向绿灯)
void delay(unsigned int t){      //延时子函数 delay,延时形参 t
  unsigned char j;               //定义循环序数 j
  for(; t>0; t--)                //for 循环。若 t>0,则 t=t-1
    for(j=244; j>0; j--);}       //嵌套 for 循环。j 赋初值 244,若 j>0,则 j=j-1
void  main() {                   //主函数
  unsigned char  i;              //定义闪烁循环参数 i
  while(1) {                     //无限循环
    P1 = 0xf3;                   //横向绿灯、纵向红灯亮
    delay(8000);                 //延时 4 s
    for(i=0;i<10;i++) {          //横向绿灯闪烁循环
      GA = !GA;                  //横向绿灯闪烁,纵向红灯保持亮
      delay(200);}               //间隔 0.1 s
    P1 = 0xf5;                   //横向黄灯亮、纵向红灯亮
    delay(4000);                 //延时 2 s
    P1 = 0xde;                   //纵向绿灯、横向红灯亮
    delay(8000);                 //延时 4 s
    for(i=0;i<10;i++) {          //纵向绿灯闪烁循环
      GB = !GB;                  //纵向绿灯闪烁,横向红灯保持亮
      delay(200);}               //间隔 0.1 s
    P1 = 0xee;                   //纵向黄灯亮、横向红灯亮
    delay(4000);}}               //延时 2 s
```

3. Keil 调试

(1) 按实例 1 所述步骤，编译链接，语法纠错，并进入调试状态。

(2) 选择 Peripherals→I/O-Port 菜单项，选择"Port1"，弹出 P1 口对话窗口。其中，上面一行（标记"Px"）为 I/O 口输出变量，下面一行（标记"Pins"）为模拟 I/O 口引脚输入信号。"打勾"（√）为"1"，"空白"为"0"，单击可修改。此时 P1.0～P1.7 全部打勾，打勾表示灯暗，空白表示灯亮。

(3) 单击全速运行图标，"空白"（表示亮灯）位置在 P1.0～P1.5 之间快速变化，并不断循环，表示红黄绿灯按题目要求被控制点亮。

需要说明的是，在 Keil C51 软件 P1 对话窗口中，"空白"变化速率并不反映 P1 口实时变化速率，它是经过编译软件处理过的，真实的延时时间是寄存器窗口中 sec 值，读者不要产生错觉。因此，P1.0～P1.5 之间"空白"的快速变化过程看得不是很清楚。

为了看清闪变过程是否符合题目要求，可适当延长延时时间。例如，用 2 条 delay(60000)替代 delay(8000)延时 4 s，用 delay(60000)替代 delay(4000)延时 2 s，用 delay(10000)替代 delay(200)延时 0.1 s，重新编译链接，进入调试状态，全速运行，可以比较清楚地看到 P1.0～P1.5 闪变过程符合题目要求。

(4) 单步运行。单击单步运行图标（执行延时子函数时应用"过程单步"（🅿），一步跳过），或者全部用"过程单步"代替"单步运行"。运行语句"P1＝0xf3;"后，横向绿灯亮，纵向红灯亮；运行语句"for(i＝0;i＜10;i＋＋){GA＝!GA;delay(200);}"后，横向绿灯闪烁 5 次，纵向红灯保持亮；运行语句"P1＝0xf5;"后，横向黄灯亮，纵向红灯亮；运行语句"P1＝0xde;"后，纵向绿灯亮，横向红灯亮；运行语句"for(i＝0;i＜10;i＋＋){GB＝!GB;delay(200);}"后，纵向绿灯闪烁 5 次，横向红灯保持亮；运行语句"P1＝0xee;"后，纵向黄灯亮，横向红灯亮。

(5) 检测延时函数延时时间。单步运行至延时函数语句行，记录寄存器窗口（参阅图 8-27）中 sec 值。单击"过程单步"运行图标，让延时函数一步运行完毕。再次查看寄存器窗口中 sec 值。两者之差，即为延时函数的延时时间。

4. Proteus 仿真

(1) 按实例 23 所述 Proteus 仿真步骤，打开 Proteus ISIS 软件，按表 2-5 选择和放置元器件，并连接线路，画出 Proteus 仿真电路如图 2-12 所示。

(2) 双击 Proteus ISIS 仿真电路中 AT89C51，装入 Keil 调试后自动生成的 Hex 文件。

(3) 单击全速运行按钮，电路虚拟仿真运行。可直观地看到红黄绿灯按题目要求被控制点亮，观赏效果很好。

(4) 终止程序运行，可按停止按钮。

表 2 - 5　实例 29 Proteus 仿真电路元器件

名　称	编　号	大　类	子　类	型号/标称值	数　量
80C51	U1	Microprocessor Ics	80C51 family	AT89C51	1
石英晶体	X1	Miscellaneous	CRYSTAL	12 MHz	1
电阻		Resistors	Chip Resistor 1/8W 5%	10 kΩ,330 Ω	13
电容	C00	Capacitors	Miniature Electronlytic	2.2 μF	1
	C01	Capacitors	Ceramic Disc	33 pF	2
发光二极管		Optoelectronics	LEDs	RED,GREEN,YELLOW	各 4

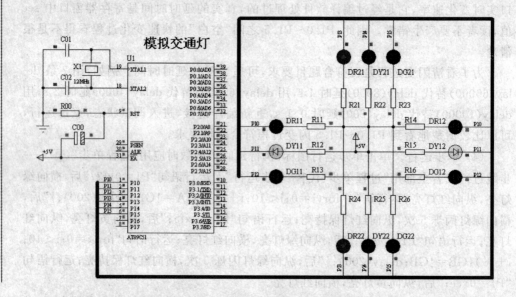

图 2 - 12　模拟交通灯 Proteus 仿真电路

5. 思考与练习

Keil 调试中,为了看清全速运行闪变过程,适当延长延时时间。为什么要用 2 条 delay(60000)替代 delay(8000),而不能用一条 delay(120000)替代 delay(8000)?

实例 30　带限行时间显示的模拟交通灯

在上例基础上,绿灯加上限行时间显示,原换灯时间分别改为:绿灯 9 s(最后 2 s 快闪),黄灯 3 s,红灯 12 s,反复循环。

1. 电路设计

限行时间显示,要加显示电路。可在在上例电路基础上,P2 口输出纵向绿灯时间显示,P2.0～P2.6 分别控制数码管七段段码;P3 口输出横向绿灯时间显示,P3.0～

P3.6 分别控制数码管七段段码,数码管选用共阳绿色七段数码管,如图 2 − 13 所示。

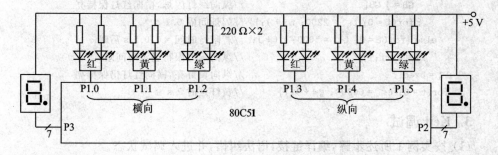

图 2 − 13　带限行时间显示的模拟交通灯电路

2. 程序设计

```
# include <reg51.h>                           //包含访问 sfr 库函数 reg51.h
sbit   GA = P1^2;                             //定义 GA 为 P1.2(横向绿灯)
sbit   GB = P1^5;                             //定义 GB 为 P1.5(纵向绿灯)
unsigned char   code   c[10] = {              //.定义共阳字段码数组,并赋值
  0xc0,0xf9,0xa4,0xb0,0x99,0x92,0x82,0xf8,0x80,0x90};
void   main() {                               //主函数
  unsigned char   i,j;                        //定义循环变量 i,j
  unsigned long   t;                          //定义长整型延时参数 t
  P2 = 0xff; P3 = 0xff;                        //限行显示时间暗
  while(1) {                                   //无限循环
    P1 = 0xf3;                                 //横向绿灯亮,纵向红灯亮
    for(i = 9; i<10; i-- ) {                   //横向绿灯循环
      P3 = c[i];                               //横向绿灯显示限行时间
      if(i>2)                                  //若限行时间>2 s
        for(t = 0;t<= 22000;t++ );             //限行显示时间一秒刷新
      else  if((i == 2)|(i == 1)) {            //若限行时间≤2 s,带闪烁
        for(j = 0; j<10; j++ ) {               //闪烁循环
          GA = ! GA;                           //横向绿灯闪烁,纵向红灯保持亮
          for(t = 0; t<= 2200; t++ );}}        //闪烁间隔 0.1 s
      else {for(t = 0; t<= 5000; t++ );        //若限行时间 = 0,0.5 s 后暗
        P3 = 0xff;}}                           //横向绿灯限行显示时间暗
    P1 = 0xf5;                                 //横向黄灯亮,纵向红灯仍保持亮
    for(t = 0; t<= 66000; t++ );               //黄灯延时 3 s
    P1 = 0xde;                                 //纵向绿灯亮,横向红灯亮、黄灯灭
    for(i = 9; i<10; i-- ) {                   //纵向绿灯循环
      P2 = c[i];                               //纵向绿灯显示限行时间
      if(i>2)                                  //若限行时间>2 s
        for(t = 0;t<= 22000;t++ );             //限行显示时间一秒刷新
      else  if((i == 2)|(i == 1)) {            //若限行时间≤2 s,带闪烁
```

47

```
        for(j = 0; j<10; j ++) {           //闪烁循环
            GB = ! GB;                      //纵向绿灯闪烁,横向红灯保持亮
            for(t = 0; t< = 2200; t ++);}}  //闪烁间隔 0.1 s
        else {for(t = 0; t< = 5000; t ++);  //若限行时间 = 0,0.5 s 后暗
            P2 = 0xff;}}                     //纵向绿灯限行显示时间暗
    P1 = 0xee;                               //纵向黄灯亮,横向红灯仍保持亮
    for(t = 0; t< = 66000; t ++);}}          //黄灯延时 3 s
```

3. Keil 调试

（1）按实例 1 所述步骤，编译链接，语法纠错，并进入调试状态。

（2）选择 Peripherals→I/O-Port 菜单项，分别选择"Port1"、"Port2"、"Port3"，弹出 P1、P2、P3 口对话窗口。

（3）单击"全速运行"图标，"空白"（表示亮灯）位置在 P1.0～P1.5 之间快速变化，并不断循环，表示红黄绿灯按题目要求被控制点亮。为了看清闪变过程是否符合题目要求，可仿照上例适当延长延时时间。

（4）单击单步运行图标，运行过程与上例基本相同。但遇横向绿灯亮时，P3 口对话窗口左侧上面小框中的十六进制数按"9"→"0"共阳字段码依次变化，表明 P3 口输出横向绿灯剩余时间显示。遇纵向绿灯亮时，P2 口对话窗口左侧上面小框中的十六进制数按"9"→"0"共阳字段码依次变化，表明 P2 口输出纵向绿灯剩余时间显示。

（5）检测延时语句延时时间。运行延时语句前，记录寄存器窗口（参阅图 8－27）中 sec 值；执行完后，再次查看寄存器窗口中 sec 值。两者之差，即为延时语句延时时间。

4. Proteus 仿真

（1）按实例 23 所述 Proteus 仿真步骤，打开 Proteus ISIS 软件，按表 2－6 选择和放置元器件，并连接线路，画出 Proteus 仿真电路如图 2－14 所示。

表 2－6　实例 30 Proteus 仿真电路元器件

名　称	编　号	大　类	子　类	型号/标称值	数　量
80C51	U1	Microprocessor Ics	80C51 family	AT89C51	1
石英晶体	X1	Miscellaneous	CRYSTAL	12 MHz	1
电阻		Resistors	Chip Resistor 1/8W 5%	10 kΩ、330 Ω	13
电容	C00	Capacitors	Miniature Electronlytic	2.2 μF	1
	C01	Capacitors	Ceramic Disc	33 pF	2
发光二极管		Optoelectronics	LEDs	RED、GREEN、YELLOW	各 4
数码管		Optoelectronics	7-Segment Displays	7SEG-COM-AN-GRN	2

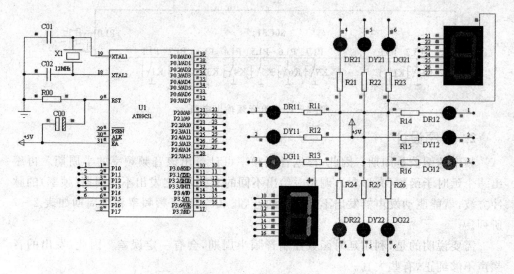

图 2 - 14 带限行时间显示的模拟交通灯 Proteus 仿真电路

（2）双击 Proteus ISIS 仿真电路中 AT89C51，装入 Keil 调试后自动生成的 Hex 文件。

（3）单击全速运行按钮，电路虚拟仿真运行。可直观地看到红黄绿灯按题目要求被控制点亮，数码管显示绿灯剩余时间，观赏效果很好。

（4）终止程序运行，可按停止按钮。

5. 思考与练习

为什么数码管要选用共阳型？

2. 4 音频声输出

Proteus 元器件库中有一个仿真发声器（SOUNDER 或 SPEAKER），受到单片机输出激励，能仿真发出各种声音，包括演奏音乐。实际上，数字化音响就是由单片机控制输出的。

实例 31 单音频输出

1. 电路设计

单音频输出电路如图 2 - 15 所示。P1.0 接发声器，P1.1～P1.7 分别接按键开关 K1～K7（不带锁），控制发声器分别发出"1"～"7"的单音频。P3.0、P3.2 分别接按键开关 KL（带锁）、KH（带锁），控制单音频的高低音调。KL 按下，发低音；KH 按下，发高音；KL、KH 均未按下或均按下，则发中音。

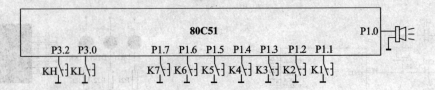

图 2-15　单音频输出电路

2. 程序设计

频率的倒数是周期。因此,根据音频频率可计算出该音频频率的半周期。再编出一个延时子函数(有形参),调用时给出不同的实参,使之发出不同周期(频率)的脉冲方波,就能驱动发声器发出不同频率的音频。C 音调音频频率和半周期如表 2-7 所列。

需要说明的是,利用延时函数控制音频半周期,会有一定误差。因此,发出的音频声不够纯正,有些失真。

表 2-7　音频频率(C 音调)和半周期($f_{osc}=12$ MHz)

音符	低 音			中 音			高 音		
	频率/Hz	半周期/ms	延时参数	频率/Hz	半周期/ms	延时参数	频率/Hz	半周期/ms	延时参数
1	262	1.908	219	523	0.956	100	1046	0.478	40
2	294	1.701	193	587	0.852	87	1175	0.426	33
3	330	1.515	170	659	0.759	75	1318	0.379	27
4	349	1.433	159	698	0.716	70	1397	0.358	25
5	392	1.276	139	784	0.638	60	1568	0.319	20
6	440	1.136	122	880	0.568	52	1760	0.284	16
7	494	1.012	107	988	0.506	43	1976	0.253	12

```
# include <reg51.h>                        //包含访问 sfr 库函数 reg51.h
sbit  SOND = P1^0;                         //定义发声器 SOND 为 P1.0
sbit  KL = P3^0;                           //定义低音按键 KL 为 P3.0
sbit  KH = P3^2;                           //定义高音按键 KH 为 P3.2
void  tone(unsigned char  t) {             //音符发声子函数。形参 t(音符频率序号)
  unsigned char  j;                        //定义音频延时循环变量 j
  unsigned int  i;                         //定义发声时间循环变量 i
  for(i = 0; i<(30000/t); i++) {           //控制发声时间
    SOND = ~SOND;                          //输出取反(产生音频方波)
    for(j=0; j<t; j++);}                    //控制发声频率(半周期)
  SOND = 0;}                               //发声结束,关发声器
void  main() {                             //主函数
  unsigned char  n,k;                      //定义高低音系数 n,键信号 k
  unsigned int  t;                         //定义整型延时参数 t
  unsigned char  T[21] = {                 //定义音符频率数组(延时参数)
```

```
  219,193,170,159,139,122,107,100,87,75,70,60,52,43,40,33,27,25,20,16,12};
  while(1){                            //无限循环,等待按键按下
    if((KL == 0)&(KH! = 0))  n = 0;    //低音键 KL 按下且 KH 未按下,置低音系数 0
    else  if((KH == 0)&(KL! = 0))  n = 2;  //高音键 KH 按下且 KL 未按下,置高音系数 2
    else  n = 1;                       //KL、KH 均未按下或均按下,置中音系数 1
    if((~(P1|0x01))! = 0){             //有音频键按下,则
      k = P1|0x01;                     //记录键状态
      for(t = 0; t<2000; t ++);        //延时约 10 ms 消抖
      while((~(P1|0x01))! = 0);        //等待按键释放
      switch(k){                       //根据键状态发声
        case 0xfd: tone(T[0 + n * 7]); break;  //K1 按下,发声"1"
        case 0xfb: tone(T[1 + n * 7]); break;  //K2 按下,发声"2"
        case 0xf7: tone(T[2 + n * 7]); break;  //K3 按下,发声"3"
        case 0xef: tone(T[3 + n * 7]); break;  //K4 按下,发声"4"
        case 0xdf: tone(T[4 + n * 7]); break;  //K5 按下,发声"5"
        case 0xbf: tone(T[5 + n * 7]); break;  //K6 按下,发声"6"
        case 0x7f: tone(T[6 + n * 7]); break;  //K7 按下,发声"7"
        default:;}}}}                  //此外,不发声
```

3. Keil 调试

(1) 按实例 1 所述步骤,编译链接,语法纠错,并进入调试状态。

(2) 设置断点。将光标移至主函数"while((~(P1|0x01))! = 0)"(等待按键释放)程序行前,双击;或光标移至该程序行以后,单击断点设置图标(🖐),该行语句前会出现一个红色小方块标记,表示此处被设置为断点。程序运行到此处时,会停下来等待调试指令。用同样方法在音符发声子函数"for(j=0; j<t; j++)"(控制发声频率)程序行设置断点。

(3) 选择 Peripherals→I/O-Port 菜单项,分别选择 Port1 和 Port3,弹出 P1 和 P3 口对话窗口。其中,上面一行(标记 P1/ P3)为模拟 I/O 口输出变量,下面一行(标记"Pins")为模拟 I/O 口引脚输入信号。"打勾"(√)为"1","空白"为"0",单击可改变其状态。置 P1.0 引脚为 0(单击上面一行相应位,去除"√"形),表示发声器关闭。

(4) 检测单音符半周期时间。

① 全速运行,至断点"while((~(P1|0x01))! = 0)"(等待按键释放)处,置 P1.1 "Pins"为 0(单击下面一行相应位,变为"空白"),表示 K1 键按下。

② 继续全速运行,至断点"for(j=0; j<t; j++)"(控制发声频率)处,记录寄存器窗口中 sec 值。

③ 按"过程单步"(🖰)键,快速执行该语句完毕,再读取 sec 值,两者之差,即为该语句执行时间,即该单音符半周期时间。

④ 按上述方法逐个检测并修正每一单音符半周期(音符"1"~"7"由 P1.1~

P1.7 控制；高低音由 P3.0、P3.2 控制：低音时置 P3.0 引脚为 0，高音时置 P3.2 引脚为 0）。

需要说明的是，语句"for(j＝0；j＜t；j＋＋)"执行时间与引用程序有关，即不同的程序在编译语句"for(j＝0；j＜t；j＋＋)"时，形成的汇编指令和路径可能不同，引起执行时间即音符频率不同。因此，不要单独检测语句"for(j＝0；j＜t；j＋＋)"的执行时间，而应在本程序引用中检测。

实际上，本例 Keil 调试意义不大，还是直接观看和倾听 Proteus 仿真发出的实际声音吧！

4. Proteus 仿真

（1）按实例 23 所述 Proteus 仿真步骤，打开 Proteus ISIS 软件，按表 2-8 选择和放置元器件，并连接线路，画出 Proteus 仿真电路如图 2-16 所示。

表 2-8　实例 31 Proteus 仿真电路元器件

名　称	编　号	大　类	子　类	型号/标称值	数　量
80C51	U1	Microprocessor Ics	80C51 family	AT89C51	1
石英晶体	X1	Miscellaneous	CRYSTAL	12 MHz	1
电阻	R00	Resistors	Chip Resistor 1/8W 5%	10 kΩ	1
电容	C00	Capacitors	Miniature Electronlytic	2.2 μF	1
	C01	Capacitors	Ceramic Disc	33 pF	2
按键		Switches & Relays	Switches	BUTTON	9
发声器	LS1	Speakers & Sounders		SOUNDER	1

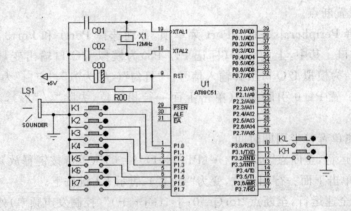

图 2-16　单音频输出 Proteus 仿真电路

（2）双击 Proteus ISIS 仿真电路中 AT89C51，装入 Keil 调试后自动生成的 Hex 文件。

（3）单击"全速运行"按钮，电路虚拟仿真运行。依次单击 K1～K7 按键盖帽

"⊏⊐"(不带锁),发声器分别发出"1"~"7"的中音单音调。分别按下 KL 键(带锁)和 KH 键(带锁),再次单击 K1~K7 按键盖帽(不带锁),发声器会分别发出低音调和高音调的"1"~"7"的单音。

5. 思考与练习

读者可调节音符频率数组(延时参数),重新编译生成 Hex 文件,Proteus 仿真,倾听单音频声音,使之更动听逼真。

实例 32　双音频输出

单片机控制不但能控制输出单音频,也能控制输出双音频,如电话铃声、救护车报警声等。

1. 电路设计

电路与上例基本相同,如图 2-17 所示。P1.7 接发声器,P1.0、P1.2 分别接按键开关 K0、K1,要求按 1 次 K0、K1,发声器分别发出电话铃声、救护车报警声。

2. 程序设计

电话铃声和救护车报警声属于双音频声,即包含两种音频成分,调节该两种音频声的频率和发声延时,就能得到不同的声控效果。

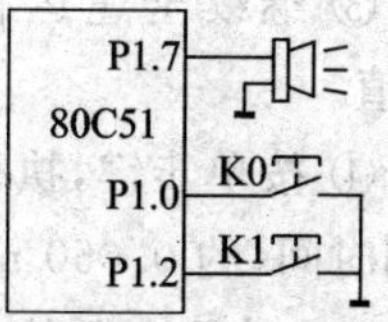

图 2-17　双音频输出电路

```c
#include <reg51.h>                              //包含访问 sfr 库函数 reg51.h
sbit  K0 = P1^0;                                //定义按键 K0 为 P1.0
sbit  K1 = P1^2;                                //定义按键 K1 为 P1.2
sbit  SOND = P1^7;                              //定义发声器 SOND 为 P1.7
void  alarm(unsigned int  m, unsigned char  n) {   //警报子函数(形参 m、n)
  unsigned int  i;                             //定义整型循环变量 i
  unsigned char  j;                            //定义字符型循环变量 j
  for(i = 0; i<m; i++) {                        //控制发声时间(长短,由形参 m 确定)
    SOND = ~SOND;                              //输出取反(产生方波)
    for(j = 0; j<n; j++);}                      //控制发声音调(频率,由形参 n 确定)
  SOND = 0;}                                    //发声结束,关发声器
void  main() {                                  //主函数
  unsigned char  i;                            //定义循环变量 i(用于发声次数)
  while(1) {                                    //无限循环,等待不同按键按下
    if(K0 == 0) {                               //K0 按下
      for(i = 0; i<8; i++) {                     //循环 8 次,发出电话铃声
        alarm(100,80);                          //发声前半段(实参:发声时间长短,频率)
        alarm(100,100);}}                        //发声后半段(实参:发声时间长短,频率)
    else  if(K1 == 0) {                          //K1 按下
```

```
        for(i=0; i<8; i++) {          //循环 8 次,发出救护车报警声
        alarm(800,90);                //发声前半段(实参:发声时间长短,频率)
        alarm(600,120);}}}}           //发声后半段(实参:发声时间长短,频率)
```

3. Keil 调试

调试方法类同上例。

(1) 按实例 1 所述步骤,编译链接,语法纠错,并进入调试状态。

(2) 打开 P1 口对话窗口,置 P1.7 引脚为 0(去除"√"形),表示发声器关闭。

(3) 检测电话铃声前半段半周期时间(n 实参为 80)。

① 分别在主函数"if(K0==0)"(判 K0 按下)程序行和警报子函数"for(j=0; j<n; j++)"(控制发声音调)程序行设置断点。

② 全速运行,至断点"if(K0==0)"处,置 P1.0"Pins"为 0,表示 K0 键按下。

③ 继续全速运行,至断点"for(j=0; j<n; j++)"处,记录寄存器窗口中 sec 值。

④ 按单步键,执行该语句完毕,再读取 sec 值,两者之差即为电话铃声前半段半周期时间(约 0.660 ms),查看表 2-7 并估计其对应的音符。

(4) 检测电话铃声后半段半周期时间(n 实参为 100)。

① 单击删除所有断点图标(🖾),随后在主函数"alarm(100,100);"(发电话铃声后半段)程序行设置断点。

② 全速运行,至断点"alarm(100,100);"处,再次在警报子函数"for(j=0; j<n; j++)"(控制发声音调)程序行设置断点。

③ 继续全速运行,至断点"for(j=0; j<n; j++)"处,记录寄存器窗口中 sec 值。

④ 按单步键,执行该语句完毕,再读取 sec 值,两者之差即为电话铃声后半段半周期时间(约 0.819 ms),查看表 2-7 并估计其对应的音符。

(5) 检测救护车报警声前半段半周期时间(n 实参为 90)。

① 单击删除所有断点图标,随后在主函数"if(K1==0)"(判 K1 按下)程序行设置断点,并置 P1.0"Pins"为 1("√"形),表示 K0 键释放。

② 全速运行,至断点"if(K1==0)"处,置 P1.2"Pins"为 0,表示 K1 键按下。

③ 再次在警报子函数"for(j=0; j<n; j++)"(控制发声音调)程序行设置断点。继续全速运行,至该断点处,记录寄存器窗口中 sec 值。

④ 按单步键,执行该语句完毕,再读取 sec 值,两者之差即为救护车报警声前半段半周期时间(约 0.739 ms),查看表 2-7 并估计其对应的音符。

(6) 检测救护车报警声后半段半周期时间(n 实参为 120)。

① 单击删除所有断点图标(🖾),随后在主函数"alarm(600,120);"(发救护车报警声后半段)程序行设置断点。

② 全速运行,至断点"alarm(600,120);"处,再次在警报子函数"for(j=0; j<n; j++)"(控制发声音调)程序行设置断点。

③ 继续全速运行,至断点"for(j=0; j<n; j++)"处,记录寄存器窗口中 sec 值。

④ 按单步键,执行该语句完毕,再读取 sec 值,两者之差即为电话铃声后半段半周期时间(约 0.979ms),查看表 2-7 并估计其对应的音符。

实际上,本例 Keil 调试意义不大,还是直接观看和倾听 Proteus 仿真发出的实际声音吧!

4. Proteus 仿真

(1) 按实例 23 所述 Proteus 仿真步骤,打开 Proteus ISIS 软件,按表 2-8 选择和放置元器件,并连接线路,画出的 Proteus 仿真电路如图 2-18 所示。

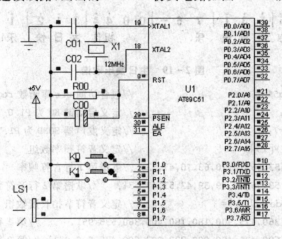

图 2-18 双音频输出 Proteus 仿真电路

(2) 双击 Proteus ISIS 仿真电路中 AT89C51,装入 Keil 调试后自动生成的 Hex 文件。

(3) 单击全速运行按钮,电路虚拟仿真运行。单击 K0 按键盖帽"⊓⊔"(不带锁),发声器发出电话铃声;单击 K1 按键盖帽(不带锁),发声器发出救护车报警声。发声完毕,再次单击 K0 或 K1,再次发声一遍。

5. 思考与练习

双音频电话铃声和救护车报警声没有严格标准,读者可调节 4 个 alarm 子函数中的实参:发声时间长短和频率,重新编译生成 Hex 文件,Proteus 仿真,倾听双音频声音,使之更动听逼真。

实例 33 播放生日快乐歌

单片机控制既然能控制输出单音频、双音频声音,当然也能控制输出音乐歌曲。

本节介绍播放生日快乐歌。

1. 电路设计

播放歌曲电路与上例基本相同，P1.7 接发声器，P1.0 接按键开关 K0，要求按 1 次 K0，发声器播放一遍生日快乐歌。

2. 程序设计

生日快乐歌谱如图 2-19 所示，按照该曲谱和表 2-7 半周期，调节音频声频率和节拍延时，就能得到各种不同的歌曲乐声。

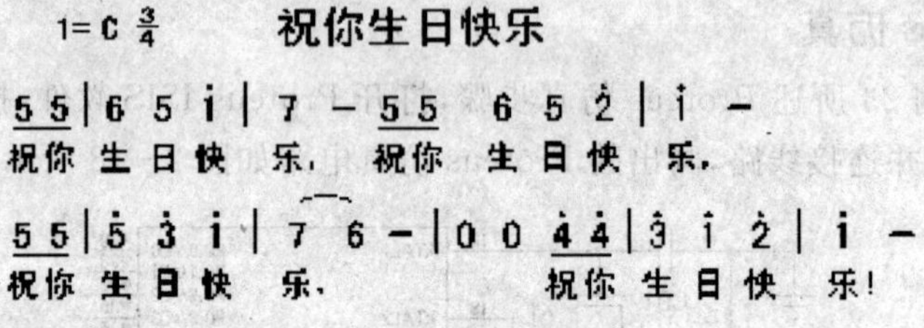

图 2-19　生日快乐歌谱

```
#include <reg51.h>                              //包含访问 sfr 库函数 reg51.h
sbit   K0 = P1^0;                               //定义启动键 K0 为 P1.0
sbit   SOND = P1^7;                             //定义发声器 SOND 为 P1.7
unsigned char   F[25] = {                       //定义音符频率数组
   70,70,63,70,53,56,70,70,63,70,47,53,         //歌谱第 1 行音符频率
   70,70,35,42,53,56,63,39,39,42,53,47,53};     //歌谱第 2 行音符频率
unsigned int code L[25] = {                     //定义音符节拍长度数组
   180,180,400,360,475,900,180,180,400,360,536,951,    //第 1 行音符节拍长度
   180,180,720,600,475,450,800,323,323,600,475,536,951};//第 2 行音符节拍长度
unsigned int   t;                               //定义延时参数 t
void   sond() {                                 //播放音乐子函数
   unsigned char   n,j;                         //定义音符个数 n、音频循环变量 j
   unsigned int   i;                            //定义节拍循环变量 i
   for(n = 0; n<25; n++) {                       //发声循环（按音符个数 n）
     for(i = 0; i<L[n]; i++) {                   //控制发声节拍时间，长短由 L[n]确定
       SOND = ~SOND;                            //输出取反（产生音频方波）
       for(j = 0; j<F[n]; j++);}                 //控制发声频率，半周期时间由 F[n]确定
     if(n! = 18)  for(t = 0;t<2000;t++);         //非休止符，音符间隔延时 10 ms
     else  for(t = 0;t<30000;t++);}              //遇休止符（音符序号 18 后），间隔延时 0.15 s
   SOND = 0;}                                    //播放音乐结束，关发声器
void   main() {                                 //主函数
   while(1){                                     //无限循环，等待启动键按下
     if(K0 == 0) {                               //K0 按下
       sond();                                   //播放音乐
```

```
for(t=0;t<30000;t++);}}}      //暂停延时 0.15 s
```

需要说明的是,为了声音更悦耳,对音符半周期延时时间做了修改。因此,音符频率数组 F[25] 中的半周期参数与表 2-7 中略有不同。

另外,播放音乐歌曲与播放单、双音频声音不同,需用音符频率的半周期时间控制节拍时间,但每一音符频率的半周期延时时间是不同的,而音符的单一节拍时间却是相同的。因此,一拍时间内,每一音符的脉冲个数是不同的。为了达到单一节拍时间相同,每个音符在一拍内的循环次数与半周期参数之积应基本相同(约 25 200)。例如,生日快乐歌谱中第 3、4、5 个音符"6"、"5"、"1(高音)",$400 \times 63 = 25\ 200$,$360 \times 70 = 25\ 200$,$475 \times 53 = 25\ 175$。据此,就编制了音符节拍长度数组 L[25]。

3. Keil 调试

本例 Keil 调试与上例相仿,但意义不大,还是直接倾听 Proteus 仿真发出的实际声音吧!仅按实例 1 所述步骤,编译链接,语法纠错,自动生成 Hex 文件。

4. Proteus 仿真

(1) 按实例 23 所述 Proteus 仿真步骤,打开 Proteus ISIS 软件,按表 2-8 选择和放置元器件,并连接线路,画出 Proteus 仿真电路如图 2-20 所示。

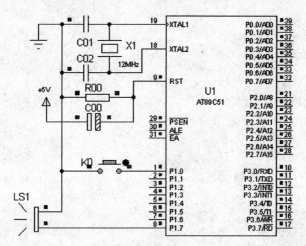

图 2-20　生日快乐歌 Proteus 仿真电路

(2) 双击 Proteus ISIS 仿真电路中 AT89C51,装入 Keil 调试后自动生成的 Hex 文件。

(3) 单击"全速运行"按钮,电路虚拟仿真运行。单击 K0 按键盖帽"⊓"(不带锁),发声器播放一遍生日快乐歌。播放完毕,再次单击 K0,再次播放一遍。若按下 K0(带锁),发声器一遍遍播放生日快乐歌,循环不止。

需要说明的是,由于用延时程序的延时时间控制音符频率和节拍,因此音符频率和节拍都不够准确,歌曲听上去有些失真。若改用定时/计数器控制,情况将大大改善(参阅实例 75、实例 76)。

5. 思考与练习

音符频率数组 F[25]中的参数确定歌曲的音调,音符节拍长度数组 L[25]中的参数确定歌曲的节奏。读者可调节这两个数组的参数,调节后,重新编译生成 Hex 文件,Proteus 仿真,使歌曲更悦耳动听。

也可找一个简短曲谱,例如"世上只有妈妈好"(见图 5-21),只要编制相应的音符频率数组和音符节拍长度数组,就可完成新曲程序(个别处还需作相应修改),Keil 调试,Proteus 仿真。

第**3**章

80C51 片外扩展应用

在许多情况下,由于控制对象的多样性和复杂性,或者由于性价比的原因,80C51 单片机单芯片有时不能满足工程要求,需要进行外部扩展。外部扩展可分为并行扩展和串行扩展两大形式。

3.1　并行扩展

早期单片机并行扩展最多的器件是 ROM,近年来,由于单片机片内 OTP ROM 和 Flash ROM 技术的发展,并行扩展 ROM 已很少见到,主要是并行扩展 RAM 和 I/O 口。

实例 34　并行扩展 8 位 TTL 输入输出口

80C51 系列单片机扩展 I/O 口是将 I/O 口看作外 RAM 的一个存储单元,与外 RAM 统一编址,操作时执行 MOVX 指令和使用 $\overline{RD}$、$\overline{WR}$ 控制信号。从理论上讲,扩展 I/O 口最多可扩展 65 536 个 8 位 I/O 口。

并行扩展 I/O 口可分为可编程和不可编程两大类,扩展 I/O 口不可编程芯片主要有 TTL 74LS 系列、74HC 系列和 CMOS 4000 系列芯片。74LS 系列输出驱动能力强、速度快;CMOS 4000 系列输入阻抗高、微功耗。74HC 系列是一种高速 HC-MOS 芯片,其引脚和输入输出电平与 74LS 兼容,输出驱动能力和速度与 74LS 系列相当。因此,74HC 系列是目前较为常用的 I/O 口扩展芯片。

并行扩展 I/O 口可分为扩展输入口和输出口。由于通常通过 P0 口扩展,而 P0 口要分时传送低 8 位地址和输入输出数据,因此构成输出口时,接口芯片应具有片选和锁存功能;构成输入口时,接口芯片应具有三态缓冲和锁存功能。

1. 74LS377 和 74LS377 简介

TTL74 系列 8 位输入输出芯片很多,扩展输入口以 74373 最为方便合适,扩展输出口以 74377 最为方便合适,377 具有门控功能,是其他 TTL 8D 触发器、锁存器芯片所不具备的。例如,用 74373 或 74273 扩展输出口,比用 74377 扩展输出口要另外多用一只或非门。

74LS377 为 TTL 8D 触发器,图 3-1 为其引脚图,表 3-1 为其功能表。片内有

8 个 D 触发器,D0～D7 为 8 个 D 触发器的 D 输入端;Q0～Q7 是 8 个 D 触发器的 Q 输出端;时钟脉冲输入端 CLK,上升沿触发,8D 共用;$\overline{E}$ 为门控端,低电平有效。当 $\overline{E}$ 端为低电平,且 CLK 端有正脉冲时,在正脉冲的上升沿,D 端信号被锁存,从相应的 Q 端输出;$\overline{E}$ 端为高电平时,输出状态保持不变。

74LS373 为 TTL 8D 锁存器,图 3-2 为其引脚图,表 3-2 为其功能表。锁存器与触发器的区别在于触发信号的作用范围。触发器是边沿触发,在触发脉冲的上升沿锁存该时刻的 D 端信号,例如 74LS377。锁存器是电平触发,在 CLK 脉冲有效期间(74LS373 是门控端 G,高电平有效。Proteus 电路中将 G 标为允许送数端 LE,"Load Enable"),且输出允许($\overline{OE}$ 有效)条件下,Q 端信号随 D 端信号变化而变化,即所谓的"透明"特性,当 CLK 脉冲有效结束下跳变时,锁存该时刻的 D 端信号。

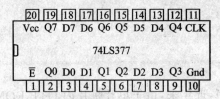

图 3-1　74LS377 引脚图　　　　图 3-2　74LS373 引脚图

表 3-1　74LS377 功能表

$\overline{E}$	CLK	D	Q^{n+1}
1	×	×	Q^n
0	↑	0	0
0	↑	1	1
×	0	×	Q^n

表 3-2　74LS373 功能表

$\overline{OE}$	LE	D	Q^{n+1}
0	1	0	0
0	1	1	1
0	0	×	Q^n
1	×	×	Z

2. 电路设计

扩展输入输出口电路如图 3-3 所示,为便于实施和观察,在 373 Q0～Q7 接拨码开关(或 8 个按键),生成一个 8 位数据;在 377 Q0～Q7 接 8 个 LED,显示 8 位数据状态(图中未画出)。

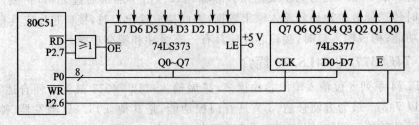

图 3-3　并行扩展 8 位输入输出口

3. 程序设计

要求每隔 0.5 s，从 373 外部读入一个数据，取反后再从 377 输出，并存入内 RAM 30H 单元，循环不断。

```
# include <absacc.h>                    //包含绝对地址访问库函数 absacc.h
void   main() {                          //主函数
  unsigned long t;                       //定义延时参数 t
  while(1) {                              //无限循环
    DBYTE[0x30] = XBYTE[0x7fff];         //输入数据,存内 RAM 30H
    XBYTE[0xbfff] = ~DBYTE[0x30];        //输出数据
    for(t = 0; t<11000; t++);}}          //延时 0.5 s
```

4. Keil 调试

（1）按实例 1 所述步骤，编译链接，语法纠错，并进入调试状态。

（2）单击调试工具条中图标（▦），打开存储器窗口，在 Memory#1 窗口的 Address 编辑框内键入"d:0x30"。在 Memory#2 窗口的 Address 编辑框内键入"x:0x7fff"。在 Memory#3 窗口的 Address 编辑框内键入"x:0xbfff"。返回 Memory#2 窗口，右击 0x7fff 单元，在右键菜单（图 8-32）中选择最下面一条"Modify Memory at ×:×"，弹出修改存储器值对话框（图 8-33），键入设置值，例如：0x3e。单击 OK 按钮，0x7fff 单元立即显示"3E"。

（3）全速运行，暂停图标变为红色。单击 Memory#1 窗口，看到 0x30 单元内存入了"3E"；单击 Memory#3 窗口，看到 0xbfff 单元内存入了"3E"的反码"C1"。

（4）也可单步运行。运行"DBYTE[0x30] = XBYTE[0x7fff];"语句后，观看 Memory#1 窗口 0x30 单元，运行"XBYTE[0xbfff] = ~DBYTE[0x30];"语句后，观看 Memory#3 窗口 0xbfff 单元，能看到同样的结果。

（5）检测延时时间。运行"for(t=0; t<11000; t++);"语句前，记录寄存器窗口（参阅图 8-27）中 sec 值；执行完后，再次查看寄存器窗口中 sec 值，两者之差即为延时语句延时时间。

5. Proteus 仿真

（1）按实例 23 所述 Proteus 仿真步骤，打开 Proteus ISIS 软件，按表 3-3 选择和放置元器件，并连接线路，画出 Proteus 仿真电路如图 3-4 所示。

需要说明的是，图 3-4 所示电路中的 74LS377 在虚拟电路仿真时，软件提示"NO model apecified for 74LS377"，无法仿真。但是，从 377 特性分析和编者的累次项目实践证明，74LS377 扩展并行输出口有效而简便。编者认为，Proteus ISIS 软件仍有不足之处，其元器件库仍在不断扩充发展和完善之中，并非 74LS377 不能用于扩展并行输出口。因此，本例用 74LS373 替代 74LS377 扩展并行输出口，只是需多用一个或非门。

61

表 3 - 3　实例 34 Proteus 仿真电路元器件

名　称	编　号	大　类	子　类	型号/标称值	数　量
80C51	U1	Microprocessor Ics	80C51 family	AT89C51	1
74LS373	U2、U3	TTL 74LS series		74LS373	2
74LS32	U4	TTL 74LS series		74LS32	1
74LS02	U5	TTL 74LS series		74LS02	1
石英晶体	X1	Miscellaneous	CRYSTAL	12 MHz	1
电阻		Resistors	Chip Resistor 1/8W 5%	10 kΩ、51 Ω	9
电容	C00	Capacitors	Miniature Electronlytic	2.2 μF	1
	C01	Capacitors	Ceramic Disc	33 pF	2
拨盘开关	DSW1	Switches & Relays	Switches	DIPSWC-8	1
发光二极管	D0~D7	Optoelectronics	LEDs	Yellow	8

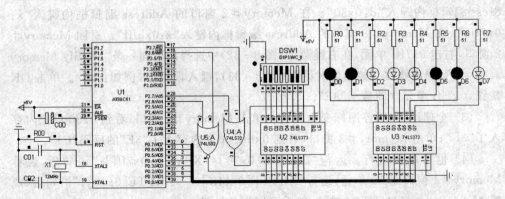

图 3 - 4　并行扩展 8 位输入输出口 Proteus 仿真电路

需要注意的是,74LS373 用于输入和输出,控制方式是不一样的。373 用于输入时,是控制 373 的输出允许端 $\overline{OE}$(Output Enable),低电平有效。373 输出端 Q0~Q7 与 80C51 数据总线 P0 口连接,平时处于三态,需 CPU 允许后才能实际开通,否则会引起数据短路。或门 $\overline{OE}=\overline{RD}+P2.7$,读 373 时,$\overline{RD}=0$,P2.7=0,全 0 出 0,$\overline{OE}=0$,门控端 LE=1(接+5 V,始终有效),外部数据能即时通过 373 数据输入口传输出至数据总线 P0 口。373 用于输出时,是控制 373 的门控端 LE,高电平有效。373 数据输入受门控端 LE 控制,或非门 LE=$\overline{\overline{WR}+P2.6}$,写 373 时,$\overline{WR}=0$,P2.6=0,全 0 出 1,LE=1,80C51 输出数据经数据总线 P0 口进入 373 D0~D7。输出允许端 $\overline{OE}=0$(接地,始终有效),直接从 373 数据输出口 Q0~Q7 输出。因此,虽然用 74373 和 7402 替代了 74377,原用于 74LS377 的程序却不需修改。读者在实际应用时,建议仍用 74LS377,而不用 74LS373,377 性价比更高。

（2）双击 Proteus ISIS 仿真电路中 AT89C51,装入 Keil 调试后自动生成的 Hex 文件。

（3）单击全速运行按钮,可看到 8 个 LED,显示 8 位拨码开关数据状态(反相)。单击拨码开关,修改设置的数据,8 个 LED 显示状态随之改变。按暂停键,打开 80C51 内 RAM(主菜单"Debug"→"80C51 CPU"→"Internal(IDATA)Memory — U1"),看到 30H 单元中存储了拨码开关设置的数据。

（4）终止程序运行,可按停止按钮。

6. 思考与练习

用 TTL 74 系列芯片并行扩展 8 位输出口时,为什么以 74377 最为方便合适?

实例 35　并行扩展 16 位 TTL 输入输出口

前述 80C51 系列单片机扩展 I/O 口是将 I/O 口看作外 RAM 的一个存储单元,与外 RAM 统一编址,从理论上讲,扩展 I/O 口最多可扩展 65 536 个 8 位 I/O 口。因此,只要有足够的驱动能力,并行扩展 16 位、32 位,甚至更多位,均不成问题。

1. 电路设计

并行扩展 16 位 I/O 口电路与扩展 8 位 I/O 口电路(图 3-3)相似,可用 2 片 373 (P2.7、P2.6 分别片选)输入 16 位数据;2 片 377(P2.5、P2.4 分别片选)输出 16 位数据。

74LS3773 和 74LS377 特性已在上例中介绍,此处不再重复。

2. 程序设计

要求每隔 0.5 s,从 2 片 373 外部读入 16 位数据,取反后再从 2 片 377 输出 16 位数据,并存入内 RAM 30H、31H 单元,循环不断。

程序设计与上例基本相同。

```
# include <absacc.h>                    //包含绝对地址访问库函数 absacc.h
void  main() {                          //主函数
  unsigned long  t;                     //定义延时参数 t
  while(1) {                            //无限循环
    DBYTE[0x30] = XBYTE[0x7fff];        //输入高 8 位数据,存内 RAM 30H
    DBYTE[0x31] = XBYTE[0xbfff];        //输入低 8 位数据,存内 RAM 31H
    XBYTE[0xdfff] = ~DBYTE[0x30];       //输出高 8 位数据
    XBYTE[0xefff] = ~DBYTE[0x31];       //输出低 8 位数据
    for(t = 0; t<11000; t++);}}         //延时 0.5 s
```

3. Keil 调试

Keil 调试可仿照上例,存储器窗口可在 Memory #1、2、3、4"Address"编辑框内分别键入"x:0x7fff"、"x:0xbfff"、"x:0xdfff"、"x:0xefff",在 0x7fff、0xbfff 单元分别设置高、低 8 位输入数据。程序运行后,在 0xdfff、0xefff 单元分别察看高、低 8 位输出数据。

4. Proteus 仿真

(1) 按实例 23 所述 Proteus 仿真步骤,打开 Proteus ISIS 软件,并仿照上例,按表 3-3 选择和放置元器件,并连接线路,画出的 Proteus 仿真电路如图 3-5 所示。有关用 373 替代 377 的原因已在上例说明,此处不再重复。

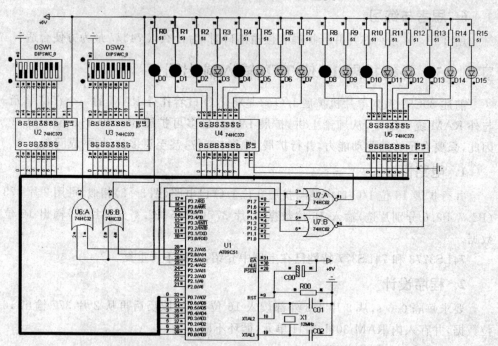

图 3-5　并行扩展 16 位输入输出口 Proteus 仿真电路

需要说明的是,P0 口的最大负载能力是 8 个 TTL 门。因此,最多可扩展 8 片 74LS 系列门电路。但若选用 CMOS 74HC 系列门电路,则可大大增加输入输出扩展芯片的数量。

(2) 双击 Proteus ISIS 仿真电路中 AT89C51,装入 Keil 调试后自动生成的 Hex 文件。

(3) 单击全速运行按钮,可看到 16 个 LED,显示 16 位拨码开关数据状态(反相)。单击拨码开关,修改设置的数据,16 个 LED 显示状态随之改变。按暂停键,打开 80C51 内 RAM(主菜单"Debug"→"80C51 CPU"→"Internal(IDATA)Memory — U1"),看到 30H、31H 单元中存储了拨码开关设置的数据。

(4) 终止程序运行,可按停止按钮。

5. 思考与练习

并行扩展更多位 I/O 口,宜选用哪一种 74 系列输入输出芯片?

实例 36　并行扩展 8255

74 系列属于不可编程芯片,即其功能取决于芯片集成电路本身固有的功能。8255A 是可编程芯片,所谓可编程是指通过编程决定其功能,通过软件决定硬件功能的应用发挥。

1. 8255A 简介

8255A 是 Intel 公司 20 世纪 80 年代生产的一种可编程并行 I/O 接口芯片,是专门针对单板机和早期单片机而开发设计的,性价比较低,早已被淘汰。但许多教材仍将它编入,可能是认为对 I/O 接口有典型教学意义;而且,许多单片机实验设备将它作为 I/O 扩展的主要课题,许多学校的考试和课程设计、毕业设计将它作为一个内容,甚至研究生考试也将它例入考题。本书作为实验实训教材和教学参考用书,也随大流,以备读者所需。

（1）引脚与功能

8255A 共有 40 个引脚,其双列直插 DIP 封装,如图 3 - 6 所示,功能如表 3 - 4 所列。

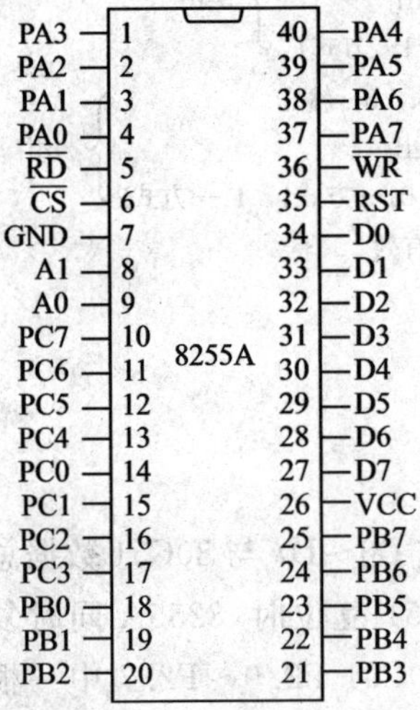

图 3 - 6　8255A 引脚图

表 3 - 4　8255A 功能表

A1	A0	$\overline{RD}$	$\overline{WR}$	$\overline{CS}$	操作功能	
0	0	0	1	0	A 口→数据总线	输入操作
0	1	0	1	0	B 口→数据总线	
1	0	0	1	0	C 口→数据总线	
0	0	1	0	0	数据总线→A 口	输出操作
0	1	1	0	0	数据总线→B 口	
1	0	1	0	0	数据总线→C 口	
1	1	1	0	0	数据总线→控制口	
×	×	×	×	1	数据总线为高阻态	禁止操作
1	1	0	0	0	非法状态	
×	×	1	1	0	数据总线为高阻态	

① D0~D7:双向三态数据总线。

② RST:复位信号输入端,高电平有效。复位后,控制寄存器清 0,A 口、B 口、C 口被置为输入方式。

③ $\overline{RD}$:读信号输入端,低电平有效。$\overline{RD}$有效时,允许 CPU 通过 8255A 的 D0~

D7 读取数据或状态信息

④ $\overline{\text{CS}}$:片选信号输入端,低电平有效。

⑤ $\overline{\text{WR}}$:写信号输入端,低电平有效。$\overline{\text{WR}}$有效时,允许 CPU 将数据或控制字通过 D0～D7 写入 8255A。

⑥ A1、A0:8255A 片内寄存器地址控制输入端。2 位可构成 4 种状态,分别寻址 A 口、B 口、C 口和控制寄存器,如表 3-4 所列。

⑦ PA0～PA7:A 口数据线,双向。

⑧ PB0～PB7:B 口数据线,双向。

⑨ PC0～PC7:C 口数据/信号线,双向。当 8255A 工作于方式 0 时,PC0～PC7 分为两组(每组 4 位)并行 I/O 数据线;当 8255A 工作于方式 1 或方式 2 时,PC0～PC7 为 A 口、B 口提供联络信号。

(2) 工作方式

8255A 有 3 种工作方式:方式 0:基本输入输出工作方式;方式 1:选通输入输出工作方式;方式 2:双向传送工作方式。各端口的工作方式由工作方式控制字确定,如图 3-7 所示,该控制字由 CPU 写入 8255A 控制寄存器。

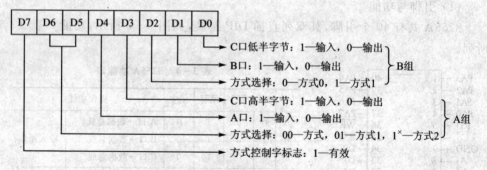

图 3-7　8255A 工作方式控制字格式

8255A 更详细的技术资料,读者可参阅有关书籍。

2. 电路设计

8255A 与 80C51 典型连接电路如图 3-8 所示,数据线 D0～D7 与 80C51 数据总线 P0.0～P0.7 直接相接;RST 与 80C51 RST 相接,80C51 复位时,8255A 同时复位;$\overline{\text{WR}}$、$\overline{\text{RD}}$线与 80C51 $\overline{\text{WR}}$、$\overline{\text{RD}}$相接;片选端 $\overline{\text{CS}}$ 通常与 80C51 P2.0～P2.7 中一根端线相接,该端线决定 8255A 地址;A1A0 通常接经 74LS373 锁存后的低 8 位地址 Q1Q0,A1A0 决定 8255A 内部 4 个端口地址;A 口、C 口分别接一个 8 位拨码开关,各生成一个 8 位数据;B 口接 8 个 LED,依次显示 A 口、C 口 8 位数据状态。

图 3-8 电路用 P2.7 片选 8255A $\overline{\text{CS}}$,因此,A 口、B 口、C 口和控制字口地址分别为 0x7ffc、0x7ffd、0x7ffe 和 0x7fff(无关位取 1)。

需要说明的是,有些教材和技术资料上给出的 8255A 的 A、B、C 和控制字口地

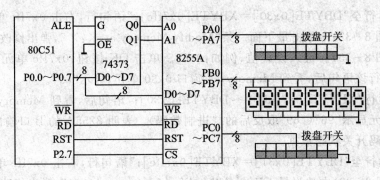

图 3 - 8　8255A 扩展 I/O 口电路

址分别为 0x0000、0x0001、0x0002 和 0x0003(无关位取 0),这在单独扩展 8255A,且不并行扩展其他器件时,不会有问题。但若再并行扩展其他器件,则会引起地址冲突而出错。因此,在非单独扩展 8255A 时,应有片选,且片内各口地址无关位须取 1。

74LS3773 特性已在实例 34 中介绍,此处不再重复。

3. 程序设计

本例要求:取基本输入输出工作方式,每隔 1 s,从 A 口、C 口分别输入 8 位数据,存入内 RAM 首地址 30H、31H,再从 B 口依次输出,间隔 0.5 s,循环不断。

根据图 3 - 7,读 A 口、C 口,写 B 口的控制字为 0x99。

```
#include <absacc.h>                      //包含绝对地址访问库函数 absacc.h
void  main() {                           //主函数
  unsigned long  t;                      //定义延时参数 t
  XBYTE[0x7fff] = 0x99;                   //写控制字:A 口、C 口输入,B 口输出
  while(1) {                              //无限循环
    DBYTE[0x30] = XBYTE[0x7ffc];         //读 A 口数据,存内 RAM30H
    XBYTE[0x7ffd] = ~DBYTE[0x30];        //从 B 口输出 A 口数据(取反)
    for(t = 0; t<11000; t++);            //延时 0.5 s
    DBYTE[0x31] = XBYTE[0x7ffe];         //读 C 口数据,存内 RAM31H
    XBYTE[0x7ffd] = ~DBYTE[0x31];        //从 B 口输出 C 口数据(取反)
    for(t = 0; t<11000; t++);}}          //延时 0.5 s
```

4. Keil 调试

(1) 按实例 1 所述步骤,编译链接,语法纠错,并进入调试状态。

(2) 单击调试工具条中图标(■),打开存储器窗口,在 Memory ♯1 窗口的 Address 编辑框内键入"d:0x30"。在 Memory ♯2 窗口的 Address 编辑框内键入"x:0x7ffc"。

(3) 单步运行。

① 运行"XBYTE[0x7fff]=0x99;"赋值语句后,看到 Memory ♯2 窗口 0x7fff 单元已经存储了控制字"0x99"。

② 运行至"DBYTE[0x30]＝XBYTE[0x7ffc];"语句行,右击 0x7ffc 单元,在右键菜单(图 8-32)中单击最下面一条"Modify Memory at ×:×",弹出修改存储器值对话框(图 8-33)。键入设置值,例如:0x69。单击 OK 按钮,0x7ffc 单元立即显示"69"。运行该语句后,看到 Memory♯1 窗口 0x30 单元,显示"69"。

③ 运行"XBYTE[0x7ffd]＝～DBYTE[0x30];"语句后,看到 Memory♯2 窗口 0x7ffd 单元显示"96"("69"取反后的二进制数码)。表明 8255A 的 B 口输出从 A 口输入的拨码开关状态数据。

④ 运行至"DBYTE[0x31]＝XBYTE[0x7ffe];"语句行,右击 0x7ffe 单元,在右键菜单(图 8-32)中选择最下面一条"Modify Memory at ×:×",弹出修改存储器值对话框(图 8-33),键入设置值,例如:0x5A。单击 OK 按钮,0x7ffe 单元立即显示"5A"。运行该语句后,看到 Memory♯1 窗口 0x31 单元,显示"5A"。

⑤ 运行"XBYTE[0x7ffd]＝～DBYTE[0x31];"语句后,看到 Memory♯2 窗口 0x7ffd 单元显示"A5"("5A"取反后的二进制数码),表明 8255A 的 B 口输出从 C 口输入的拨码开关状态数据。

(4) 检测延时语句延时时间,参照实例 19。单步运行至延时语句行,记录寄存器窗口中 sec 值。继续单步运行,延时语句运行完毕,再次查看寄存器窗口中 sec 值。两者之差即为延时语句的延时时间。

5. Proteus 仿真

(1) 按实例 23 所述 Proteus 仿真步骤,打开 Proteus ISIS 软件,按表 3-5 选择和放置元器件,并连接线路,画出的 Proteus 仿真电路如图 3-9 所示。

表 3-5　实例 36 Proteus 仿真电路元器件

名　称	编号	大　类	子　类	型号/标称值	数　量
80C51	U1	Microprocessor Ics	80C51 family	AT89C51	1
74LS373	U2	TTL 74LS series		74LS373	1
8255A	U3	Microprocessor Ics		8255A	1
石英晶体	X1	Miscellaneous	CRYSTAL	12 MHz	1
电阻		Resistors	Chip Resistor 1/8W 5%	10 kΩ、51 Ω	9
电容	C00	Capacitors	Miniature Electronlytic	2.2 μF	1
	C01	Capacitors	Ceramic Disc	33 pF	2
拨盘开关	DSW1	Switches & Relays	Switches	DIPSWC-8	2
发光二极管	D0~D7	Optoelectronics	LEDs	Yellow	8

(2) 双击 Proteus ISIS 仿真电路中 AT89C51,装入 Keil 调试后自动生成的 Hex 文件。

(3) 单击全速运行按钮,可看到 B 口输出的 8 个 LED,交替显示 8255A PA 口和

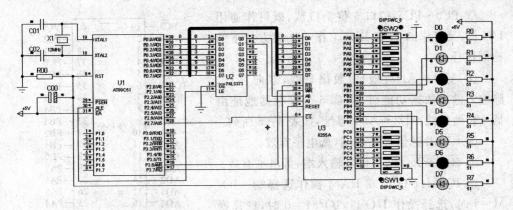

图 3-9　8255A 扩展 I/O 口 Proteus 仿真电路

PC 口 8 位拨码开关数据状态(反相)。按图 3-9,8255A PA 口输入的拨码开关数据是 AAH,PC 口输入的拨码开关数据是 55H。单击拨码开关,修改设置的数据,B 口输出的 8 个 LED 显示状态随之改变。

(4) 按暂停键,打开 80C51 内 RAM(主菜单"Debug"→"80C51 CPU"→"Internal(IDATA)Memory -U1"),看到 30H、31H 单元中存储了 PA 口和 PC 口输入的拨码开关设置的数据。

也可打开 8255A 片内状态窗口(主菜单"Debug"→"8255 Internal Status Window - U3"),看到程序中写入的状态字,其他无价值。

(5) 终止程序运行,可按停止按钮。

6. 思考与练习

8255A A 口、B 口、C 口和控制字口地址如何确定?

实例 37　并行扩展 8155

8155 也是 Intel 公司 20 世纪 80 年代专门针对单板机和早期单片机而开发设计的芯片,性价比较低,早已被淘汰。但许多教材和单片机实验设备还用它,本书作为实验实训教材和教学参考用书,也随大流,以备读者所需。

1. 8155 简介

8155 是一种可编程接口芯片,除可扩展并行 I/O 口外,还有 256×8 位静态RAM(可快速读/写)和一个 14 位减法计数器(既能作定时器用,又能对外部脉冲计数,还可以输出可编程脉冲波)。

(1) 引脚与功能

8155 共有 40 个引脚,其双列直插 DIP 封装,如图 3-10 所示。

① PA0~PA7:A 口 8 位通用 I/O 线。

② PB0~PB7:B 口 8 位通用 I/O 线。

③ PC0～PC5:C 口 6 位 I/O 线,既可作通用 I/O 口,又可作 A 口和 B 口工作于选通方式下的控制信号。

④ AD0～AD7:地址/数据总线,双向三态。除输入输出数据功能外,内部 6 个寄存器地址由低 3 位地址线 AD2～AD0 寻址,如表 3-6 所列。

⑤ $\overline{CE}$:片选信号输入端,低电平有效。

⑥ $\overline{RD}$、$\overline{WR}$:读、写信号输入端,低电平有效。

⑦ IO/$\overline{M}$:I/O 口或 RAM 操作选择端。IO/$\overline{M}$＝1 时,选择操作 I/O 口;IO/$\overline{M}$＝0 时,选择操作 8155 片内 256B RAM。其读写功能如表 3-7 所列。

⑧ ALE:地址锁存允许信号输入端。在该端输入下降沿信号,锁存 AD0～AD7 端线上的 8 位地址、$\overline{CE}$ 及 IO/$\overline{M}$ 信号。

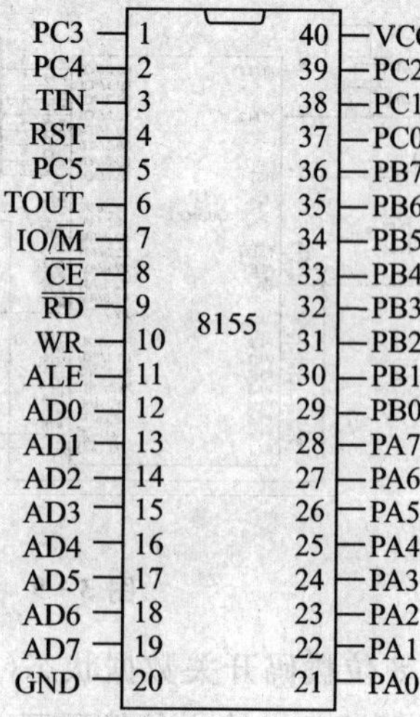

图 3-10　8155 引脚图

表 3-6　8155 寄存器地址

AD2	AD1	AD0	寄存器名称
0	0	0	命令状态寄存器
0	0	1	A 口
0	1	0	B 口
0	1	1	C 口
1	0	0	定时器低 8 位
1	0	1	定时器高 6 位和输出信号波形

表 3-7　8155 功能表

$\overline{CE}$	IO/$\overline{W}$	$\overline{WR}$	$\overline{RD}$	操作功能
0	0	0	1	向 RAM 写数据
0	0	1	0	从 RAM 读数据
0	1	0	1	向 I/O 口写数据
0	1	1	0	从 I/O 口读数据

⑨ RST:复位信号,输入,高电平有效。复位后,8155 命令状态寄存器清 0,3 个 I/O 口被置输入工作方式,定时/计数器停止工作。

⑩ TIN、TOUT—— 定时/计数器计数脉冲输入、输出端。

(2) 工作方式

8155 的 A 口和 B 口都有两种工作方式:基本输入/输出方式和选通输入/输出方式,每种方式都可置为输入或输出,以及有否中断功能。C 口能用作基本输入输出,也可为 A 口、B 口工作于选通方式时提供控制线。

8155 I/O 口工作方式的选择是通过写入命令寄存器的控制字来实现的,图 3-11 为 8155 工作方式控制字每一位的含义和功能,命令寄存器的内容只能写入,不能读出。

8155 更详细的技术资料,读者可参阅有关书籍。

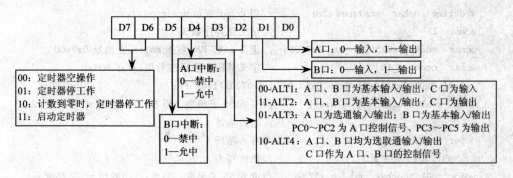

图 3-11 8155 工作方式控制字格式

2. 电路设计

设计 8155 扩展显示、拨盘开关和 RAM 电路如图 3-12 所示，8155 的 RST、$\overline{\text{RD}}$、$\overline{\text{WR}}$、ALE 分别由 80C51 RST、$\overline{\text{RD}}$、$\overline{\text{WR}}$、ALE 提供。8155 PA、PB 口为基本输出方式，PA 口输出位码，PB 口输出段码，PC 口为输入（禁止中断、定时器空操作），接 6 位拨盘开关。80C51 P2.7 片选 8155 $\overline{\text{CS}}$，P2.0 控制 8155 IO/$\overline{\text{M}}$。因此，8155 命令状态口地址为 0x7f00，PA 口地址为 0x7f01，PB 口地址为 0x7f02，PC 口地址为 0x7f03，片内 RAM 首地址为 0x7e00。

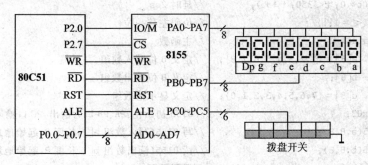

图 3-12 8155 扩展显示、拨盘开关和 RAM 电路

3. 程序设计

要求将数组 a[8] 存入 8155 片内 RAM 08H～0FH，取反后再由 80C51 读出，存入数组 b[8]；8155 扩展输出 8 位 LED 数码管，显示数字 76543210；6 位拨盘开关输入信号存 8155 片内 RAM 30H。

```
# include <reg51.h>              //包含访问 sfr 库函数 reg51.h
# include <absacc.h>             //包含绝对地址访问库函数 absacc.h
#define  IO   XBYTE[0x7f00]      //定义 8155 IO 口
#define  PA   XBYTE[0x7f01]      //定义 8155 PA 口
#define  PB   XBYTE[0x7f02]      //定义 8155 PB 口
#define  PC   XBYTE[0x7f03]      //定义 8155 PC 口
```

```
#define  uchar  unsigned char              //用 uchar 表示 unsigned char
uchar  i;                                  //定义循环序数 i
uchar  xdata  m8155[ ] _at_ 0x7e00;        //定义 8155 RAM 数组 m8155,首地址 0x7e00
uchar  code  c[10]={                       //定义共阴字段码表数组,存在 ROM 中
   0x3f,0x06,0x5b,0x4f,0x66,0x6d,0x7d,0x07,0x7f,0x6f};
void  wr8155(uchar  x[ ],n,s){             //写 8155 子函数。形参:写入数组 x[ ],长度 n,
                                           //起始地址 s
   for(i=0; i<n; i++)                      //写入循环
     m8155[s+i]=x[i];}                     //依次写入
void  rd8155(uchar  y[ ],n,s){             //读 8155 子函数。形参:读出数组 y[ ],长度 n,
                                           //起始地址 s
   for(i=0; i<n; i++)                      //读出循环
     y[i]=~m8155[s+i];}                    //取反后依次读出
void  disp(uchar  d[8]) {                  //8155 扫描显示子函数。形参:显示值数组
   uchar  AP=0x01;                         //定义位码状态字 AP,并赋初始值
   unsigned int  t;                        //定义延时参数 t
   for(i=0; i<8; i++) {                     //8 位扫描显示
     PA=~AP;                               //输出位码
     PB=c[d[i]];                           //输出段码
     for(t=0; t<350; t++);                 //延时 2ms
     AP<<=1;}}                             //位码左移一位
void  main() {                             //主函数
   uchar  a[8]={1,2,3,4,5,6,7,8};          //定义 8 位写入数组,并赋值
   uchar  b[8];                            //定义 8 位读出数组
   uchar  d[8]={7,6,5,4,3,2,1,0};          //定义显示值数组
   IO=0x03;                                //8155 初始化:PA、PB 口为输出,PC 口输入
   wr8155(a,8,8);                          //写 8155(写入数组 a[],长度 8,起始地址 8)
   rd8155(b,8,8);                          //读 8155(读出数组 b[],长度 8,起始地址 8)
   while(1) {                              //无限循环
     disp(d);                              //8155 扫描显示
     XBYTE[0x7e30]=PC;}}                   //读 PC 口键状态数据,并存 8155 RAM 0x7e30 单元
```

4. Keil 调试

本例因牵涉 8155 的 I/O 口信号,Keil 调试无法全面反映调试状态,意义不大。仅编译链接,语法纠错,自动生成 Hex 文件。并打开变量观测窗口,在 Locals 标签页中获取数组 a[ ]、b[ ]和 d[ ]的内 RAM 地址(分别为 0x08、0x10 和 0x18)。

5. Proteus 仿真

(1) 按实例 23 所述 Proteus 仿真步骤,打开 Proteus ISIS 软件,按表 3-8 选择和放置元器件,并连接线路,画出 Proteus 仿真电路如图 3-13 所示。

(2) 双击 Proteus ISIS 仿真电路中 AT89C51,装入 Keil 调试后自动生成的 Hex

文件。

表 3 - 8　实例 37 Proteus 仿真电路元器件

名　称	编　号	大　类	子　类	型号/标称值	数　量
80C51	U1	Microprocessor Ics	80C51 family	AT89C51	1
74LS373	U2	TTL 74LS series		74LS373	1
8155	U3	Microprocessor Ics		8155	1
石英晶体	X1	Miscellaneous	CRYSTAL	12 MHz	1
电阻		Resistors	Chip Resistor 1/8W 5%	10 kΩ,51 Ω	9
电容	C00	Capacitors	Miniature Electronlytic	2.2 μF	1
	C01	Capacitors	Ceramic Disc	33 pF	2
拨盘开关	DSW1	Switches & Relays	Switches	DIPSWC-8	1
共阴显示屏		Optoelectronics	7-Segment Displays	7SEG-MPX8-CC-BLUE	1

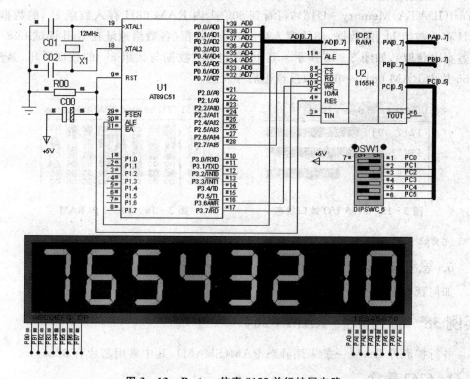

图 3 - 13　Proteus 仿真 8155 并行扩展电路

（3）单击"全速运行"按钮,可看到 8 位数码管循环显示"76543210"。

（4）按暂停键,打开 8155 片内 RAM（主菜单"Debug"→"RAM - U2"）,可看到

8155片内RAM 08H～0FH已存入数组a[]数据:12345678;30H存入6位拨盘开关信号:25(二进制数100101),如图3-14所示(Proteus RAM中的数据刷新后会显示黄色)。表明已将数组a[]数据写入8155片内RAM指定单元,8155 PC口已读入6位拨盘开关信号。改变6位拨盘开关信号状态,再全速运行、暂停后,8155片内RAM 30H中数据随之改变。

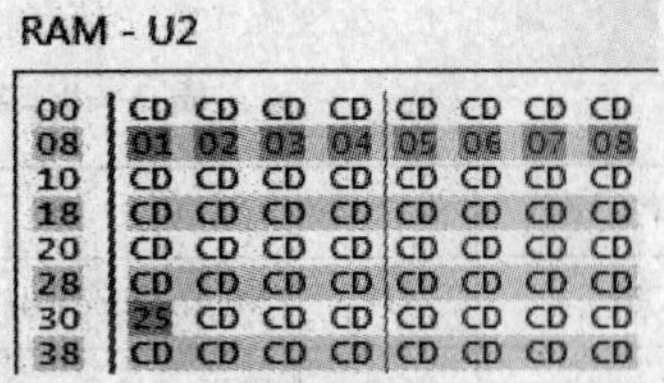

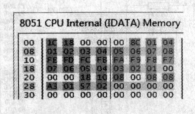

图3-14 8155片内RAM

打开8155 I/O端口状态显示窗口(主菜单"Debug"→"I/O ports and timer - U2"),可看到8155 PA、PB和PC口输出输入数据,如图3-15所示。PC口的输入数据与6位拨盘开关信号和8155片内RAM 30H中的数据相符;PA口和PB口的输出数据因动态扫描,内容是有规律的扫描显示数据。PA口输出位码,例如1110 1111(EF),表示从左往右第5位显示;PB口输出段码,例如0100 1111(4F),表示共阴字段码"3"(与PA口输出位码对应的显示数)。

(5) 按暂停键后,打开80C51内RAM(主菜单"Debug"→"80C51 CPU"→"Internal(IDATA)Memory - U1"),可看到80C51内RAM 08H存入数组a[]的数据,10H存入数组b[]的数据,18H存入数组d[]的数据(各数组地址在Keil调试Locals标签页中获取),如图3-16所示。其中,数组b[]数据与数组a[]的数据反相,是从8155片内RAM 08H～0FH取反读出后存入的。

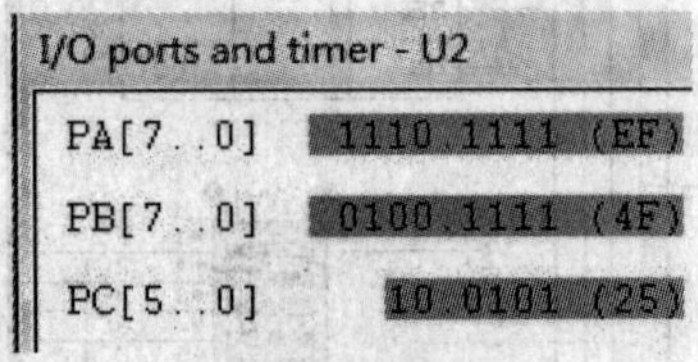

图3-15 8155 I/O端口状态   **图3-16 80C51内RAM**

(6) 终止程序运行,可按停止按钮。

6. 思考与练习

如何获取主程序中数组的内RAM地址?

实例38 并行扩展RAM 6264

并行扩展外RAM一般采用静态RAM(SRAM),其中常用芯片有6264。

1. 6264简介

6264为64 Kb(按字节8 KB)静态RAM,图3-17为其芯片引脚图,表3-9为其操作方式。

6264 引脚图
NC — 1 ... 28 — VCC
A12 — 2 ... 27 — $\overline{WE}$
A7 — 3 ... 26 — CE2
A6 — 4 ... 25 — A8
A5 — 5 ... 24 — A9
A4 — 6 ... 23 — A11
A3 — 7 ... 22 — $\overline{OE}$
A2 — 8 6264 21 — A10
A1 — 9 ... 20 — $\overline{CE1}$
A0 — 10 ... 19 — D7
D0 — 11 ... 18 — D6
D1 — 12 ... 17 — D5
D2 — 13 ... 16 — D4
GND — 14 ... 15 — D3

图 3 - 17　6264 引脚图

表 3 - 9　6264 操作方式

操作方式	引脚				
	$\overline{CE1}$	CE2	$\overline{OE}$	$\overline{WE}$	D7～D0
未选中	1	×	×	×	高阻
未选中	×	0	×	×	高阻
输出禁止	0	1	1	1	高阻
读	0	1	0	×	D_{OUT}
写	0	1	1	0	D_{IN}

A0～A12 为地址输入端;D0～D7 为读写数据输出输入端,$\overline{CE1}$、CE2 为片选端,分别为低、高电平有效;$\overline{OE}$、$\overline{WE}$ 分别为读、写控制端,均为低电平有效。片选端、读、写控制端无效时,数据端 D0～D7 高阻。

2. 电路设计

80C51 并行扩展 6264 的典型应用电路如图 3 - 18 所示。

6264 容量为 64 Kb,需 13 根地址线控制。低 8 位地址由 80C51 P0.0～P0.7 与锁存器 74373 D0～D7 连接,ALE 有效时,74373 锁存该低 8 位地址,并从 Q0～Q7 输出,与 6264 低 8 位地址 A0～A7 相接。高 5 位地址由 80C51 P2.0～P2.4 直接与 6264 A8～A12 相连。数据线由 80C51 地址/数据复用总线 P0.0～P0.7 直接与 6264 数据线 D0～D7 相连。80C51 $\overline{WR}$ 端

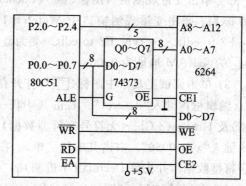

图 3 - 18　6264 与 80C51 典型连接电路

与 6264 $\overline{WE}$ 连接,控制写 6264,$\overline{RD}$ 端与 6264 $\overline{OE}$ 连接,控制读 6264。因本电路只扩展一片 6264,因此无需片选,$\overline{CE1}$ 接地,CE2 接 + 5 V。若另需并行扩展 I/O 口,则 6264 需加片选,以免引起冲突而出错。一般可用 P2 口空余高位地址线,例如 P2.5 ～ P2.7 中的一根与 6264 $\overline{CE1}$ 连接。

74373 为 TTL 8D 锁存器,芯片特性已在实例 34 中介绍,此处不再重复。

3. 程序设计

已知数组 a[12]={9,0x0f,2,0x0a,5,0x0d,3,0x0c,8,0x0e,6,0x0b},要求先将其写入 6264 以 0x0080 为首址的连续存储单元中。然后将其读出,并转换为相应的

ASCII 码,存入 80C51 内 RAM 数组 b[]中。

```
# include <reg51.h>                    //包含访问 sfr 库函数 reg51.h
# include <absacc.h>                   //包含绝对地址访问库函数 absacc.h
unsigned char  a[12] = {               //定义数组 a,并赋值
   9,0x0f,2,0x0a,5,0x0d,3,0x0c,8,0x0e,6,0x0b};
void   main() {                        //主函数
unsigned char   i;                     //定义存储单元序号 i
unsigned char   b[12];                 //定义数组 b
for(i = 0; i<12; i++ )                 //循环:初值 i = 0,条件 i<10;变量更新 i = i + 1
   XBYTE[0x0080 + i] = a[i];           //数组 a 元素依次存入 6264(0x0080 + i)单元
for(i = 0; i<12; i++){                 //循环:初值 i = 0,条件 i<10;变量更新 i = i + 1
   if(XBYTE[0x0080 + i]<10)            //若数据为数字,则
     b[i] = XBYTE[0x0080 + i] + 0x30;  //数字加 0x30,存入数组 b
   else                                //若数据为字母,则
     b[i] = XBYTE[0x0080 + i] + 0x37;} //字母加 0x37,存入数组 b
   while(1);}                          //原地等待
```

4. Keil 调试

(1) 按实例 1 所述步骤,编译链接,语法纠错,并进入调试状态。

(2) 单击变量观测窗口图标(▣),Locals 标签页中显示数组 b[]的内 RAM 地址为 0x14。单击变量观测窗口中 Watch #1 标签页,左键二次单击(不是双击)<type F2 to edit>,<type F2 to edit>变为蓝色后,键入"a",右侧 Value 框内显示数组 a[]的内 RAM 地址为 0x08。

(3) 单击调试工具条中图标(▤),打开存储器窗口,在 Memory #1 窗口的 Address 编辑框内键入"d:0x14"。右击其中任一单元,在右键菜单中选择 Decimal(十进制)及 Unsigned Char(无符号字符型数据)。在 Memory #2 窗口的 Address 编辑框内键入"x:0x0080"。右击其中任一单元,在右键菜单中选择 Unsigned Char(无符号字符型数据),并去除 Decimal(十进制)的"√"。

(4) 单击"全速运行"图标(▤),Memory #2 窗口内以 0x0080 为首址的 12 个连续存储单元中已经写入了数组 a 的 12 个元素:09、0F、02、0A、05、0D、03、0C、08、0E、06、0B。同时,Memory #1 窗口内,以 0x14 为首址的 12 个连续存储单元中,已经存入了从外 RAM 以 0x0080 为首址的 12 个连续存储单元中读出来,并转换为相应的 ASCII 码的 12 个编码:39、46、32、41、35、44、33、43、38、45、36、42。

(5) 全速运行速度很快,整个程序中间不停顿,可直接得到最终结果,但若程序有错,难以确认错在哪里。单步运行是每执行一行语句停一停,等待下一行执行命令。此时可以观察该行指令执行效果,若有错便于及时发现和修改。

① 单击单步运行图标(▣),程序在第一个 for 循环语句中循环,需要 12 次单步,观测到 Memory #2 窗口内以 0x0080 为首址的 12 个连续存储单元,依次写入了

数组 a 的 12 个元素。

② 继续单击单步运行图标,程序在第二个 for 循环语句中循环,观测到 Memory #1 窗口内以 0x14 为首址的 12 个连续存储单元,依次存入了 12 个 ASCII 码。但在该 for 循环中,程序是根据数据是数字还是字母来选择运行的。

5. Proteus 仿真

(1) 按实例 23 所述 Proteus 仿真步骤,打开 Proteus ISIS 软件,按表 3 - 10 选择和放置元器件,并连接线路,画出的 Proteus 仿真电路如图 3 - 19 所示。

表 3 - 10 实例 38 Proteus 仿真电路元器件

名　称	编　号	大　类	子　类	型号/标称值	数　量
80C51	U1	Microprocessor Ics	80C51 family	AT89C51	1
74LS373	U2	TTL 74LS series		74LS373	1
6264	U3	Memory ICs		6264	1
石英晶体	X1	Miscellaneous	CRYSTAL	12 MHz	1
电阻		Resistors	Chip Resistor 1/8W 5%	10 kΩ、330 Ω	6
电容	C00	Capacitors	Miniature Electronlytic	2.2 μF	1
	C01	Capacitors	Ceramic Disc	33 pF	2

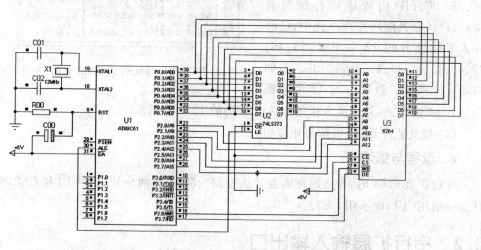

图 3 - 19 并行扩展 RAM 6264 Proteus 仿真电路

(2) 双击 Proteus ISIS 仿真电路中 AT89C51,装入 Keil 调试后自动生成的 Hex 文件。

(3) 单击全速运行按钮,然后按暂停按钮。

① 打开 RAM 6264 存储单元(主菜单"Debug"→"Memory Contents - U3"),可看到 0080H 及其随后连续单元已存储了数组 a 的 12 个元素:09、0F、02、0A、05、0D、

03、0C、08、0E、06、0B,如图 3 - 20 所示(Proteus RAM 中的数据刷新后会显示黄色)。

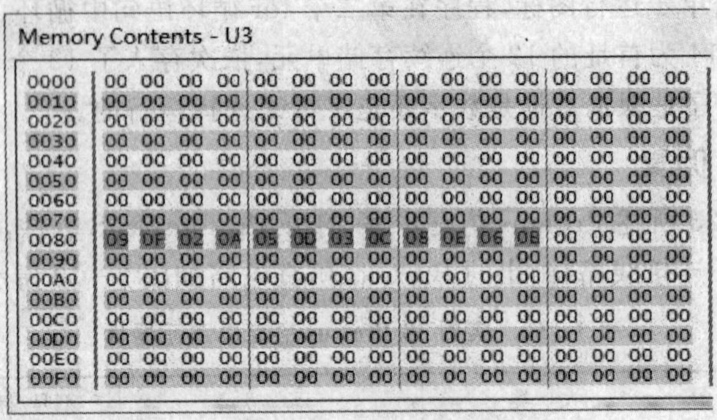

图 3 - 20　6264 存储单元数据

② 打开 80C51 内 RAM(主菜单 "Debug"→"80C51 CPU"→"Internal (IDATA) Memory — U1"),可看到 08H(地址在 Keil 调试(2)中获得)及其随后连续单元存储了数组 a 的 12 个元素:09、0F、02、0A、05、0D、03、0C、08、0E、06、0B(由程序运行赋值而得)。14H 及其随后连续单元中,已经存入了数组 b 的 12 个元素:39、46、32、41、35、44、33、43、38、45、36、42,如图 3 - 21 所示。数组 b 的 12 个元素

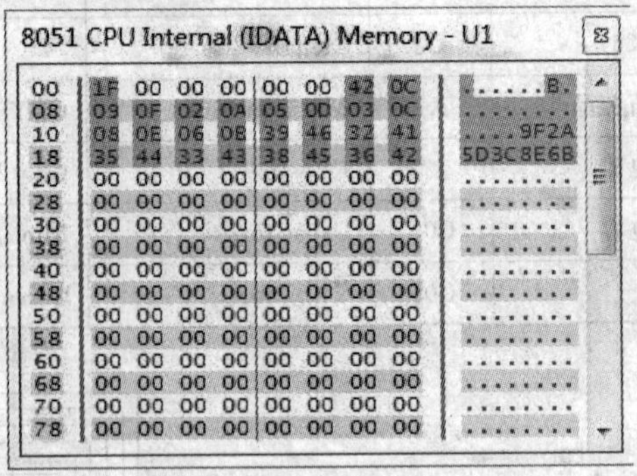

图 3 - 21　80C51 内 RAM 数据

是从 6264 读出来,并转换为相应的 ASCII 码的 12 个编码。

(4) 终止程序运行,可按停止按钮。

6. 思考与练习

并行扩展 6264 时,什么时候需要片选控制? 6264 有两个片选端$\overline{CE1}$和 CE2,为什么一般用$\overline{CE1}$,而不用 CE2?

3.2　串行扩展输入输出口

80C51 系列单片机系统扩展既可用并行扩展方式,又可用串行扩展方式。串行扩展方式具有显著的优点:不需占用 P0 口、P2 口。虽然通信速度比并行扩展慢,但随着单片机工作频率的提高,近年来得到了很大的发展和应用,逐渐成为系统扩展的主流形式。

80C51 的串行口有 4 种工作方式,其中方式 0 为同步移位寄存器工作方式,可进

行串行数据收发,并通过外接移位寄存器,将串行数据并行输出或将并行数据串行输入。

80C51 串行扩展外接的移位寄存器,常用的有 74 系列和 CMOS 4000 系列芯片。例如:"并入串出"移位寄存器 74165、CC4014/4021;"串入并出"移位寄存器 74164、74595 和 CC4094 等。

实例 39　74HC165 串行输入 8/16 位按键状态

1. 74165 简介

74HC165 为 CMOS"并入串出"8 位移位寄存器,可串/并行输入,互补串行输出,与 TTL 电平兼容,其引脚图如图 3 - 22 所示,功能表如表 3 - 11 所列。D0～D7 为并行输入端,SI 为串行输入端,SO、$\overline{QH}$ 为串行互补输出端。S/$\overline{L}$ 为移位/置入端,当 S/$\overline{L}$=0 时,从 D0～D7 并行置入数据;当 S/$\overline{L}$=1 时,允许从 SO 端移出数据。

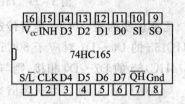

图 3 - 22　74HC165 引脚图

表 3 - 11　74HC165 功能表

输入					内部输出		输　出	
S/$\overline{L}$	INH	CLK	SI	D0～D7	Q0	Qn	SO	$\overline{QH}$
0	×	×	×	d0～d7	d0	dn	d7	$\overline{d7}$
1	0	0	×	×	保持		保持	
1	1	×	×	×	保持		保持	
1	×	1	×	×	保持		保持	
1	0	↑	0	×	依次移位		原 Q7	原 Q7
1	0	↑	1	×	依次移位		原 Q7	原 Q7
1	↑	0	0	×	依次移位		原 Q7	原 Q7
1	↑	0	1	×	依次移位		原 Q7	原 Q7

需要说明的是,165 的时钟脉冲输入端有两个:CLK 和 INH,功能可互换使用。一个为时钟脉冲输入(CLK 功能),另一个为时钟禁止控制端(INH 功能)。当其中一个为高电平时,该端履行 INH 功能,禁止另一端时钟输入;当其中一个为低电平时,允许另一端时钟输入,时钟输入上升沿有效。本书采用 INH 端接地,CLK 端输入时钟脉冲。

2. 电路设计

(1) 串行输入 8 位键状态信号电路

74HC165 与 80C51 组成的串行输入 8 位键状态信号电路如图 3 - 23 所示,K0～K7 键状态数据从 165 并行口输入,80C51 P1 口输出驱动发光二极管,以亮暗表示

K0～K7 键状态。

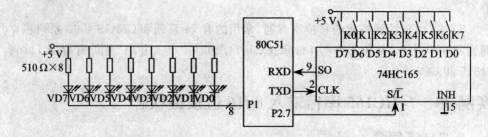

图 3 - 23　74HC165 并入串出 8 位键状态电路

　　需要说明的是,80C51 串行传送(包括发送和接收)是低位在前高位在后。因此,74HC165 的 D0～D7 对应于 80C51 SBUF 中的 D7～D0,位秩序相反。而 K0～K7 与 74HC165 的 D7～D0 相接,则与 80C51 P1.0～P1.7 位秩序相同。

　　(2) 串行输入 16 位键状态信号电路

　　从 8 键到 16 键,只需多一片 74HC165。为避免电路繁杂,键信号不送 P1 口显示验证,存 80C51 内 RAM 30H、31H。16 位并入信号分别从 2 片 165 的 D7～D0 输入,串行传送信号从 165(II)SO 端串入 165(I)SI 端,再从 165(I)SO 端串入 80C51 RXD 端。CLK 和 S/L̄ 信号 2 片 165 共用,电路如图 3 - 24 所示。

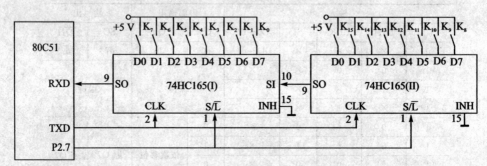

图 3 - 24　2 片 165 并入串出 16 位键状态电路

3. 程序设计

　　(1) 串行输入 8 位键状态信号程序

```
# include <reg51.h>          //包含访问 sfr 库函数 reg51.h
sbit  SL = P2^7;             //定义 SL 为 P2.7
void  main() {               //主函数
  SCON = 0;                  //置串行口方式 0
  ES = 0;                    //禁止串行中断
  while(1) {                 //无限循环,不断读取键值
    SL = 0; SL = 1;          //先锁存并行口数据,然后允许串行移位操作
    REN = 1;                 //启动 80C51 串行移位接收
```

```
    while(RI == 0);                    //等待串行接收完毕
    REN = 0;                           //串行接收完毕,禁止接收
    RI = 0;                            //清接收中断标志
    P1 = ~SBUF;}}                      //接收数据输出到 P1 口验证
```

（2）串行输入 16 位键状态信号程序

```
# include <reg51.h>                    //包含访问 sfr 库函数 reg51.h
# include <absacc.h>                   //包含绝对地址访问库函数 absacc.h
sbit  SL = P2^7;                       //定义 SL 为 P2.7
void  main() {                         //主函数
  SCON = 0;                            //置串行口方式 0,禁止接收
  ES = 0;                              //禁止串行中断
  while(1) {                           //无限循环,不断读取键值
    SL = 0; SL = 1;                    //先锁存并行口数据,然后允许串行移位操作
    REN = 1;                           //允许并启动串行接收
    while(RI == 0);                    //等待串行接收 K₀~K₇ 状态数据
    REN = 0;                           //禁止接收
    RI = 0;                            //清接收中断标志,即再次启动串行接收
    DBYTE[0x30] = SBUF;                //读入 K₀~K₇ 状态数据,存内 RAM 30H
    REN = 1;                           //启动第 2 帧串行接收
    while(RI == 0);                    //等待串行接收 K₈~K₁₅ 状态数据
    REN = 0;                           //禁止接收
    RI = 0;                            //串行接收完毕,清接收中断标志
    DBYTE[0x31] = SBUF;}}              //读入 K₈~K₁₅ 状态数据,存内 RAM31H
```

4. Keil 调试

本例因牵涉 74HC165 并行口,无法得到 165 片外键状态数据,Keil 调试无法全面反映调试状态,意义不大。仅编译链接,语法纠错,自动生成 Hex 文件。

5. Proteus 仿真

（1）按实例 23 所述 Proteus 仿真步骤,打开 Proteus ISIS 软件,按表 3-12 选择和放置元器件,并连接线路,分别画出 Proteus 仿真电路如图 3-25(8 键)和图 3-26 (16 键)所示。

表 3-12 实例 39 Proteus 仿真电路元器件

名　称	编　号	大　类	子　类	型号/标称值	数　量
80C51	U1	Microprocessor Ics	80C51 family	AT89C51	1
74HC165	U2	TTL 74HC series		74HC165	1
电阻	R0~R7	Resistors	Chip Resistor 1/8W 5%	510 Ω	8
带锁按键	K0~K7	Switches & Relays	Switches	SPST	8
发光二极管	D0~D7	Optoelectronics	LEDs	Yellow	8

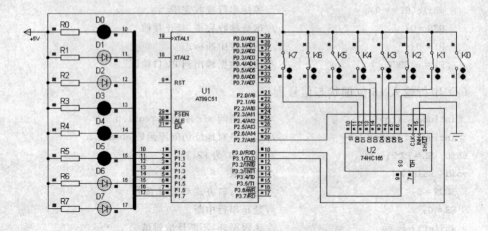

图 3 - 25　74HC165 并入串出 8 位按键状态 Proteus 仿真电路

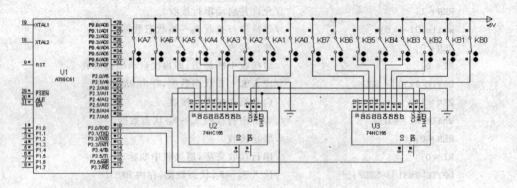

图 3 - 26　74HC165 并入串出 16 位按键状态 Proteus 仿真电路

需要说明的是,Proteus 虚拟仿真电路,若缺省晶振和复位电路,系统仍默认连接,工作频率可在 CPU 芯片属性中设置,不影响仿真运行。因此,为使电路版面整洁,也可不画晶振和复位电路。

(2) 双击 Proteus ISIS 仿真电路中 AT89C51,装入 Keil 调试后自动生成的 Hex 文件。

(3) 图 3 - 25 电路。单击"全速运行"按钮,可看到 8 个 LED(P1.0～P1.7)亮暗状态与 K0～K7 按键状态一一对应。单击修改按键状态,8 个 LED 显示状态随之改变。

(4) 图 3 - 26 电路。单击"全速运行"按钮后,按暂停键,打开 80C51 内 RAM(主菜单"Debug"→"80C51 CPU"→"Internal(IDATA)Memory -U1"),可看到 30H、31H 单元中存储了 16 位键状态数据(按图 3 - 26 所示,键状态数据为 C5H、A1H),如图 3 - 27 所示。单击修改按键状态,再次运行后暂停,可看到键状态数据随之改变。

(5) 终止程序运行,可按停止按钮。

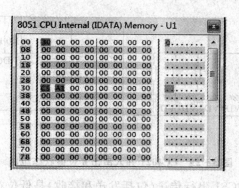

图 3 - 27　80C51 内 RAM

6. 思考与练习

（1）74HC165 有 2 个时钟脉冲输入端,如何理解? 如何处理?

（2）2 片 74HC165,并入信号和串出信号如何传送?

实例 40　CC4021 串行输入 8 /16 位按键状态

1. CC4021 简介

CC4021 为 CMOS 4000 系列"并入串出"移位寄存器,并入串出功能与 74HC165 相似。图 3 - 28 为其引脚图,D0～D7 为并行输入端,SI 为串行输入端,Q7 为串行输出端。P/$\overline{S}$ 为并入串出控制端,P/$\overline{S}$=1 时,从 D0～D7 并行置入数据;P/$\overline{S}$=0 时,允许从 Q7 端移出数据,其功能表如表 3 - 13 所列。

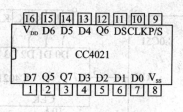

图 3 - 28　CC4021 引脚图

表 3 - 13　CC4021 功能表

输入				输出				功　能
P/$\overline{S}$	CLK	SI	D0～D7	内部 Q_0	Q_5	Q_6	Q_7	
H	×	×	d_0～d_7	d_0	d_5	d_6	d_7	并行送数
L	↓	×	×	Q_{0n}	Q_{5n}	Q_{6n}	Q_{7n}	保持
L	↑	0	×	0	Q_{4n}	Q_{5n}	Q_{6n}	依次移位
L	↑	1	×	1	Q_{4n}	Q_{5n}	Q_{6n}	

2. 电路设计

（1）串行输入 8 位键状态信号电路

CC4021 与 80C51 组成的 8 位并入串出电路如图 3 - 29 所示,K0～K7 键状态数据从 4021 并行口输入,80C51 P1 口输出驱动发光二极管,以亮暗表示 K0～K7 键状态。

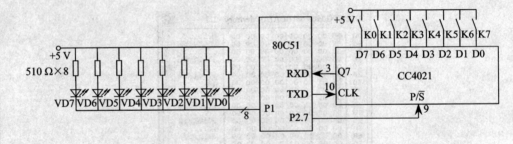

图 3 - 29　CC4021 并入串出 8 位键状态电路

需要说明的是,80C51 串行传送(包括发送和接收)是低位在前高位在后。因此,CC4021 的 D0～D7 对应于 80C51 SBUF 中的 D7～D0,位秩序相反。而 K0～K7 与 CC4021 的 D7～D0 相接,则与 80C51 P1.0～P1.7 位秩序相同。

(2) 串行输入 16 位键状态信号电路

从 8 键到 16 键,只需多一片 CC4021。为避免电路繁杂,键信号不送 P1 口显示验证,存 80C51 内 RAM 40H、41H。16 位并入信号分别从 2 片 4021 的 D7～D0 输入,串行传送信号从 4021(II)Q7 端串入 4021(I)SI 端,再从 4021(I)Q7 端串入 80C51 RXD 端。CLK 和 P/S̄ 信号 2 片 4021 共用,电路如图 3 - 30 所示。

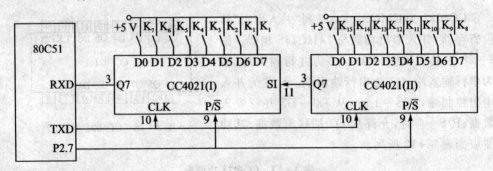

图 3 - 30　2 片 CC4021 并入串出 16 位键状态电路

3. 程序设计

(1) 串行输入 8 位键状态信号程序

```
#include <reg51.h>            //包含访问 sfr 库函数 reg51.h
sbit   ps = P2^7;             //定义位标识符 ps 为 P2.7
void  main() {                //主函数
  SCON = 0;                   //置串行方式 0
  ES = 0;                     //禁止串行中断
  while(1) {                  //无限循环,不断读取键值
    ps = 1; ps = 0;           //先锁存并行口数据,然后允许串行移位操作
    REN = 1;                  //启动 80C51 串行移位接收
    while(RI == 0);           //等待串行接收完毕
```

```
    REN = 0;                        //串行接收完毕,禁止接收
    RI = 0;                         //清接收中断标志
    P1 = ~SBUF;}}                   //键状态输出 P1 口驱动发光二极管验证
```

（2）串行输入 16 位键状态信号程序

```
# include <reg51.h>               //包含访问 sfr 库函数 reg51.h
# include <absacc.h>              //包含绝对地址访问库函数 absacc.h
sbit  ps = P2^7;                  //定义位标识符 ps 为 P2.7
void  main() {                    //主函数
  SCON = 0;                       //置串行口方式 0,禁止接收
  ES = 0;                         //禁止串行中断
  while(1) {                      //无限循环,不断读取键值
  ps = 1; ps = 0;                 //先锁存并行口数据,然后允许串行移位操作
  REN = 1;                        //允许并启动串行接收
  while(RI == 0);                 //等待串行接收 K₀～K₇ 状态数据
  REN = 0;                        //禁止接收
  RI = 0;                         //清接收中断标志
  DBYTE[0x40] = SBUF;             //读入 K₀～K₇ 状态数据,存内 RAM 40H
  REN = 1;                        //启动第 2 帧串行接收
  while(RI == 0);                 //等待串行接收 K₈～K₁₅ 状态数据
  REN = 0;                        //禁止接收
  RI = 0;                         //串行接收完毕,清接收中断标志
  DBYTE[0x41] = SBUF;}}           //读入 K₈～K₁₅ 状态数据,存内 RAM 41H
```

4. Keil 调试

本例因牵涉 CC4021 并行口输入的键状态信号,无法得到 165 片外键状态数据,Keil 调试无法全面反映调试状态,意义不大。仅编译链接,语法纠错,自动生成 Hex 文件。

5. Proteus 仿真

（1）按实例 23 所述 Proteus 仿真步骤,打开 Proteus ISIS 软件,按表 3-14 选择和放置元器件,并连接线路,分别画出 Proteus 仿真电路如图 3-31(8 键)和图 3-32(16 键)所示。

表 3-14 实例 40 Proteus 仿真电路元器件

名 称	编 号	大 类	子 类	型号/标称值	数 量
80C51	U1	Microprocessor Ics	80C51 family	AT89C51	1
CC4021	U2	CMOS 4000 series		4021	1
电阻	R0～R7	Resistors	Chip Resistor 1/8W 5%	510 Ω	8
带锁按键	K0～K7	Switches & Relays	Switches	SPST	8
发光二极管	D0～D7	Optoelectronics	LEDs	Yellow	8

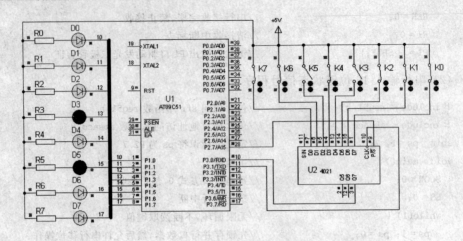

图 3-31　CC4021 并入串出 8 位按键状态 Proteus 仿真电路

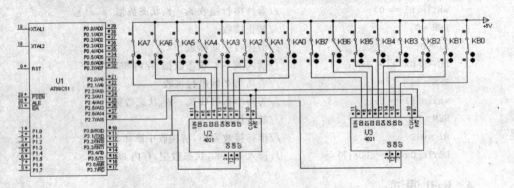

图 3-32　2 片 CC4021 并入串出 16 位按键状态 Proteus 仿真电路

需要说明的是,Proteus 虚拟仿真电路,若缺省晶振和复位电路,系统仍默认连接,工作频率可在 CPU 芯片属性中设置,不影响仿真运行。因此,为使电路版面整洁,也可不画晶振和复位电路。

(2) 双击 Proteus ISIS 仿真电路中 AT89C51,装入 Keil 调试后自动生成的 Hex 文件。

(3) 图 3-31 所示电路。单击全速运行按钮,可看到 8 个 LED(P1.0~P1.7)亮暗状态与 K0~K7 按键状态一一对应。单击修改按键状态,8 个 LED 显示状态随之改变。

(4) 图 3-32 所示电路。单击全速运行按钮后,按暂停键,打开 80C51 内 RAM(主菜单"Debug"→"80C51 CPU"→"Internal(IDATA)Memory - U1"),可看到 40H、41H 单元中存储了 16 位键状态数据(按图 3-32 所示,键状态数据为 A5H、BBH)。单击修改按键状态,再次运行后暂停,可看到键状态数据随之改变。

(5) 终止程序运行,可按停止按钮。

6. 思考与练习

CC4021 并行口的 D0～D7 与 K7～K0 相接,为什么位秩序相反?

实例 41　CC4014 串行输入 8 位按键状态

1. CC4014 简介

CC4014 与 CC4021 同为 CMOS 4000 系列 "并入串出"移位寄存器,区别在于置入并行数据 的条件不同。CC4014 除需要并入串出控制端 P/$\overline{\text{S}}$=1 外,还需要 CLK 脉冲上升沿触发配合。 CC4014 引脚图如图 3 - 33 所示,功能表如表 3 - 15 所列。

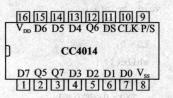

图 3 - 33　4014 引脚图

表 3 - 15　CC4014 功能表

输　　入				输　　出				功能
P/$\overline{\text{S}}$	CLK	SI	D0～D7	内部 Q_0	Q_5	Q_6	Q_7	
H	↑	×	d_0～d_7	d_0	d_5	d_6	d_7	并行送数
L	↓	×	Q_{0n}	Q_{5n}	Q_{6n}	Q_{7n}		保持
L	↑	0	×	0	Q_{4n}	Q_{5n}	Q_{6n}	依次移位
L	↑	1	×	1	Q_{4n}	Q_{5n}	Q_{6n}	

2. 电路设计

CC4014 并入串出电路与 CC4021 并入串出电路相同,如图 3 - 34 所示。K0～ K7 键状态数据从 4014 并行口输入,80C51 P1 口输出驱动发光二极管,以亮暗表示 K0～K7 键状态。

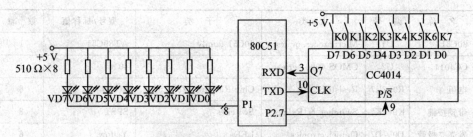

图 3 - 34　CC4014 并入串出电路

需要说明的是,80C51 串行传送(包括发送和接受)是低位在前高位在后。因此, CC4014 的 D0～D7 对应于 80C51 SBUF 中的 D7～D0,位秩序相反。而 K0～K7 与 CC4014 的 D7～D0 相接,则与 80C51 P1.0～P1.7 位秩序相同。

3. 程序设计

根据 4014 与 4021 置入并行数据条件的区别,只要在锁存并行口数据后,插入一个由 TXD 端发出的上升沿触发脉冲,其余相同。

```
#include <reg51.h>              //包含访问 sfr 库函数 reg51.h
sbit  ps = P2^7;                //定义位标识符 ps 为 P2.7
void  main() {                  //主函数
  SCON = 0;                     //置串行方式 0
  ES = 0;                       //禁止串行中断
  while(1) {                    //无限循环,不断读取键值
   ps = 1;                      //允许锁存并行口数据
   TXD = 0; TXD = 1;            //TXD 端发出上升沿脉冲,触发锁存
   ps = 0;                      //允许串行移位操作
   REN = 1;                     //启动 80C51 串行移位接收
   while(RI == 0);              //等待串行接收完毕
   REN = 0;                     //串行接收完毕,禁止接收
   RI = 0;                      //清接收中断标志
   P1 = ~SBUF;}}                //键状态输出 P1 口驱动发光二极管验证
```

4. Keil 调试

本例因牵涉 CC4014 并行口输入的键状态信号,无法得到 4014 片外 K0~K7 键状态数据,Keil 调试无法全面反映调试状态,意义不大。仅编译链接,语法纠错,自动生成 Hex 文件。

5. Proteus 仿真

(1) 按实例 23 所述 Proteus 仿真步骤,打开 Proteus ISIS 软件,按表 3-16 选择和放置元器件,并连接线路,画出 Proteus 仿真电路如图 3-35 所示。

表 3-16　实例 41 Proteus 仿真电路元器件

名　称	编　号	大　类	子　类	型号/标称值	数　量
80C51	U1	Microprocessor Ics	80C51 family	AT89C51	1
CC4014	U2	CMOS 4000 series		4014	1
电阻	R0~R7	Resistors	Chip Resistor 1/8W 5%	510 Ω	8
带锁按键	K0~K7	Switches & Relays	Switches	SPST	8
发光二极管	D0~D7	Optoelectronics	LEDs	Yellow	8

需要说明的是,Proteus 虚拟仿真电路,若缺省晶振和复位电路,系统仍默认连接,工作频率可在 CPU 芯片属性中设置,不影响仿真运行。因此,为使电路版面整洁,也可不画晶振和复位电路。

(2) 双击 Proteus ISIS 仿真电路中 AT89C51,装入 Keil 调试后自动生成的 Hex

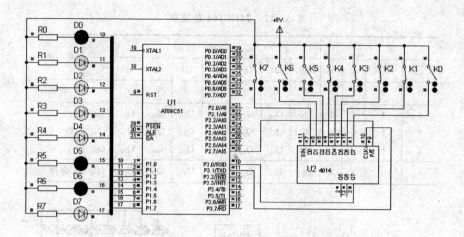

图 3 - 35　CC4014 并入串出 8 位按键状态 Proteus 仿真电路

文件。

（3）单击全速运行按钮，可看到 8 个 LED(P1.0～P1.7)亮暗状态与 K0～K7 按键状态一一对应。

（4）单击修改按键状态，8 个 LED 显示状态随之改变。

（5）终止程序运行，可按停止按钮。

6. 思考与练习

（1）CC4014 与 CC4021 同为"并入串出"移位寄存器，引脚排列也相同，有什么区别？

（2）若用 2 片 CC4014 代替 2 片 CC4021，运行程序应如何编写？

实例 42　74HC164 串入并出控制 8/16 循环灯

实例 27、实例 28 已经给出了 80C51 并行输出控制循环 8 灯的案例，也可通过"串入并出"移位寄存器控制循环 8 灯，其优点是占用 I/O 口资源少。

1. 74HC164 简介

74HC164 为 CMOS"串入并出"移位寄存器，功能表如表 3 - 17 所列，引脚图如图 3 - 36 所示。S_A、S_B 为串行信号输入端，同时为"1"时，串入"1"；有一个为 0 时，串入"0"。Q0～Q7 为并行输出端，CLK 为移位脉冲输入端，$\overline{CLR}$ 为并行输出清 0 端。

2. 电路设计

（1）串行输出控制 8 灯循环电路

74HC164 与 80C51 组成的串行输出控制循环 8 灯电路如图 3 - 37 所示。在 80C51 TXD 端发出的时钟脉冲控制下，串行数据信号从 RXD 端逐位移入 74HC164 S_A、S_B 端，并逐位从 Q0→Q7 输出，控制 LED 灯亮暗显示。

表 3-17　74HC164 功能表

输　入				输　出								功　能
$\overline{CLR}$	CLK	S_A	S_B	Q0	Q1	Q2	Q3	Q4	Q5	Q6	Q7	
0	×	×	×	0	0	0	0	0	0	0	0	清 0
1	↑	1	1	1	Q_{0n}	Q_{1n}	Q_{2n}	Q_{3n}	Q_{4n}	Q_{5n}	Q_{6n}	移　位
1	↑	0	×	0	Q_{0n}	Q_{1n}	Q_{2n}	Q_{3n}	Q_{4n}	Q_{5n}	Q_{6n}	
1	↑	×	0	0	Q_{0n}	Q_{1n}	Q_{2n}	Q_{3n}	Q_{4n}	Q_{5n}	Q_{6n}	
1	0	×	×	Q_{0n}	Q_{1n}	Q_{2n}	Q_{3n}	Q_{4n}	Q_{5n}	Q_{6n}	Q_{7n}	保持

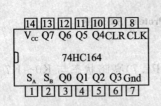

图 3-36　74HC164 引脚图

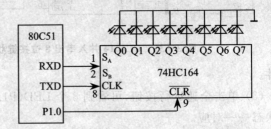

图 3-37　74HC164 串入并出控制 8 循环灯电路

（2）串行输出控制 16 灯循环电路

从 8 灯到 16 灯，只需多一片 74HC164。80C51 RXD 发出的 16 位串行输出信号先串入 164(I) S_A、S_B 端，逐次移位至 Q7 后，再串入 164(II) S_A、S_B 端，直至移位至 164(II) Q7 端；TXD 发出的 CLK 信号 2 片 164 共用；164 $\overline{CLR}$ 端直接接 +5 V 不清 0，电路如图 3-38 所示。

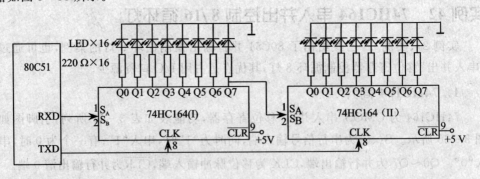

图 3-38　2 片 164 串入并出控制 16 循环灯电路

需要说明的是，74HC164 串行输出是从 Q7 直接耦合至下一片串行输入端 S_A、S_B，为电平匹配，Q7 端必须加接负载电阻，否则信号无法串行输出。这是图 3-38 电路与图 3-37 电路的重要区别。

3. 程序设计

(1) 串行输出控制 8 灯循环程序

要求 74HC 164 并行输出口的 8 个发光二极管从右至左每隔 0.5 s 移位点亮,不断循环。

```c
#include <reg51.h>              //包含访问 sfr 库函数 reg51.h
sbit  clr = P1^0;              //定义位标识符 clr 为 P1.0
void  main() {                 //主函数
  unsigned char  i;            //定义循环序号 i
  unsigned long  t;            //定义延时参数 t
  unsigned char  led[8] = {    //定义亮灯数组 led,并赋值
    0x01,0x02,0x04,0x08,0x10,0x20,0x40,0x80};
  SCON = 0;                    //置串行口方式 0
  ES = 0;                      //禁止串行中断
  while(1) {                   //无限循环
    for(i = 0; i<8; i++) {     //循环执行以下循环体语句
      clr = 0;                 //清除 74HC164 原并行输出
      clr = 1;                 //开启新输出
      SBUF  = led[i];          //亮灯状态字送串行缓冲寄存器
      while(TI == 0);          //等待串行发送完毕
      TI = 0;                  //串行发送完毕,清发送中断标志
      for(t = 0; t<11000; t++);}}}  //延时 0.5 s
```

(2) 串行输出控制 16 灯循环程序

要求 16 个发光二极管,从左至右每隔 0.5 s 移位点亮,不断循环。

```c
#include <reg51.h>              //包含访问 sfr 库函数 reg51.h
unsigned char  code  led[32] = {  //定义循环灯数组,存在 ROM 中
  0,0x80, 0,0x40, 0,0x20, 0,0x10, 0,0x08, 0,0x04, 0,0x02, 0,0x01, //74HC164(I)先亮
  0x80,0, 0x40,0, 0x20,0, 0x10,0, 0x08,0, 0x04,0, 0x02,0, 0x01,0}; //74HC164(II)后亮
void  main() {                 //主函数
  unsigned char  i;            //定义循环序号 i
  unsigned long  t;            //定义延时参数 t
  SCON = 0;                    //置串行口方式 0
  ES = 0;                      //禁止串行中断
  while(1) {                   //无限循环
    for(i = 0; i<32; i = i + 2) {  //循环灯输出
      SBUF = led[i];           //依次串行发送彩灯数组第一帧数据
      while(TI == 0);          //等待串行发送完毕
      TI = 0;                  //串行发送完毕,清发送中断标志
      SBUF = led[i + 1];       //依次串行发送彩灯数组第二帧数据
      while(TI == 0);          //等待串行发送完毕
```

```
        TI = 0;                              //串行发送完毕,清发送中断标志
        for(t = 0; t<11000; t ++);}}}        //延时 0.5 s
```

需要说明的是,80C51 串行传送(包括发送和接受)是低位在前高位在后,与 74HC164 位秩序相反。串送的第一帧数据(0)最终传送给 164(Ⅱ),第二帧数据 (0x80)最终传送给 164(Ⅰ)。因此,164(Ⅱ)暗,164(Ⅰ)Q0 输出高电平,驱动相应的 LED 灯亮。同理,80C51 每次串送 2 帧数据,读者可根据循环灯数组分析判断。

4. Keil 调试

(1) 串行输出控制 8 灯循环程序 Keil 调试:

1) 按实例 1 所述步骤,编译链接,语法纠错,并进入调试状态。

2) 打开变量观测窗口(单击调试工具图标"🔍"),观测到 Locals 标签页中显示 亮灯数组 led[8]的内 RAM 地址为 0x0D。

3) 打开存储器窗口(单击调试工具图标"▦"),在 Memory#1 窗口的 Address 编辑框内键入"d:0x0D"。

4) 打开 P1 对话窗口(主菜单"Peripherals"→"I/O-Port"→"Port1",图 8 - 36)。 其中,上面一行(标记"Px")为 I/O 口输出变量,下面一行(标记"Pins")为模拟 I/O 口引脚输入信号("√"为"1","空白"为"0",单击可修改)。

5) 打开串行口对话窗口(主菜单"Peripherals"→"Serial"),弹出串行口对话窗 口(图 8 - 37)。

6) 单步运行。

① 程序执行亮灯数组 led 赋值语句后,存储器 Memory#1 窗口的 0x0D 及其后 续单元已经存储了 led[]的赋值数据。

② 继续单步运行,执行"clr=0;"和"clr=1;"语句后,P1 对话框中 P1.0 出现一 次跳变("√"→"空白"→"√"),表明 80C51 P1.0 端口已发出"清除 74HC164 原并行 输出,开启新输出"的指令。

③ 继续单步运行,执行"SBUF=led[n];"语句后,串行口对话框中串行缓冲寄 存器 SBUF 中的数据变为 0x01(原为 0x00),表明 80C51 已开始串行发送第一个亮 灯控制字。随后执行"while(TI==0);"语句,需要 8 步,表明 80C51 串行逐位发送 8 位数据。

④ 继续单步运行,程序在"for(n=0; n<8; n++)"循环语句中循环,串行缓冲 寄存器 SBUF 中的数据按亮灯数组 led[8]中的数据依次变化,表明 80C51 串行口按 序发送亮灯控制字,74HC 164 并行输出口的 8 个发光二极管将从右至左点亮,不断 循环。

7) 检测延时时间。运行"for(t=0; t<11000; t++);"语句前,记录寄存器窗 口(参阅图 8 - 27)中 sec 值;执行完后,再次查看寄存器窗口中 sec 值。两者之差,即 为延时语句延时时间。

（2）串行输出控制16灯循环程序Keil调试与8灯类同，简述如下：

1）按实例1所述步骤，编译链接，语法纠错，并进入调试状态，打开串行口对话窗口。

2）在"SBUF＝led[i];"和"SBUF＝led[i+1];"语句行设置断点（将光标置于该语句行，单击断点设置图标，该语句行前会出现一个红色小方块标记）。

3）单击全速运行图标，程序全速运行至断点语句行，等待操作指令。不断单击全速运行图标，串行口对话框中串行缓冲寄存器SBUF的数据均会按循环灯数组led[32]中的数据依次变化，表明80C51串行口按序发送循环灯控制字，两片74HC164并行输出口的16个发光二极管将按题目要求亮暗变化，不断循环。

5. Proteus仿真

（1）按实例23所述Proteus仿真步骤，打开Proteus ISIS软件，按表3-18选择和放置元器件，并连接线路，分别画出Proteus仿真电路如图3-39（8灯）和图3-40（16灯）所示。

表3-18 实例42 Proteus仿真电路元器件

名 称	编 号	大 类	子 类	型号/标称值	数 量
80C51	U1	Microprocessor Ics	80C51 family	AT89C51	1
74HC164	U2	TTL 74HC series		74HC164	1
发光二极管	D0～D7	Optoelectronics	LEDs	Yellow	8

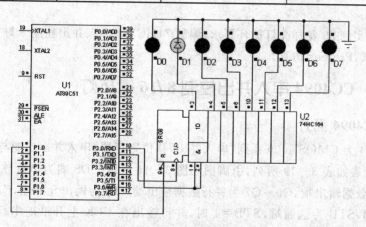

图3-39 74HC164串入并出控制8灯循环Proteus仿真电路

需要说明的是，Proteus虚拟仿真电路，若缺省晶振和复位电路，系统仍默认连接，工作频率可在CPU芯片属性中设置，不影响仿真运行。因此，为使电路版面整洁，也可不画晶振和复位电路。

（2）双击Proteus ISIS仿真电路中AT89C51，装入Keil调试后自动生成的Hex文件。

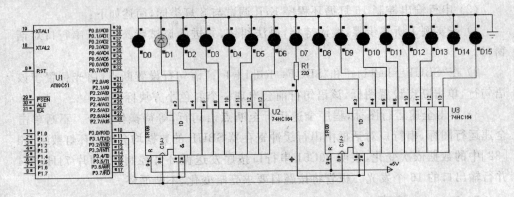

图 3 - 40　2 片 74HC 164 串入并出控制 16 灯循环 Proteus 仿真电路

（3）图 3 - 39 电路，单击全速运行按钮后，可看到 8 个 LED 从右至左每隔 0.5 s 移位点亮，不断循环。

（4）图 3 - 40 电路，单击全速运行按钮后，可看到 16 个 LED 从左至右每隔 0.5 s 移位点亮，不断循环。

（5）终止程序运行，可按停止按钮。

6. 思考与练习

（1）74HC164 在什么条件下，串行移入"1"？

（2）为什么在图 3 - 40 中，164 Q7 端要加接一个电阻，而图 3 - 39 中 164 Q7 不接电阻？

（3）按实例 28 花样亮灯循环要求，编制 74HC164 串入并出控制 8 灯循环程序，并 Keil 调试，Proteus 仿真。

实例 43　CC4094 串入并出控制 8/16 循环灯

1. CC4094 简介

CC4094 为 CMOS 4000 系列"串入并出"移位寄存器，串入并出功能与 74HC164 相同。功能表如表 3 - 19 所列，引脚图如图 3 - 41 所示。DS 端为串行数据输入端，QS 为串行数据输出端，Q0～Q7 为并行数据输出端，OE 为输出允许端，CLK 为移位脉冲输入端，STB 为选通端，STB = 1 时，并行输出在 CLK 上升沿随串行输入而变化；STB = 0 时，锁定输出。

2. 电路设计

（1）串行输出控制 8 灯循环电路

CC4094 与 80C51 组成的串行输出控制循环 8 灯电路如图 3 - 42 所示。在 80C51 TXD 端发出的时钟脉冲控制下，串行数据信号从 RXD 端逐位移入 CC4094 DS 端，并逐位从 Q0→Q7 输出，控制 LED 灯亮暗显示。

表 3 - 19　CC4094 功能表

输入				输出									
OE	CLK	STB	DS	Q0	Q1	Q2	Q3	Q4	Q5	Q6	Q7	QS	Q'S
0	↑	×	×	高阻								Q7	不变
0	↓	×	×	高阻								不变	Q7
1	×	0	×	不变								Q7	不变
1	↑	1	0	0	Q0	Q1	Q2	Q3	Q4	Q5	Q6	Q7	不变
1	↑	1	1	1	Q0	Q1	Q2	Q3	Q4	Q5	Q6	Q7	不变
1	↓	1	1	不变								不变	Q7

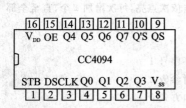

图 3 - 41　CC4094 引脚图

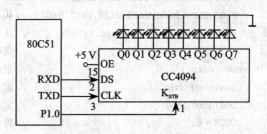

图 3 - 42　CC4094 串入并出控制 8 循环灯电路

（2）串行输出控制 16 灯循环电路

从 8 灯到 16 灯，只需多一片 CC4094。80C51 RXD 发出的 16 位串行输出信号先串入 4094(I)DS 端，逐次移位至 Q7 后，再从 QS 端串出至 4094(II)DS 端，直至移位至 4094(II)Q7 端。80C51 TXD 发出的 CLK 和 P1.0 发出的 STB 信号 2 片 4094 共用，4094 输出允许端 OE 直接接＋5V，电路如图 3 - 43 所示。

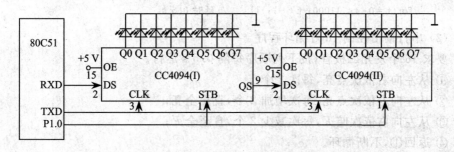

图 3 - 43　2 片 CC4094 串入并出控制 16 循环灯电路

3. 程序设计

（1）串行输出控制 8 灯循环程序

要求 8 个发光二极管按下列顺序要求（间隔 0.5 s）运行：

① 全部点亮；

② 从左向右依次暗灭,每次减少 1 个,直至全灭;

③ 从左向右依次点亮,每次亮 1 个;

④ 从右向左依次点亮,每次亮 1 个;

⑤ 从左向右依次点亮,每次增加 1 个,直至全部点亮;

⑥ 返回②,不断循环。

```
#include <reg51.h>                              //包含访问 sfr 库函数 reg51.h
sbit   STB = P1^0;                              //定义位标识符 STB 为 P1.0
unsigned char   code   led[30] = {              //定义彩灯循环码数组,存在 ROM 中
  0xff,0x7f,0x3f,0x1f,0x0f,0x07,0x03,0x01,0,     //从左向右依次暗灭,每次减少 1 个,
                                                 //直至全灭
  0x80,0x40,0x20,0x10,0x08,0x04,0x02,0x01,       //从左向右依次点亮,每次亮 1 个
  0x02,0x04,0x08,0x10,0x20,0x40,0x80,            //从右向左依次点亮,每次亮 1 个
  0xc0,0xe0,0xf0,0xf8,0xfc,0xfe};               //从左向右依次点亮,每次增加 1 个,直至全部
                                                 //点亮
void   main() {                                 //主函数
  unsigned char   i;                            //定义循环序号 i
  unsigned long   t;                            //定义延时参数 t
  SCON = 0;                                      //置串行口方式 0
  ES = 0;                                        //禁止串行中断
  while(1) {                                     //无限循环
    for(i = 0; i<30; i++ ) {                     //彩灯循环输出
      SBUF = led[i];                             //依次串行发送彩灯数组元素
      while(TI == 0);                            //等待串行发送完毕
      TI = 0;                                    //串行发送完毕,清发送中断标志
      STB = 1;                                   //开启 CC4094 并行输出
      STB = 0;                                   //锁定并行输出
      for(t = 0; t<11000; t++);}}}             //延时 0.5 s
```

(2) 串行输出控制 16 灯循环程序

要求 16 个发光二极管,按下列顺序每隔 0.5 s 运行。

① 从左向右依次点亮,每次 2 个;

② 从左向右依次点亮,每次增加 2 个,直至全亮;

③ 从左向右依次暗灭,每次减少 2 个,直至全灭;

④ 返回①,不断循环。

```
#include <reg51.h>                              //包含访问 sfr 库函数 reg51.h
sbit   STB = P1^0;                              //定义位标识符 STB 为 P1.0
unsigned char   code   led[48] = {              //定义彩灯循环码数组,存在 ROM 中
  0,0xc0, 0,0x30, 0,0x0c, 0,0x03, 0xc0,0, 0x30,0, 0x0c,0, 0x03,0,
                                                 //从左向右每次点亮 2 个
  0,0xc0, 0,0xf0, 0,0xfc, 0,0xff, 0xc0,0xff, 0xf0,0xff, 0xfc,0xff, 0xff,0xff,
```

```
                                        //从左向右每次增加 2 个
    0xff,0x3f, 0xff,0x0f, 0xff,0x03, 0xff,0, 0x3f,0, 0x0f,0, 0x03,0, 0,0};
                                        //从左向右每次减少 2 个
void  main() {                          //主函数
    unsigned char  i;                   //定义循环序号 i
    unsigned long  t;                   //定义延时参数 t
    SCON = 0;                           //置串行口方式 0
    ES = 0;                             //禁止串行中断
    while(1) {                          //无限循环
      for(i = 0; i<48; i = i + 2) {     //彩灯循环输出
        SBUF = led[i];                  //依次串行发送彩灯数组元素
        STB = 1;                        //开启 CC4094 并行输出
        while(TI == 0);                 //等待串行发送完毕
        TI = 0;                         //串行发送完毕,清发送中断标志
        SBUF = led[i + 1];              //依次串行发送彩灯数组元素
        while(TI == 0);                 //等待串行发送完毕
        TI = 0;                         //串行发送完毕,清发送中断标志
        STB = 1;                        //开启 CC4094 并行输出
        STB = 0;                        //锁定 CC4094 并行输出
        for(t = 0; t<11000; t ++ );}}}  //延时 0.5 s
```

需要说明的是,80C51 串行传送(包括发送和接受)是低位在前高位在后,与 CC4094 位秩序相反。串送的第 1 帧数据(0)最终传送给 4094(II),第 2 帧数据 (0xc0)最终传送给 4094(I)。因此,4094(II)暗,4094(I)Q0、Q1 输出高电平,驱动 D0、D1 灯亮。同理,80C51 每次串送 2 帧数据,读者可根据循环灯数组分析判断。

4. Keil 调试

(1) 串行控制 8 灯循环程序 Keil 调试与上例基本相同,简述如下:

1) 按实例 1 所述步骤,编译链接,语法纠错,并进入调试状态。

2) 打开 P1 对话窗口和串行口对话窗口。

3) 单步运行,程序在"for(i=0; i<30; i++)"循环语句中循环。

① 执行"SBUF=led[i];"语句后,串行口对话框中串行缓冲寄存器 SBUF 的数据按彩灯循环码数组 led[30]中的数据依次变化,表明 80C51 串行口按序发送彩灯循环控制字,CC4094 并行输出口的 8 个发光二极管将按题目要求亮暗变化,不断循环。

② 执行"STB=1;"和"STB=0;"语句后,P1 对话框中 P1.0 出现一次跳变("√" →"空白"),表明 80C51 P1.0 端口发出"开启和锁定 CC4094 并行输出"的指令。

(2) 串行控制 16 灯循环程序 Keil 调试与 8 灯程序类同,简述如下:

1) 按实例 1 所述步骤,编译链接,语法纠错,并进入调试状态。

2) 打开串行口对话窗口。

3) 在"SBUF＝led[i]；"和"SBUF＝led[i＋1]；"语句行设置断点（将光标置于该语句行，单击断点设置图标，该语句行前会出现一个红色小方块标记），单击全速运行图标，程序全速运行至断点语句行，等待操作指令。不断单击全速运行图标，串行口对话框中串行缓冲寄存器 SBUF 的数据均会按循环灯数组 led[32] 中的数据依次变化，表明 80C51 串行口按序发送循环灯控制字，二片 CC4094 并行输出口的 16 个发光二极管将按题目要求亮暗变化，不断循环。

4) 若打开 P1 口对话窗口，并将"STB＝1；STB＝0；"拆成二行语句，单步运行该二行语句后，还可在 P1 口对话窗口中 P1.0 出现一次跳变（"√"→"空白"→"√"），表明 80C51 P1.0 端口发出开启 CC4094 并行输出并锁定的控制信号。

5. Proteus 仿真

（1）按实例 23 所述 Proteus 仿真步骤，打开 Proteus ISIS 软件，按表 3－20 选择和放置元器件，并连接线路，分别画出 Proteus 仿真电路如图 3－44(8 灯)和图 3－45(16 灯)所示。

表 3－20　实例 43 Proteus 仿真电路元器件

名　称	编　号	大　类	子　类	型号/标称值	数　量
80C51	U1	Microprocessor Ics	80C51 family	AT89C51	1
CC4094	U2	CMOS 4000 series		4094	1
发光二极管	D0～D7	Optoelectronics	LEDs	Yellow	8

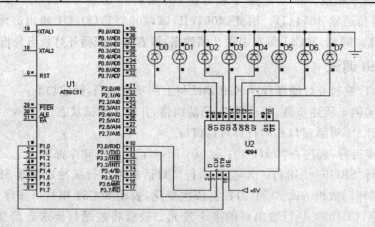

图 3－44　CC4094 串入并出控制 8 灯循环 Proteus 仿真电路

需要说明的是，Proteus 虚拟仿真电路，若缺省晶振和复位电路，系统仍默认连接，工作频率可在 CPU 芯片属性中设置，不影响仿真运行。因此，为使电路版面整洁，也可不画晶振和复位电路。

（2）双击 Proteus ISIS 仿真电路中 AT89C51，装入 Keil 调试后自动生成的 Hex 文件。

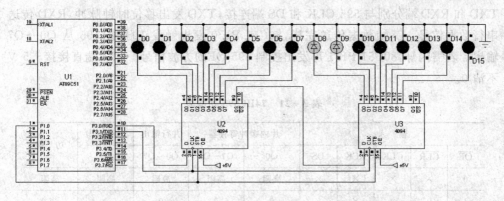

图 3 - 45　2 片 CC4094 串入并出控制 16 灯循环 Proteus 仿真电路

（3）图 3 - 44 电路，单击全速运行按钮后，可看到 8 个 LED 按题目要求，每隔 0.5 s 花式移位点亮，不断循环。

（4）图 3 - 45 电路，单击全速运行按钮后，可看到 16 个 LED 按题目要求，每隔 0.5s 花式移位点亮，不断循环。

（5）终止程序运行，可按停止按钮。

6. 思考与练习

（1）按实例 28 花样亮灯循环要求，编制 CC4094 串入并出控制 8 灯循环程序，并 Keil 调试，Proteus 仿真。

（2）16 位亮灯数据，如何串行传送至 2 片 CC4094？

实例 44　74HC595 串入并出控制 8 / 16 循环灯

1. 74HC595 简介

74LS595 为串行移位寄存器，功能表如表 3 - 21 所列，引脚图如图 3 - 46 所示。DS 为串行输入端，QS 为串行输出端，Q0 ～ Q7 为并行输出端，CLK 为移位脉冲输入端，$\overline{\text{CLR}}$ 为并行输出清 0 端。

74HC595 与 74HC164 功能相仿，区别是 595 串入并出分两步操作，第 1 步在 CLK 信号有效条件下移入 595 片内缓冲寄存器，第 2 步由 595 RCK 端（♯12）输入一个触发正脉冲，片内缓冲寄存器中的数据进入输出寄存器。而 74HC164 是直接串入输出寄存器，串入中间过程有可能在并行输出端产生误动作。

另外，74HC595 有禁止输出（高阻态）控制端 $\overline{\text{OE}}$，$\overline{\text{OE}}=0$ 时，输出熄灭。若用一个引脚控制它，可以方便地产生闪烁效果。

2. 电路设计

（1）串行输出控制 8 灯循环电路

74HC595 与 80C51 组成的串行输出控制 8 灯循环电路如图 3 - 47 所示。80C51

TXD 和 RXD 端分别与 595 CLK 和 DS 端连接，TXD 发出移位时钟脉冲，RXD 传送串行数据信号。一帧数据传送完毕，80C51 P1.0 发出触发正脉冲，595 从 Q0→Q7 输出。若需闪烁，80C51 P1.1 可发出控制 595 $\overline{OE}$ 的方波信号。$\overline{CLR}$ 端直接接＋5 V 不清 0。

表 3-21　74HC595 功能表

输入					片内缓冲寄存器		并行输出	串行输出	功　能
$\overline{OE}$	$\overline{CLR}$	CLK	RCK	DS	Q0	Q1~Q7	Q0~Q7	QS	
0	×	×	×	×	高阻	高阻	高阻	高阻	高阻
1	0	×	×	×	0	0	0	0	清 0
1	1	↑	1	0	0	Q0～Q6	保持	Q7	内部移位
1	1	↑	1	1	1				
1	1	↓	1	×	保持	保持	保持	保持	保持
1	1	×	↑	×	保持	保持	Q0~Q7	保持	输出
1	1	×	↓	×	保持	保持	保持	保持	保持

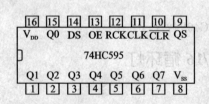

图 3-46　74HC595 引脚图

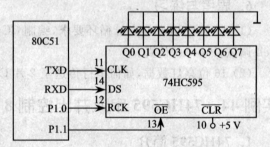

图 3-47　74HC595 串入并出控制 8 循环灯电路

（2）串行输出控制 16 灯循环电路

从 8 灯到 16 灯，只需多一片 74HC595。80C51 TXD 发出移位时钟脉冲，RXD 发出的 16 位串行输出信号先串入 595(I)DS 端，逐次移位至 Q7 后，从 QS 端串出至 595(II)DS 端，直至移位至 595(II)Q7 端。16 位数据传送完毕，80C51 P1.0 发出 RCK 触发正脉冲，595 从 Q0→Q7 输出。CLK 和 RCK 信号 2 片 595 共用，$\overline{OE}$ 接地始终有效，$\overline{CLR}$ 接＋5 V 不清 0。2 片 595 串行输出控制 16 灯电路如图 3-48 所示。

3. 程序设计

（1）串行输出控制 8 灯循环程序

要求 595 并行输出口 8 个发光二极管从右至左间隔 0.5 s 移位点亮，然后全亮闪烁 5 次（亮暗各 0.25 s），不断循环。

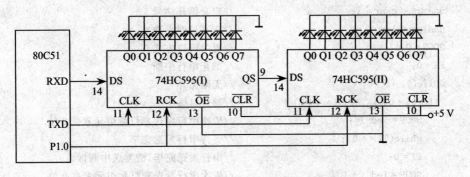

图 3 - 48　2 片 74HC 595 串入并出控制 16 循环灯电路

```
# include <reg51.h>                              //包含访问 sfr 库函数 reg51.h
sbit   RCK = P1^0;                               //定义位标识符 RCK 为 P1.0
sbit   OE = P1^1;                                //定义位标识符 OE 为 P1.1
void   main() {                                  //主函数
  unsigned char   i;                             //定义循环序号 i
  unsigned long   t;                             //定义延时参数 t
  unsigned char   led[9] = {                     //定义亮灯数组 led,并赋值
    0x01,0x02,0x04,0x08,0x10,0x20,0x40,0x80,0xff};
  SCON = 0;                                       //置串行口方式 0
  ES = 0;                                         //禁止串行中断
  while(1) {                                      //无限循环
    OE = 0;                                       //允许输出
    for(i = 0; i<9; i++) {                        //亮灯循环
      SBUF = led[i];                              //亮灯状态字送串行缓冲寄存器
      while(TI == 0);                             //等待串行发送完毕
      TI = 0;                                     //串行发送完毕,清发送中断标志
      RCK = 0;                                    //RCK 端复位
      RCK = 1;                                    //595 RCK 端输入触发正脉冲
      for(t = 0; t<11000; t++);}                  //输出延时 0.5 s
    for(i = 0; i<10; i++) {                       //闪烁循环
      OE = ~OE;                                   //595 输出允许端取反
      for(t = 0; t<5500; t++);}}}                 //延时闪烁 0.25 s
```

(2) 串行输出控制 16 灯循环程序

要求 16 个发光二极管,从左至右每隔 0.5 s 移位点亮,不断循环。

```
# include <reg51.h>                              //包含访问 sfr 库函数 reg51.h
sbit   RCK = P1^0;                               //定义位标识符 RCK 为 P1.0
unsigned char   code  led[32] = {                //定义循环灯数组,存在 ROM 中
  0,0x80, 0,0x40, 0,0x20, 0,0x10, 0,0x08, 0,0x04, 0,0x02, 0,0x01, //74HC595(I)先亮
  0x80,0, 0x40,0, 0x20,0, 0x10,0, 0x08,0, 0x04,0, 0x02,0, 0x01,0}; //74HC595(II)后亮
void   main() {                                  //主函数
```

80C51 单片机实验实训 100 例——基于 Keil C 和 Proteus

```
unsigned char  i;                    //定义循环序号 i
unsigned long  t;                    //定义延时参数 t
SCON = 0;                            //置串行口方式 0
ES = 0;                              //禁止串行中断
while(1) {                           //无限循环
  for(i = 0; i<32; i = i + 2) {      //循环灯输出
    SBUF = led[i];                   //依次串行发送彩灯数组元素低 8 位
    while(TI == 0);                  //等待串行发送完毕
    TI = 0;                          //串行发送完毕,清发送中断标志
    SBUF = led[i + 1];               //依次串行发送彩灯数组元素高 8 位
    while(TI == 0);                  //等待串行发送完毕
    TI = 0;                          //串行发送完毕,清发送中断标志
    RCK = 0; RCK = 1;                //595 RCK 端输入触发正脉冲
    for(t = 0; t<11000; t ++ );}}}   //延时 0.5 s
```

4. Keil 调试

(1) 串行控制 8 灯循环程序 Keil 调试与实例 42 基本相同,简述如下:

1) 按实例 1 所述步骤,编译链接,语法纠错,并进入调试状态。

2) 打开变量观测窗口,获取亮灯数组 led 内 RAM 地址 0x0D。打开存储器窗口,在 Memory♯1 窗口的 Address 编辑框内键入"d:0x0D"。

3) 打开 P1 对话窗口和串行口对话窗口。

4) 单步运行,程序在"for(i=0;i<9;i++)"亮灯循环语句中循环。

① 执行"SBUF=led[i];"语句后,串行口对话窗口中串行缓冲寄存器 SBUF 的数据按亮灯数组 led[9]中的数据依次变化,表明 80C51 串行口按序发送亮控制字。

② 执行"RCK=0;"和"RCK=1;"语句后,P1 对话窗口中 P1.0 出现一次跳变("√"→"空白"→"√"),表明 80C51 P1.0 端口发出触发 595 输出的正脉冲,595 将输出显示。

5) 在闪烁循环语句行设置断点,全速运行后跳出亮灯循环。

6) 继续单步运行,程序在"for(i=0;i<10;i++)"闪烁循环语句中循环。执行"OE=~OE;"语句后,P1 对话窗口中 P1.1 出现一次跳变("√"→"空白"或"空白"→"√"),表明 80C51 P1.1 端口发出控制 595 输出显示的方波信号,595 将闪烁显示。

7) 检测延时语句延时时间。运行延时语句前,记录寄存器窗口(参阅图 8 - 27)中 sec 值;执行完后,再次查看寄存器窗口中 sec 值。两者之差,即为延时语句延时时间。

(2) 串行控制 16 灯循环程序 Keil 调试与 8 灯程序类同,简述如下:

1) 按实例 1 所述步骤,编译链接,语法纠错,并进入调试状态。

2) 打开串行口对话窗口。

3) 在"SBUF＝led[i];"和"SBUF＝led[i＋1];"语句行设置断点（将光标置于该语句行,单击断点设置图标,该语句行前会出现一个红色小方块标记）,单击全速运行图标,程序全速运行至断点语句行,等待操作指令。左键不断单击全速运行图标,串行口对话窗口中串行缓冲寄存器 SBUF 的数据均会按循环灯数组 led[32] 中的数据依次变化,表明 80C51 串行口按序发送循环灯控制字,二片 74HC595 并行输出口的16 个发光二极管将按题目要求亮暗变化,不断循环。

4) 若打开 P1 口对话窗口,并将"RCK＝0;RCK＝1;"拆成二行语句,单步运行该二行语句后,还可在 P1 口对话窗口中 P1.0 出现一次跳变（"√"→"空白"→"√"）,表明 80C51 P1.0 端口发出触发 595 输出的正脉冲,595 将输出显示。

5. Proteus 仿真

(1) 按实例 23 所述 Proteus 仿真步骤,打开 Proteus ISIS 软件,按表 3－22 选择和放置元器件,并连接线路,分别画出 Proteus 仿真电路如图 3－49（8 灯）和图 3－50（16 灯）所示。

表 3－22　实例 44 Proteus 仿真电路元器件

名　称	编　号	大　类	子　类	型号/标称值	数　量
80C51	U1	Microprocessor Ics	80C51 family	AT89C51	1
74HC595	U2	TTL 74HC series		74HC595	1
发光二极管	D0~D7	Optoelectronics	LEDs	Yellow	8

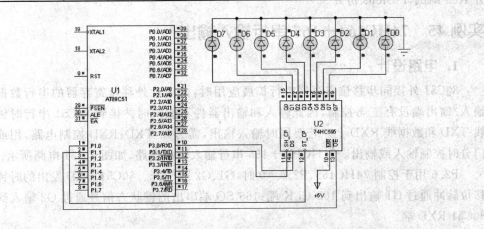

图 3－49　74HC595 串入并出控制 8 灯循环 Proteus 仿真电路

需要说明的是,Proteus 虚拟仿真电路,若缺省晶振和复位电路,系统仍默认连接,工作频率可在 CPU 芯片属性中设置,不影响仿真运行。因此,为使电路版面整洁,也可不画晶振和复位电路。

(2) 双击 Proteus ISIS 仿真电路中 AT89C51,装入 Keil 调试后自动生成的 Hex 文件。

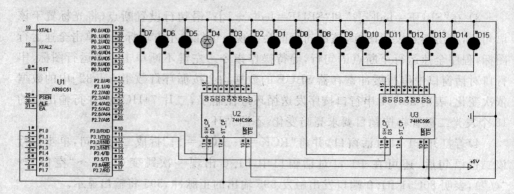

图 3-50　2 片 74HC 595 串入并出控制 16 灯循环 Proteus 仿真电路

（3）图 3-49 电路，单击全速运行按钮后，可看到 8 个 LED 从右至左每隔 0.5 s 移位点亮，然后全亮闪烁 5 次（亮暗各 0.25 s），不断循环。

（4）图 3-40 电路，单击全速运行按钮后，可看到 16 个 LED 从左至右每隔 0.5 s 移位点亮，不断循环。

（5）终止程序运行，可按停止按钮。

6. 思考与练习

（1）与 74HC164 相比，74HC595 有什么优点？

（2）按实例 28 花样亮灯循环要求，编制 74HC595 串入并出控制 8 灯循环程序，并 Keil 调试，Proteus 仿真。

实例 45　74HC164＋165 串行输入输出

1. 电路设计

80C51 外接同步移位寄存器串行扩展应用时，由于片外移位寄存器的串行数据输入/输出端没有三态控制，因此输入和输出器件不能同时并接到 80C51 串行时钟线 TXD 和数据线 RXD 上。若要同时输入输出，需另加 TXD、RXD 控制电路，用或门分时控制输入或输出。74HC164＋165 串行输入输出电路，如图 3-51 电路所示。

P2.6 用于控制 74HC165，P2.6＝0 时，G1、G2 或门开。80C51 TXD 发出的时钟移位脉冲通过 G1 输出到 165 CLK 端；165 SO 端串出的键状态信号通过 G2 输入到 80C51 RXD 端。

P2.7 用于控制 74HC164，P2.7＝0 时，G3、G4 或门开。80C51 TXD 发出的时钟移位脉冲通过 G3 输出到 164 CLK 端；80C51 RXD 端发出的串行数据通过 G4 输入到 164 的 S_A、S_B 端。

P2.5 用于控制 74HC165 S/$\overline{L}$ 端（移位/置入）。

需要说明的是，P2.6，P2.7 不能同时为 0。

74HC164 和 74HC165 为 TTL“串入并出”和“并入串出”移位寄存器，其特性已

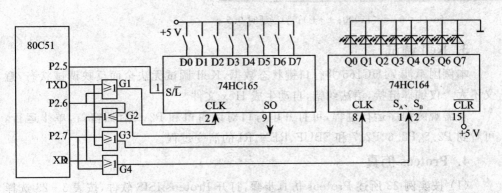

图 3 - 51　74HC164＋165 串行输入输出电路

分别在实例 42 和实例 39 中介绍,此处不再赘述。

2. 程序设计

将 74HC165 并行口键状态信号串行输入,再串行输出至 74HC164,控制 164 并
行口 LED 亮暗,要求 LED 亮暗状态与按健开合状态一致。

```c
# include <reg51.h>              //包含访问 sfr 库函数 reg51.h
sbit  P25 = P2^5;                //定义 P25 为 P2.5
sbit  P26 = P2^6;                //定义 P26 为 P2.6
sbit  P27 = P2^7;                //定义 P27 为 P2.7
void  main() {                   //主函数
  unsigned char  i,s;            //定义循环序号 i,串行数据暂存器 s
  unsigned long  t;              //定义延时参数 t
  SCON = 0;                      //置串行口方式 0,禁止接收
  ES = 0;                        //禁止串行中断
  while(1) {                     //无限循环,不断读取键值,输出键信号
    for(i = 0; i<8; i++) {       //165 串行输入
    P25 = 0; P25 = 1;            //先锁存 165 并行口数据,再允许串行移位操作
    P26 = 0;                     //控制输入的两或门开,选通 165 发送 TXD、接收 RXD 信号
    REN = 1;                     //80C51 允许并启动串行接收
    while(RI == 0);              //等待串行接收完毕
    REN = 0;                     //串行接收完毕,禁止接收
    RI = 0;                      //清接收中断标志
    P26 = 1;                     //控制输入的两或门关,禁止 165 发送 TXD、接收 RXD 信号
    s = SBUF;}                   //键状态数据暂存 s
    for(i = 0; i<8; i++) {       //164 串行输出
    P27 = 0;                     //控制输出的两或门开,选通 164 发送 TXD、RXD 信号
    SBUF = s;                    //串行发送键状态数据
    while(TI == 0);              //等待串行发送完毕
    TI = 0;                      //串行发送完毕,清发送中断标志
    P27 = 1; }                   //控制输出的两或门关,禁止 164 发送 TXD、RXD 信号
```

```
for(t=0；t<11000；t++);}} //延时 0.5 s
```

3. Keil 调试

本例因牵涉 74HC165 并行口键状态数据，Keil 调试无法全面反映调试状态，意义不大。仅编译链接，语法纠错，自动生成 Hex 文件。

若需观测程序运行过程，可打开串行口对话窗口和 P2 口对话窗口，单步运行，可看到 P2.5、P2.6、P2.7 和 SBUF、REN、RI 的演变过程。

4. Proteus 仿真

（1）按实例 23 所述 Proteus 仿真步骤，打开 Proteus ISIS 软件，按表 3 - 23 选择和放置元器件，并连接线路，画出 Proteus 仿真电路如图 3 - 52 所示。

表 3 - 23　实例 45 Proteus 仿真电路元器件

名　称	编　号	大　类	子　类	型号/标称值	数　量
80C51	U1	Microprocessor Ics	80C51 family	AT89C51	1
74HC165	U2	TTL 74HC series		74HC165	1
74HC164	U3	TTL 74HC series		74HC164	1
74HC32	U4	TTL 74HC series		74HC32	1
带锁按键	K0~K7	Switches & Relays	Switches	SPST	8
发光二极管	D0~D7	Optoelectronics	LEDs	Yellow	8

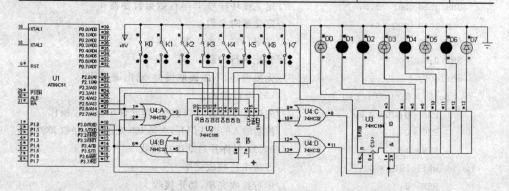

图 3 - 52　74HC164＋165 串行输入输出 Proteus 仿真电路

需要说明的是，Proteus 虚拟仿真电路，若缺省晶振和复位电路，系统仍默认连接，工作频率可在 CPU 芯片属性中设置，不影响仿真运行。因此，为使电路版面整洁，也可不画晶振和复位电路。

（2）双击 Proteus ISIS 仿真电路中 AT89C51，装入 Keil 调试后自动生成的 Hex 文件。

（3）单击全速运行按钮，可看到 74HC164 并行口输出的 D0～D7 亮暗状态与 74HC165 并行口输入的 K0～K7 键状态一一对应。

(4) 单击修改 K0～K7 按键状态,D0～D7 显示状态随之改变。

(5) 终止程序运行,可按停止按钮。

5. 思考与练习

为什么输入和输出同步移位寄存器不能同时并接到数据线 RXD 上?

实例 46 CC4021＋4094 串行输入输出

1. 电路设计

与 TTL 同步移位寄存器器件相同,CMOS 同步移位寄存器输入和输出器件也不能同时并接到 80C51 串行时钟线 TXD 和数据线 RXD 上。若要同时输入输出,也需另加 TXD、RXD 控制电路,用或门分时控制输入或输出。CC4021＋4094 串行输入输出电路,如图 3-53 所示。

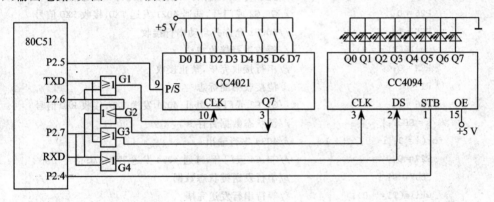

图 3-53 CC4021＋4094 串行输入输出电路

P2.6 用于控制 CC4021,P2.6＝0 时,G1、G2 或门开。80C51 TXD 发出的时钟移位脉冲通过 G1 输出到 4021 CLK 端;4021 Q7 端串出的键状态信号通过 G2 输入到 80C51 RXD 端。

P2.7 用于控制 CC4094,P2.7＝0 时,G3、G4 或门开。80C51 TXD 发出的时钟移位脉冲通过 G3 输出到 4094 CLK 端;80C51 RXD 端发出的串行数据通过 G4 输入到 4094 的 DS 端。

P2.4 用于控制 CC4094 STB 端(选通/锁定输出),P2.5 用于控制 CC4021 P/$\overline{S}$ 端(移位/置入)。

需要说明的是,P2.6、P2.7 不能同时为 0。

CC4021 和 CC4094 为 TTL"并入串出"和"串入并出"移位寄存器,其特性已分别在实例 40 和实例 43 中介绍,此处不再赘述。

2. 程序设计

将 CC4021 并行口键状态信号串行输入,再串行输出至 CC4094,控制 4094 并行口 LED 亮暗,要求 LED 亮暗状态与按健开合状态一致。

```
# include <reg51.h>          //包含访问 sfr 库函数 reg51.h
sbit  P24 = P2^4;            //定义 P24 为 P2.4
sbit  P25 = P2^5;            //定义 P25 为 P2.5
sbit  P26 = P2^6;            //定义 P26 为 P2.6
sbit  P27 = P2^7;            //定义 P27 为 P2.7
void  main() {               //主函数
  unsigned char  i,s;        //定义循环序号 i,串行数据暂存器 s
  SCON = 0;                  //置串行口方式 0,禁止接收
  ES = 0;                    //禁止串行中断
  while(1) {                 //无限循环,不断读取键值,输出键信号
    for(i = 0; i<8; i++) {   //4021 串行输入
      P25 = 1; P25 = 0;      //先锁存 4021 并行口数据,再允许串行移位操作
      P26 = 0;               //G1、G2 或门开,选通 4021 发送 TXD、接收 RXD 信号
      REN = 1;               //80C51 允许并启动串行接收
      while(RI == 0);        //等待串行接收完毕
      REN = 0;               //串行接收完毕,禁止接收
      RI = 0;                //清接收中断标志
      P26 = 1;               //G1、G2 或门关,禁止 4021 发送 TXD、接收 RXD 信号
      s = SBUF;}             //键状态数据暂存 s
    for(i = 0; i<8; i++) {   //4094 串行输出
      P27 = 0;               //G3、G4 或门开,选通 4094 发送 TXD、RXD 信号
      SBUF = s;              //串行发送键状态数据
      while(TI == 0);        //等待串行发送完毕
      TI = 0;                //串行发送完毕,清发送中断标志
      P27 = 1;               //G3、G4 或门关,禁止 4094 发送 TXD、RXD 信号
      P24 = 1; P24 = 0;}}}   //开启并锁定并行输出
```

3. Keil 调试

本例因牵涉 CC4021 并行口键状态数据,Keil 调试无法全面反映调试状态,意义不大。仅编译链接,语法纠错,自动生成 Hex 文件。

若需观测程序运行过程,可打开串行口对话窗口和 P2 口对话窗口,单步运行,可看到 P2.4、P2.5、P2.6、P2.7 和 SBUF、REN、RI 的演变过程。

4. Proteus 仿真

(1) 按实例 23 所述 Proteus 仿真步骤,打开 Proteus ISIS 软件,按表 3 - 24 选择和放置元器件,并连接线路,画出 Proteus 仿真电路如图 3 - 54 所示。

需要说明的是,Proteus 虚拟仿真电路,若缺省晶振和复位电路,系统仍默认连接,工作频率可在 CPU 芯片属性中设置,不影响仿真运行。因此,为使电路版面整洁,也可不画晶振和复位电路。

表 3 - 24　实例 46 Proteus 仿真电路元器件

名　称	编号	大　类	子　类	型号/标称值	数量
80C51	U1	Microprocessor Ics	80C51 family	AT89C51	1
CC4021	U2	CMOS 4000 series		4021	1
CC4094	U3	CMOS 4000 series		4094	1
CC4071	U4	CMOS 4000 series		4071	1
带锁按键	K0~K7	Switches & Relays	Switches	SPST	8
发光二极管	D0~D7	Optoelectronics	LEDs	Yellow	8

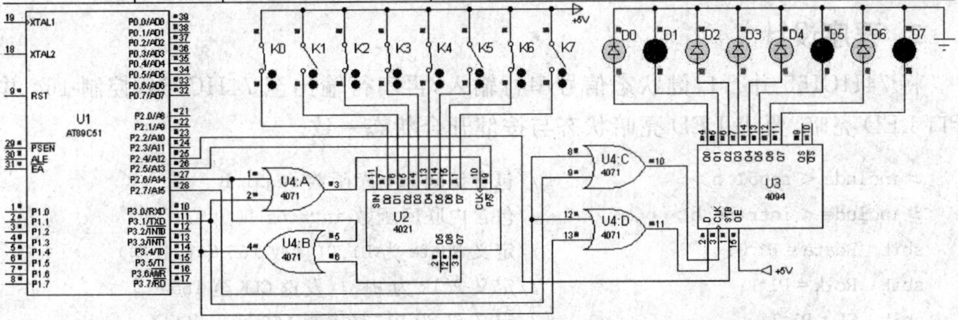

图 3 - 54　CC4021＋4094 串行输入输出 Proteus 仿真电路

（2）双击 Proteus ISIS 仿真电路中 AT89C51，装入 Keil 调试后自动生成的 Hex 文件。

（3）单击全速运行按钮，可看到 CC4094 并行口输出的 D0~D7 亮暗状态与 CC4021 并行口输入的 K0~K7 键状态一一对应。

（4）单击修改 K0~K7 按键状态，D0~D7 显示状态随之改变。

（5）终止程序运行，可按停止按钮。

5. 思考与练习

试结合程序说明，P2.4~P2.7 如何控制 80C51 串行口输入输出？

实例 47　74HC164＋165 虚拟串行输入输出

1. 电路设计

80C51 串行输入输出一般用串口 TXD、RXD 操作，但也可用 80C51 任一通用 I/O 口虚拟串行输入输出操作。74HC164＋165 虚拟串行输入输出电路，如图 3 - 55 所示。其中，P1.0、P1.4 分别模拟串行数据输入、输出端，P1.1、P1.3 分别模拟串行移位脉冲输出端，P1.2 控制 165 移位/置入端 S/$\overline{L}$。

74HC164 和 74HC165 为 TTL"串入并出"和"并入串出"移位寄存器，其特性已分别在实例 42 和实例 39 中介绍。

80C51 单片机实验实训 100 例——基于 Keil C 和 Proteus

110

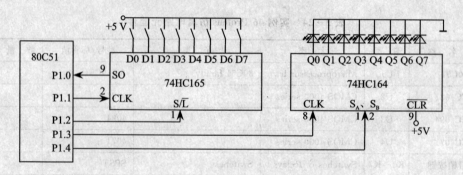

图 3 - 55　74HC164＋165 虚拟串行输入输出电路

2. 程序设计

将 74HC165 并行口键状态信号串行输入，再串行输出至 74HC164，控制 164 并行口 LED 亮暗，要求 LED 亮暗状态与按键开合状态一致。

```
# include <reg51.h>              //包含访问 sfr 库函数 reg51.h
# include <intrins.h>            //包含内联库函数 intrins.h
sbit   Rdata = P1^0;             //定义 Rdata 为 P1.0(接收 165 串行数据)
sbit   Rclk = P1^1;              //定义 Rclk 为 P1.1(发送 CLK 至 165)
sbit   SL = P1^2;                //定义 SL 为 P1.2(控制 165 并入串出)
sbit   Tclk = P1^3;              //定义 Tclk 为 P1.3(发送 CLK 至 164)
sbit   Tdata = P1^4;             //定义 Tdata 为 P1.4(发送串行数据至 164)
sbit   ACC7 = ACC^7;             //定义 ACC7 为 ACC.7
void   main() {                  //主函数
  unsigned char  i;              //定义循环序号 i
  unsigned char  d;              //定义 8 位接收/发送数据暂存器
  unsigned long  t;              //定义延时参数 t
  while(1) {                     //无限循环,不断读取键值
    SL = 0; SL = 1;              //锁存 165 并行口数据,并允许串行移位操作
    for(i = 0; i<8; i++) {       //串行输入 8 位键状态信号
      ACC>> = 1;                 //ACC 右移 1 位,准备接受数据
      ACC7 = Rdata;              //读入数据→ACC.7
      Rclk = 0; Rclk = 1;}       //时钟上升沿,165 内部移位
    d = ACC;                     //8 位接收数据暂存 d
    for(i = 0; i<8; i++) {       //串行输出 8 位数据信号
      Tdata = d&0x01;            //一位数据送至串出端
      Tclk = 0; Tclk = 1;        //发送串行移位脉冲
      d>> = 1;}                  //下一位移至发送位
    for(t = 0; t<11000; t++);}}  //延时 0.5 s
```

3. Keil 调试

本例因牵涉 74HC165 并行口键状态数据，Keil 调试无法全面反映调试状态，意

义不大。仅编译链接,语法纠错,自动生成 Hex 文件。

　　若需观测程序运行过程,可打开 P1 口对话窗口,单步运行,可看到 P1.0、P1.1、P1.2、P1.3、P1.4 和寄存器窗口中 ACC 的演变过程。

4. Proteus 仿真

　　(1) 按实例 23 所述 Proteus 仿真步骤,打开 Proteus ISIS 软件,按表 3-23 选择和放置元器件,并连接线路,画出 Proteus 仿真电路如图 3-56 所示。

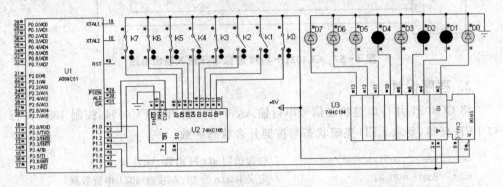

图 3-56　74HC164+165 虚拟串行输入输出 Proteus 仿真电路

　　(2) 双击 Proteus ISIS 仿真电路中 AT89C51,装入 Keil 调试后自动生成的 Hex 文件。

　　(3) 单击全速运行按钮,可看到 74HC164 并行口输出的 D0~D7 亮暗状态与 74HC165 并行口输入的 K0~K7 键状态一一对应。

　　(4) 单击修改 K0~K7 按键状态,D0~D7 亮暗状态随之改变。

　　(5) 终止程序运行,可按停止按钮。

5. 思考与练习

　　试结合程序说明,如何在 80C51 任一通用 I/O 口端口虚拟位信号输入输出操作?

实例 48　CC4021+4094 虚拟串行输入输出

1. 电路设计

　　与上例相仿,应用 CMOS 同步移位寄存器 CC4021 和 CC4094 也能组成 80C51 虚拟串行输入输出电路,如图 3-57 所示。其中,P1.2、P1.3 分别模拟串行数据输入/输出端 RXD,P1.1、P1.4 分别模拟串行移位脉冲输出端 TXD,P1.0 控制 4021 移位/置入端 P/$\overline{S}$,P1.5 控制 4094 选通/锁定输出端 STB。

　　CC4021 和 CC4094 为 TTL"并入串出"和"串入并出"移位寄存器,其特性已分别在实例 40 和实例 43 中介绍,此处不再赘述。

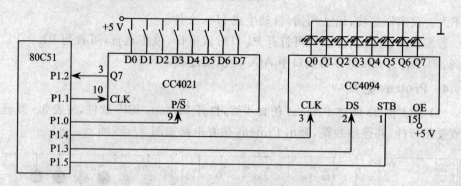

图 3 - 57　CC4021＋4094 虚拟串行输入输出电路

2. 程序设计

将 CC4021 并行口键状态信号串行输入,再串行输出至 CC4094,控制 4094 并行口 LED 亮暗,要求 LED 亮暗状态与按健开合状态一致。

```
# include <reg51.h>              //包含访问 sfr 库函数 reg51.h
sbit  Rdata = P1^2;              //定义 Rdata 为 P1.2(接收 4021 串行数据)
sbit  Rclk = P1^1;               //定义 Rclk 为 P1.1(发送 CLK 至 4021)
sbit  ps = P1^0;                 //定义 ps 为 P1.0(控制 4021 并入串出)
sbit  Tclk = P1^4;               //定义 Tclk 为 P1.4(发送 CLK 至 4094)
sbit  Tdata = P1^3;              //定义 Tdata 为 P1.3(发送串行数据至 4094)
sbit  STB = P1^5;                //定义 STB 为 P1.5(控制 4094 并行输出)
sbit  ACC7 = ACC^7;              //定义 ACC7 为 ACC.7
void  main() {                   //主函数
  unsigned char  i;              //定义循环序号 i
  unsigned char  d;              //定义 8 位接收/发送数据暂存器
  unsigned long  t;              //定义延时参数 t
  while(1) {                     //无限循环,不断读取键值
    ps = 1; ps = 0;              //锁存 4021 并行口数据,并允许串行移位操作
    for(i = 0; i<8; i++) {       //串行输入
      ACC>>= 1;                  //数据右移 1 位,准备接受数据
      ACC7 = Rdata;              //读入数据→ACC.7
      Rclk = 0; Rclk = 1;}       //时钟上升沿,4021 内部移位
    d = ACC;                     //8 位接收数据暂存 d
    STB = 1;                     //开启 4094 并行输出
    for(i = 0; i<8; i++) {       //串行输出
      Tdata = d&0x01;            //读 1 位数据,送至串出端
      Tclk = 0;Tclk = 1;         //发送串行移位脉冲
      d>>= 1;}                   //下一位移至发送位
    for(t = 0; t<11000; t++);    //延时 0.5 s
    STB = 0;}}                   //锁定 4094 并行输出
```

3. Keil 调试

本例因牵涉 CC4021 并行口键状态数据,Keil 调试无法全面反映调试状态,意义不大。仅编译链接,语法纠错,自动生成 Hex 文件。

若需观测程序运行过程,可打开 P1 口对话窗口,单步运行,可看到 P1.0、P1.1、P1.2、P1.3、P1.4、P1.5 和寄存器窗口中 ACC 的演变过程。

4. Proteus 仿真

(1) 按实例 23 所述 Proteus 仿真步骤,打开 Proteus ISIS 软件,按表 3 - 24 选择和放置元器件,并连接线路,画出 Proteus 仿真电路如图 3 - 58 所示。

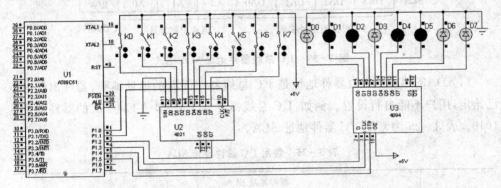

图 3 - 58　CC4021＋4094 虚拟串行输入输出 Proteus 仿真电路

(2) 双击 Proteus ISIS 仿真电路中 AT89C51,装入 Keil 调试后自动生成的 Hex 文件。

(3) 单击全速运行按钮,可看到 CC4094 并行口输出的 D0～D7 亮暗状态与 CC4021 并行口输入的 K0～K7 键状态一一对应。

(4) 单击修改 K0～K7 按键状态,D0～D7 显示状态随之改变。

(5) 终止程序运行,可按停止按钮。

5. 思考与练习

程序中定义 ps 为 P1.0,若定义 PS 为 P1.0,有什么后果? 为什么?

3.3　I^2C 串行总线扩展

80C51 系列单片机串行扩展有多种方式和器件,根据信号传输线总线的根数(不包括电源线、接地线和片选线),可分为一线制、二线制、三线制和移位寄存器串行扩展。其中,二线制的 I^2C 总线应用比较广泛。有关 I^2C 总线基本概念,简述如下:

1. 扩展连接方式

I^2C 总线由 SDA(串行数据线)和 SCL(串行时钟线)两根线传送信息。由于

80C51 芯片内部无 I²C 总线接口,因此只能采用虚拟 I²C 总线方式,并且只能用于单主系统,即 80C51 作为 I²C 总线主器件,扩展器件作为从器件,从器件必须具有 I²C 总线接口。主器件 80C51 的虚拟 I²C 总线接口(数据线 SDA 和时钟线 SCL)可由通用 I/O 口中任一端线充任。

2. 器件寻址方式

I²C 总线只有两根线连接(数据线和时钟线),识别器件(即寻址)是根据器件地址字节 SLA 完成寻址的,SLA 格式如图 3-59 所示。

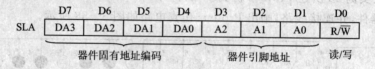

图 3-59　I²C 总线器件地址 SLA 格式

(1) DA3～DA0:4 位器件地址是 I²C 总线器件固有的地址编码,器件出厂时就已给定,用户不能自行设置。例如:I²C 总线器件 E²PROM AT24Cxx 的器件地址为 1010。表 3-25 为常用 I²C 器件地址 SLA。

表 3-25　常用 I²C 器件地址 SLA

种　类	型　号	器件地址 SLA					引脚地址备注
		D7～D4	D3	D2	D1	D0	
静态 RAM	PCF8570/71	1010	A2	A1	A0	R/$\overline{W}$	3 位数字引脚地址 A2A1A0
	PCF8570C	1011	A2	A1	A0	R/$\overline{W}$	3 位数字引脚地址 A2A1A0
E²PROM	PCF8582	1010	A2	A1	A0	R/$\overline{W}$	3 位数字引脚地址 A2A1A0
	AT24C02	1010	A2	A1	A0	R/$\overline{W}$	3 位数字引脚地址 A2A1A0
	AT24C04	1010	A2	A1	P0	R/$\overline{W}$	2 位数字引脚地址 A2A1
	AT24C08	1010	A2	P1	P0	R/$\overline{W}$	1 位数字引脚地址 A2
	AT24C16	1010	P2	P1	P0	R/$\overline{W}$	无引脚地址,A2A1A0 悬空处理
I/O 口	PCF8574	0100	A2	A1	A0	R/$\overline{W}$	3 位数字引脚地址 A2A1A0
	PCF8574A	0111	A2	A1	A0	R/$\overline{W}$	3 位数字引脚地址 A2A1A0
LED/LCD 驱动控制器	SAA 1064	0111	0	A1	A0	R/$\overline{W}$	2 位数字引脚地址 A1A0
	PCF8576	0111	0	0	A0	R/$\overline{W}$	1 位数字引脚地址 A0
	PCF8578/79	0111	1	0	A0	R/$\overline{W}$	1 位数字引脚地址 A0
ADC/DAC	PCF8591	1001	A2	A1	A0	R/$\overline{W}$	3 位数字引脚地址 A2A1A0
日历时钟	PCF8583	1010	0	0	A0	R/$\overline{W}$	1 位数字引脚地址 A0

(2) A2A1A0:3 位引脚地址用于相同地址器件的识别。若 I²C 总线上挂有相同地址的器件,或同时挂有多片相同器件时,可用硬件连接方式对 3 位引脚 A2A1A0 接 VCC 或接地,形成地址数据。

（3）R/$\overline{W}$：数据传送方向。R/$\overline{W}$＝1 时，主机接收（读）；R/$\overline{W}$＝0 时，主机发送（写）。

3. 基本信号

I²C 总线通信有 4 个基本信号：起始信号 S、终止信号 P、应答信号 A 和 $\overline{A}$，这些信号的时序要求如图 3-60 所示。说明如下：

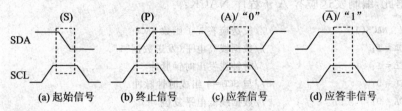

（a）起始信号   （b）终止信号   （c）应答信号   （d）应答非信号

图 3-60 I²C 总线上的信号

（1）起始信号 S：如图 3-60（a）所示，必须在时钟线 SCL 高电平时，数据线 SDA 出现从高电平到低电平的变化。即在时钟线 SCL 高电平期间，数据线 SDA 出现下降沿，启动 I²C 总线传送数据。据此，编制启动信号子程序 STAT：

```
void  STAT(){          //启动信号子函数 STAT
  SDA = 1;             //数据线取高电平
  SCL = 1;             //时钟线发出时钟脉冲
  SDA = 0;             //在时钟线高电平期间,SDA 下跳变(启动信号规定动作)
  SCL = 0;}            //SCL 低电平复位,与 SCL = 1 组成时钟脉冲
```

（2）终止信号 P：如图 3-60（b）所示，必须在时钟线 SCL 高电平时，数据线 SDA 出现从低电平到高电平的变化。即在时钟线 SCL 高电平期间，数据线 SDA 出现上升沿，停止 I²C 总线数据传送。据此，编制终止信号子程序 STOP：

```
void  STOP(){          //终止信号子函数 STOP
  SDA = 0;             //数据线取低电平
  SCL = 1;             //时钟线发出时钟脉冲
  SDA = 1;             //在时钟线高电平期间,SDA 上跳变(终止信号规定动作)
  SCL = 0;}            //SCL 低电平复位,与 SCL = 1 组成时钟脉冲
```

需要说明的是，从图 3-60 中看出，在时钟线 SCL 高电平期间，数据线 SDA 的电平不能变化，否则，将被认为是一个起始信号 S 或终止信号 P，引起出错。因此，若需改变数据线 SDA 的电平，必须先拉低时钟线 SCL 电平。

（3）应答信号 A：如图 3-60（c）所示，在数据线 SDA 保持低电平期间，时钟线 SCL 发出一个正脉冲。需要说明的是，应答信号 A 与发送数据"0"的时序要求完全相同。据此，编制发送应答 A 子程序 ACK：

```
void  ACK(){           //发送应答 A 子函数 ACK
  SDA = 0;             //数据线低电平(发送数据"0")
```

```
SCL = 1;                    //时钟线发出时钟脉冲
SCL = 0;                    //与 SCL = 1 组成时钟脉冲
SDA = 1;}                   //数据线高电平复位
```

(4) 应答信号 $\overline{A}$：如图 3 - 60(d)所示，在数据线 SDA 保持高电平期间，时钟线 SCL 发出一个正脉冲。需要说明的是，应答信号 $\overline{A}$ 与发送数据"1"的时序要求完全相同。据此，编制发送应答 $\overline{A}$ 子程序 NACK：

```
void  NACK(){               //发送应答 Ā 子函数 NACK
    SDA = 1;                //数据线高电平（发送数据"1"）
    SCL = 1;                //时钟线发出时钟脉冲
    SCL = 0;                //与 SCL = 1 组成时钟脉冲
    SDA = 0;}               //数据线低电平复位
```

(5) 检查应答子程序 CACK。A 和 $\overline{A}$ 都是主器件发送的应答信号（主要作用是同步），此外，还有主器件检查从器件应答，即主器件读从器件应答的信号，并返回应答标志位 F0(PSW.5)，称为检查应答 CACK：

```
bit  CACK(){                //检查应答 C51 子函数 CACK
    SDA = 1;                //数据线高电平（置 SDA 为输入态）
    SCL = 1;                //时钟线发出时钟脉冲
    F0 = SDA;               //取数据线为应答信号 F0
    SCL = 0;                //与 SCL = 1 组成时钟脉冲
    return(F0);}            //返回应答信号（F0 为 PSW.5）
```

4. 读写 I²C 总线器件子程序

（1）发送一字节数据子程序 WR1B

```
void  WR1B (unsigned char  x){  //发送 1 字节子函数 WR1B,形参 x（发送数据）
    unsigned char  i;           //定义序号变量 i
    for(i = 0; i<8; i++){        //循环,逐位发送
        if((x&0x80) == 0)  SDA = 0;  //最高位（发送位）为 0,数据线发送 0
        else  SDA = 1;          //最高位（发送位）为 1,数据线发送 1
        SCL = 1;                //时钟线发出时钟脉冲
        SCL = 0;                //与 SCL = 1 组成时钟脉冲
        x<<= 1;}}               //发送数据左移 1 位
```

（2）接收一字节数据子程序 RD1B

```
unsigned char  RD1B (){        //接收 1 字节子函数 RD1B,有返回值（接收数据）
    unsigned char  i,x = 0;    //定义序号变量 i,返回值 x（无符号字符型）
    SDA = 1;                   //数据线高电平（置 SDA 为输入态）
    for(i = 0; i<8; i++){      //循环,逐位接收
        SCL = 1;               //时钟线发出时钟脉冲
        x = (x<<1) | SDA;      //原接收数据左移 1 位后与新接收位（自动转型）逻辑或
```

```
SCL = 0;}                        //与 SCL = 1 组成时钟脉冲
return(x);}                      //返回值 x(接收数据)
```

5. 数据传送时序

I²C 总线一次完整的数据传送过程应包括起始 S、发送寻址字节(SLA　R/$\overline{\text{W}}$)、应答、发送数据、应答、…、发送数据、应答、终止 P,如图 3 - 61 所示。说明如下:

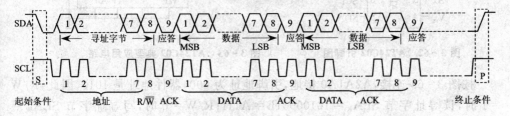

图 3 - 61　I²C 总线数据传送时序

(1) 数据传送以起始位 S 开始,以终止位 P 结束。

(2) 每次传送的字节数没有限制,但要求每传送 1 个字节,对方回应 1 个应答位。即每帧数据 9 位,前 8 位是数据位,最后一位为应答位 ACK,传送数据位的顺序是从高位到低位。

(3) 每次传送的第 1 个字节应为寻址字节(包括寻址和数据传送方向)。

实例 49　读写 AT24C02

1. AT24C02 简介

AT24C02 是串行 E²PROM 存储器,可读写 100 万次,数据保存 100 年,常用于希望在关机和断电时保存少量现场数据的场合。型号有 AT24C01/02/04/08/16/32/64 等,其容量分别为 128×8/256×8/512×8/1024×8/2048×8/4096×8/8192×8bit。图 3 - 62 为 AT24C02 芯片 DIP 封装引脚图,其中:

SDA、SCL:I²C 总线数据线、时钟线接口。

A2~A0:同类器件地址引脚。

WP:写保护。WP=0,允许写操作;WP=1,禁止写操作。

V_{DD}、V_{SS}:电源端、接地端。

2. 电路设计

AT24C02 典型应用电路如图 3 - 63 所示。80C51 虚拟 I²C 总线接口 SDA 和 SCL 端,可由通用 I/O 口中任一端线充任,本例取 P1.0 为 SCL(串行时钟线),P1.1 为 SDA(串行数据线);SDA 和 SCL 应通过上拉电阻(可取 10 kΩ)接 V_{cc},然后分别接 AT24C02 的 SDA 和 SCL 端;AT24C02 WP 端接地;A2A1A0 可作为多片 AT24C02 寻址位,本例只用一片 AT24C02,A2A1A0 接地。

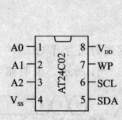

图 3 - 62　AT24C02 引脚图

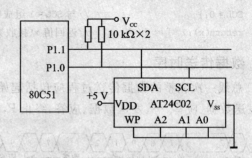

图 3 - 63　AT24C02 典型应用电路

按图 3 - 63 连接，A2A1A0 接地，引脚地址为 000，器件地址是 1010，因此，$R/\overline{W}$ = 1 时，读寻址字节 SLA_R = 10100001B = A1H；$R/\overline{W}$ = 0 时，写寻址字节 SLA_W = 10100000B = A0H。

3. 读/写 AT24C02 N 字节操作格式及程序

（1）写操作格式

AT24Cxx 写 N 个字节数据操作格式如图 3 - 64 所示。

S	SLAW	A	SADR	A	data1	A	data2	A	⋯	dataN	A	P

图 3 - 64　写 N 字节操作格式

其中，灰色部分由 80C51 发送，AT24Cxx 接收；白色部分由 AT24Cxx 发送，80C51 接收。SLA_W 为写 AT24Cxx 寻址字节，A2A1A0 接地时，SLA_W = 10100000B = A0H；SADR 为 AT24Cxx 片内子地址，是写入该芯片数据 N 个字节的首地址；data1～dataN 为写入该芯片数据，N 数不能超过页写缓冲器容量。

```
void  WRNB(unsigned char  a[],n,sadr){   //写 AT24Cxx n 字节子函数
  //形参：写入数据数组 a[]，写入数据字节数 n，写入单元首地址 sadr
  unsigned char  i;                      //定义序号变量 i
  unsigned int   t;                      //定义延时参数 t
  STAT ();                               //发启动信号
  WR1B (0xa0);                           //发送写寻址字节
  CACK ();                               //检查应答
  WR1B (sadr);                           //发送写入 AT24CXX 片内子地址首地址
  CACK ();                               //检查应答
  for(i = 0; i<n; i ++){                 //循环写入 n 字节
    WR1B (a[i]);                         //写入 I²C 一个字节
    CACK ();}                            //检查应答
  STOP();                                //n 个数据写入完毕，发终止信号
  for(t = 0; t<1000; t ++);}             //页写延时 5 ms
```

调用时，应给形参 a[]、n、sadr 赋值。其中，a[] 为写入数据数组；n 为写入数据字

节数;sadr 为 AT24Cxx 写入单元首地址。

需要说明的是,有些教材和技术资料对 I²C 基本信号的脉宽和延时有一定的时间要求,在上述基本信号和数据传送子函数中加入了若干延时操作指令;另一些教材和技术资料则无此要求。经编者实验验证,80C51 单片机在 $f_{osc}=12$ MHz 条件下,基本信号子函数和单字节读写子函数中的波形延时指令可以略去,但写 N 字节子函数中必须有页写缓冲延时,否则,写后若立即读 AT24C02,将失败。

有关 AT24Cxx 页写缓冲的概念说明如下:

由于 E²PROM 的半导体工艺特性,对 E²PROM 的写入时间需要 5～10 ms,但 AT24Cxx 系列串行 E²PROM 芯片内部设置了一个具有 SRAM 性质的输入缓冲器,称为页写缓冲器。CPU 对该芯片写操作时,AT24Cxx 系列芯片先将 CPU 输入的数据暂存在页写缓冲器内,然后,慢慢写入 E²PROM 中。因此,CPU 对 AT24Cxx 系列 E²PROM 一次写入的字节数,受到该芯片页写缓冲器容量的限制。页写缓冲器的容量为 16 B,若 CPU 写入字节数超过芯片页写缓冲器容量,应在一页写完后,隔 5～10 ms 重新启动一次写操作。

(2) 读操作格式

AT24Cxx 读 N 个字节数据操作格式如图 3-65 所示。读出操作,分两步进行:先发送读出单元首地址 SADR,然后重新启动读操作。

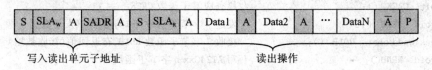

图 3-65　读 N 字节操作格式

其中,灰色部分由 80C51 发送,AT24Cxx 接收;白色部分由 AT24Cxx 发送,80C51 接收。SLA_R 为读 AT24Cxx 寻址字节,A2A1A0 接地时,SLA_R=10100001B=A1H;SADR 为读 AT24Cxx 片内首地址;data1～dataN 为 AT24Cxx 读出数据。

```
void  RDNB(unsigned char  b[],n,sadr){    //读 AT24Cxx n 字节子函数
  //形参:接收数据数组 b[ ],接收数据字节数 n,读出单元首地址 sadr
  unsigned char  i;              //定义序号变量 i
  STAT ();                       //发启动信号
  WR1B (0xa0);                   //发送写寻址字节
  CACK ();                       //检查应答
  WR1B (sadr);                   //发送读 AT24CXX 片内首地址
  CACK ();                       //检查应答
  STAT ();                       //再次发启动信号
  WR1B (0xa1);                   //发送读寻址字节
  CACK ();                       //检查应答
  for(i=0; i<n-1; i++){          //循环读出(n-1)个字节
```

119

```
    b[i] = RD1B ();                     //接收 1 个字节
    ACK ();}                            //发送应答 A
  b[i] = RD1B ();                       //接收最后一个字节
  NACK ();                              //发送应答 Ā
  STOP();}                              //n 个数据接收完毕,发终止信号
```

调用时,应给形参 b[]、n、sadr 赋值。其中,b[] 为 80C51 接收数据数组;n 为接收数据字节数;sadr 为 AT24CXX 读出单元首地址。

4. 程序设计

试将存于 80C51 内 RAM 数组 a[8] 写入 AT24C02 50H～57H 单元中,再将其读出,存在 80C51 内 RAM 数组 b[8] 中。

```
# include <reg51.h>                     //包含访问 sfr 库函数 reg51.h
# include <intrins.h>                   //包含访问 sfr 库函数 intrins.h
sbit   SCL  = P1^0;                     //定义时钟线 SCL 为 P1.0
sbit   SDA  = P1^1;                     //定义数据线 SDA 为 P1.1
void   STAT ();                         //启动信号子函数 STAT
void   STOP ();                         //终止信号子函数 STOP
void   ACK ();                          //发送应答 A 子函数 ACK
void   NACK ();                         //发送应答 Ā 子函数 NACK
bit    CACK ();                         //检查应答子函数 CACK
void   WR1B ();                         //发送 1 字节子函数 WR1B,形参 x(发送数据)
unsigned char   RD1B ();                //接收 1 字节子函数 RD1B,有返回值(接收数据)
void   WRNB();                          //写 AT24Cxx n 字节子函数
void   RDNB();                          //读 AT24Cxx n 字节子函数
void   main() {                         //主函数
  unsigned char   a[8] = {              //定义写入数组 a[8],并赋值
    0x1a,0x2b,0x3c,0x4d,0x5e,0x6f,0x79,0x80};
  unsigned char   b[8];                 //定义存入数组 b[8]
  WRNB(a,8,0x50);                       //调用写 n 字节子函数
  RDNB(b,8,0x50);                       //调用读 n 字节子函数,存入数组 b[8]
  while(1);}                            //原地等待
```

需要说明的是,上述程序中的各子函数均已在前文中给出,为使程序清晰可读,未予列出。实际调试时,须插入。

5. Keil 调试

由于本题涉及外围元件 AT24C02,在 Keil 调试中无法反映写入和读出数据。因此,Keil 调试的主要作用是:按实例 1 所述步骤,编译链接(注意输入源程序时,须将前述各子函数插入,否则出错),语法纠错,自动生成 Hex 文件。同时,进入调试状态后,在变量观察窗口 Locals 页中获得数组 a 和数组 b 的存储单元首地址(程序不同,编译后的存储区域不同。本例程序数组 a、b 首地址分别为 0x08 和 0x10),以便

在 Proteus 虚拟内 RAM 中观察。

此外,也可分别 Keil 调试前述 I²C 各子函数,观测程序运行过程,能否达到预期效果。

6. Proteus 仿真

(1) 按实例 23 所述 Proteus 仿真步骤,打开 Proteus ISIS 软件,按表 3-26 选择和放置元器件,并连接线路,画出 Proteus 仿真电路如图 3-66 所示。

表 3-26　实例 49 Proteus 仿真电路元器件

名　称	编　号	大　类	子　类	型号/标称值	数　量
80C51	U1	Microprocessor Ics	80C51 family	AT89C51	1
石英晶体	X1	Miscellaneous	CRYSTAL	12 MHz	1
电阻		Resistors	Chip Resistor 1/8W 5%	10 kΩ	3
电容	C00	Capacitors	Miniature Electronlytic	2.2 μF	1
	C01、C02	Capacitors	Ceramic Disc	33 pF	2
AT24C02	U2	Memory Ics		AT24C02	1

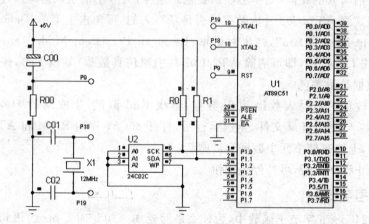

图 3-66　读写 AT24C02 Proteus 仿真电路

(2) 双击 Proteus ISIS 仿真电路中 AT89C51,装入 Keil 调试后自动生成的 Hex 文件。

(3) 单击全速运行按钮后,仅看到各连接断点出现红色或蓝色小方块,表示其高低电平,也表示仿真电路正在按程序运行,至于运行结果,没有呈现。

(4) 按暂停钮按,打开 80C51 片内 RAM(主菜单"Debug"→"80C51 CPU→Internal(IDATA)Memory-U1")和 AT24C02 片内 Memory(主菜单"Debug"→"I2C Memory Internal Memory-U2"),看到在 80C51 片内 RAM 0x08~0x0f 和 0x10~0x17 区域分别显示数组 a 和数组 b 的数据。其中,数组 a 的数据是 Keil C51 编译后

生成的,数组 b 的数据是从 AT24C02 读出后存进去的,如图 3-67 所示。同时看到 AT24C02 片内 Memory 0x50~0x57 区域已被写入数组 a 数据,如图 3-68 所示。

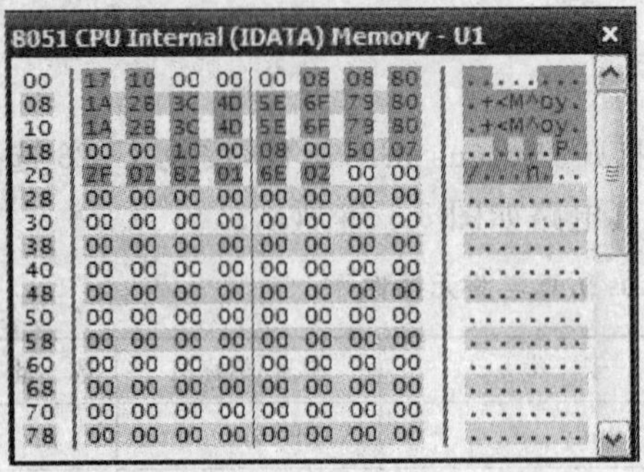

| 图 3-67 | 80C51 片内 RAM 仿真数据 | 图 3-68 | AT24C02 片内 RAM 仿真数据 |

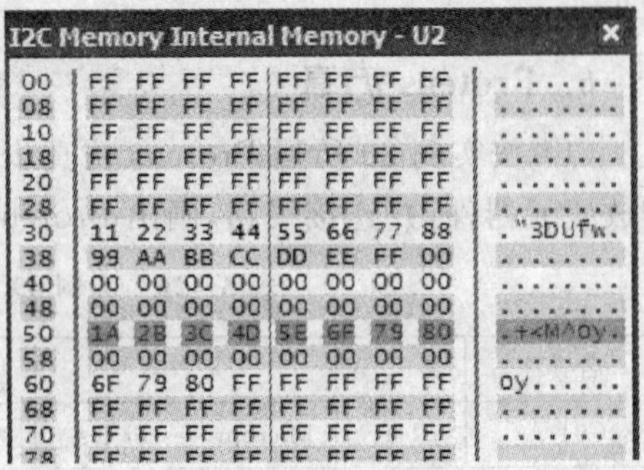

需要说明的是,Proteus ISIS 中虚拟存储器数据,刷新后会显示黄色。80C51 片内 RAM 每次重新运行复位,每次均会显示黄色。而 AT24C02 是 ROM,写入后能保持不变,包括很早以前写入的,并不因重新运行而复位 FF。因此,若重新运行后写入的数据与以前写入的相同,则不会显示黄色。这样,就分不清是以前写入还是本次写入。为清楚观测 AT24C02 片内数据是否是新写入的,可单击主菜单"Debug"→"Reset Persistent Model Data",弹出对话框:Reset all Persistent Model Data to initial values? 单击 OK 按钮,即可清除 AT24C02 片内原仿真数据(复位 FF),使重新运行后的写入数据显示黄色。

(5)修改程序中写入数组 a[8]数据,再次 Keil 调试,生成新的 Hex 文件,在 Proteus 中装入新的 Hex 文件,全速运行后,打开 80C51 片内 RAM 和 AT24C02 片内 Memory,上述存储单元中数据会被刷新。

(6)终止程序运行,可按停止按钮。

7. 思考与练习

写 AT24Cxx n 字节子函数中,为什么最后要加一句延时 5 ms 的语句? 试一试不加延时的 Proteus 仿真结果(须重新 Keil,生成新的 Hex 文件)。

实例 50　非零地址读写 AT24C02

上节已提到 AT24Cxx 页写缓冲的特性,需要补充说明的是,一次写入 AT24Cxx 字节数不但不能超过芯片页写缓冲器容量,而且,若不是从页写缓冲器页内零地址 0000 写起,一次写入地址不能超出页内最大地址 1111。例如,若从页内地址 0000 写起,一次最多可写 16 字节;若从页内地址 0010 写起,一次最多只能写 16-2=14 字节。若要写 16 字节,超出页内地址 1111,将会引起地址翻卷,导致出错。因此,本例 16 字节从 AT24C02 5BH 开始写起,须分两次写入。第 1 次写 0x5b~

0x5f 单元,第 2 次写 0x60～0x62 单元,中间还必须有页写延时。

1. 电路设计

同上例。AT24C02 应用电路很简单很典型很标准,虚拟 SDA 和 SCL 线可分别接 80C51 通用 I/O 口中任一端线,只是须在程序头文件中定义说明。

2. 程序设计

条件同上例,要求将数组 a[]写入 AT24C02 5BH～62H 单元中,再将其读出,存在 80C51 内 RAM 数组 b[]中。

```
# include <reg51.h>                        //包含访问 sfr 库函数 reg51.h
# include <intrins.h>                      //包含访问 sfr 库函数 intrins.h
sbit  SCL  = P1^0;                         //定义时钟线 SCL 为 P1.0
sbit  SDA  = P1^1;                         //定义数据线 SDA 为 P1.1
void  STAT ();                             //启动信号子函数 STAT
void  STOP ();                             //终止信号子函数 STOP
void  ACK ();                              //发送应答 A 子函数 ACK
void  NACK ();                             //发送应答 Ā 子函数 NACK
bit  CACK ();                              //检查应答子函数 CACK
void  WR1B ();                             //发送 1 字节子函数 WR1B,形参 x(发送数据)
unsigned char  RD1B ();                    //接收 1 字节子函数 RD1B,有返回值(接收数据)
void  WRNB();                              //写 AT24Cxx n 字节子函数
void  RDNB();                              //读 AT24Cxx n 字节子函数
void  main() {                             //主函数
  unsigned char  a[8] = {                  //定义写入数组 a[8],并赋值
    0x1a,0x2b,0x3c,0x4d,0x5e,0x6f,0x79,0x80};
  unsigned char  b[8];                     //定义存入数组 b[8]
  WRNB(a,5,0x5b);                          //调用写 n 字节子函数,先写 5 个字节
  WRNB((a + 5),3,0x60);                    //调用写 n 字节子函数,再写 3 个字节
  RDNB(b,8,0x5b);                          //调用读 n 字节子函数,存入数组 b[8]
  while(1);}                               //原地等待
```

综观上述程序,与上例程序的区别仅为主程序中写入 AT24Cxx 的方式,这是由于 AT24Cxx 页写缓冲特性所致。读写 AT24Cxx 的程序,几乎是典型和标准化的,读者只需修改写入数组 a[]的数据和相应参数,即可完成读写 AT24Cxx 程序。

3. Keil 调试

同上例(注意输入源程序时,须将前述各子函数插入,否则出错)。

4. Proteus 仿真

同上例。可直接利用上例 Proteus 仿真电路。

5. 思考与练习

若数组 a[]的 8 个字节一次写入 5BH～62H 单元,会产生什麼后果?试一试一次写入的 Proteus 仿真结果(须重新 Keil,生成新的 Hex 文件)。

第 **4** 章

显示与键盘

显示与键盘是单片机应用项目中最常见的课题之一。

4.1 LED 数码管静态显示

在单片机应用系统中,如果需要显示的内容只有数码和某些字母,使用 LED 数码管是一种较好的选择。LED 数码管显示清晰,成本低廉,配置灵活,与单片机接口简单易行。

LED 数码管显示电路在单片机应用系统中可分为静态显示方式和动态显示方式。

在静态显示方式下,每一位显示器的字段需要一个 8 位 I/O 口控制,而且该 I/O 口须有锁存功能,N 位显示器就需要 N 个 8 位 I/O 口,公共端可直接接 +5 V(共阳数码管)或接地(共阴数码管)。显示时,每一位字段码分别从 I/O 控制口输出,保持不变直至 CPU 刷新显示为止,也就是各字段的亮灭状态不变。

静态显示方式编程较简单,但占用 I/O 端线多,即软件简单、硬件成本高,一般适用显示位数较少的场合。

实例 51 单个 LED 数码管循环显示 0~9

1. LED 数码管简介

LED 数码管是由发光二极管作为显示字段的数码型显示器件。图 4-1(a)为 0.5"LED 数码管的外形和引脚图,其中 7 只发光二极管分别对应 a~g 笔段构成"**8**"字形,另一只发光二极管 Dp 作为小数点,因此这种 LED 显示器称为 7 段(实际是 8 段)数码管。

LED 数码管按电路中的联接方式可以分为共阴型和共阳型两大类:共阴型是将各段发光二极管的阴极连在一起,作为公共端 COM 接地,如图 8-1(b)所示。各笔段阳极接高电平时发光,低电平时不发光。共阳型是将各段发光二极管的阳极连在一起,作为公共端 COM,如图 8-2(c)所示。各笔段阴极接低电平时发光,高电平时不发光。

LED 数码管按其外形尺寸有多种形式,使用较多的是 0.5"和 0.8";按显示颜色

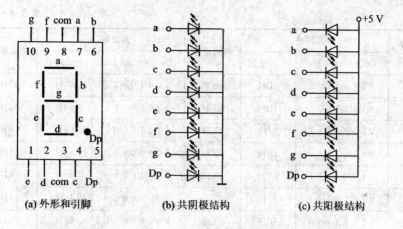

(a) 外形和引脚　　　　(b) 共阴极结构　　　　(c) 共阳极结构

图 4-1　LED 数码管

也有多种形式,主要有红色和绿色;按亮度强弱可分为超亮、高亮和普亮,指通过同样的电流显示亮度不一样,这是因发光二极管的材料不同而引起的。

　　LED 数码管的使用与发光二极管相同,根据其材料不同,正向压降一般为 1.5～2 V,额定电流为 10 mA,最大电流为 40 mA。静态显示时取 10 mA 为宜,动态扫描显示,可加大脉冲电流,但一般不超过 40 mA。

　　当 LED 数码管与单片机相连时,一般将 LED 数码管的各笔段引脚 a、b、…、g、Dp 按某一顺序接到 80C51 单片机某一个并行 I/O 口 D0、D1、…、D7 端,当该 I/O 口输出某一特定数据时,就能使 LED 数码管显示出某个字符。例如,要使共阴极 LED 数码管显示"0",则 a、b、c、d、e、f 各笔段引脚为高电平,g 和 Dp 为低电平,组成字段码 3FH,如表 4-1 中共阴顺序小数点暗第一行所示。

　　LED 数码管编码方式有多种,按公共端连接方式可分为共阴字段码和共阳字段码,共阴字段码与共阳字段码互为反码;按 a、b、…、g、Dp 编码顺序是高位在前,还是低位在前,又可分为顺序字段码和逆序字段码。甚至在某些特殊情况下可将 a、b、…、g、Dp 顺序打乱编码。表 4-1 为共阴和共阳 LED 数码管编码表。

表 4-1　共阴和共阳 LED 数码管编码表

显示数符	共阴顺序 Dp g f e d c b a	十六进制	共阴逆序	共阳顺序 Dp g f e d c b a	十六进制	共阳逆序
0	0 0 1 1 1 1 1 1	3FH	FCH	1 1 0 0 0 0 0 0	C0H	03H
1	0 0 0 0 0 1 1 0	06H	60H	1 1 1 1 1 0 0 1	F9H	9FH
2	0 1 0 1 1 0 1 1	5BH	DAH	1 0 1 0 0 1 0 0	A4H	25H
3	0 1 0 0 1 1 1 1	4FH	F2H	1 0 1 1 0 0 0 0	B0H	0DH
4	0 1 1 0 0 1 1 0	66H	66H	1 0 0 1 1 0 0 1	99H	99H

80C51 单片机实验实训 100 例——基于 Keil C 和 Proteus

126

显示数符	共阴顺序		共阴逆序	共阳顺序		共阳逆序
	Dp g f e d c b a	十六进制		Dp g f e d c b a	十六进制	
5	0 1 1 0 1 1 0 1	6DH	B6H	1 0 0 1 0 0 1 0	92H	49H
6	0 1 1 1 1 1 0 1	7DH	BEH	1 0 0 0 0 0 1 0	82H	41H
7	0 0 0 0 0 1 1 1	07H	E0H	1 1 1 1 1 0 0 0	F8H	1FH
8	0 1 1 1 1 1 1 1	7FH	FEH	1 0 0 0 0 0 0 0	80H	01H
9	0 1 1 0 1 1 1 1	6FH	F6H	1 0 0 1 0 0 0 0	90H	09H
A	0 1 1 1 0 1 1 1	77H	EEH	1 0 0 0 1 0 0 0	88H	11H
b	0 1 1 1 1 1 0 0	7CH	3EH	1 0 0 0 0 0 1 1	83H	E1H
C	0 0 1 1 1 0 0 1	39H	9CH	1 1 0 0 0 1 1 0	C6H	63H
d	0 1 0 1 1 1 1 0	5EH	7AH	1 0 1 0 0 0 0 1	A1H	85H
E	0 1 1 1 1 0 0 1	79H	9EH	1 0 0 0 0 1 1 0	86H	61H
F	0 1 1 1 0 0 0 1	71H	8EH	1 0 0 0 1 1 1 0	8EH	71H

2. 电路设计

单个数码管显示电路十分简单，80C51 P1.0～P1.7 分别与共阳 LED 数码管 a、b、…、g、Dp 连接，如图 4-2 所示。

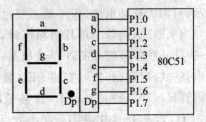

3. 程序设计

要求将 0～9 依次输出到 P1 口循环显示。

图 4-2　单个数码管显示电路

```
# include <reg51.h>                              //包含访问 sfr 库函数 reg51.h
unsigned char   code   c[10] = {                 //定义共阳字段码数组，并赋值
  0xc0,0xf9,0xa4,0xb0,0x99,0x92,0x82,0xf8,0x80,0x90};
void   main() {                                  //主函数
  unsigned char   i;                             //定义循环变量 i
  unsigned long   t;                             //定义长整型延时参数 t
  while(1) {                                      //无限循环
    for(i = 0; i<10; i++ ) {                     //循环输出 0～9 显示字段码
      P1 = c[i];                                 //输出至 P1 口显示
      for(t = 0; t<11000; t++);}}}              //延时约 0.5 s
```

4. Keil 调试

(1) 按实例 1 所述步骤，编译链接，语法纠错，并进入调试状态。

(2) 打开变量观测窗口（单击图标"🔲"），Locals 标签页中显示循环变量 i 和延时参数 t。

（3）打开 P1 对话窗口（主菜单"Peripherals"→"I/O-Port"→"Port1"）。其中，上面一行（标记"Px"）为 I/O 口输出变量，下面一行（标记"Pins"）为模拟 I/O 口引脚输入信号。"√"为"1"，"空白"为"0"，单击可修改。

（4）单步运行。程序在 for 循环语句中循环，执行"P1=c[i];"后，P1 对话框显示与循环变量 i（从 Locals 标签页中观测）相应的共阳字段码（"√"为"1"，"空白"为"0"）。例如，Locals 标签页中 i=0 时，P1 对话框为 1100 0000；i=1 时，P1 对话框为 1111 1001；…。表示 P1 口输出 0~9 的共阳字段码，驱动共阳数码管显示。

（5）检测延时时间。运行"for(t=0；t<11000；t++)；"语句前，记录寄存器窗口（参阅图 8-27）中 sec 值；执行完后，再次查看寄存器窗口中 sec 值。两者之差，即为延时语句延时时间。

5. Proteus 仿真

（1）按实例 23 所述 Proteus 仿真步骤，打开 Proteus ISIS 软件，按表 4-2 选择和放置元器件，并连接线路，画出 Proteus 仿真电路如图 4-3 示。

表 4-2　实例 51 Proteus 仿真电路元器件

名　称	编　号	大　类	子　类	型号/标称值	数　量
80C51	U1	Microprocessor Ics	80C51 family	AT89C51	1
数码管		Optoelectronics	7-Segment Displays	7SEG-MPX1-CA	1

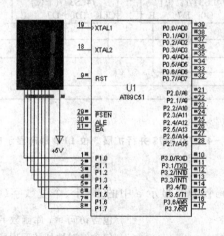

图 4-3　单个数码管显示 Proteus 仿真电路

需要说明的是，Proteus 虚拟仿真电路，若缺省晶振和复位电路，系统仍默认连接，工作频率可在 CPU 芯片属性中设置，不影响仿真运行。因此，为使电路版面整洁，也可不画晶振和复位电路。

（2）双击 Proteus ISIS 仿真电路中 AT89C51，装入 Keil 调试后自动生成的 Hex 文件。

（3）单击全速运行按钮，数码管每隔 0.5 秒，依次显示 0～9，并不断循环。

6. 思考与练习

怎样编制数码管共阴和共阳字段码表？

实例 52　74LS377 并行输出 3 位 LED 静态显示

1. 电路设计

74LS377 为带有输入门控的 8D 触发器，其特性已在实例 34 中介绍。

74LS377 并行输出 3 位 LED 静态显示电路，一般用于已有并行扩展的 80C51 单片机系统，其优点是可利用已被使用的数据总线 P0 口，只需增添少量片选控制线。因此，80C51 P0～P7 与 377 D0～D7 相接；P2.5、P2.6、P2.7 分别片选百、十、个位 377；写外 RAM 时，$\overline{WR}$ 会自动有效，正好用于 377 CLK 信号。百、十、个位 377 的并行输出端 Q0～Q7，与 3 位共阳 LED 数码管对应的 a～g 笔段相接，如图 4-4 所示。

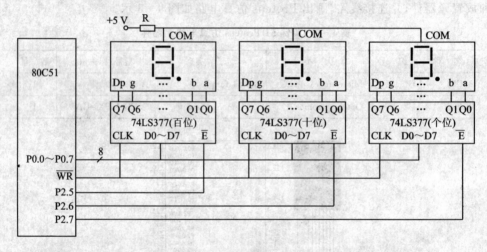

图 4-4　74LS377 并行扩展 3 位 LED 静态显示电路

2. 程序设计

要求 3 位 LED 数码管静态显示 a 中的百、十、个位数字（设 a＝234）。

```
#include <reg51.h>                //包含访问 sfr 库函数 reg51.h
#include <absacc.h>               //包含绝对地址访问库函数 absacc.h
unsigned char  code  c[10] = {    //定义共阳字段码数组，并赋值
  0xc0,0xf9,0xa4,0xb0,0x99,0x92,0x82,0xf8,0x80,0x90};
void  chag3(unsigned int  x, unsigned char  y[]) {     //3 位字段码转换子函数 chag3
                                  //形参：显示数 x(x≤999),3 位显示字段码数组 y[]
  unsigned char  i;               //定义循环序数 i
  y[0] = x/100;                   //显示数除以 100，产生百位显示数字
  y[1] = (x%100)/10;              //(除以 100 后的余数)除以 10,产生十位显示数字
```

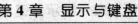

```
  y[2]=x%10;                        //除以 10 后的余数就是个位显示数字
  for(i=0; i<3; i++)                //循环
    y[i]=c[y[i]];}                  //转换显示字段码
void  main(){                       //主函数
  unsigned int  a=234;              //定义显示数 a,并赋值 234
  unsigned char  b[3];              //定义 3 位显示字段码数组 b
  chag3 (a, b);                     //调用 3 位字段码转换子函数 chag3
  XBYTE[0xdfff]=b[0];               //输出百位显示符
  XBYTE[0xbfff]=b[1];               //输出十位显示符
  XBYTE[0x7fff]=b[2];               //输出个位显示符
  while(1);}                        //原地等待
```

3. Keil 调试

（1）按实例 1 所述步骤,编译链接,语法纠错,并进入调试状态。

（2）单击变量观测窗口图标（ ），看到 Locals 标签页中显示数组 b[]的内 RAM 地址为 0x08。

（3）单击调试工具条中图标（ ）,打开存储器窗口,在 Memory#1 窗口的 Address 编辑框内键入 b[]存放地址“d:0x08”;在 Memory#2、3、4 窗口 Address 编辑框内分别键入百、十、个位 377 口地址“x:0xdfff”、“x:0xbfff”、“x:0x7fff”,并在该 4 个 Memory 窗口,将数据类型修改为“unsigned char”(参阅图 8 - 32)。

（4）全速运行后,可看到程序运行结果:Memory#1 窗口 0x08 及后续 2 个单元内,已经存放了 234 转换后的共阳字段码(十六进制):A4、B0、99。Memory#2、3、4 窗口 0xdfff、0xbfff、0x7fff 单元中也已经分别存放了转换后的显示字段码:A4、B0、99。改变变量 a 数值(注意 a≤999),重新运行,转换结果随之改变。

（5）也可单步运行观察过程:

① 过程单步（ ）。运行调用子函数“chag3(a, b);”语句后,观看 Memory#1 窗口 0x08 及后续 2 个单元内,已存储了显示数 a 转换后的 3 位共阳字段码:A4、B0、99。

② 单步运行。运行“XBYTE[0xdfff]=b[0];”语句后,观看 Memory#2 窗口 0xdfff 单元,已存储了百位显示符:A4。

③ 继续单步运行。运行“XBYTE[0xbfff]=b[1];”语句后,观看 Memory#3 窗口 0xbfff 单元,已存储了十位显示符:B0。

④ 继续单步运行。运行“XBYTE[0x7fff]=b[2];”语句后,观看 Memory#4 窗口 0x7fff 单元,已存储了十位显示符:99。

4. Proteus 仿真

（1）按实例 23 所述 Proteus 仿真步骤,打开 Proteus ISIS 软件,按表 4 - 3 选择和放置元器件,并连接线路,画出 Proteus 仿真电路如图 4 - 5 所示。

表 4 - 3　实例 51 Proteus 仿真电路元器件

名　　称	编　号	大　　类	子　　类	型号/标称值	数　量
80C51	U1	Microprocessor Ics	80C51 family	AT89C51	1
74LS373	U2~U4	TTL 74LS series		74LS373	3
74LS02	U5	TTL 74LS series		74LS02	1
数码管		Optoelectronics	7-Segment Displays	7SEG-COM-ANODE	3

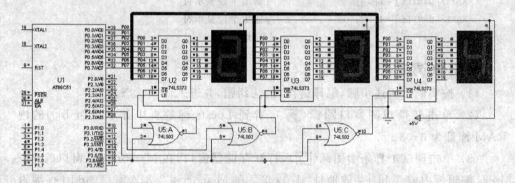

图 4 - 5　74LS377 并行扩展 3 位 LED 静态显示 Proteus 仿真电路

需要说明的是,图 4 - 5 所示电路中的 74LS377 在虚拟电路仿真时,软件提示 "NO model apecified for 74LS377",无法仿真。但是,编者的累次项目实践证明,74LS377 扩展并行输出口有效而简便。编者认为,Proteus ISIS 软件仍有不足之处,其元器件库仍在不断扩充发展和完善之中,并非 74LS377 不能用于扩展并行输出口。本例用 74LS373 替代 74LS377 扩展并行输出口,只是需多用一个或非门。写外 RAM 0xdfff、0xbfff、0x7fff 时,$\overline{WR}$ 会自动有效,且 P2.5、P2.6、P2.7 分别为低电平,或非门全 0 出 1,LE＝1,正好选通 373 从 P0 口置入数据。因此,虽然元件和连接线路变了,原用于 74LS377 的程序却不需修改。读者在实际应用时,建议仍用 74LS377,而不用 74LS373,377 性价比更高。

（2）双击 Proteus ISIS 仿真电路中 AT89C51,装入 Keil 调试后自动生成的 Hex 文件。

（3）单击全速运行按钮,虚拟电路中 3 个数码管会显示程序中给出的显示数值。

（4）改变程序中变量 a 数值(注意 a≤999),重新 Keil 编译链接,生成新的 Hex 文件,重新装入虚拟电路 AT89C51 中,再次全速运行,显示结果会随之改变。

（5）终止程序运行,可按停止按钮。

5. 思考与练习

74LS377 并行输出 3 位 LED 静态显示电路,一般用于什么情况下的 80C51 单片机系统?

实例 53 CC4511 BCD 码驱动 3 位 LED 数码管静态显示

1. CC4511 简介

CC4511 是 CMOS 4000 系列 4 线 - 7 段锁存/译码/驱动电路,能将 BCD 码译成 7 段显示码输出,图 4 - 6 为其引脚图,表 4 - 4 为其功能表。ABCD 为 BCD 码输入端 (A 是低位),Q_a ~ Q_g 为译码笔段输出端。$\overline{LE}$ 为输入信号锁存控制,$\overline{LE}=0$,允许从 DCBA 端输入 BCD 码数据,刷新显示;$\overline{LE}=1$,维持原显示状态。$\overline{BI}$ 为消隐控制端,$\overline{BI}=0$,全暗。$\overline{LT}$ 为灯测试控制端,$\overline{LT}=0$,全亮。

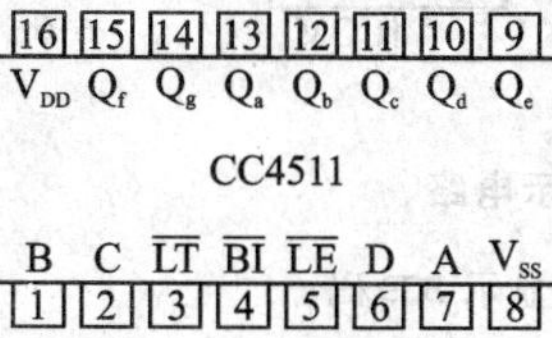

图 4 - 6 CC 4511 引脚图

表 4 - 4 CC 4511 功能表

$\overline{LE}$	$\overline{BI}$	$\overline{LT}$	D C B A	显示数字
×	×	0	× × × ×	全亮
×	0	1	× × × ×	全暗
1	1	1	× × × ×	维持
0	1	1	0000~1001	0~9
0	1	1	1010~1111	全暗

利用 4511 实现静态显示与一般静显示电路不同,一是节省 I/O 端线,显示数据输入只需 4 根;二是不需专用驱动电路,可直接输出;三是不需译码,直接输入 BCD 码,编程简单;缺点是只能显示数字,不能显示各种符号。

2. 电路设计

CC 4511 BCD 码驱动 3 位静态显示电路如图 4 - 7 所示。P1.0 ~ P1.3 与 4511 BCD 码输入端连接(P1.0 低位);P1.7 接 $\overline{BI}$,控制闪烁;P1.4、P1.5、P1.6 接 $\overline{LE}$,分别片选百、十、个位 4511;4511 译码笔段输出端 Q_a ~ Q_g 接共阴数码管相应笔段,其中第二位数码管小数点接 +5 V,始终保持亮。

3. 程序设计

显示数存在内 RAM 30H ~ 32H 中,要求闪烁显示。

```
# include <reg51.h>          //包含访问 sfr 库函数 reg51.h
# include <absacc.h>         //包含绝对地址访问库函数 absacc.h
sbit  BI = P1^7;             //定义 BI 为 P1^7,控制 4511 消隐控制端
void  main() {               //主函数
  unsigned long t;           //定义延时参数 t
  DBYTE[0x32] = 2;           //绝对地址 0x32 赋值(百位显示数 2)
  DBYTE[0x31] = 3;           //绝对地址 0x31 赋值(十位显示数 3)
  DBYTE[0x30] = 4;           //绝对地址 0x30 赋值(个位显示数 4)
  while(1){                  //无限循环显示
```

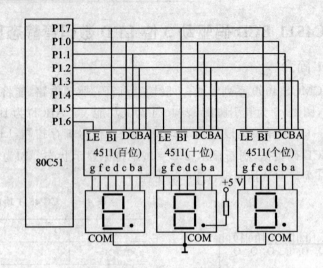

图 4 - 7　CC 4511 三位静态显示电路

```
P1 = (DBYTE[0x30]&0x8f)|0xe0;        //个位输出显示 BCD 码
P1 = (DBYTE[0x31]&0x8f)|0xd0;        //十位输出显示 BCD 码
P1 = (DBYTE[0x32]&0x8f)|0xb0;        //百位输出显示 BCD 码
for(t = 0; t< = 11000; t ++);        //亮延时 0.5 s
BI = 0;                              //全暗
for(t = 0; t< = 11000; t ++);}}      //暗延时 0.5 s
```

4. Keil 调试

(1) 按实例 1 所述步骤,编译链接,语法纠错,并进入调试状态。

(2) 打开存储器窗口,在 Memory♯1 窗口 Address 编辑框内键入"d:0x30"。

(3) 打开 P1 对话窗口(主菜单"Peripherals"→"I/O—Port"→"Port1")。其中,上面一行(标记"Px")为 I/O 口输出变量,下面一行(标记"Pins")为模拟 I/O 口引脚输入信号。"√"为"1","空白"为"0",左键单击可修改。

(4) 单步运行。执行完 3 条绝对地址 0x32～0x30 单元赋值语句后,Memory♯1 窗口内 0x30～0x32 存储单元内的数据变为 4、3、2。

(5) 继续单步运行。

① 执行完个位输出显示 BCD 码语句"P1 = (DBYTE[0x30]&0x8f)|0xe0"后,P1 口对话框显示 1110 0100("√"为"1","空白"为"0"),表明 P1.4(个位)被选通,P1.3～P1.0 的值为 0100(BCD 码)=4。

② 执行完十位输出显示 BCD 码语句"P1 = (DBYTE[0x31]&0x8f)|0xd0"后,P1 口对话框显示 1101 0011("√"为"1","空白"为"0"),表明 P1.5(十位)被选通,P1.3～P1.0 的值为 0011(BCD 码)=3。

③ 执行完百位输出显示 BCD 码语句"P1 = (DBYTE[0x32]&0x8f)|0xb0"后,

132

P1 口对话框显示 1011 0010（"√"为"1"，"空白"为"0"），表明 P1.6（百位）被选通，P1.3～P1.0 的值为 0010（BCD 码）＝2。

（6）继续单步运行，执行完"BI＝0；"后，P1 口对话框中 P1.7 变为"空白"，然后延时 0.5 s，表明数码管暗，显示闪烁。

（7）检测延时时间。运行"for(t＝0；t＜11000；t＋＋)；"语句前，记录寄存器窗口（参阅图 8－27）中 sec 值；执行完后，再次查看寄存器窗口中 sec 值。两者之差，即为延时语句延时时间。

5. Proteus 仿真

（1）按实例 23 所述 Proteus 仿真步骤，打开 Proteus ISIS 软件，按表 4－5 选择和放置元器件，并连接线路，画出 Proteus 仿真电路如图 4－8 所示，其中 7SEG-MPX1-CC 数码管引脚排列次序依次为 abcdefgDp，最右边引脚为 COM。

表 4－5　实例 60 Proteus 仿真电路元器件

名　称	编　号	大　类	子　类	型号/标称值	数　量
80C51	U1	Microprocessor Ics	80C51 family	AT89C51	1
CC4511	U2～U4	CMOS 4000 series	4511	3
数码管		Optoelectronics	7-Segment Displays	7SEG-MPX1-CC	3
电阻	R1	Resistors	Chip Resistor 1/8W 5%	510 Ω	1

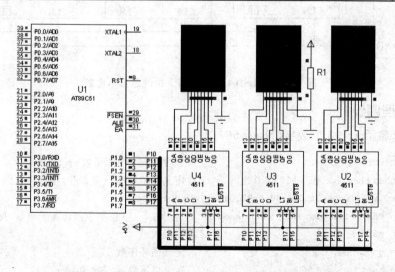

图 4－8　CC 4511 的 3 位静态显示 Proteus 仿真电路

（2）双击 Proteus ISIS 仿真电路中 AT89C51，装入 Keil 调试后自动生成的 Hex 文件。

（3）单击全速运行按钮，虚拟电路中 3 个数码管会显示程序中给出的显示数值。

（4）改变程序中变量显示数值，重新 Keil 编译链接，生成新的 Hex 文件，重新装入虚拟电路 AT89C51 中,再次全速运行,显示结果会随之改变。

(5) 终止程序运行,可按停止按钮。

6. 思考与练习

利用 4511 实现静态显示有什么优点?

实例 54　74LS164 串行扩展 3 位 LED 数码管静态显示

1. 电路设计

74LS164 为 TTL“串入并出”移位寄存器,其特性已在实例 42 中介绍。

74LS164 串行扩展 3 位 LED 数码管静态显示如图 4-9 所示。80C51 TXD 端与 164 CLK 端连接,发出移位脉冲;RXD 端串出的数据信号从 164(百位)S_A、S_B 端输入,再从 Q7 端串出至下一位 164 S_A、S_B 端。164 CLR 端接＋5 V,不清 0;百、十、个位 164 的并行输出端 Q0~Q7,与 3 位共阳 LED 数码管对应的 a~g 笔段相接。

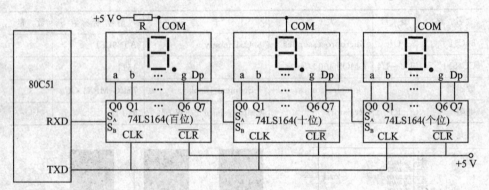

图 4-9　74LS164 串行扩展 3 位静态显示电路

2. 程序设计

要求显示 a 中 3 位数字(设 a=567)。

```
# include ＜reg51.h＞                          //包含访问 sfr 库函数 reg51.h
unsigned char  code  c[10] = {               //定义共阳顺序(a 是低位)字段码数组
  0xc0,0xf9,0xa4,0xb0,0x99,0x92,0x82,0xf8,0x80,0x90};
void  chag3(unsigned int  x,unsigned char  y[]);   //3 位字段码转换子函数,见实例 52
void  main(){                                //主函数
  unsigned char  i;                          //定义循环序数 i
  unsigned int  a = 567;                      //定义显示数 a,并赋值
  unsigned char  b[3];                        //定义 3 位显示字段码数组 b
  SCON = 0x00;                                //置串口方式 0
  ES = 0;                                     //串口禁中
  chag3  (a, b);                              //调用 3 位字段码转换子函数 chag3
  for(i = 2; i＜3; i-- ){                     //循环发送 3 字节
```

```
    SBUF = b[i];                    //串行发送显示数
    while(TI == 0);                 //等待一字节串行发送完毕
    TI = 0;}                        //一字节串行发送完毕,清发送中断标志
  while(1);}                        //原地等待
```

需要说明的是,串行发送时,先发送个位显示字段码 b[2],后依次发送十位 b[1]、百位 b[0]。

3. Keil 调试

(1) 按实例 1 所述步骤,编译链接,语法纠错,并进入调试状态。注意输入源程序时,须将 3 位字段码转换子函数 chag3(见实例 52)插入,否则出错。

(2) 打开变量观测窗口(单击调试工具图标"🔲"),观测到数组 b[]被存放在 D: 0x08 单元(注意不同程序存储单元也不同)。

(3) 打开存储器窗口(单击调试工具图标"🔲"),在 Memory♯1 窗口的 Address 编辑框内键入"d:0x08"。右击 0x08 单元,弹出右键子菜单,选择"unsigned char",该存储单元就会按 8 位无符号字符型数据格式显示。

(4) 打开串行口对话窗口(主菜单"Peripherals"→"Serial"),以便观察串行缓冲寄存器 SBUF 中的数据。

(5) 单步运行,至调用 3 位字段码转换子函数"chag3(a, b);"语句行,单击过程单步运行图标"🔲",一步跳过,可看到 Memory♯1 窗口 0x08 及其后续 2 个单元内,已经存放了显示数 567 转换后的共阳显示字段码(十六进制):92、82、F8。

(6) 继续单步运行,执行完"SBUF=b[i];"语句后,可看到串行对话窗口 SBUF 寄存器中的数据变为 F8(先发送低位)。随后继续单步运行("while(TI==0);"语句需单步 8 次),可看到 SBUF 中的数据再依次变为 82、92,表明百、十、个位显示字段码已串行发送。

(7) 改变变量 a 数值(注意 a≤999),重新运行,转换结果随之改变。

4. Proteus 仿真

(1) 按实例 23 所述 Proteus 仿真步骤,打开 Proteus ISIS 软件,按表 4-6 选择和放置元器件,并连接线路,画出 Proteus 仿真电路如图 4-10 所示。其中,7SEG-MPX1-CC 数码管引脚排列次序依次为 abcdefgDp,最右边引脚为 COM。

表 4-6　实例 54 Proteus 仿真电路元器件

名　称	编　号	大　类	子　类	型号/标称值	数　量
80C51	U1	Microprocessor Ics	80C51 family	AT89C51	1
74LS164	U2~U4	TTL 74LS series		74LS164	3
数码管		Optoelectronics	7-Segment Displays	7SEG-MPX1-CA	3
电阻	R1	Resistors	Chip Resistor 1/8W 5%	220 Ω	1

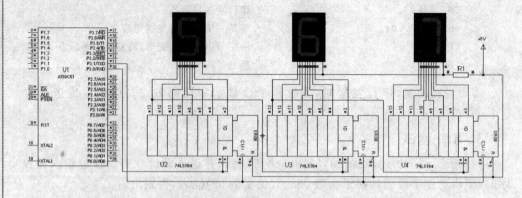

图 4-10 74LS164 串行扩展 3 位静态显示 Proteus 仿真电路

需要说明的是,共阳顺序字段码中,a 是低位。但由于 80C51 串行发送/接收的帧格式均为低位在前高位在后,164 接收后,Q0~Q7 输出的位次序与原来相反。因此,将 Q7~Q0 与数码管 abcdefgDp 连接,正好使字段码数据与数码管笔段相符。

(2) 双击 Proteus ISIS 仿真电路中 AT89C51,装入 Keil 调试后自动生成的 Hex 文件。

(3) 单击全速运行按钮,虚拟电路中 3 个数码管会显示程序中给出的显示数值。

(4) 改变程序中变量 a 数值(注意 a≤999),重新 Keil 编译链接,生成新的 Hex 文件,重新装入虚拟电路 AT89C51 中,再次全速运行,显示结果会随之改变。

(5) 终止程序运行,可按停止按钮。

5. 思考与练习

本例程序中,80C51 串发的是共阳顺序字段码(低位 D0 是 a),为什么 Proteus 仿真电路却用 Q7~Q0 与数码管 abcdefgDp 连接?

实例 55 CC4094 串行扩展 3 位 LED 数码管静态显示

1. 电路设计

CC4094 为 CMOS 4000 系列"串入并出"移位寄存器,其特性已在实例 43 中介绍。

CC4094 串行扩展 3 位 LED 数码管静态显示如图 4-11 所示。80C51 TXD 端与 4094 CLK 端连接,发出移位脉冲;RXD 端串出的数据信号从 4094(百位)DS 端输入,再从 QS 端串出至下一位 4094 DS 端;P1.0 接 4094 STB 端,控制选通/锁定输出;4094 OE 端接 +5 V,保持输出允许;百、十、个位 4094 的并行输出端 Q0~Q7,与 3 位共阳 LED 数码管对应的 a~g、Dp 笔段相接。

2. 程序设计

要求显示 a 中 3 位数字(设为 809),小数点固定在第二位。

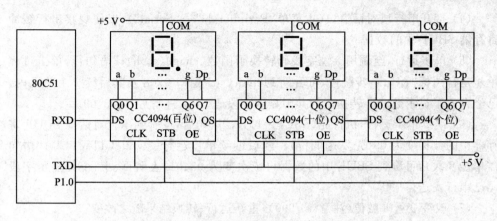

图 4 - 11   CC4094 串行扩展 3 位静态显示电路

```
# include <reg51.h>                        //包含访问 sfr 库函数 reg51.h
sbit  STB = P1^0;                          //定义位标识符 STB 为 P1.0。
unsigned char  code  c[10] = {             //定义共阳逆序(a 是高位)小数点暗字段码数组
  0x03,0x9f,0x25,0x0d,0x99,0x49,0x41,0x1f,0x01,0x09};
void  chag3(unsigned int  x, unsigned char  y[]);  //3 位字段码转换子函数,见实例 52
void  main() {                             //主函数
  unsigned char  i;                        //定义循环序数 i
  unsigned int  a = 809;                   //定义显示数 a,并赋值
  unsigned char  b[3];                     //定义 3 位显示字段码数组 b
  SCON = 0x00;                             //置串口方式 0
  ES = 0;                                  //串口禁中
  chag3 (a, b);                            //调用 3 位字段码转换子函数 chag3
  for(i = 2; i<3; i--) {                   //循环
    SBUF = b[i];                           //串行发送显示数
    while(TI == 0);                        //等待一字节串行发送完毕
    TI = 0;}                               //一字节串行发送完毕,清发送中断标志
  STB = 1;STB = 0;                         //3 字节串行发送完毕,开启 4094 串行移位输出并锁定
  while(1);}                               //原地等待
```

3. Keil 调试

(1) 按实例 1 所述步骤,编译链接,语法纠错,并进入调试状态。注意输入源程序时,须将 3 位字段码转换子函数 chag3(见实例 52)插入,否则出错。

(2) 打开变量观测窗口(单击调试工具图标"![icon]"),观测到数组 b[]被存放在 D:0x08 单元(注意不同程序存储单元也不同)。

(3) 打开存储器窗口(单击调试工具图标"![icon]"),在 Memory♯1 窗口的 Address 编辑框内键入"d:0x08"。右击 0x08 单元,弹出右键子菜单,选择"unsigned char",该存储单元就会按 8 位无符号字符型数据格式显示。

（4）打开串行口对话窗口（主菜单"Peripherals"→"Serial"），以便观察串行缓冲寄存器 SBUF 中的数据。

（5）单步运行，至调用 3 位字段码转换子函数"chag3（a，b）;"语句行，单击过程单步运行图标"⑰"，一步跳过，可看到 Memory♯1 窗口 0x08 及其后续 2 个单元内，已经存放了显示数 567 转换后的共阳显示字段码（十六进制）：01、03、09。

（6）继续单步运行，执行完"SBUF＝b[i];"语句后，可看到串行对话框 SBUF 寄存器中的数据变为 09（先发送低位）。随后继续单步运行（"while（TI＝＝0）;"语句需单步 8 次），可看到 SBUF 中的数据再依次变为 03、01，表明百、十、个位显示字段码已串行发送。

（7）改变变量 a 数值（注意 a≤999），重新运行，转换结果随之改变。

4. Proteus 仿真

（1）按实例 23 所述 Proteus 仿真步骤，打开 Proteus ISIS 软件，按表 4-7 选择和放置元器件，并连接线路，画出 Proteus 仿真电路如图 4-12 所示。其中，7SEG-MPX1-CC 数码管引脚排列次序依次为 abcdefgDp，最右边引脚为 COM。

表 4-7　实例 55 Proteus 仿真电路元器件

名　称	编　号	大　类	子　类	型号/标称值	数　量
80C51	U1	Microprocessor Ics	80C51 family	AT89C51	1
74LS164	U2～U4	TTL 74LS series		74LS164	3
数码管		Optoelectronics	7-Segment Displays	7SEG-MPX1-CA	3
电阻	R1	Resistors	Chip Resistor, 1/8W 5%	220 Ω	1

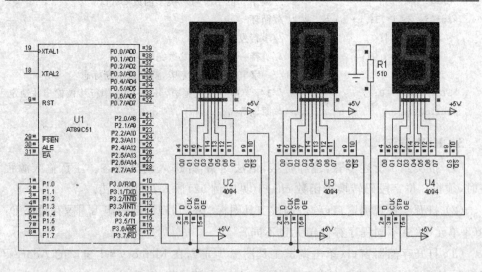

图 4-12　CC4094 串行扩展 3 位静态显示 Proteus 仿真电路

需要说明的是,由于 80C51 串行发送/接收的帧格式均为低位在前高位在后,其 D0～D7 位次序与 4094 Q0～Q7 相反。为了 Proteus ISIS 虚拟仿真电路画面整洁,避免线路绕圈子,本例程序中的字段码采用共阳逆序(a 是高位),4094 输出时,正好相反(a 是低位)。在单片机应用制作 PCB 印版时,常采用此法,解决矛盾。

(2) 双击 Proteus ISIS 仿真电路中 AT89C51,装入 Keil 调试后自动生成的 Hex 文件。

(3) 单击全速运行按钮,虚拟电路中 3 个数码管会显示程序中给出的显示数值。

(4) 改变程序中变量 a 数值(注意 a≤999),重新 Keil 编译链接,生成新的 Hex 文件,重新装入虚拟电路 AT89C51 中,再次全速运行,显示结果会随之改变。

(5) 终止程序运行,可按停止按钮。

5. 思考与练习

同样是串行扩展 3 位静态显示,为什么上例程序采用采用共阳顺序字段码,本例程序却采用共阳逆序字段码?

4.2　LED 数码管动态显示

LED 数码管显示电路在单片机应用系统中可分为静态显示方式和动态显示方式。

动态扫描显示电路是将显示各位的所有相同字段线连在一起,每一位的 a 段连在一起,b 段连在一起,…,g 段连在一起,共 8 段,由一个 8 位 I/O 口控制,而每一位的公共端(共阳或共阴 COM)由另一个 I/O 口控制。

由于这种连接方式将每位相同字段的字段线连在一起,当输出字段码时,每一位将显示相同的内容。因此,要想显示不同的内容。必须采取轮流显示的方式。即在某一瞬时,只让某一位的字位线处于选通状态(共阴极 LED 数码管为低电平,共阳极为高电平),其他各位的字位线处于开断状态,同时字段线上输出该位要显示的相应字符的字段码。在这一瞬时,只有这一位在显示,其他几位暗。同样,在下一瞬时,单独显示下一位,这样依次循环扫描,轮流显示,由于人视觉的滞留效应,人们看到的是多位同时稳定显示。

在动态显示方式下,每位显示时间只有静态显示方式下 1/N(N 为显示位数)。因此,为了达到足够的亮度,需要较大的瞬时电流,必要时须加接电流驱动电路。一般来讲,瞬时电流约为静态显示方式下的 N 倍。

动态扫描显示电路的特点是占用 I/O 端线少;电路较简单,硬件成本低;编程较复杂,CPU 要定时扫描刷新显示。当要求显示位数较多时,通常采用动态扫描显示方式。

实例 56　PNP 晶体管选通 3 位共阳 LED 数码管动态显示

1. 电路设计

由 PNP 型晶体管与 74LS377(8D 触发器,已在实例 34 中介绍)组成的共阳型 3 位 LED 数码管动态扫描显示电路,如图 4-13 所示。P1.0~P1.2 输出字位码,低电平时,VT0~VT2 导通,选通相应显示位。字段码由 P0 口并行输出,经 74LS377 锁存后,低电平驱动共阳型数码管显示。按图 4-13,74377 口地址为 bfff(P2.6=0,1011 1111 1111 1111=bfff)。

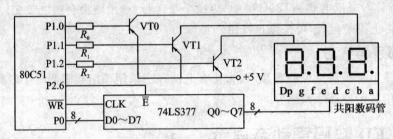

图 4-13　PNP 晶体管选通 3 位共阳型数码管动态显示电路

由晶体管作字位驱动的特点是:LED 数码管位驱动电流大,亮度高。若晶体管 β 足够大,则 80C51 I/O 端口的激励电流会很小,有利于 CPU 工作稳定。且晶体管为 PNP 型,基极经限流电阻 R0~R2 接 P1.0~P1.2,低电平驱动输出。

需要说明的是,80C51 输出高电平与输出低电平时的驱动能力是不同的。输出高电平时,拉电流较小;输出低电平时,灌电流较大。因此,通常采用低电平有效输出控制。而且,80C51 复位时,P0~P3 均复位为 FFH,高电平驱动会引起误触发(当然误触发显示问题不大,但若误触发其他执行元件就可能造成误动作)。

2. 程序设计

要求显示 a 中 3 位数字(设 a=789)。

```
# include <reg51.h>                        //包含访问 sfr 库函数 reg51.h
# include <absacc.h>                       //包含绝对地址访问库函数 absacc.h
sbit  P10 = P1^0;                          //定义位标识符 P10 为 P1.0
sbit  P11 = P1^1;                          //定义位标识符 P11 为 P1.1
sbit  P12 = P1^2;                          //定义位标识符 P12 为 P1.2
unsigned char  code  c[10] = {             //定义共阳字段码数组,并赋值
  0xc0,0xf9,0xa4,0xb0,0x99,0x92,0x82,0xf8,0x80,0x90};
void  chag3(unsigned int  x, unsigned char  y[]);  //3 位字段码转换子函数,见实例 52
void  main() {                             //主函数
  unsigned int  t;                         //定义延时参数 t
  unsigned int  a = 789;                   //定义显示数 a,并赋值
  unsigned char  b[3];                     //定义 3 位显示字段码数组 b
```

```
chag3  (a, b);                      //调用 3 位字段码转换子函数 chag3
for(; ;) {                          //无限循环显示
   XBYTE[0xbfff] = b[2];            //输出个位显示字段码
   P10 = 0;                         //个位显示
   for(t = 0; t<1000; t ++);        //延时约 5 ms
   P10 = 1;                         //个位停显示
   XBYTE[0xbfff] = b[1];            //输出十位显示字段码
   P11 = 0;                         //十位显示
   for(t = 0; t<1000; t ++);        //延时约 5 ms
   P11 = 1;                         //十位停显示
   XBYTE[0xbfff] = b[0];            //输出百位显示字段码
   P12 = 0;                         //百位显示
   for(t = 0; t<1000; t ++);        //延时约 5 ms
   P12 = 1;}}                       //百位停显示
```

3. Keil 调试

（1）按实例 1 所述步骤，编译链接，语法纠错，并进入调试状态。注意输入源程序时，须将 3 位字段码转换子函数 chag3（见实例 52）插入，否则出错。

（2）打开变量观测窗口（单击调试工具图标"　"），观测到数组 b[]被存放在 D：0x08 单元（注意不同程序存储单元也不同）。

（3）打开存储器窗口（单击调试工具图标"　"），在 Memory＃1 窗口的 Address 编辑框内键入"d:0x08"。在 Memory＃2 窗口 Address 编辑框内键入 74377 口地址"x:0xbfff"。右击该两单元，弹出右键子菜单后，选择"unsigned char"，该存储单元就会按 8 位无符号字符型数据格式显示。

（4）打开 P1 对话窗口（主菜单"Peripherals"→"I/O-Port"→"Port1"）。其中，上面一行（标记"Px"）为 I/O 口输出变量，下面一行（标记"Pins"）为模拟 I/O 口引脚输入信号。"√"为"1"，"空白"为"0"，单击可修改。

（5）过程单步运行（单击调试工具图标"　"），执行完调用 3 位字段码转换子函数"chag3(a, b);"语句后，可看到 Memory＃1 窗口 0x08 及其后续 2 个单元内，已经存放了显示数 789 转换后的共阳显示字段码（十六进制）：F8、80、90。

（6）单步运行，执行完"XBYTE[0xbfff]＝b[2];"语句后，可看到 Memory＃2 窗口 0xbfff 单元已经存放了个位显示数字转换后的共阳显示字段码（十六进制）：90。随后的"P10＝0;"和"P10＝1;"，又可看到 P1 对话框中 P1.0 出现一次跳变（"√"→"空白"→"√"），表明 80C51 P1.0 输出字位码，选通个位显示。

同理，执行完"XBYTE[0xbfff]＝b[1];"语句后，0xbfff 单元改存十位显示字段码（十六进制）：80；P1.1 出现一次跳变。执行完"XBYTE[0xbfff]＝b[0];"语句后，0xbfff 单元改存百位显示字段码（十六进制）：F8；P1.2 出现一次跳变。并且不断循环，表明程序在动态显示。

（7）改变变量 a 数值（注意 a≤999），重新运行，转换结果随之改变。

（8）检测延时时间。运行"for(t＝0；t＜1000；t＋＋)；"语句前，记录寄存器窗口（参阅图 8-27）中 sec 值；执行完后，再次查看寄存器窗口中 sec 值。两者之差，即为延时语句延时时间。

4．Proteus 仿真

（1）按实例 23 所述 Proteus 仿真步骤，打开 Proteus ISIS 软件，按表 4-8 选择和放置元器件，并连接线路，画出 Proteus 仿真电路如图 4-14 所示。

表 4-8　实例 56 Proteus 仿真电路元器件

名　　称	编　号	大　　类	子　　类	型号/标称值	数　量
80C51	U1	Microprocessor Ics	80C51 family	AT89C51	1
74LS373	U2	TTL 74LS series		74LS373	1
74LS02	U3	TTL 74LS series		74LS02	1
PNP 晶体管	Q0～Q2	Transistors	Bipolar	2N5771	3
数码显示屏		Optoelectronics	7-Segment Displays	7SEG-MPX4-CA	1
电阻	R0～R2	Resistors	Chip Resistor 1/8W 5％	820Ω	3

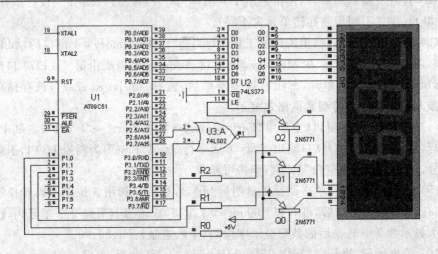

图 4-14　PNP 晶体管选通 3 位共阳型数码管动态显示 Proteus 仿真电路

需要说明的是，图 4-13 所示电路中的 74LS377 在虚拟电路仿真时，软件提示"NO model apecified for 74LS377"，无法仿真。但是，编者的累次项目实践证明，74LS377 扩展并行输出口有效而简便。编者认为，Proteus ISIS 软件仍有不足之处，其元器件库仍在不断扩充发展和完善之中，并非 74LS377 不能用于扩展并行输出口。本例用 74LS373 替代 74LS377 扩展并行输出口，只是需多用一个或非门。377 口地址为 0xbfff，写外 RAM 0xbfff 时，$\overline{WR}＝0$，P2.6＝0，LE＝$\overline{\overline{WR}＋P2.6}＝1$，或非门全 0 出 1，正好选通 373 从 P0 口置入数据。因此，虽然元件和连接线路变了，原用于 74LS377 的程序却不需修改。读者在实际应用时，建议仍用 74LS377，而不用 74LS373，377 性价比更高。

（2）双击 Proteus ISIS 仿真电路中 AT89C51，装入 Keil 调试后自动生成的 Hex 文件。

（3）单击全速运行按钮，虚拟电路中数码显示屏会显示程序中给出的显示数值。

（4）改变程序中变量 a 数值（注意 a≤999），重新 Keil 编译链接，生成新的 Hex 文件，重新装入虚拟电路 AT89C51 中，再次全速运行，显示结果会随之改变。

（5）终止程序运行，可按停止按钮。

5. 思考与练习

（1）晶体管用作字位驱动，有什么优点？

（2）80C51 为什么常用低电平驱动和选通？

实例 57　74LS139 选通 4 位 LED 数码管动态显示

动态显示的共用字段驱动和字位分别驱动均需要有独立 I/O 端口控制。为节省 I/O 口线，共用字段驱动可选用 CC4511 BCD 码，8 位减少到 4 位；字位驱动采用译码器，2 位可译码驱动 4 位（74LS139），3 位可译码驱动 8 位（74LS138）。本例介绍 74LS139 和 CC4511 组成的 4 位共阴 LED 数码管动态显示电路及应用程序。

1. 74LS139 简介

74LS139 为双 2-4 译码器，内部有 2 个独立的 2-4 线译码器，能将 2 位编码信号译为 4 种位码信号，图 4-15 为其引脚图，表 4-9 为其功能表。A、B 为编码信号输入端；$\overline{Y}_0$～$\overline{Y}_3$ 为译码信号输出端；门控端 $\overline{E}=1$，禁止译码，输出全 1；$\overline{E}=0$，译码有效，有效端输出低电平，正好用于 4 位共阴型 LED 数码管片选。

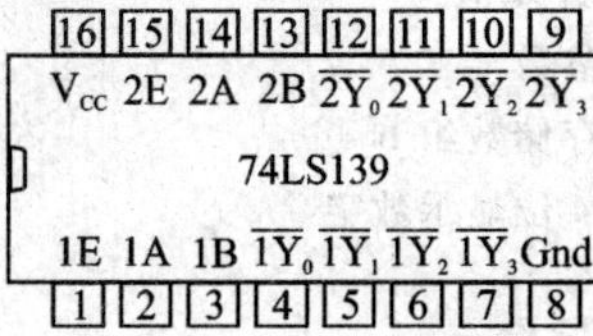

图 4-15　74LS139 引脚图

表 4-9　74LS139 功能表

输　　入			输　　出			
$\overline{E}$	A	B	$\overline{Y}_3$	$\overline{Y}_2$	$\overline{Y}_1$	$\overline{Y}_0$
1	×	×	1	1	1	1
0	0	0	1	1	1	0
0	0	1	1	1	0	1
0	1	0	1	0	1	1
0	1	1	0	1	1	1

2. 电路设计

74LS139 选通 4 位共阴 LED 数码管动态显示电路如图 4-16 所示。139 为双 2-4 译码器，用其一个。80C51 P1.0、P1.1 与 139 A、B 译码输入端（A 为低位）连接,P1.2 与门控端 $\overline{E}$ 连接,139 译码输出端 $\overline{Y}_0 \sim \overline{Y}_3$(低电平有效)片选共阴型 LED 数码管。80C51 P1.4～P1.7 输出 BCD 码显示数,4511(4 线-7 段锁存/译码/驱动电路,特性已在实例 53 中介绍)译码后转换为 7 位段码信号,与数码管笔段相应端连接,P1.3 控制小数点,4511 消隐控制端 $\overline{BI}$、灯测试端 $\overline{LT}$ 接+5 V,输入信号锁存端 $\overline{LE}$ 接地,始终有效。

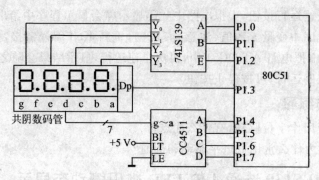

图 4 − 16　74LS139 选通 4 位共阴 LED 数码管动态显示电路

3. 程序设计

要求循环扫描显示数 a 中的数字(设 a=5678)。

```
# include <reg51.h>                       //包含访问 sfr 库函数 reg51.h
void chag4(unsigned int x, unsigned char y[]){   //显示数转换为 4 位显示数字子函数
                                          //形参:显示数 x(x≤9999),4 位显示数字数组 y[]
    y[0] = x/1000;                        //显示数除以 1000,产生千位显示数字
    y[1] = (x%1000)/100;                  //(除以 1000 后的余数)除以 100,产生百位显示数字
    y[2] = (x%100)/10;                    //(除以 100 后的余数)除以 10,产生十位显示数字
    y[3] = x%10;}                         //显示数除以 10 后的余数就是个位显示数字
void  main(){                             //主函数
    unsigned char  i;                     //定义显示位序号 i
    unsigned int  a = 5678;               //定义显示数 a,并赋值
    unsigned int  t;                      //定义扫描延时参数 t
    unsigned char  b[4];                  //定义显示数字存储数组 b[4]
    chag4(a,b);                           //显示数转换为 4 位显示数字
    while(1){                             //无限循环
      for(i = 0; i<4; i++){               //显示扫描循环
        P1 = (b[i]<<4)|i;                 //输出显示:高 4 位为显示数,低 2 位为位序号
        for(t = 0; t<300; t++);}}}        //延时约 1.6 ms
```

4. Keil 调试

(1) 按实例 1 所述步骤,编译链接,语法纠错,并进入调试状态。

(2) 打开变量观测窗口(单击调试工具图标"▨"),观测到数组 b[]被存放在 D:

0x08 单元(注意不同程序存储单元也不同)。

(3) 打开存储器窗口(单击调试工具图标""),在 Memory♯1 窗口的 Address 编辑框内键入"d:0x08"。

(4) 打开 P1 对话窗口(主菜单"Peripherals"→"I/O—Port"→"Port1")。其中，上面一行(标记"Px")为 I/O 口输出变量，下面一行(标记"Pins")为模拟 I/O 口引脚输入信号。"√"为"1"，"空白"为"0"，单击可修改。

(5) 单步运行。执行变量 a 赋值语句后，变量观察窗口 Locals 页中变量 a 的值就变为 5678。

(6) 继续单步运行。进入子函数 chag4，变量观察窗口 Locals 页中的局部变量更换为 x、y，x＝5678，y 为数组，首地址为 0x08，说明实参已经替代形参。

继续单步运行，计算 y[0]～y[3]，存储器窗口 0x08 及其后续单元(共 4Byte)依次显示出转换后的显示数字 5、6、7、8。

(7) 继续单步运行，回到主函数 main，进入"while(1)"无限循环。运行至"P1＝(b[i]<<4)|i;"语句行后，P1 对话窗口输出数值变为"0101 0000"("√"为"1"，"空白"为"0")，表明 P1.7～P1.4 输出 BCD 码 0101＝5；P1.2＝0，允许 139 译码；P1.1、P1.0 输出编码 00(139 译码后为 $\overline{Y_0}$ 低电平有效，选通 LED 显示屏首位显示)。P1.3 为无关位(未使用)。

(8) 继续单步运行。至延时语句行"for(t＝0；t<300；t++)；"，记录寄存器窗口(参阅图 8-27)中 sec 值；该语句执行完后，再次查看寄存器窗口中 sec 值。两者之差，即为延时语句延时时间。

(9) 继续单步运行。光标回到"P1＝(b[i]<<4)|i;"语句行，运行后，P1 对话窗口输出数值变为"0110 0001"，表明 P1.7～P1.4 输出"6"，P1.1、P1.0 输出编码 01，选通显示屏第 2 位显示。再继续运行，P1.7～P1.4 依次输出"7"、"8"，P1.1、P1.0 依次选通显示屏第 3、4 位显示。

(10) 改变程序中 a 赋值数据(注意 a≤9999)，重新运行，转换结果随之改变。

5. Proteus 仿真

(1) 按实例 23 所述 Proteus 仿真步骤，打开 Proteus ISIS 软件，按表 4-10 选择和放置元器件，并连接线路，画出 Proteus 仿真电路如图 4-17 所示。

表 4-10　实例 57 Proteus 仿真电路元器件

名　称	编　号	大　类	子　类	型号/标称值	数　量
80C51	U1	Microprocessor Ics	80C51 family	AT89C51	1
CC4511	U2	CMOS 4000 series		4511	1
74LS139	U3	TTL 74LS series		74LS139	1
数码显示屏		Optoelectronics	7-Segment Displays	7SEG-MPX4-CC	1

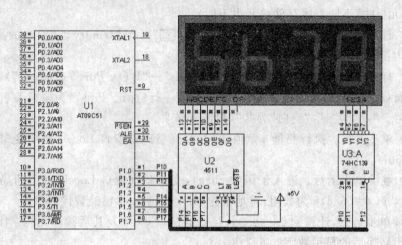

图 4 – 17　74LS139 选通 4 位共阴型 LED 数码管动态显示 Proteus 仿真电路

（2）双击 Proteus ISIS 仿真电路中 AT89C51，装入 Keil 调试后自动生成的 Hex 文件。

（3）单击全速运行按钮，虚拟电路中数码显示屏会显示程序中给出的显示数值。

（4）改变程序中变量 a 数值（注意 a≤9999），重新 Keil 编译链接，生成新的 Hex 文件，重新装入虚拟电路 AT89C51 中，再次全速运行，显示结果会随之改变。

（5）终止程序运行，可按停止按钮。

6. 思考与练习

若将小数点显示固定在第 3 位，如何编制程序？并 Keil、Proteus 仿真。

实例 58　74LS138 选通 8 位 LED 数码管动态显示

1. 74LS138 简介

74LS138 为 3 – 8 译码器，能将 3 位编码信号译为 8 种位码信号，图 4 – 18 为其引脚图，表 4 – 11 为其功能表。CBA（A 为低位）为编码信号输入端；$\overline{Y_0} \sim \overline{Y_7}$ 为译码信号输出端。门控端有 3 个：E1、$\overline{E2}$、$\overline{E3}$；当 E1＝1、$\overline{E2}$＝0、$\overline{E3}$＝0，同时有效时，芯片译码，反码输出，相应输出端低电平有效；3 个控制端只要有一个无效，芯片禁止译码，输出全 1。

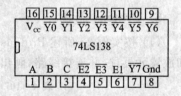

图 4 – 18　74LS138 引脚图

2. 电路设计

74LS138 选通 8 位共阴型 LED 动态显示电路如图 4 – 19 所示。80C51 P1.2～P1.0 与 138 译码输入端 CBA（A 为低位）连接；译码输出端 $\overline{Y_0} \sim \overline{Y_7}$（低电平有效）作为位码，选通 8 位共阴型 LED 数码管；E1 接＋5 V，

$\overline{E2}$、$\overline{E3}$ 接地,片选始终有效。段码驱动由 74LS164(特性已在实例 42 中介绍)"串入并出",80C51 TXD 端与 164 CLK 连接,RXD 端与 164 S_A、S_B 连接,发送段码数据。

表 4 - 11　74LS138 功能表

输 入						输 出							
E1	$\overline{E2}$	$\overline{E3}$	C	B	A	$\overline{Y_7}$	$\overline{Y_6}$	$\overline{Y_5}$	$\overline{Y_4}$	$\overline{Y_3}$	$\overline{Y_2}$	$\overline{Y_1}$	$\overline{Y_0}$
0	×	×	×	×	×	1	1	1	1	1	1	1	1
×	1	×	×	×	×	1	1	1	1	1	1	1	1
×	×	1	×	×	×	1	1	1	1	1	1	1	1
1	0	0	0	0	0	1	1	1	1	1	1	1	0
1	0	0	0	0	1	1	1	1	1	1	1	0	1
1	0	0	0	1	0	1	1	1	1	1	0	1	1
1	0	0	0	1	1	1	1	1	1	0	1	1	1
1	0	0	1	0	0	1	1	1	0	1	1	1	1
1	0	0	1	0	1	1	1	0	1	1	1	1	1
1	0	0	1	1	0	1	0	1	1	1	1	1	1
1	0	0	1	1	1	0	1	1	1	1	1	1	1

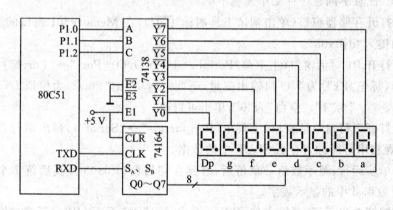

图 4 - 19　74LS138 选通 8 位共阴型 LED 数码管动态显示电路

3. 程序设计

要求循环扫描显示数组 d[8]={2,0,1,3,9,8,7,6}中的 8 位显示数字。

```
# include <reg51.h>              //包含访问 sfr 库函数 reg51.h
# include <absacc.h>             //包含绝对地址访问库函数 absacc.h
unsigned char code c[10] = {     //定义共阴逆序(a 是高位)字段码数组
  0xfc,0x60,0xda,0xf2,0x66,0xb6,0xbe,0xe0,0xfe,0xf6};
void  main() {                   //主函数
  unsigned char  i;             //定义循环序数 i
  unsigned int  t;              //定义扫描延时参数 t
  unsigned char    d[8]={2,0,1,3,9,8,7,6}; //定义显示数字数组,并赋值
```

```
    SCON = 0x00;                                //置串口方式 0
    ES = 0;                                     //串口禁中
    while(1){                                   //无限循环
      for(i = 0; i<8; i++){                     //8 位依次扫描输出
        P1 = 0xf8 + i;                          //输出位码(i 由 138 译码)
        SBUF = c[d[i]];                         //串行发送段码
        while(TI == 0);                         //等待一字节串行发送完毕
        TI = 0;                                 //一字节串行发送完毕,清发送中断标志
        for(t = 0; t<1000; t++);}}}             //延时约 5 ms
```

需要说明的是,由于 80C51 串行传送时低位在前高位在后,与 164 移位次序相反。因此,字段码数组采用逆序(a 是高位)。这样,164 Q0 输出端(引脚编号 3)就可接显示屏 a 端。

4. Keil 调试

(1) 按实例 1 所述步骤,编译链接,语法纠错,并进入调试状态。

(2) 打开变量观测窗口(单击调试工具图标"▦"),观测到数组 d[]被存放在 D: 0x08 单元(注意不同程序存储单元也不同)。

(3) 打开存储器窗口(单击调试工具图标"▦"),在 Memory♯1 窗口的 Address 编辑框内键入"d:0x08"。

(4) 打开 P1 对话窗口(主菜单"Peripherals"→"I/O—Port"→"Port1")。其中,上面一行(标记"Px")为 I/O 口输出变量,下面一行(标记"Pins")为模拟 I/O 口引脚输入信号。"√"为"1","空白"为"0",单击可修改。

(5) 打开串行口对话窗口(主菜单"Peripherals"→"Serial"),弹出串行口对话窗口,以便观察串行缓冲寄存器 SBUF 中的数据。

(6) 单步运行,显示数组 d 赋值后,看到存储器窗口 0x08 及其后续 7 个单元已依次赋值数组 d 中的显示数字。

(7) 继续单步运行,至输出位码"P1=0xf8+i;"语句行后,P1 对话窗口输出数值变为"1111 1000"("√"为"1","空白"为"0"),表明 P1.2~P1.0 输出"000",138 将译码驱动第 0 位显示。

(8) 继续单步运行,至串行发送段码"SBUF=c[d[i]];"语句行后,串行对话窗口 SBUF 中数据变为"0xDA",表明串行发送共阴逆序"2"的字段编码"0xDA"。

(9) 继续单步运行(串行发送过程需单步 8 次),执行延时语句"for(t=0; t<1000; t++);"后,回到输出位码"P1=0xf8+i;"语句行后,看到变量观察窗口 Locals 页中的循环序数 i 变为"1",执行后,P1 对话窗口输出数值变为"1111 1001"("√"为"1","空白"为"0"),表明 P1.2~P1.0 输出"001",138 将译码驱动第 1 位显示。继续单步,运行串行发送段码"SBUF=c[d[i]];"语句后,串行对话窗口 SBUF 中数据变为"0xFC",表明串行发送共阴逆序"0"的字段编码"0xFC"。以此类推,循

环输出数组 d[]中的显示数字。

（10）改变程序中数组 d[]的显示数字，重新运行，转换结果随之相应改变。

5. Proteus 仿真

（1）按实例 23 所述 Proteus 仿真步骤，打开 Proteus ISIS 软件，按表 4-12 选择和放置元器件，并连接线路，画出 Proteus 仿真电路如图 4-20 所示。

表 4-12　实例 58 Proteus 仿真电路元器件

名　称	编　号	大　类	子　类	型号/标称值	数　量
80C51	U1	Microprocessor Ics	80C51 family	AT89C51	1
74LS164	U2	TTL 74LS series		74LS164	1
74LS138	U3	TTL 74LS series		74LS138	1
数码显示屏		Optoelectronics	7-Segment Displays	7SEG-MPX8-CC-BLUE	1

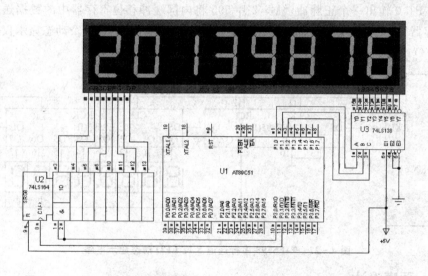

图 4-20　74LS138 选通 8 位共阴型 LED 数码管动态显示 Proteus 仿真电路

（2）双击 Proteus ISIS 仿真电路中 AT89C51，装入 Keil 调试后自动生成的 Hex 文件。

（3）单击全速运行按钮，虚拟电路中数码显示屏会显示程序中给出的显示数值。

（4）改变程序中数组 d[]的显示数字，重新 Keil 编译链接，生成新的 Hex 文件，重新装入虚拟电路 AT89C51 中，再次全速运行，显示结果会随之改变。

（5）终止程序运行，可按停止按钮。

6. 思考与练习

为什么字段码数组要采用"共阴"和"逆序"（a 是高位）？

实例 59　74LS595 串行选通 8 位 LED 数码管动态显示

1. 电路设计

74LS595 为串行移位寄存器,其特性已在实例 44 中介绍。595 与 164 的区别是:595 串入并出分两步操作,第 1 步移入 595 片内缓冲移位寄存器,第 2 步由 595 RCK 端(♯12)输入一个触发正脉冲,片内缓冲移位寄存器中的数据进入输出寄存器 Q0～Q7。而 164 是直接串入输出寄存器,串入中间过程有可能在并行输出端产生误动作。

图 4－21 为 74LS595 串行传送 8 位 LED 数码管动态显示电路。在 80C51 串行口 TXD 端发出的时钟脉冲控制下,显示位码和字段码数据从 80C51 串行口 RXD 端依次移出,进入 595(I)DS 端,再由 595(I)QS 端移出,进入 595(II)DS 端,直至 16 位显示数据(8 位位码＋8 位字段码)全部移入 2 片 595 内部缓冲移位寄存器。然后由 80C51 P1.0 输出一个正脉冲,触发 2 片 595 将内部缓冲移位寄存器中的数据送入输出寄存器 Q0～Q7,在 595 $\overline{OE}$＝0 条件下(始终有效)输出显示,整个动态显示仅占用 3 条 I/O 端线。

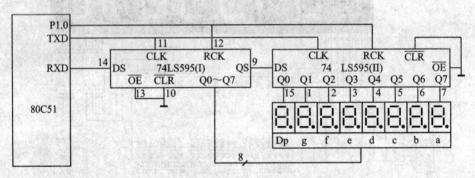

图 4－21　74LS595 串行选通 8 位 LED 动态显示电路

2. 程序设计

要求循环扫描显示数组 d[8]＝{9,8,7,6,5,4,3,2}中的 8 位显示数字。

```
# include <reg51.h>                        //包含访问 sfr 库函数 reg51.h
# include <intrins.h>                       //包含访问内联库函数 intrins.h
sbit   RCK = P1^0;                          //定义位标识符 RCK 为 P1.0
unsigned char  code  c[10] = {              //定义共阴逆序字段码表数组,存在 ROM 中
  0xfc,0x60,0xda,0xf2,0x66,0xb6,0xbe,0xe0,0xfe,0xf6};
void  main() {                              //主函数
  unsigned char  i,b;                       //定义循环序号 i,初始位码 b
  unsigned int  t;                          //定义延时参数 t
  unsigned char  d[8] = {9,8,7,6,5,4,3,2};  //定义显示数组"98765432"
  SCON = 0;                                 //置串行口方式 0
```

```
  ES = 0;                           //禁止串行中断
  while(1) {                        //无限循环
    b = 0x7f;                       //赋值初始位码(第 0 位显示)
    for(i = 0; i<8; i++) {          //依次循环输出
      SBUF = _cror_(b,i);           //串行发送位码(显示位依次循环右移 i 位)
      while(TI == 0);               //等待串行发送完毕
      TI = 0;                       //串行发送完毕,清发送中断标志
      SBUF = c[d[i]];               //串行发送显示字段码
      while(TI == 0);               //等待串行发送完毕
      TI = 0;                       //串行发送完毕,清发送中断标志
      RCK = 0;                      //RCK 复位,准备发出触发正脉冲
      RCK = 1;                      //RCK 端产生上跳变↑脉冲,595 刷新输出
      for(t = 0; t<1000; t++);}}}   //每位显示延时 5 ms
```

需要说明的是,80C51 串行传送次序是"低位在前,高位在后",而 595 的移位秩序是从 Q0→Q7,位秩序相反。因此,程序中采用逆序字段码(a 是高位)。这样,595 Q0 端就可接显示屏 a 端,避免电路连线绕行错位。

3. Keil 调试

(1) 按实例 1 所述步骤,编译链接,语法纠错,并进入调试状态。

(2) 打开变量观测窗口(单击调试工具图标"🔍"),观测到数组 d[]被存放在 D:0x08 单元(注意不同程序存储单元也不同)。

(3) 打开存储器窗口(单击调试工具图标"▥"),在 Memory#1 窗口的 Address 编辑框内键入"d:0x08"。

(4) 打开 P1 对话窗口(主菜单"Peripherals"→"I/O-Port"→"Port1")。其中,上面一行(标记"Px")为 I/O 口输出变量,下面一行(标记"Pins")为模拟 I/O 口引脚输入信号。"√"为"1","空白"为"0",单击可修改。

(5) 打开串行口对话窗口(主菜单"Peripherals"→"Serial"),弹出串行口对话窗口,以便观察串行缓冲寄存器 SBUF 中的数据。

(6) 单步运行,显示数组 d 赋值后,看到存储器窗口 0x08 及其后续 7 个单元已依次赋值数组 d 中的显示数字。变量 b 赋值后,变量观察窗口 Locals 页中初始位码 b 的数据变为 0x7f。

(7) 继续单步运行,至串行数据缓冲寄存器 SBUF 第 1 次赋值语句"SBUF = _cror_(b,i);"运行后,可看到串行对话框中,SBUF=0x7F(第 0 位扫描显示)。

(8) 继续单步运行(串行发送一帧数据需 8 单步),至 SBUF 第 2 次赋值语句"SBUF=c[d[i]];"运行后,SBUF=0xF6(第 0 位显示数据"9"的共阴字段码)。

(9) 继续单步运行,至发送 RCK 触发脉冲语句"RCK=0;"和"RCK=1;"运行后,可看到 P1 对话窗口中 P1.0 跳变了一下("√"→"空白"→"√"),表明已发送 RCK 触发脉冲。

(10) 继续单步运行,至延时语句"for(t=0;t<1000;t++);",可记录寄存器窗口中,该语句执行前后的 sec 值,两者之差,即为延时语句延时时间。

(11) 继续单步运行,进行第 2 轮扫描显示循环。可看到 SBUF 中的数据分别为:0xBF(第 1 位扫描显示)、0xFE(第 1 位显示数据"8"的共阴字段码)。再以后的扫描显示循环,可依次看到 SBUF 中的数据分别为扫描显示位码和相应显示数据的共阴字段码。

(12) 改变程序中显示数组 d 的赋值数据,重新运行,观察结果。

4. Proteus 仿真

(1) 按实例 23 所述 Proteus 仿真步骤,打开 Proteus ISIS 软件,按表 4-13 选择和放置元器件,并连接线路,画出 Proteus 仿真电路如图 4-22 所示。

(2) 双击 Proteus ISIS 仿真电路中 AT89C51,装入 Keil 调试后自动生成的 Hex 文件。

(3) 单击全速运行按钮,虚拟电路中数码显示屏会显示程序中给出的显示数值。

表 4-13 实例 59 Proteus 仿真电路元器件

名 称	编 号	大 类	子 类	型号/标称值	数 量
80C51	U1	Microprocessor Ics	80C51 family	AT89C51	1
74LS595	U2、U3	TTL 74LS series		74LS595	2
数码显示屏		Optoelectronics	7-Segment Displays	7SEG-MPX8-CC-BLUE	1

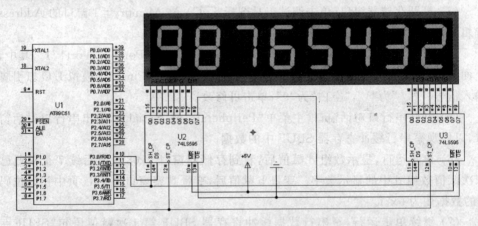

图 4-22 74LS595 串行选通 8 位 LED 动态显示 Proteus 仿真电路

(4) 改变程序中数组 d[]的显示数字,重新 Keil 编译链接,生成新的 Hex 文件,重新装入虚拟电路 AT89C51 中,再次全速运行,显示结果会随之改变。

(5) 终止程序运行,可按停止按钮。

5. 思考与练习

与前几种显示电路相比,采用二片 74LS595 串行扩展显示,有什么优点?

实例 60 8255A 扩展 8 位 LED 数码管动态显示

1. 电路设计

8255A 是可编程并行 I/O 接口芯片,其特性已在实例 36 中介绍。

由 8255A 扩展 8 位共阴 LED 数码管动态显示电路如图 4-23 所示。8255 PA 口输出位码,PB 口输出段码,$\overline{WR}$、$\overline{RD}$、RST 分别与 80C51 $\overline{WR}$、$\overline{RD}$、RST 连接,数据线 D0~D7 与 80C51 地址/数据复用线 P0.0~P0.7 连接,片内寄存器地址 A0、A1 由 80C51 输出的经 74LS373 锁存的低位地址 Q0、Q1 确定,片选 $\overline{CS}$ 与 80C51 P2.7 连接。

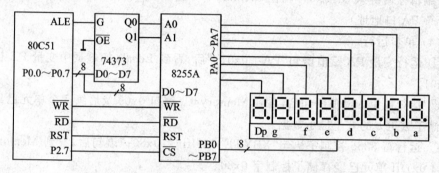

图 4-23 8255 扩展 8 位共阴 LED 数码管动态显示电路

按图 4-23 电路,P2.7 片选 8255 $\overline{CS}$,A 口、B 口、C 口和控制字口地址分别为 0x7ffc、0x7ffd、0x7ffe 和 0x7fff(无关位取 1)。

2. 程序设计

要求扫描显示数组 a 中的数字,循环不断。

```
# include <reg51.h>                            //包含访问 sfr 库函数 reg51.h
# include <absacc.h>                           //包含绝对地址访问库函数 absacc.h
unsigned char  code  c[10] = {                 //定义共阴字段码表数组,存在 ROM 中
  0x3f,0x06,0x5b,0x4f,0x66,0x6d,0x7d,0x07,0x7f,0x6f};
void  main() {                                 //主函数
  unsigned char  i;                            //定义循环序数 i
  unsigned char  PA = 0x01;                     //定义显示位码变量 PA,并赋初值
  unsigned int  t;                              //定义延时参数 t
  unsigned char  a[8] = {9,8,7,6,5,4,3,2};      //定义显示数组 a,并赋值
  XBYTE[0x7fff] = 0x80;                         //写 8255 控制字:方式 0,A 口、B 口输出
  while(1) {                                    //无限循环
    for(i = 0; i<8; i++) {                      //8 位扫描显示
      XBYTE[0x7ffc] = ~PA;                      //A 口输出显示位码
      XBYTE[0x7ffd] = c[a[i]];                  //B 口输出显示字段码
```

```
        for(t = 0; t<1000; t++);        //延时约 5 ms
        PA<< = 1;}}                      //指向下一位码
        PA = 0x01;}}                     //位码恢复初值
```

3. Keil 调试

（1）按实例 1 所述步骤，编译链接，语法纠错，并进入调试状态。

（2）打开变量观测窗口（单击调试工具图标"🔍"），观测到 Locals 标签页中数组 a[]被存放在 D:0x09 单元（注意不同程序存储单元也不同）。

（3）单击调试工具条中图标（▥），打开存储器窗口，在 Memory #1 窗口的 Address 编辑框内键入"d:0x09"。在 Memory #2 窗口的 Address 编辑框内键入"x: 0x7ffc"（PA 口地址）。

（4）单步运行。

① 运行变量 PA 赋值语句"PA＝0x01;"后，看到 Locals 标签页中变量 PA 被赋值 0x01。

② 运行数组 a 赋值语句后，看到 Memory #1 窗口 0x09 及后续 7 个单元已经依次存储了数组 a 的 8 个显示数据。

③ 运行写 8255 控制字语句"XBYTE[0x7fff]＝0x80;"语句后，看到 Memory #2 窗口 0x7fff 单元已经存储了控制字 0x80。

④ 进入无限循环，运行"XBYTE[0x7ffc]＝～PA;"语句后，看到 Memory #2 窗口 0x7ffc 单元显示"FE"（PA 口位码初值"01"取反后的二进制数码）。表明 8255 A 口输出显示位码，第 0 位显示。

⑤ 运行"XBYTE[0x7ffd]＝c[a[i]];"语句后，看到 Memory #2 窗口 0x7ffd 单元显示"6F"，表明 8255 B 口输出显示数字"9"的段码。

⑥ 运行至延时语句"for(t＝0; t<1000; t++);"，可记录寄存器窗口中，该语句执行前后的 sec 值，两者之差，即为延时语句延时时间。

⑦ 运行"PA<<＝1;"语句后，看到 Locals 标签页中变量 PA 被改写为 0x02，并进入下一位显示位码段码输出，运行过程同上，运行数据可看数组 a[8]和 c[10]。

⑧ 8 位数字显示完毕，跳出 8 位扫描显示 for 循环，运行"PA＝0x01;"语句后，PA 恢复初值 0x01，再进入下一轮扫描显示。

4. Proteus 仿真

（1）按实例 23 所述 Proteus 仿真步骤，打开 Proteus ISIS 软件，按表 4-14 选择和放置元器件，并连接线路，画出 Proteus 仿真电路如图 4-24 所示。

（2）双击 Proteus ISIS 仿真电路中 AT89C51，装入 Keil 调试后自动生成的 Hex 文件。

（3）单击全速运行按钮，虚拟电路中数码显示屏会显示程序中给出的显示数值。

（4）改变程序中数组 a[]的显示数字，重新 Keil 编译链接，生成新的 Hex 文件，重新装入虚拟电路 AT89C51 中,再次全速运行,显示结果会随之改变。

（5）终止程序运行,可按停止按钮。

表 4 - 14　实例 60 Proteus 仿真电路元器件

名　称	编　号	大　类	子　类	型号/标称值	数　量
80C51	U1	Microprocessor Ics	80C51 family	AT89C51	1
74LS373	U2	TTL 74LS series		74LS373	1
8255A	U3	Microprocessor Ics		8255A	1
电容	C1	Capacitors	Miniature Electronlytic	2.2 μF	1
电阻	R1	Resistors	Chip Resistor 1/8W 5%	10 kΩ	1
数码显示屏		Optoelectronics	7-Segment Displays	7SEG-MPX8-CC-BLUE	1

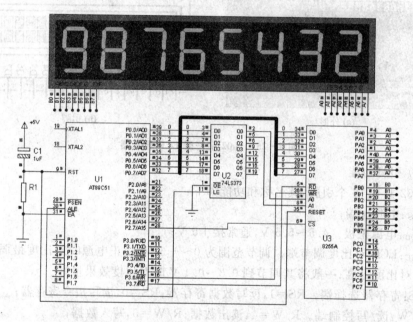

图 4 - 24　8255A 扩展 8 位共阴 LED 数码管动态显示 Proteus 仿真电路

5. 思考与练习

8255A 扩展 8 位显示,为什么要用 74LS373?这种电路一般用在什么情况下?

4.3　LCD 显示屏显示

单机常用的显示器除了 LED 数码管外,还有液晶屏显示器(Liquid Crystal Display,缩写为 LCD)。

液晶,具有特殊的光学性质,利用其在电场作用下的扭曲效应,可以显示字符及图像。由液晶做成的显示器具有体积小、功耗低、显示内容丰富、超薄轻巧等优点,在单片机系统中得到广泛的应用。目前,常用的字符型 LCD 显示屏主要有 1602 和 12864。12864 可显示汉字;1602 主要能显示 ASCII 码字符,该系列有 16×1、16×2、20×2 和 40×2 行等模块。本节以 1602 为例,介绍其接口电路和程序设计。

实例 61　LCD1602 显示屏显示

1. LCD1602 显示屏简介

1602 液晶显示器由液晶显示屏和驱动控制集成电路(HD44780)组成,分析其功能实际上主要是分析驱动电路 HD44780 的功能,1602 的外形和引脚结构如图 4-25 所示。

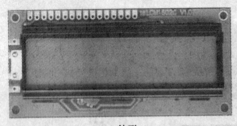

(a) 外形　　　　　　(b) 引脚

图 4-25　1602 字符型 LCD 显示器

(1) 引脚功能

1602 共有 16 个引脚,其名称和功能如下:

V_{SS}:电源地端;

V_{DD}:电源正极。4.5~5.5 V,通常接+5 V;

V_{EE}:LCD 对比度调节端。调节范围为 0~+5 V,接正电源时对比度最弱,接电源地时对比度最高;一般将其调节到 0.3~0.4 V 时对比度效果最好。

RS:寄存器选择端。RS=1,读写数据寄存器;RS=0,读写指令寄存器;

$R/\overline{W}$:读/写控制端。$R/\overline{W}$=1,读出数据;$R/\overline{W}$=0,写入数据;

E:使能端。E=1,允许读写操作,下降沿触发;E=0,禁止读写操作;

D0~D7:8 位数据线,三态双向,也可采用 4 位数据传送方式;

BLA:LCD 背光源正极;

BLK:LCD 背光源负极。

(2) 内部寄存器

1602 内部寄存器有指令寄存器 IR、数据寄存器 DR、地址计数器 AC、数据显示存储器 DDRAM、既有字符存储器 CGROM、自定义字符存储器 CGRAM、光标控制寄存器、输入/输出缓冲器和忙标志位 BF 等。其中与编程应用有关的寄存器简介如下:

1）数据显示存储器 DDRAM。DDRAM 存放 LCD 显示的点阵字符代码,共有 80 字节。1602 是 2×16 位,即可显示 2 行,每行 16 个字符。其对应的存储器地址分别为:00H～0FH(第一行)和 40H～4FH(第二行),其余存储单元可作一般 RAM 用。

2）既有字符存储器 CGROM。内部固化了 192 个点阵字符(160 个 5×7 点阵字符和 32 个 5×10 点阵字符),如图 4-26 所示。其中,标点符号、阿拉伯数字和英文大小写字母等字符为 ASCII 码。

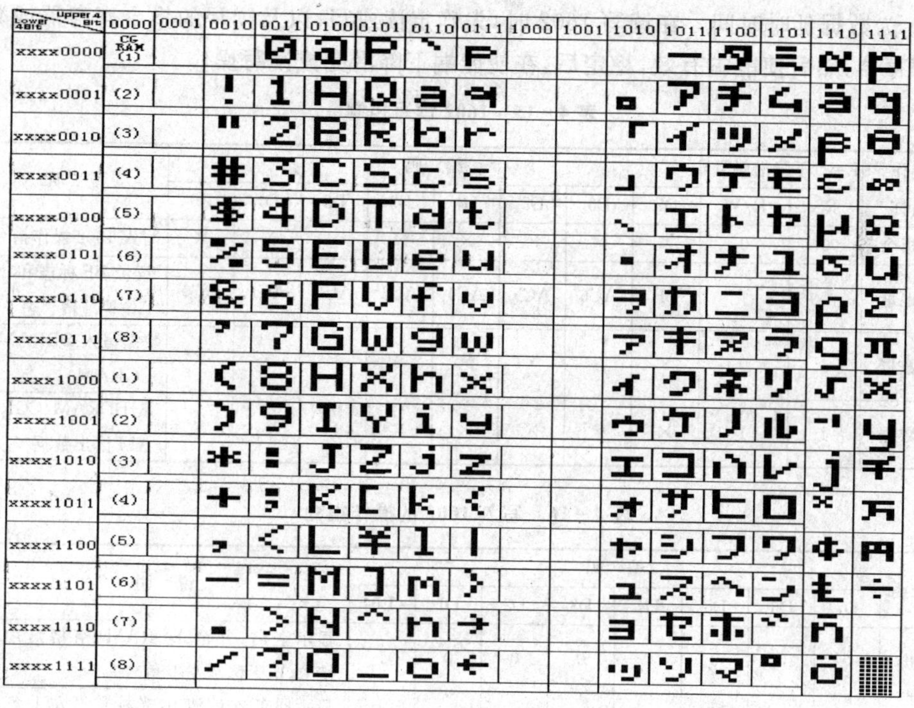

图 4-26 1602 点阵字符字形表

3）自定义字符存储器 CGRAM。有 64 字节 RAM,可自定义 8 个 5×8 点阵字符或 4 个 5×11 点阵字符。

4）地址计数器 AC。作为 DDRAM 或 CGRAM 的地址指针,具有自动加 1 和自动减 1 功能。当数据从 DR 送到 DDRAM/CGRAM 时,AC 自动加 1;当数据从 DDRAM/CGRAM 送到 DR 时,AC 自动减 1。当 RS=0、R/$\overline{W}$=1 时,在使能端 E=1 激励下,AC 的内容送到 D7～D0。

5）忙标志 BF。BF=1,忙;BF=0,不忙。在 RS=0、R/$\overline{W}$=1 时,令 E=1,BF 信号输出到 D7 上,CPU 可对其读出判别。

需要说明的是,与 LED 比较,LCD 是一种慢响应器件,从地址建立、保持到数据建立、保持均需要时间(ms 级),在其内部操作未完成前对其读写,将出错。因此,1602 编程应用时,须充分考虑延时操作。也可对其"忙"查询,在确认 1602"不忙"条件下,才能对其读写操作。

（3）控制指令

1602 读写控制由寄存器选择端 RS、读/写控制端 R/$\overline{\text{W}}$ 和使能端 E 确定,如表 4-15 所列。

在 RS=0、R/$\overline{\text{W}}$=0 并 E=1 的条件下,写入 1602 的操作指令如表 4-16 所示。

（4）操作时序

图 4-27 为 1602 读写操作时序。其中,t_{sp1} 为地址建立时间,t_{sp2} 为数据建立时间,t_D 为数据延时时间。在读写 1602 时,先确定读或写,以及读写的指令寄存器或数据寄存器,然后使能端有效,稳定后,在使能端下降沿完成读写操作。

表 4-15　1602 读写控制

操作名称	E=1(下降沿触发)		编 码								说 明
	RS	R/$\overline{\text{W}}$	D7	D6	D5	D4	D3	D2	D1	D0	
写指令	0	0	×	×	×	×	×	×	×	×	写入 1602 操作指令
读地址	0	1	BF	AC6	AC5	AC4	AC3	AC2	AC1	AC0	读忙 BF 标志和 AC 地址值
写数据	1	0	×	×	×	×	×	×	×	×	数据写入 DDRAM/CGRAM
读数据	1	1	×	×	×	×	×	×	×	×	从 DDRAM/CGRAM 读出数据

表 4-16　写入 1602 的操作指令

名　称	编 码								说 明
	D7	D6	D5	D4	D3	D2	D1	D0	
清屏	0	0	0	0	0	0	0	1	显示空白,并清 DDRAM（空格）,AC 清 0,光标移至左上角
归位	0	0	0	0	0	0	1	×	显示回车,AC 清 0,光标移至左上角,原屏幕显示内容不变
输入模式	0	0	0	0	0	1	I/D	—	I/D=1,读/写一个字符后,AC 加 1,光标加 1 I/D=0,读/写一个字符后,AC 减 1,光标减 1
	0	0	0	0	0	1	—	S	S=1,读/写一个字符后整屏显示移动（移动方向由 I/D 确定） S=0,读/写一个字符时整屏显示不动
显示开关控制	0	0	0	0	1	D	×	×	显示开关:D=1,开;D=0,关。DDRAM 中内容不变
	0	0	0	0	1	1	C	×	光标开关:C=1,开;C=0,关
	0	0	0	0	1	1	1	B	光标闪烁开关:B=1,光标闪烁;B=0,光标不闪烁

名　称	编　码								说　明
	D7	D6	D5	D4	D3	D2	D1	D0	
显示移位	0	0	0	1	S/C	—	×	×	S/C=1,移动显示字符;S/C=0,移动光标
	0	0	0	1	—	R/L	×	×	R/L=1,左移一个字符位;R/L=0,右移一个字符位
显示模式	0	0	1	DL			×	×	DL=1,8 位数据接口;DL=0,4 位数据接口
	0	0	1		N		×	×	N=1,双行显示;N=0,单行显示
	0	0	1			F	×	×	F=1,采用 5×7 点阵字符;F=0,采用 5×10 点阵字符
地址设置	0	1	A5	A4	A3	A2	A1	A0	设置 CGRAM 地址
	1	A6	A5	A4	A3	A2	A1	A0	设置 DDRAM 地址

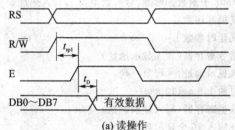

(a) 读操作

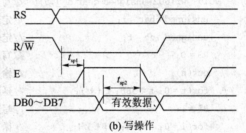

(b) 写操作

图 4 - 27　1602 读写操作时序

2. 电路设计

LCD1602 显示屏显示电路如图 4 - 28 所示。80C51 P0 与 1602 数据线 D0～D7 连接,排阻 10 kΩ×8 作为 P0 口上拉电阻; P1.0～P1.2 分别与 1602 E、R/$\overline{W}$、RS 连接,10 kΩ 电位器用于调节 1602 显示对比度。

3. 程序设计

要求在 1602 LCD 显示屏上第一行显示 0～9 十个数字,第二行显示 A～P 十六个字母。

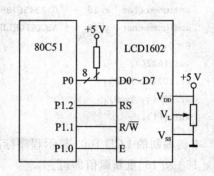

图 4 - 28　1602 液晶显示电路

```
#include <reg51.h>        //包含库函数 reg51.h
sbit  RS = P1^2;          //定义 RS(寄存器选择)为 P1.2。
sbit  RW = P1^1;          //定义 RW(读/写控制)为 P1.1。
sbit  E = P1^0;           //定义 E(使能片选)为 P1.0。
```

```
void   out(unsigned char   x) {          //并行数据输入 1602 子函数。形参:输入数据 x
  unsigned char   t;                      //定义延时参数 t
  RW = 0;                                 //写 1602 有效
  P0 = x;                                 //输入并行数据
  for(t = 0; t<10; t++);                  //延时稳定
  E = 1;                                  //使能端 E 有效
  for(t = 0; t<10; t++);                  //延时稳定
  E = 0;}                                 //使能端 E 下降沿触发
void   init1602() {                       //1602 初始化设置子函数
  RS = 0;                                 //写指令寄存器
  out(0x38);                              //设置显示模式:16×2 显示,5×7 点阵,8 位数据
  out(0x06);                              //设置输入模式:AC 加 1,整屏显示不动
  out(0x0c);                              //设置显示开关模式:开显示,无光标,不闪烁
  out(0x03);}                             //清屏,初始化结束
void   wr1602(unsigned char d[],a){       //写 1602 子函数。形参:写入数组 d[],写入地址 a
  unsigned char   i;                      //定义循环序数 i
  unsigned int   t;                       //定义延时参数 t
  RS = 0;                                 //写指令寄存器(写入显示地址)
  out(a);                                 //输入显示地址:×行第一列
  for(t = 0; t<300; t++);                 //延时约 1.6 ms(12 MHz)
  RS = 1;                                 //写数据寄存器(写入显示数据)
  for(i = 0; i<16; i++) {                 //循环输入 16 个显示数据
    out(d[i]);                            //依次输入显示数据(在数组 d 中)
    for(t = 0; t<300; t++);}}             //延时约 1.6 ms(12 MHz)
void   main() {                           //主函数
  unsigned char   x[16] = {"0123456789"};      //定义第一行显示数组 x
  unsigned char   y[16] = {"ABCDEFGHIJKLMNOP"};  //定义第二行显示数组 y
  E = 0;                                  //使能端 E 低电平,1602 准备
  init1602();                             //1602 初始化设置
  wr1602(x, 0x80);                        //写 1602 第一行数据
  wr1602(y, 0xc0);                        //写 1602 第二行数据
  while(1);}                              //原地等待
```

　　本例编制的 LCD 1602 显示程序标准化程度很好,若要显示其他字符,只需给数组 x[16]、y[16]重新赋值即可。

　　需要说明的是,与 LED 比较,LCD 是一种慢响应器件,从地址建立、保持到数据建立、保持均需要时间(ms 级),在其内部操作未完成前对其读写,将出错。解决的办法有两种:一是对其"忙"查询,在确认 1602"不忙"条件下,才能对其读写操作;二是适当延时操作(1.6 ms 即可),本例采用后一种方法。

4. Keil 调试

　　(1)按实例 1 所述步骤,编译链接,语法纠错,并进入调试状态。

（2）打开变量观测窗口（单击调试工具图标"⊠"），观测到 Locals 标签页中数组 x[]、y[]被分别存放在 D：0x08 单元和 D：0x18 单元（注意不同程序存储单元也不同）。

（3）打开存储器窗口（单击调试工具图标"▤"），在 Memory＃1 窗口的 Address 编辑框内键入"d：0x08"。

（4）打开 P0、P1 对话窗口（主菜单"Peripherals"→"I/O-Port"→"Port0"、"Port1"）。其中，上面一行（标记"Px"）为 I/O 口输出变量，下面一行（标记"Pins"）为模拟 I/O 口引脚输入信号。"√"为"1"，"空白"为"0"，单击可修改。

（5）单步运行。运行数组 x[]、y[]定义及赋值语句后，看到 Memory＃1 窗口 0x08 和 0x18 单元分别存入数组 x[]、y[]的显示数值（ASCII 码）。

（6）继续单步运行，运行"E=0；"语句后，看到 P1 对话窗口中 P1.0 变为"空白"（代表 0），表示 1602 被选通。

（7）继续单步运行，进入 1602 初始化设置子函数。运行"RS=0；"语句后，看到 P1 对话窗口中 P1.2 变为"空白"（代表 0），表示选通写 1602 指令寄存器。

（8）继续单步运行，进入并行数据输入 1602 子函数。运行"RW=0；"语句后，看到 P1 对话窗口中 P1.1 变为"空白"（代表 0），表示写 1602 有效；运行"P0=x；"语句后，看到 P0 对话窗口中输出数据变为"0011 1000"（"√"为"1"，"空白"为"0"），表示写入 1602 指令寄存器的控制字为 38（设置 1602 显示模式：16×2 显示，5×7 点阵，8 位数据）；运行"for(t=0；t<10；t++)；"语句，表示延时稳定；随后运行"E=1；"和"E=0；"语句，看到 P1 对话窗口中 P1.0 跳变了一下（"空白"→"√"→"空白"），表示 80C51 发出下降沿脉冲，触发 1602 接收 P0 发出的控制字数据。

（9）继续单步运行，回到 1602 初始化设置子函数，光标指向"out(0x0c)；"语句行，因运行过程与（8）相同，因此用"过程单步"运行（图标"🏃"），一步跳过，看到 P0 对话窗口中输出数据变为"0000 0110"，表示写入 1602 指令寄存器的控制字为 06（设置输入模式：AC 加 1，整屏显示不动）；同理，运行"out(0x03)；"语句也用"过程单步"一步跳过，看到 P0 对话窗口中输出数据变为"0000 1100"，表示写入 1602 指令寄存器的控制字为 03（清屏）。

（10）继续单步运行，回到主程序，光标指向"wr1602(x, 0x80)；"语句行，表示要写 1602 第一行数据；继续单步运行，进入写 1602 子函数。运行"RS=0；"，表示选通写 1602 指令寄存器（此处 RS 原本为 0，未变化）；运行"out(a)；"（运行过程与（8）相同，可"过程单步"，一步跳过），因为形参 a 已为实参 0x80 替代，运行结果：P0 对话窗口中输出数据变为"1000 0000"，表示写入 1602 指令寄存器的控制字为 80（设置 1602 DDRAM 地址）。

（11）继续单步运行，运行"for(t=0；t<300；t++)；"语句，表示延时稳定；运行"RS=1；"，看到 P1 对话窗口中 P1.2 变为"√"（代表 1），表示选通写 1602 数据寄存器。随后，进入写入 16 个显示数据循环"for(i=0；i<16；i++)"，程序在并行数

据输入 1602 子函数"out(d[i]);"和延时稳定语句"for(t＝0；t＜300；t＋＋);"之间反复循环，"out(d[i]);"运行过程与(8)相同(应过程单步运行)，逐个输入数组 x[]中的数据(ASCII 码)，第一个数据是"30"(0 的 ASCII 码)。继续单步运行，直至数组 x[]中的数据输入完毕(10 次循环)。

(12) 继续单步运行，回到主程序，光标指向"wr1602(y，0xc0);"语句行，表示要写 1602 第二行数据，其过程与写 1602 第一行数据相同，但写入 1602 指令寄存器的控制字(0xc0)和数据寄存器的数据(数组 y[])与第一行不同。继续单步运行，直至数组 y[]中的数据输入完毕(16 次循环)。

(13) 程序运行最后，在"while(1);"语句行等待。

5. Proteus 仿真

(1) 按实例 23 所述 Proteus 仿真步骤，打开 Proteus ISIS 软件，按表 4－17 选择和放置元器件，并连接线路，画出 Proteus 仿真电路如图 4－29 所示。

表 4－17　实例 61 Proteus 仿真电路元器件

名　称	编　号	大　类	子　类	型号/标称值	数　量
80C51	U1	Microprocessor Ics	80C51 family	AT89C51	1
LCD 1602	LCD1	Optoelectronics	Alphanumeric LCDs	LM016L	1
排阻	RP1	Resistors	Resistor Packs	RESPACK-8	1
可变电阻器	RV1	Resistors	Variable	POT-HG 型 10 kΩ	1

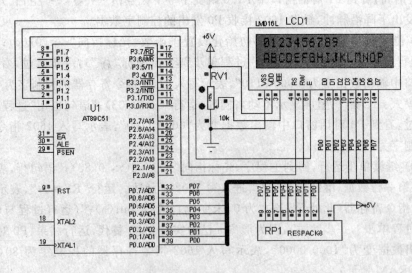

图 4－29　LCD 1602 显示屏显示 Proteus 仿真电路

(2) 双击 Proteus ISIS 仿真电路中 AT89C51，装入 Keil 调试后自动生成的 Hex 文件。

（3）单击全速运行按钮，虚拟电路中数码显示屏会显示程序中给出的显示数值。

（4）改变程序中数组 x[16]、y[16]的显示字符，重新 Keil 编译链接，生成新的 Hex 文件，重新装入虚拟电路 AT89C51 中，再次全速运行，显示结果会随之改变。

（5）终止程序运行，可按停止按钮。

6. 思考与练习

（1）本例程序中，延时稳定有什么作用？适当修改延时时间，观测延时时间长短对 1602 显示的影响。

（2）若要求显示屏上第 1 行显示"AT89C51--LCD1602"，第 2 行显示"Test--Program---"，试编制显示程序，并 Keil 调试，Proteus 仿真。

4.4　键　盘

键盘在单片机系统中是一个很重要的部件。输入数据、查询和控制系统的工作状态，都要用到键盘，键盘是人工干预计算机的主要手段。

由于按键开关的结构为机械弹性元件，在按键闭合和断开瞬间，触点间会产生接触不稳定，抖动时间一般为 5～10 ms，抖动现象会引起 CPU 对一次键操作进行多次处理，从而可能产生错误，因此必须设法消除抖动的不良后果。

消除抖动不良后果的方法有硬、软件两种方法：硬件去抖动和软件去抖动。硬件去抖动用双稳、单稳或 RC 滤波电路去抖动。软件去抖动通常在第一次检测到按键按下后，执行延时 10 ms 子程序后再确认该键是否确实按下，从而消除抖动的影响。

实例 62　4×4 矩阵式键盘

键盘与 CPU 的连接方式可以分为独立式按键和矩阵式键盘。

独立式按键是各按键相互独立，每个按键占用一根 I/O 端线，配置灵活，软件结构简单，但在按键数量较多时，I/O 端线耗费较多，且电路结构显得繁杂，故适用于按键数量较少的场合，独立式按键已在实例 39～实例 41 和实例 45～实例 48 中多有介绍。

矩阵式键盘又称行列式键盘，I/O 端线分为行线和列线，按键跨接在行线和列线上，组成一个键盘。按键按下时，行线与列线连通，输出键信号。其特点是占用 I/O 端线较少，但需要扫描获取键信号，软件结构较复杂，可适用于按键较多的场合。本节介绍矩阵式键盘。

1. 电路设计

设计 4×4 矩阵式键盘电路如图 4-30 所示，P1.0～P1.3 作为列线，P1.4～P1.7 作为行线，按键 K0～K15 跨接在行线和列线上。有键按下时触发中断，闭合键编号从 P2 口输出，驱动数码管显示。

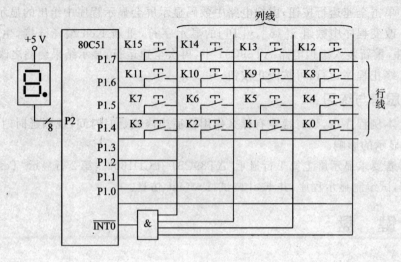

图 4 - 30　4×4 矩阵式键盘中断扫描电路

2. 程序设计

要求即时判断闭合键序号,存入以 30H 为首地址的内 RAM,并送 P2 口显示。

分析图 4 - 30 电路,可看到:当无键闭合时,P1.0～P1.3 与相应的 P1.4～P1.7 之间开路;当有键闭合时,与闭合键相连接的两条 I/O 端线之间短路。因此,可用下述方法判断有无键闭合和确定闭合键序号。

(1) 判有无键闭合。置列线 P1.0～P1.3 为输入态(高电平),行线 P1.4～P1.7 输出低电平。读入 P1 口数据,若与输出不符,则有键闭合。

(2) 延时 10 ms 消抖。再读 P1 口数据,若仍与输出不符,则确认有键闭合。

(3) 逐行逐列扫描,找出闭合键所在行列。

(4) 计算闭合键编号,送 P2 口显示。

据此,编程如下:

```
# include <reg51.h>          //包含访问 sfr 库函数 reg51.h
# include <absacc.h>         //包含绝对地址访问库函数 absacc.h
# include <intrins.h>        //包含访问内联库函数 intrins.h
sbit  P10 = P1^0;            //定义位标识符 P10 为 P1.0
sbit  P11 = P1^1;            //定义位标识符 P11 为 P1.1
sbit  P12 = P1^2;            //定义位标识符 P12 为 P1.2
sbit  P13 = P1^3;            //定义位标识符 P13 为 P1.3
unsigned char  code  c[17] = {  //定义共阳字段码数组(0～9、a～f 及无键闭合状态标志)
   0xc0,0xf9,0xa4,0xb0,0x99,0x92,0x82,0xf8,0x80,0x90,0x88,0x83,0xc6,0xa1,0x86,
0x8e,0x3f};
unsigned int  t;             //定义延时参数 t
void  key_scan(){            //键扫描子函数
```

```
unsigned char  s = 0xef;               //定义行扫描码,并置初始值(P1.4 先置低电平)
unsigned char  i,j = 0;                //定义行扫描序数 i,闭合键存储单元序号 j
for(i = 0; i<4; i ++){                  //行循环扫描
  P1 = s;                              //输出行扫描码,以下列扫描
  if(P10 == 0){                        //若 P1.0 列有键闭合
    DBYTE[0x30 + j] = i * 4 + 0;       //计算并存储闭合键序号
    j ++;}                             //指向下一键序号存储单元
  if(P11 == 0){                        //若 P1.1 列有键闭合
    DBYTE[0x30 + j] = i * 4 + 1;       //计算并存储闭合键序号
    j ++;}                             //指向下一键序号存储单元
  if(P12 == 0){                        //若 P1.2 列有键闭合
    DBYTE[0x30 + j] = i * 4 + 2;       //计算并存储闭合键序号
    j ++;}                             //指向下一键序号存储单元
  if(P13 == 0){                        //若 P1.3 列有键闭合
    DBYTE[0x30 + j] = i * 4 + 3;       //计算并存储闭合键序号
    j ++;}                             //指向下一键序号存储单元
  s = _crol_(s,1);}}                   //行扫描码左移一位,并且低 4 位保持高电平
void  main(){                          //主函数
  P2 = c[16];                          //P2 输出显示无键闭合状态标志
  IT0 = 1;                             //INT0 边沿触发
  IP = 0x01;                           //INT0 高优先级
  IE = 0x81;                           //INT0 开中
  while(1){                            //无限循环
    P1 = 0x0f;                         //发出键状态搜索信号:置行线低电平、列线高电平
    for(t = 0; t<2000; t ++);}}        //延时 10 ms,并等待INT0中断
void  int0()  interrupt 0{             //外中断 0 中断函数(有键闭合中断)
  for(t = 0; t<2000; t ++);            //延时约 10 ms 消抖
  P1 = 0x0f;                           //再发键状态搜索信号:置行线低电平、列线高电平
  if(P1 != 0x0f){                      //若 P1 口电平仍有变化,确认有键闭合
    key_scan();                        //调用键扫描子函数
    P2 = c[DBYTE[0x30]];               //P2 输出显示闭合键序号
    for(t = 0; t<2000; t ++);}}        //再次消抖,确保一次按键不重复响应中断
```

　　需要说明的是,图 4 - 30 电路在许多单片机教材和技术资料中被介绍,但实际上该电路连接存在问题。当同一行有多键同时按下(带锁),且该行其中一键所在列又有多键同时按下时,会发生信号传递路径出错。例如,K1、K2、K8、K9 同时按下,当 P1.4 行扫描输出低电平时,按理,仅有 P1.2,P1.1 会因 K2、K1 闭合而得到低电平列信号。但由于 K2 与 K9 同列且 K8 与 K9 同行,P1.4 输出的低电平信号会通过 K1→K9→K8 传递到 P1.0,产生低电平列信号,引起出错。同理,当 P1.6 行扫描输出低电平时,其低电平信号会通过 K9→K1→K2 传递到 P1.2,产生低电平列信号,引起出错。不出错的条件是多键行与多键列不交叉。因此,这种矩阵式键盘电路适用

于无锁按键并使用中断处理时相对合理。

图 4-30 电路若仅用于无锁按键，程序还可进一步简化。主要区别是键扫描子函数，上述程序采用计算法，下列程序采用查表法。

```
#include <reg51.h>              //包含访问 sfr 库函数 reg51.h
#include <intrins.h>            //包含访问内联库函数 intrins.h
unsigned char code c[17]={     //定义共阳字段码数组(0~9、a~f 及无键闭合状态标志)
    0xc0,0xf9,0xa4,0xb0,0x99,0x92,0x82,0xf8,0x80,0x90,0x88,0x83,0xc6,0xa1,0x86,
0x8e,0x3f};
unsigned char code k[16]={     //定义键闭合状态码数组(用于查找闭合键对应序号)
    0xee,0xed,0xeb,0xe7,0xde,0xdd,0xdb,0xd7,0xbe,0xbd,0xbb,0xb7,0x7e,0x7d,0x7b,
0x77};
unsigned int  t;               //定义延时参数 t
unsigned char key_scan(){      //键扫描子函数，返回值 j(闭合键序号)
  unsigned char s=0xef;        //定义行扫描码，并置初始值(P1.4 先置低电平)
  unsigned char i,j;           //定义行扫描序号 i，闭合键序号 j
  for(i=0;i<4;i++){            //行循环扫描
    P1=s;                      //输出行扫描码，以下列扫描
    if((P1&0x0f)!=0x0f){       //若本行有键闭合，则：
      for(j=0;j<16;j++)        //循环查找对应键序号
              if(P1==k[j])  return j;}  //符合对应值，返回闭合键序号
    else  s=_crol_(s,1);}}     //若本行无键闭合，行扫描码左移一位
void  main(){                  //主函数
  P2=c[16];                    //P2 输出显示无键闭合状态标志
  IT0=1;                       //INT0 边沿触发
  IP=0x01;                     //INT0 高优先级
  IE=0x81;                     //INT0 开中
  while(1){                    //无限循环
    P1=0x0f;                   //发出键状态搜索信号：置行线低电平、列线高电平
    for(t=0;t<2000;t++);}}     //延时 10 ms，并等待 INT0 中断
void  int0()  interrupt 0{     //外中断 0 中断函数(有键闭合中断)
  for(t=0;t<2000;t++);         //延时约 10 ms 消抖
  P1=0x0f;                     //再发键状态搜索信号：置行线低电平，列线高电平
  if(P1!=0x0f){                //若列线电平仍有变化，确认有键闭合
    P2=c[key_scan()];}}        //调用键扫描子函数，并 P2 输出显示闭合键序号
```

3. Keil 调试

(1) 按实例 1 所述步骤，编译链接，语法纠错，并进入调试状态。

(2) 因程序中涉及 P1、P2、P3 口状态数据，因此需打开 P1、P2、P3 对话窗口(主菜单"Peripherals"→"I/O—Port"→"Port1"、"Port2"、"Port3")。其中，上面一行(标记"Px")为 I/O 口输出变量，下面一行(标记"Pins")为模拟 I/O 口引脚输入信号。

"√"为"1","空白"为"0",单击可修改。P1.0~P1.3用于设置键状态,P1.4~P1.7用于观察键扫描过程,P3.2用于设置模拟 INT0 中断,P2口用于观察显示闭合键序号。

(3) 打开存储器窗口(单击调试工具图标"▦"),在 Locals 页,观察运行键扫描子函数时的局部变量 i、j、s(用于观察键扫描过程);在 Memory♯1 标签页 Address 编辑框内键入"d:0x30",用于观察存储的依次闭合的键序号。

(4) 单步运行。运行 P2 输出显示"P2=c[16];"语句后,看到 P2 对话窗口数据变为"0011 1111"("√"为"1","空白"为"0"),表示 P2 口输出无键闭合状态标志"一";运行至主程序"while(1);"语句行,进入无限循环,不断发出键状态搜索信号"P1=0x0f;",并等待 INT0 中断。

(5) 在 P3 对话窗口,单击 P3.2 引脚(下面一行),使其从"√"变为"空白",模拟引发 INT0 中断,程序将转入 INT0 中断子函数。

(6) 在 INT0 中断子函数中,继续单步运行,运行至"if(P1!=0x0f)"语句行(此语句的作用是判断 P1 口电平有无变化,确认有键闭合),单击 P1 对话窗口中 P1.0~P1.3 任一引脚(下面一行),模拟 P1.0~P1.3 连接的按键闭合。例如:P1.1=0,使其从"√"变为"空白"。

(7) 继续单步运行,进入键扫描子函数"key_scan()"后,运行至计算并存储闭合键序号语句(与 P1.0~P1.3 中模拟键闭合相关,例如(6)中设置的 P1.1=0,则只在"if(P11==0)"语句段逐条运行,其余条件选择语句一步跳过)时,可看到内 RAM(0x30+j)单元记录闭合键序号。

需要说明的是,因无法真实模拟按键闭合,在键扫描子函数"key_scan()"内,将循环运行相关条件选择语句 4 次。例如 4 次逐条运行"if(P11==0)"语句段,4 次记录闭合键序号,即内 RAM 0x30 及其后续 3 个单元依次存入:01、05、09、0D,表示该 4 个序号的按键闭合。实际运行时,只有一键闭合,不会出现该情况(可在 Proteus 仿真时验证)。

(8) 继续单步运行,回到 INT0 中断子函数中,运行 P2 输出显示闭合键序号语句"P2=c[DBYTE[0x30]];"后,可看到 P2 对话窗口数据变为"1111 1001"("√"为"1","空白"为"0"),表示 P2 口输出闭合键序号对应的共阳字段码"1"。

(9) 退出调试状态并重新进入(左键二次单击图标"🔍"),在 P1 口设置新的键闭合数据,再次单步运行,观测分析每一条语句运行后的状态变化,是否符合编程意图。

4. Proteus 仿真

(1) 按实例23所述 Proteus 仿真步骤,打开 Proteus ISIS 软件,按表 4-18 选择和放置元器件,并连接线路,画出 Proteus 仿真电路如图 4-31 所示。

(2) 双击 Proteus ISIS 仿真电路中 AT89C51,装入 Keil 调试后自动生成的 Hex 文件。

（3）单击全速运行按钮，数码管显示无键闭合状态标志"一"。

（4）单击 K0～K15 中任一键（使其瞬间闭合），数码管显示该键序号；再次单击另一键，数码管显示随之改变。

表 4-18 实例 62 Proteus 仿真电路元器件

名 称	编 号	大 类	子 类	型号/标称值	数 量
80C51	U1	Microprocessor Ics	80C51 family	AT89C51	1
74LS21	U2	TTL 74LS series		74LS21	1
数码管		Optoelectronics	7-Segment Displays	7SEG-MPX1-CA	1
按键	K0～K15	Switches & Relays	Switches	BUTTON	16

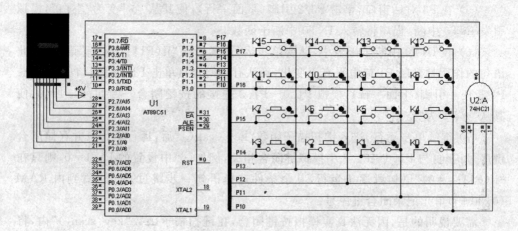

图 4-31 4×4 矩阵式键盘中断扫描 Proteus 仿真电路

需要说明的是，BUTTON 按键有两种运行功能：有锁运行和无锁运行。作有锁运行时，单击按键图形中小红圆点，单击第 1 次闭锁，第 2 次开锁。作无锁运行时，单击按键图形中键盖帽"⌐⌐"，单击一次，键闭合后弹开一次，不闭锁。本例为键盘中断扫描，能及时响应无锁键运行。但按键不能闭锁，闭锁后，该键中断被反复执行，其他键就无法显示（键序号小于闭锁键序号，尚能瞬间闪显）。

（5）按暂停按钮，打开 80C51 片内 RAM（主菜单"Debug"→"80C51 CPU→Internal(IDATA)Memory -U1"），可看到 30H 为首地址的存储单元中依次存储了闭合键序号（并可验证前述该键盘电路连接存在的问题）。

（6）终止程序运行，可按停止按钮。

5. 思考与练习

（1）图 4-30 电路连接存在什么问题？试在 Proteus 仿真中验证。

（2）本例给出查表法程序，试 Keil 调试，并 Proteus 仿真。

实例 63　8279 扩展 8×8 键盘和 8 位显示

1. 8279 简介

8279 是一种通用可编程键盘、显示器接口芯片，能同时完成键盘输入和显示控制两种功能。最多可与 64 个按键或 16 位 LED 显示器相连，能对键盘自动扫描，自动消除开关抖动，自动识别出闭合键并给出编码，具有多键同时按下保护功能。采用 8279 作为键盘、显示接口，不但可以扩展并行口，而且还能简化键处理和显示程序，提高 CPU 工作效率。

（1）引脚与功能

8279 共有 40 个引脚，其双列直插 DIP 封装，如图 4－32 所示。

AD0～AD7：双向三态数据总线。

SL0～SL3：扫描输出线，用于扫描矩阵式键盘、传感器阵列或显示位。外接 4－16 译码器，能提供 16 位 LED 的字位控制；外接 3－8 译码器，能为矩阵式键盘提供 8 列扫描信号，与 RL0～RL7 构成 8×8 键盘的行列扫描。

OutA0～OutA3、OutB0～OutB3：A、B 组显示信号输出线，两个端口既可独立控制，也可看成一个 8 位端口，用于显示段码输出。

RL0～RL7：回复线。内部接有上拉电阻，经按键或传感器与扫描线联接。按键断开时，保持高电平；按键闭合时，对应的回复线变为低电平。

RST：复位信号输入端，高电平有效。

$\overline{CS}$：片选信号输入端，低电平有效。

$\overline{RD}$：读信号输入端，低电平有效。

$\overline{WR}$：写信号输入端，低电平有效。

IRQ：中断请求输出端，高电平有效。在键盘工作方式下，有键按下（FIFO/传感器 RAM 中有数据）时，IRQ=1；读出后，IRQ=0。

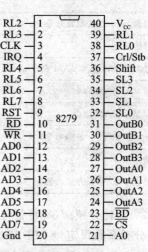

图 4－32　8279 引脚图

A0：信号选择输入端。A0=1，表示数据线输入的是指令，输出的是状态字；A0=0，表示输入输出的信号是数据。

Shift：移位信号控制输入端，高电平有效，通常用于键盘上、下档功能。

Crl/Stb：控制/选通信号输入端，高电平有效。键盘工作方式时，用于扩充键开关的控制功能；选通输入方式时，用于将 RL0～RL7 的数据存入 FIFO RAM 中。

$\overline{BD}$：显示消隐输出端

（2）可编程命令字

8279 初始化时，通过写入相应的命令字来确定其工作方式。命令字共 8 条，由高 3 位（D7 D6 D5）作为特征位区分确定，如表 4－19 所列。现择其与本例有关的内容简要说明如下：

1) 键盘/显示方式设置命令，特征位 D7 D6 D5 为 000。

显示方式控制位 DD(D4 D3)有 4 种编码状态：00(8 个字符显示，左端送入)、01(16 个字符显示，左端送入)、10(8 个字符显示，右端送入)、11(16 个字符显示，右端送入)。

工作方式控制位 KKK(D2 D1 D0)有 8 种编码状态：000(编码扫描键盘，双键锁定)、001(译码扫描键盘，双键锁定)、010(编码扫描键盘，N 键轮回)、011(译码扫描键盘，N 键轮回)、100(编码扫描传感器矩阵)、101(译码扫描传感器矩阵)、110(选通输入，编码显示扫描)、111(选通输入，译码显示扫描)。

本例设置的键盘/显示方式命令为 00000000→0x00(8 位显示，左端输入，双键锁定)。

表 4 - 19　8279 命令字表

命令名称	位编号							
	D7	D6	D5	D4	D3	D2	D1	D0
键盘/显示方式设置命令	0	0	0	D	D	K	K	K
时钟命令	0	0	1	P	P	P	P	P
读 FIFO/传感器 RAM 命令	0	1	0	AI	×	A	A	A
读显示 RAM 命令	0	1	1	AI	A	A	A	A
写显示 RAM 命令	1	0	0	AI	A	A	A	A
显示禁止写入/消隐命令	1	0	1	X	IW/A	IW/B	BL/A	BL/B
清除命令	1	1	0	C_D	C_D	C_D	C_F	C_A
结束中断/错误方式设置命令	1	1	1	E	×	×	×	×

2) 时钟分频命令，特征位 D7 D6 D5 为 001。

分频系数设定位 PPPPP(D4 D3 D2 D1 D0)，用于设置对 CLK 端输入时钟分频的分频系数 N，N 取值范围为 2~31。例如，80C51 的 $f_{OSC}=12$ MHz 时，$f_{ALE}=f_{OSC}/6=2$ MHz，PPPPP 若被置为 10100($N=20$)，则对 2 MHz 20 分频后，8279 内部获得 100 kHz 的基本时钟信号。

本例设置的时钟分频命令为 00110100→0x34。

3) 读 FIFO/传感器 RAM 命令，特征位 D7 D6 D5 为 010。

自动递增设定位 AI(D4)：AI=1，每次读 RAM 后，地址自动加 1，使地址指针指向下一个存储单元。该位用于读传感器 RAM，在键盘工作方式中，由于读出操作严格按照 FIFO(先入先出)顺序，因此 AI=0。

字节地址 AAA(D2 D1 D0)：8279 FIFO/传感器 RAM 中有 8 字节存储单元，AAA 用于设置读出单元的字节地址。

本例设置的读 FIFO RAM 命令为 01000000→0x00。

4）写显示 RAM 命令，特征位 D7 D6 D5 为 100。

自动递增设定位 AI(D4)：AI＝1，每次写显示 RAM 后，地址自动加 1，使地址指针指向下一个存储单元。

字节地址 AAAA(D3 D2 D1 D0)：将要写入的显示 RAM 地址。

本例设置的写显示 RAM 命令为 10000000→0x80。

5）清除命令，特征位 D7 D6 D5 为 110。

清除显示 RAM 方式设定位 $C_D C_D C_D$(D4 D3 D2)：其中将显示 RAM 全部清零为 10×。

清空 FIFO 存储器设定位 C_F(D1)：CF＝1，FIFO RAM 被清空，中断输出线复位，同时传感器 RAM 的读出地址也被清 0。

总清设定位 C_A(D0)：兼有 C_D 和 C_F 功能。C_A＝1，清除方式由 C_D 和 C_F 的编码决定。

本例设置的清除命令为 11010001→0xd1。

（3）状态字

8279 的状态字，主要用于有否错误发生。其中，与本例有关的是 Du（状态字最高位 D7），Du＝1，表示此时对显示 RAM 操作无效。例如，清除显示 RAM 约需 160μs，在尚未完成清除前，FIFO 状态字的最高位 Du＝1，表示显示无效，CPU 不能向显示 RAM 写入数据。

2. 电路设计

设计 8279 扩展 8×8 键盘和 8 位显示电路，如图 4 - 33 所示。

其中，8279 RST、$\overline{RD}$、$\overline{WR}$ 分别与 80C51 RST、$\overline{RD}$、$\overline{WR}$ 连接，CLK 信号由 80C51 ALE 提供，IRQ 反相后用于触发 80C51 $\overline{INT0}$ 中断，片选 $\overline{CS}$ 由 80C51 P2.7 控制，A0 由锁存器 74HC377 Q0 提供，为此，8279 命令/状态口地址为 7FFFH，数据口地址为 7FFEH。8279 扫描输出线 SL0～SL2 接译码器 74HC138 译码输入端 ABC，138 译码输出端 $\overline{Y_0}$～$\overline{Y_7}$ 作为键盘扫描和显示位码驱动。64 个按键跨接在 8279 回复线 RL0～RL7 和 138 $\overline{Y_0}$～$\overline{Y_7}$ 之间；8279 OutA0～OutA3、OutB0～OutB3 组成 8 位显示段码驱动，Shift 端和 Crl/Stb 端均接地，$\overline{BD}$ 接＋5 V。

需要说明的是，8279 输出驱动电流较小，本例电路为便于读者理解、简化图面，未加位码驱动电路。实际应用时，8279 OutA0～OutA3、OutB0～OutB3 口宜加接驱动电路。

3. 程序设计

要求 8279 扩展 8×8 键盘和 8 位 LED 数码管显示，无键闭合时，显示"------"；有键闭合后，数码显示屏第 0、1 位显示闭合键序号（末位加小数点以示分割）；若再有键闭合，闭合键序号依次右移显示；显示屏保留显示前 4 组闭合键序号。

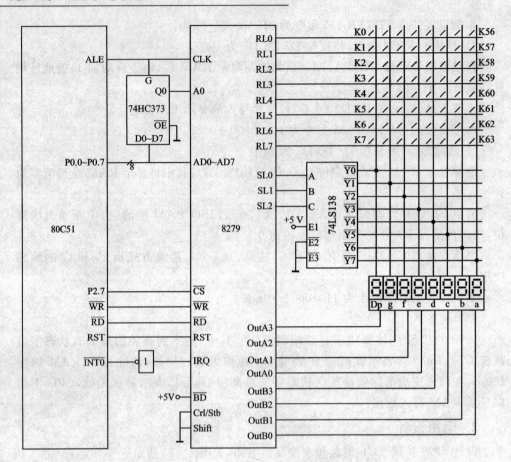

图 4-33　8279 扩展 8×8 键盘和 8 位显示电路

```
# include <reg51.h>                            //包含访问 sfr 库函数 reg51.h
# include <absacc.h>                           //包含绝对地址访问库函数 absacc.h
# define  COM  XBYTE[0x7FFF]                    //定义 8279 命令/状态口
# define DAT XBYTE[0x7FFE]                      //定义 8279 数据口
sbit   ACC7 = ACC^7;                           //定义 ACC7 为 ACC.7
bit   f = 0;                                    //定义键闭合标志
unsigned char  n;                              //定义键序号 n
unsigned int  t;                               //定义延时参数 t
unsigned char  d[8] = {                        //定义数组 d,并赋值
   0x40,0x40,0x40,0x40,0x40,0x40};             //用于显示无键闭合符号"--------"
unsigned char  code  c[11] = {                 //定义共阴字段码表数组,存在 ROM 中
   0x3f,0x06,0x5b,0x4f,0x66,0x6d,0x7d,0x07,0x7f,0x6f,0x40};
void  disp() {                                  //显示子函数
   unsigned char  i;                            //定义循环序数 i
   d[6] = d[4]; d[7] = d[5];                     //右移替换。第 6、7 位显示原第 4、5 位显示内容
```

```
    d[4] = d[2]; d[5] = d[3];              //右移替换。第 4、5 位显示原第 2、3 位显示内容
    d[2] = d[0]; d[3] = d[1];              //右移替换。第 2、3 位显示原第 0、1 位显示内容
    if(f == 0) {d[0] = 0x40; d[1] = 0x40;} //若无键闭合,第 0、1 位显示无键闭合符号"--"
    else    {d[0] = c[n/10];               //否则闭合键序号除以 10,转换为显示段码→第 0 位显示
      d[1] = c[n % 10]|0x80;}}             //除以 10 后的余数,转换为显示段码并加小数点→第 1 位显示
    for(i = 0; i<8; i++) {                 //8 位扫描显示
      COM = 0x80 + i;                      //置位码
      DAT = d[i];}}                        //置段码
void  main() {                            //主函数
  COM = 0xd1;                             //命令总清除
  do  {ACC = COM;}                        //读 8279 状态字
  while(ACC7 == 1);                       //等待 8279 清除结束
  COM = 0x00;                             //置 8 位显示,左端输入,双键锁定
  COM = 0x34;                             //置时钟分频 N = 20(ALE = 2 MHz,20 分频为 100 kHz)
  for(t = 0; t<4000; t++);               //延时稳定
  IT0 = 1;                               //INT0 边沿触发
  IP = 0x01;                             //INT0 高优先级
  IE = 0x81;                             //INT0 开中
  disp();                                //显示
  while(1) {                             //无限循环,并等待键闭合中断
    if(f == 1) {disp();                  //若有键闭合,显示闭合键序号
      f = 0;}                            //清键闭合标志
    for(t = 0; t<30000; t++);}}         //延时 0.2 s
void  int0()  interrupt 0 {              //外中断 0 中断函数(键闭合中断)
  COM = 0x40;                            //置读 FIFO RAM 命令字
  for(t = 0; t<4000; t++);              //延时稳定
  n = DAT&0x3f;                          //读闭合键序号(屏蔽高 2 位,只取低 6 位)
  f = 1;}                                //置键闭合标志
```

需要说明的是,图 4 - 33 所示电路是传统的并行扩展电路,应用 74HC373 锁存低 8 位地址,以便 P0 口分时传送低 8 位地址和数据信号。若不扩展外 ROM,则可不用 373,一般可直接用 P2 口中空余端线控制 8279 A0,例如 P2.0。这样,只需在上述程序头文件中修改 DAT 的定义地址为 7EFFH。

4. Keil 调试

本例因牵涉 8279 的 I/O 口信号,Keil 调试无法全面反映调试状态,意义不大。仅编译链接,语法纠错,自动生成 Hex 文件。并打开变量观测窗口,在 Watch #1 标签页中设置全局变量数组 d[],获取其内 RAM 地址 0x08。

5. Proteus 仿真

(1) 按实例 23 所述 Proteus 仿真步骤,打开 Proteus ISIS 软件,按表 4 - 20 选择和放置元器件,并连接线路,画出 Proteus 仿真电路如图 4 - 34 所示。

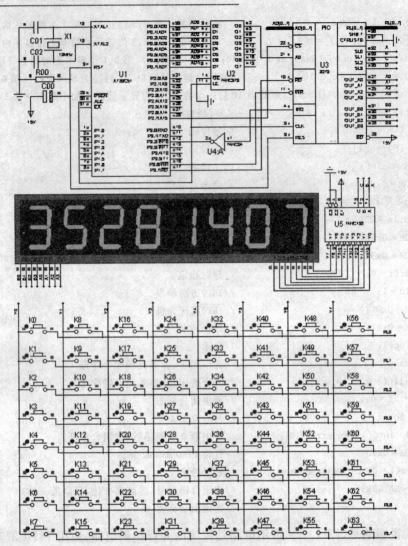

图 4−34　8279 扩展 8×8 键盘和 8 位显示 Proteus 仿真电路

表 4−20　实例 63 Proteus 仿真电路元器件

名　称	编　号	大　类	子　类	型号/标称值	数　量
80C51	U1	Microprocessor Ics	80C51 family	AT89C51	1
74LS373	U2	TTL 74LS series		74LS373	1
8279	U3	Microprocessor Ics		8279	1
74LS04	U4	TTL 74LS series		74LS04	1
74LS138	U5	TTL 74LS series		74LS138	1
数码显示屏		Optoelectronics	7-Segment Displays	7SEG-MPX8-CC-BLUE	1

续表 4 – 20

名 称	编号	大 类	子 类	型号/标称值	数 量
石英晶体	X1	Miscellaneous	CRYSTAL	12 MHz	1
电阻	R00	Resistors	Chip Resistor 1/8W 5%	10 kΩ	1
电容	C00	Capacitors	Miniature Electronlytic	2.2 μF	1
	C01	Capacitors	Ceramic Disc	33 pF	2
按键	K0～K63	Switches & Relays	Switches	BUTTON	64

(2) 双击 Proteus ISIS 仿真电路中 AT89C51,装入 Keil 调试后自动生成的 Hex 文件。

(3) 单击全速运行按钮,数码显示屏显示无键闭合状态标志"- - - - - - - -"。

(4) 单击 K0～K63 中任一键(使其瞬间闭合),数码显示屏显示该键序号;再次单击另一键,闭合键序号依次右移显示;再次单击,再次右移显示;显示屏可保留显示前 4 组闭合键序号。

需要说明的是,BUTTON 按键有两种运行功能:有锁运行和无锁运行。作有锁运行时,单击按键图形中小红圆点,单击第 1 次闭锁,第 2 次开锁。作无锁运行时,单击按键图形中键盖帽"⌐⌐",单击一次,键闭合后弹开一次,不闭锁。本例为键盘中断扫描,能及时响应无锁键运行。但按键不能闭锁,闭锁后,该键中断被反复执行,其他键就无法显示(键序号小于闭锁键序号,尚能瞬间闪显)。

(5) 按暂停按钮,打开 80C51 片内 RAM(主菜单"Debug"→"80C51 CPU→Internal(IDATA)Memory -U1")和 8279 片内 RAM(主菜单"Debug"→"Keyboard FIFO-Display RAM - U3"),可看到 80C51 内 RAM 08H 和 8279 Display RAM 都已依次存储了前 4 组闭合键序号数字的共阴字段码,分别如图 4 – 35、图 4 – 36 所示。

(6) 终止程序运行,可按停止按钮。

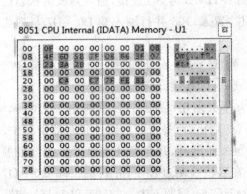

图 4 – 35 80C51 内 RAM

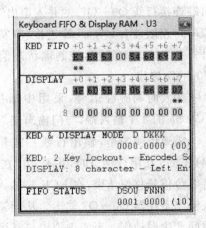

图 4 – 36 8279 内 RAM

6. 思考与练习

不用 74HC373 锁存低 8 位地址,80C51 P0 口直接与 8279 数据总线 AD0~AD7 连接,P2.0 控制 8279 A0,试编制程序,并 Keil 调试和 Proteus 仿真。

实例 64　74HC595+165 扩展 8×8 键盘

1. 电路设计

扩展 8×8 键盘电路也可利用串行移位寄存器,组成 8 位行线和 8 位列线,跨接 64 个按键矩阵,如图 4-37 所示。

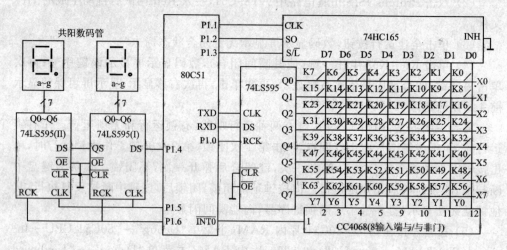

图 4-37　74LS595-165 扩展 8×8 键盘电路

由 80C51 串行口控制 74HC595"串入并出",TXD 与 CLK 连接,串发时钟脉冲;RXD 与 DS 连接,输出行线扫描信号;P1.0 与 RCK 连接,控制并行输出;595 并行输出端连接行线 Q0~Q7。"并入串出"移位寄存器 74HC165 由 80C51 P1.1~P1.3 虚拟串口控制,P1.1 与 CLK 连接,串发时钟脉冲;P1.2 与 SO 连接,输入列线键状态信号;P1.3 与 S/$\overline{L}$ 连接,控制键状态信号移位/置入;165 并行输入端 D0~D7 与列线 Y0~Y7 连接。

为及时响应键信号,采用中断控制。列线 Y0~Y7 同时接到 8 输入端与门 CC4068 的 8 个输入端,与门输出端与 80C51 $\overline{INT0}$ 连接。

需要说明的是,输出行线扫描信号,为什么须用 74HC595,不能用 74HC164?74HC595 在串行移位时,并不立即在 Q0~Q7 输出,而是在片内缓冲寄存器中移位,待 8 位信号移位结束,在 RCK 端输入一个触发正脉冲,片内缓冲寄存器中的数据进入输出寄存器 Q0~Q7 输出。从而避免了在移位检测过程中,并行输出端 Q0~Q7 瞬间产生误动作。至于虚拟串口显示,用 74HC164 问题不大。74595 和 74165 特性已分别在实例 44 和实例 39 中介绍。

为便于观测键响应编号,用二片 74HC595 虚拟串口输出驱动显示二位 LED 数码管,P1.4 与 DS 连接,输出显示段码;P1.5 与 CLK 连接,串发时钟脉冲;,P1.6 与 RCK 连接,控制并行输出。

需要注意的是,列线 Y0～Y7 须接上拉电阻(为简洁图面,图中未画出)。

2. 程序设计

要求数码管在无键闭合时,显示"–";有键闭合后,显示闭合键序号。按键闭合时,不锁定。

```
#include <reg51.h>              //包含访问 sfr 库函数 reg51.h
#include <intrins.h>            //包含访问内联库函数 intrins.h
#define  uchar  unsigned char   //定义 uchar 为 unsigned char
sbit  RCK1 = P1^0;              //定义 RCK1 为 P1.0(键行扫描 595 RCK 触发脉冲)
sbit  CLK1 = P1^1;              //定义 CLK1 为 P1.1(165 时钟)
sbit  .SI = P1^2;               //定义 SI 为 P1.2(165 串行信号输入)
sbit  SL = P1^3;                //定义 SL 为 P1.3(165 并行置数/串行移位控制)
sbit  DS = P1^4;                //定义 DS 为 P1.4(显示 595 串行信号输入)
sbit  CLK2 = P1^5;              //定义 CLK2 为 P1.5(显示 595 时钟)
sbit  RCK2 = P1^6;              //定义 RCK2 为 P1.6(显示 595 RCK 触发脉冲)
sbit  ACC0 = ACC^0;            //定义 ACC0 为 ACC.0(用于串收移位)
bit  f = 0;                    //定义键闭合标志,并赋初值(无键闭合)
uchar  k;                      //定义串收键扫描列数据 k
uchar  n;                      //定义闭合键序号 n
unsigned int  t;               //定义延时参数 t
uchar  code c[16] = {          //定义共阳逆序字段码数组,并赋值
  0x03,0x9f,0x25,0x0d,0x99,0x49,0x41,0x1f,0x01,0x09,0x11,0xe1,0x63,0x85,0x61,
0x71};
uchar  code b[8] = {           //定义键闭合列状态码数组(用于查找闭合键列序号)
  0xfe,0xfd,0xfb,0xf7,0xef,0xdf,0xbf,0x7f};
void  tran(uchar  d) {         //串发子函数(形参:发送数据 d)
  SBUF = d;                    //串行发送数据 d
  while(TI == 0);              //等待串行发送完毕
  TI = 0;                      //串行发送完毕,清发送中断标志
  RCK1 = 0; RCK1 = 1;}         //595(用于键行扫描)RCK 端发↑脉冲,刷新输出
void  t595(uchar  d) {         //虚拟串发子函数(用于输出显示段码 595)
  uchar  i;                    //定义循环序数 i
  for(i = 0; i<8; i++) {       //串行输出 8 位数据信号
    DS = d&0x01;               //一位数据送至串出端
    CLK2 = 0; CLK2 = 1;        //发送串行移位脉冲
    d>>= 1;}}                  //下一位移至发送位
void  disp(uchar  n) {         //显示子函数(形参:闭合键序号 n)
```

```
    t595(c[n/10]);                    //虚拟串发闭合键序号十位段码
    t595(c[n%10]);                    //虚拟串发闭合键序号个位段码
    RCK2 = 0; RCK2 = 1;}              //595(输出显示段码)RCK端发↑脉冲,刷新输出
void  recv() {                        //虚拟串收列数据子函数
  uchar i;                            //定义循环序数 i
  SL = 0; SL = 1;                     //先锁存并行口键状态信号,再允许串行移位操作
  for(i = 0; i<8; i++) {              //串行输入 8 位键状态信号
    ACC<<= 1;                         //ACC 左移一位,准备接受数据
    ACC0 = SI;                        //读入数据→ACC.0
    CLK1 = 0; CLK1 = 1;}              //时钟上升沿,165 内部移位
  k = ACC;}                           //8 位接收数据完毕,串收列数据存 k
void  scan() {                        //键扫描子函数
  uchar i,j;                          //定义行扫描序号 i,列扫描序号 j
  uchar  x,y;                         //定义闭合键行序号 x,闭合键列扫描数据 y
  uchar  s = 0x7f;                    //定义行扫描码 s,并赋初值
  for(i = 0; i<8; i++) {              //行扫描循环
    tran(s);                          //串发扫描码 s
    recv();                           //虚拟串收列数据
    if(k! = 0xff) {                   //若串收列数据中有 0(有键闭合),则
      x = i;                          //闭合键行序号存 x
      y = k;}                         //闭合键列扫描数据存 y
    s = _cror_(s,1);}                 //行扫描码 s 右移一位
  for(j = 0; j<8; j++){               //列扫描循环(列数据查表)
    if(y == b[j])  n = x*8 + j;}}     //找列数据对应列序号,计算闭合键序号
void  main() {                        //主函数
  SCON = 0;                           //置串行口方式 0
  ES = 0;                             //禁止串行中断
  IT0 = 1;                            //INT0边沿触发
  IP = 0x01;                          //INT0高优先级
  IE = 0x81;                          //INT0开中
  t595(0xfd);                         //虚拟串发十位段码(无键闭合标志"—")
  t595(0xfd);                         //虚拟串发个位段码(无键闭合标志"—")
  RCK2 = 0; RCK2 = 1;                 //595(显示)RCK端发↑脉冲,刷新输出
  while(1) {                          //无限循环,并等待键闭合中断
    tran(0);                          //串发 0,键盘行线低电平
    if(f == 1) {f = 0;                //若有键闭合,清键闭合标志
      disp(n);}                       //显示闭合键序号
    for(t = 0; t<2000; t++);}}        //延时 10 ms
void  int0()  interrupt 0 {           //外中断 0 中断函数(键闭合中断)
  for(t = 0; t<2000; t++);            //延时 10 ms 消抖
  tran(0);                            //再次串发 0,键盘行线低电平
```

```
recv();                              //虚拟串收列数据
if(k! = 0xff) {f = 1;                 //若串收列数据中有 0,确认有键闭合,置键闭合标志
   scan();}                          //键扫描,查找闭合键序号
for(t = 0; t<2000; t++);}            //再次消抖,确保一次按键不重复响应中断
```

3. Keil 调试

本例因牵涉移位寄存器的 I/O 口信号,Keil 调试无法全面反映调试状态,意义不大。仅编译链接,语法纠错,自动生成 Hex 文件。

不整体 Keil 调试,但可将各子函数分别单独 Keil 调试,观测其运行功能是否符合预期要求,甚至可在 Proteus 中分别单独仿真。

4. Proteus 仿真

(1) 按实例 23 所述 Proteus 仿真步骤,打开 Proteus ISIS 软件,按表 4 - 21 选择和放置元器件,并连接线路,画出 Proteus 仿真电路如图 4 - 38 所示。

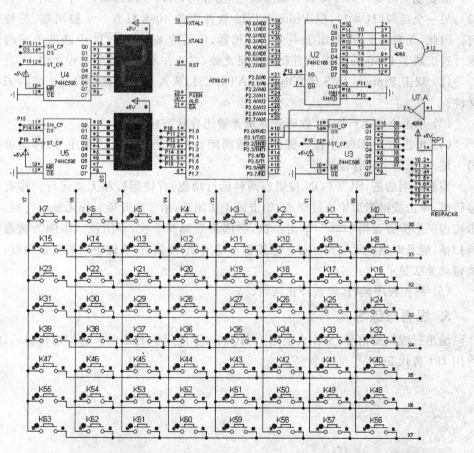

图 4 - 38　74LS595 - 165 扩展 8×8 键盘 Proteus 仿真电路

表 4 - 21　实例 64 Proteus 仿真电路元器件

名　称	编　号	大　类	子　类	型号/标称值	数　量
80C51	U1	Microprocessor Ics	80C51 family	AT89C51	1
74LS165	U2	TTL 74LS series		74LS165	1
74LS595	U3～U5	TTL 74LS series		74LS595	3
CC4068	U6	CMOS 4000 series		4068	1
CC4069	U7	CMOS 4000 series		4069	1
数码管		Optoelectronics	7-Segment Displays	7SEG-COM-ANODE	2
按键	K0～K63	Switches & Relays	Switches	BUTTON	64
排阻	RP1	Resistors	Resistor Packs	RESPACK-8	1

需要说明的是,CC4068 是 8 输入端与/与非门,有两个输出端,一个是与非门(♯13),另一个是与门(♯1),但 Proteus ISIS 软件中的 4068 只有一个输出端,是与非门。因此,无奈之下,再增添了一个是反相器,以适应 80C51 $\overline{INT0}$ 中断低电平的要求。这反映了 Proteus ISIS 软件仍有不足之处,它还在不断完善的过程之中。

(2) 双击 Proteus ISIS 仿真电路中 AT89C51,装入 Keil 调试后自动生成的 Hex 文件。

(3) 单击全速运行按钮,数码管显示无键闭合状态标志"--"。

(4) 单击 K0～K63 中任一键(使其瞬间闭合),数码管显示该键序号;再次单击另一键,显示另一闭合键序号。

需要说明的是,BUTTON 按键有两种运行功能:有锁运行和无锁运行。作有锁运行时,单击按键图形中小红圆点,单击第 1 次闭锁,第 2 次开锁。作无锁运行时,单击按键图形中键盖帽"⊔",单击一次,键闭合后弹开一次,不闭锁。本例为键盘中断扫描,能及时响应无锁键运行。但按键不能闭锁,闭锁后,该键中断被反复执行,其他键就无法显示。

(5) 终止程序运行,可按停止按钮。

5. 思考与练习

输出行线扫描信号,为什么须用 74HC595,不能用 74HC164?虚拟串口显示,能否用 164 替代 595?

第5章

中断、定时/计数器和串行口应用

中断系统、定时/计数器和串行口是单片机片内非常重要的功能部件,80C51有5个中断源,2个16位定时/计数器,1个全双工串行口。

5.1 中断应用

CPU暂时中止其正在执行的程序,转去执行请求中断的那个外设或事件的服务程序,等处理完毕后再返回执行原来中止的程序,叫做中断。

应用中断,可以大大提高CPU工作效率,及时响应外设的中断请求或随机突发事件,实现多种操作分时运行。可以说,只有有了中断系统后,计算机才能比原来无中断系统的早期计算机演绎出多姿多彩的功能。

实例65 出租车行驶里程计数

出租车计程方法是车轮每运转一圈,由传感器产生一个负脉冲,行驶里程=轮胎周长×运转圈数,就可实时计算并显示出租车行驶里程。

1. 电路设计

出租车行驶里程计数并显示电路如图5-1所示。无锁按键每按一次代表车轮

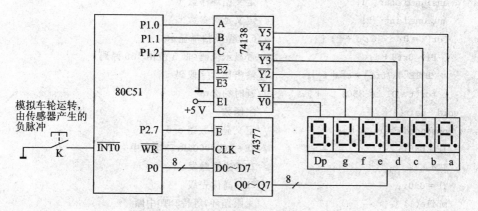

图5-1 出租车行驶里程计数并显示电路

运转一圈,低电平信号触发 80C51 $\overline{INT0}$ 中断,CPU 实时计算出租车行驶里程并显示。80C51 P1.0～P1.2 作为地址译码输入信号,与 74LS138 ABC 连接(A 为低位);138 $\overline{Y0}$～$\overline{Y7}$ 选通 6 位共阴 LED 数码管显示位码;138 片选端 E1 接＋5 V,$\overline{E2}$、$\overline{E3}$ 接地,始终有效。80C51 $\overline{WR}$接 74LS377 时钟端 CLK,P2.7 接门控端 $\overline{E}$,P0 口接数据输入端 D0～D7,377 Q0～Q7 输出段码,与数码管笔段 a～g、Dp 连接。

74LS377 和 74LS138 特性已分别在实例 34 和实例 58 中介绍,此处不再赘述。

2. 程序设计

设轮胎周长为 2 m,负脉冲由无锁按键产生,要求实时计算出租车行驶里程并显示(设计数里程少于 1 000 km)。

```
#include <reg51.h>              //包含访问 sfr 库函数 reg51.h
#include <absacc.h>             //包含绝对地址访问库函数 absacc.h
unsigned long s = 0;            //定义里程计数器 s 并清 0
unsigned char  code  c[11] = {  //定义共阴字段码数组,存在 ROM 中
  0x3f,0x06,0x5b,0x4f,0x66,0x6d,0x7d,0x07,0x7f,0x6f,0x80};
void  chag6(unsigned long  x, unsigned  char  y[6]){  //6 位显示数字分离子函数
                                //形参:显示数 x,返回显示数字数组 y[6]
  y[0] = x/100000;              //显示数除以 100000,产生十万位显示数字
  x = x % 100000;              //取除以 100000 后的余数
  y[1] = x/10000;               //余数除以 10000,产生万位显示数字
  x = x % 10000;               //取除以 10000 后的余数
  y[2] = x/1000;                //余数除以 1000,产生千位显示数字
  x = x % 1000;                //取除以 1000 后的余数
  y[3] = x/100;                 //余数除以 100,产生百位显示数字
  y[4] = (x % 100)/10;          //除以 100 后的余数除以 10,产生十位显示数字
  y[5] = x % 10;}              //最后的余数是个位显示数字
void  disp(unsigned char  x[6]){  //6 位显示子函数,形参:显示数组 x[6]
  unsigned char  i;             //定义循环序数 i
  unsigned int  t;              //定义延时参数 t
  for(i = 0 ; i<6 ; i++) {      //6 位循环扫描显示
    P1 = 0xf8 + i;              //置显示位码(低 3 位由 138 译码)
    XBYTE[0x7fff] = c[x[i]];    //输出显示字段码
    for(t = 0; t<350; t++);}}   //延时约 2 ms
void  main(){                   //主函数
  unsigned char  a[6];          //定义显示数组 a[6]
  IE = 0x81;                    //IE = 10000001B,INT0开中
  IT0 = 1;                      //INT0边沿触发
  IP = 0x01;                    //INT0高优先级
  while(1) {                    //无限循环,等待INT0中断
    chag6(s, a);                //6 位字段码转换
```

```
        disp(d);}}              //6 位扫描显示
void  int0()  interrupt 0 {    //外中断 0 中断函数
   s += 2;}                     //里程计数器 s 加 2
```

3. Keil 调试

（1）按实例 1 所述步骤，编译链接，语法纠错，并进入调试状态。

（2）打开变量观测窗口，在 Watch♯1 页中设置全局变量 s，并将显示值形式选择为十进制数（Deciml）（设置方法见图 8 - 31）。

（3）打开 P3 对话窗口（主菜单"Peripherals"→"I/O－Port"→"Port3"）。其中，上面一行（标记"Px"）为 I/O 口输出变量，下面一行（标记"Pins"）为模拟 I/O 口引脚输入信号。"√"为"1"，"空白"为"0"，单击可修改。

（4）全速运行后，双击 P3 对话窗口中 P3.2（外中断 0 计数脉冲输入端，双击一次产生一个下跳变脉冲），可看到全局变量 s 的数据不断加 2，表明行驶里程不断累加。

4. Proteus 仿真

（1）按实例 23 所述 Proteus 仿真步骤，打开 Proteus ISIS 软件，按表 5 - 1 选择和放置元器件，并连接线路，画出 Proteus 仿真电路如图 5 - 2 所示。

表 5 - 1　实例 65 Proteus 仿真电路元器件

名　称	编号	大　类	子　类	型号/标称值	数量
80C51	U1	Microprocessor Ics	80C51 family	AT89C51	1
74LS373	U2	TTL 74LS series		74LS373	1
74LS138	U3	TTL 74LS series		74LS138	1
74LS02	U4	TTL 74LS series		74LS02	1
数码显示屏		Optoelectronics	7-Segment Displays	7SEG-MPX6-CC	1
按键	K	Switches & Relays	Switches	BUTTON	1
单刀 4 掷开关	SW1	Switches & Relays	Switches	SW-ROT-4	1
电阻	R1～R3	Resistors	Chip Resistor 1/8W 5%	10kΩ	3

为自动产生车轮运转负脉冲，图中增添了 3 个脉冲信号源。单击 Proteus 用户编辑界面左侧配件模型工具栏中信号发生器图标"🔘"，再在子菜单中选择"PULSE"，信号源就可放置在图面上。然后右击该信号源，弹出右键菜单，如图 5 - 3 所示。其中，有 3 个选项需要设置：Pulsed（High）Voltage 置 5 V，Pulse Width（%）置 50，Frequency（Hz）分别置 5、10、100。

需要说明的是，图 5 - 1 所示电路中的 74LS377 在虚拟电路仿真时，软件提示"NO model apecified for 74LS377"，无法仿真。但是，编者的累次项目实践证明，

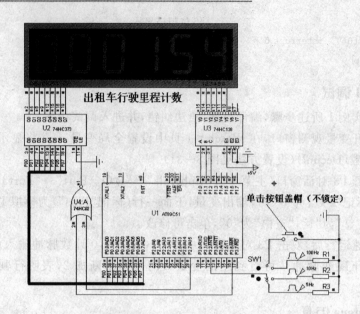

图 5-2 出租车行驶里程计数并显示 Proteus 仿真电路

74LS377 扩展并行输出口有效而简便。编者认为,Proteus ISIS 软件仍有不足之处,其元器件库仍在不断扩充发展和完善之中,并非 74LS377 不能用于扩展并行输出口。因此,本例用 74LS373 替代 74LS377 扩展并行输出口,只是需多用一个或非门。80C51 原接 74LS377 CLK 和 $\overline{E}$ 的 $\overline{WR}$ 和 P2.7 接或非门的输入端,或非门输出端接 74LS373 LE 端,写外 RAM 0x7fff 时,$\overline{RD}=0$,P2.7=0,全 0 出 1,LE =1,正好选通 373 从 P0 口置入数据。因此,虽然元件和连接线路变了,原用于 74LS377 的程序却不需修改。读者在实际应用时,建议仍用 74LS377,而不用 74LS373,377 性价比更高。

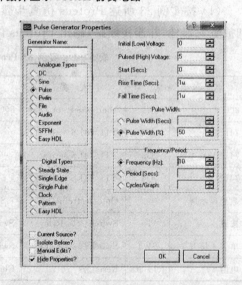

图 5-3 脉冲信号编辑对话框

(2) 双击 Proteus ISIS 仿真电路中 AT89C51,装入 Keil 调试后自动生成的 Hex 文件。

(3) 将 SW1 切换至连接按键的位置,单击全速运行按钮,虚拟电路中数码显示屏显示 0。不断单击按键盖帽"⊔",显示屏行驶里程会每次加 2。

需要说明的是,BUTTON 按键有两种运行功能:有锁运行和无锁运行。作有锁运行时,单击按键图形中小红圆点,单击第 1 次闭锁,第 2 次开锁。作无锁运行时,单击按键图形中键盖帽"⎍",单击 1 次,键闭合后弹开 1 次,不闭锁。本例为无锁按键模拟产生车轮运转负脉冲,因此按键采用不闭锁方式。若闭锁,则不再产生负脉冲,显示里程数就停止不变了。

（4）将 SW1 分别切换至连接 3 个脉冲信号源的位置,显示屏行驶里程会按信号源脉冲频率的高低快速增 2。

（5）终止程序运行,可按停止按钮。

5. 思考与练习

为何用 74LS373 替代 74LS377 后,元件和连接线路变了,原用于 74LS377 的程序却不需修改?

实例 66　统计展览会 4 个入口参展总人数

1. 电路设计

统计展览会 4 个入口参展总人数并显示电路,如图 5-4 所示。在展览会有 4 个入口处,安装检测探头,每进入 1 人,能产生 1 个负脉冲,分别输入 P3.2、P3.3、P3.4、P3.5。参展人数显示电路部分与上例相同,不再重复。

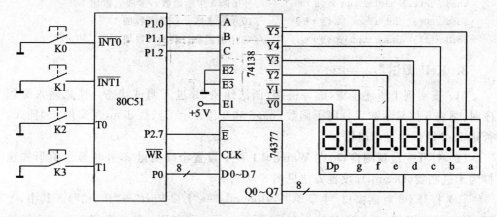

图 5-4　统计展览会 4 个入口参展总人数并显示电路

74LS377 和 74LS138 特性已分别在实例 34 和实例 58 中介绍,此处不再赘述。

2. 程序设计

要求统计某展览会参展人数(设参展人数少于 100 万)。

根据图 5-4 电路,负脉冲分别输入 P3.2、P3.3、P3.4、P3.5。其中,P3.2、P3.3 为外中断$\overline{INT0}$、$\overline{INT1}$,可直接应用中断功能;P3.4、P3.5 为定时/计数器 T0、T1 外部计数脉冲输入端,应用于中断时,须将其设置为临界状态,即计数初值置为 FFH,再加 1 就溢出触发中断。

```
# include <reg51.h>              //包含访问 sfr 库函数 reg51.h
# include <absacc.h>             //包含绝对地址访问库函数 absacc.h
unsigned long  s = 0;            //定义参展人数计数器 s 并清 0
unsigned char  code  c[11] = {   //定义共阴字段码数组,存在 ROM 中
   0x3f,0x06,0x5b,0x4f,0x66,0x6d,0x7d,0x07,0x7f,0x6f,0x80};
void chag6(unsigned long x, unsigned char y[6]);  //6 位显示数字分离子函数,略,见上例
void  disp(unsigned char  x[6]);  //6 位显示子函数,略,见上例
void  main() {                   //主函数
  unsigned char  a[6];           //定义显示数组 a[6]
  TMOD = 0x66;                    //置 T0、T1 计数器方式 2
  IT0 = IT1 = 1;                  //置 INT0、INT1 边沿触发方式
  TH0 = 0xff; TL0 = 0xff;         //置 T0 计数初值(有 1 个负脉冲输入就中断)
  TH1 = 0xff; TL1 = 0xff;         //置 T1 定时初值(有 1 个负脉冲输入就中断)
  TR0 = 1; TR1 = 1;              //T0、T1 启动
  IE = 0xff;                      //全部开中
  while(1) {                      //无限循环,等待中断
    chag6(s, a);                  //8 位字段码转换
    disp(a);}}                    //8 位扫描显示
void  int0()  interrupt 0 {s++;}  //外中断 0 中断函数。参展人数加 1
void  int1()  interrupt 2 {s++;}  //外中断 1 中断函数。参展人数加 1
void  t0()  interrupt 1 {s++;}    //T0 中断函数。参展人数加 1
void  t1()  interrupt 3 {s++;}    //T1 中断函数。参展人数加 1
```

3. Keil 调试

(1) 按实例 1 所述步骤,编译链接,语法纠错,并进入调试状态。注意输入源程序时,须将 6 位显示数字分离子函数 chag6 和 6 位显示子函数 disp(见实例 65)插入,否则 Keil 调试将显示出错。

(2) 打开变量观测窗口,在 Watch #1 页中设置全局变量 s,并将显示值形式选择为十进制数(Deciml)(设置方法见图 8-31)。

(3) 打开 P3 对话窗口(主菜单"Peripherals"→"I/O-Port"→"Port3")。其中,上面一行(标记"Px")为 I/O 口输出变量,下面一行(标记"Pins")为模拟 I/O 口引脚输入信号。"√"为"1","空白"为"0",左键单击可修改。

(4) 全速运行后,双击 P3 对话窗口中 P3.2、P3.3、P3.4、P3.5 端,双击一次产生一个下跳变脉冲,可看到全局变量 s 的数据不断加 1,表明参展总人数不断累加。

4. Proteus 仿真

(1) 按实例 23 所述 Proteus 仿真步骤,打开 Proteus ISIS 软件,按表 5-1 选择和放置元器件,并连接线路,画出 Proteus 仿真电路如图 5-5 所示。

电路中用 74LS373 替代 74LS377 的原因已在上例说明,不再重复。

(2) 双击 Proteus ISIS 仿真电路中 AT89C51,装入 Keil 调试后自动生成的 Hex

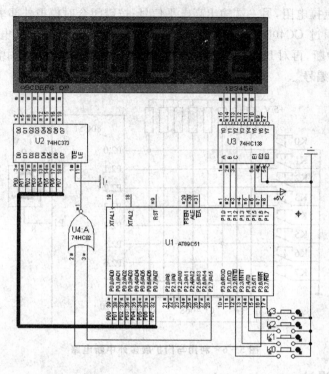

图 5 - 5　统计展览会 4 个入口参展总人数并显示 Proteus 仿真电路

文件。

（3）单击全速运行按钮，虚拟电路中数码显示屏显示 0。不断单击 K0～K3 中任一按键盖帽"￢"（不锁定），显示屏计数会每次加 1。

BUTTON 按键的操作功能和方法，已在上例说明，不再重复。

（4）终止程序运行，可按停止按钮。

5. 思考与练习

定时/计数器用于外中断时，应如何设置计数初值？

实例 67　利用与门扩展外中断

80C51 有 5 个中断源，但提供用户使用的外中断仅有 2 个：$\overline{INT0}$ 和 $\overline{INT1}$，虽然可将定时/计数器 T0、T1 改为外中断用（见上例），但定时/计数器有其特殊用途，一般不宜移作他用。因此，需要扩展外中断。通常的扩展方法是，将扩展中断源通过与（与非）门，合用一个外中断，而后在该中断服务程序中再查询具体是哪一个中断源请求中断，从而执行相应中断服务程序。

1. 电路设计

设计利用与门扩展多外中断电路如图 5 - 6 所示。K0～K7 键一端接地，按键未闭合时,因接上拉电阻,另一端输出高电平信号;按键闭合时模拟外部事件中断,输出低电平信号,通过 CC4068(8 输入端与/与非门),有 0 出 0,输出低电平信号,触发 80C51 $\overline{INT0}$ 中断,再对 P2.0~P2.7 扫描检测,确定是哪一个键闭合中断,并在 P1 口输出显示该键编号。

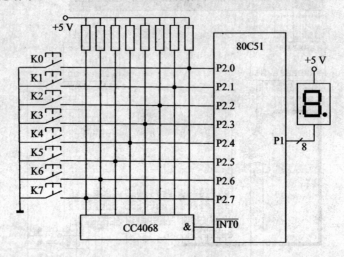

图 5-6　利用与门扩展多外中断电路

2. 程序设计

要求某一按键闭合时,在 P1 口输出显示该键编号。

```
# include <reg51.h>                //包含访问 sfr 库函数 reg51.h
unsigned char  n;                  //定义键序号 n(全局变量)
unsigned char  code c[10]={        //定义共阳字段码数组,并赋值
  0xc0,0xf9,0xa4,0xb0,0x99,0x92,0x82,0xf8,0x80,0x90};
unsigned char  code k[8]={         //定义键闭合 P2 口状态码数组(用于查找闭合键序号)
  0xfe,0xfd,0xfb,0xf7,0xef,0xdf,0xbf,0x7f};
bit  f = 0;                        //定义外中断标志,并赋值(f = 0,无外中断)
void  main(){                      //主函数
  unsigned long  t;                //定义延时参数 t
  IT0 = 1;                         //置 INT0 边沿触发方式
  IP = 0x01;                       //置 INT0 为高优先级中断
  IE = 0x81;                       //INT0 开中
  P1 = 0x7f;                       //先显示小数点(表示待中断)
  while(1){                        //无限循环
    while(f == 0);                 //无外中断,原地等待
    P1 = c[n];                     //有外中断,P1 口输出显示中断源序号
    for(t = 0; t<22000; t++);      //延时 1 s
    P1 = 0x7f;                     //恢复显示小数点
    f = 0;}}                       //外中断标志清 0
```

```
void  int0()  interrupt 0 {        //外中断 0 中断函数
  unsigned char  i;                //定义循环序号 i
  for(i = 0; i<8; i++) {           //扫描判定(与数组对照)闭合键序号
    if(P2 == k[i]) {               //若 P2 口输入数据与数组中数据相同,确定闭合键序号为 i
      n = i;                       //存闭合键序号
      f = 1;}}}                    //置外中断标志(用于在主函数中鉴别)
```

3. Keil 调试

本例因牵涉外部电路信号,Keil 调试无法全面反映调试状态,意义不大。仅编译链接,语法纠错,自动生成 Hex 文件。

其中,部分程序段已在前实例中验证。例如,扫描判定(与数组对照)闭合键序号已在实例 62、64 中验证;输出至 P1 口显示语句"P1=c[i];"已在实例 51 中验证等。

4. Proteus 仿真

(1) 按实例 23 所述 Proteus 仿真步骤,打开 Proteus ISIS 软件,按表 5 - 2 选择和放置元器件,并连接线路,画出 Proteus 仿真电路如图 5 - 7 所示。

表 5 - 2　实例 67 Proteus 仿真电路元器件

名　称	编　号	大　类	子　类	型号/标称值	数　量
80C51	U1	Microprocessor Ics	80C51 family	AT89C51	1
CC4068	U2	CMOS 4000 series		CC4068	1
CC4069	U3	CMOS 4000 series		CC4069	1
数码管		Optoelectronics	7-Segment Displays	7SEG-MPX1-CA	1
按键	K0~K7	Switches & Relays	Switches	BUTTON	8
排阻	RP1	Resistors	Resistor Packs	RESPACK-8	1

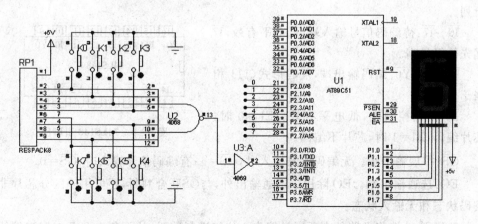

图 5 - 7　利用与门扩展多外中断 Proteus 仿真电路

需要说明的是,CC4068 是 8 输入端与/与非门,有两个输出端,一个是与非门(#13),另一个是与门(#1),但 Proteus ISIS 软件中的 4068 只有一个输出端,是与非门。因此,无奈之下,再增添了一个是反相器,以适应 80C51 $\overline{INT0}$ 中断低电平的要求。这反映了 Proteus 软件仍有不足之处,它还在不断完善的过程之中。

(2)双击 Proteus ISIS 仿真电路中 AT89C51,装入 Keil 调试后自动生成的 Hex 文件。

(3)单击全速运行按钮,虚拟电路中数码管显示小数点。单击任一按键盖帽"▢",数码管显示该键序号,延时 1 s 后熄灭,仍显示小数点。再次单击任一按键盖帽,数码管显示该键序号,延时 1 s 后熄灭,仍显示小数点。

需要说明的是,BUTTON 按键有两种运行功能:有锁运行和无锁运行。作有锁运行时,单击按键图形中小红圆点,单击第 1 次闭锁,第 2 次开锁。作无锁运行时,单击按键图形中键盖帽"▢",单击 1 次,键闭合后弹开 1 次,不闭锁。本例为无锁按键模拟产生外中断信号,且采用边沿触发方式,因此按键采用不闭锁方式。若闭锁,则无法产生新的中断,键序号显示延时 1 s 熄灭后,始终保持显示小数点不变了。

(4)终止程序运行,可按停止按钮。

5. 思考与练习

闭合键触发中断后,本例程序如何判定闭合键编号?有否其他方法?

实例 68 74HC148 编码扩展外中断

利用与门扩展外中断,虽然只合用一个外中断,但需要另外占用一个 8 位口,扫描检测闭合键序号。利用 74HC148 编码器扩展外中断,可较好处理这一矛盾。

1. 74HC148 简介

74HC148 是 8 线-3 线优先编码器,其引脚图如图 5-8 所示,功能表如表 5-3 所列。

$\overline{I0}$~$\overline{I7}$:待编码信号输入端,低电平有效,$\overline{I7}$ 优先等级最高。

$\overline{Y2}$、$\overline{Y1}$、$\overline{Y0}$:编码输出端,反码形式(111 相当于 000)。

$\overline{EI}$:编码控制端,低电平有效。$\overline{EI}=0$ 时,芯片编码;$\overline{EI}=1$ 时,芯片不编码。

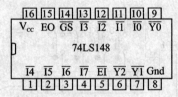

图 5-8 74LS148 引脚图

$\overline{GS}$:扩展输出端。无编码信号输入时,$\overline{GS}=1$;有编码信号输入时,$\overline{GS}=0$。

EO:选通输出端。EO 除用于选通输出外,与 $\overline{GS}$ 联合判断,还可用于区分芯片非编码状态和无输入状态。

74HC148 能将 8 路外中断序号编为 3 位二进制数码,从而免去 8 条查询连接线路和查询程序,直接得出外中断序号。而且,该编码器能产生有无编码信号输入的识别信号$\overline{GS}$，正好用于触发外中断（148 输入端 $\overline{I0}\sim\overline{I7}$ 全 1，即无编码信号输入时，$\overline{GS}=1$；有信号输入时，$\overline{GS}=0$）。另外，148 是优先编码器，当 8 个输入端有多个外中断信号同时输入（相当于 80C51 中断优先级）时，根据 $\overline{I7}\to\overline{I0}$ 的优先次序有效编码，即 $\overline{I7}$ 的优先级最高，$\overline{I0}$ 的优先级最低。因此，利用 148 扩展外中断比上例所述方法更简便。需要注意的是，148 编码输出的是反码，即"000"相当于"111"，在软件编程时需数据变换，或在硬件线路连接上改变次序，本例采用后一种方法。

表 5 - 3　74LS148 功能表

输入端									输出端				
EI	$\overline{I7}$	$\overline{I6}$	$\overline{I5}$	$\overline{I4}$	$\overline{I3}$	$\overline{I2}$	$\overline{I1}$	$\overline{I0}$	$\overline{Y2}$	$\overline{Y1}$	$\overline{Y0}$	EO	$\overline{GS}$
1	×	×	×	×	×	×	×	×	1	1	1	1	1
0	0	×	×	×	×	×	×	×	0	0	0	1	0
0	1	0	×	×	×	×	×	×	0	0	1	1	0
0	1	1	0	×	×	×	×	×	0	1	0	1	0
0	1	1	1	0	×	×	×	×	0	1	1	1	0
0	1	1	1	1	0	×	×	×	1	0	0	1	0
0	1	1	1	1	1	0	×	×	1	0	1	1	0
0	1	1	1	1	1	1	0	×	1	1	0	1	0
0	1	1	1	1	1	1	1	1	1	1	1	0	1

2. 电路设计

利用 74HC148 编码器扩展外中断电路如图 5 - 9 所示。K0～K7 键一端接地，键未闭合时，因接上拉电阻，另一端输出高电平信号；键闭合时模拟外部事件中断，输

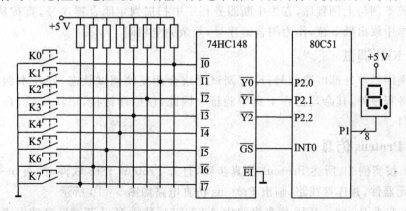

图 5 - 9　74HC148 扩展外中断电路

出低电平信号。K0～K7 键状态信号经 148 编码，从 $\overline{Y2}$～$\overline{Y0}$ 输出。有键闭合时，$\overline{GS}=0$，触发 $\overline{INT0}$ 中断。80C51 根据 148 $\overline{Y2}$～$\overline{Y0}$ 编码，确定是哪一个键闭合，然后在 P1 口输出显示该键编号。

3. 程序设计

要求某一按键闭合时，在 P1 口输出显示该键编号。

```
#include <reg51.h>                    //包含访问 sfr 库函数 reg51.h
unsigned char  n;                      //定义键序号 n(全局变量)
unsigned char  code c[10] = {          //定义共阳字段码数组，并赋值
  0xc0,0xf9,0xa4,0xb0,0x99,0x92,0x82,0xf8,0x80,0x90};
bit  f = 0;                            //定义外中断标志，并赋值(f = 0,无外中断)
void  main() {                         //主函数
  unsigned long  t;                    //定义延时参数 t
  IT0 = 1;                             //置 INT0 边沿触发方式
  IP = 0x01;                           //置 INT0 为高优先级中断
  IE = 0x81;                           //INT0 开中
  P1 = 0x7f;                           //先显示小数点(表示待中断)
  while(1) {                           //无限循环
    while(f == 0);                     //无外中断，原地等待
    P1 = c[n];                         //有外中断,P1 口输出显示中断源序号
    for(t = 0; t<22000; t++);          //延时 1 s
    P1 = 0x7f;                         //恢复显示小数点
    f = 0;}}                           //外中断标志清 0
void  int0()  interrupt 0 {            //外中断 0 中断函数
  n = P2&0x07;                         //P2 口编码数据低 3 位→闭合键序号 n
  f = 1;}                              //置外中断标志(用于在主函数中鉴别)
```

比较本例与上例程序，省去中断服务程序中扫描判定闭合键序号，直接从 P2 口编码数据中取出低 3 位，作为闭合键序号，其余完全相同。

4. Keil 调试

本例因牵涉外部电路信号，Keil 调试无法全面反映调试状态，好在本例程序除中断服务程序外，其余均已在上例中验证。因此，仅编译链接，语法纠错，自动生成 Hex 文件。

5. Proteus 仿真

(1) 按实例 23 所述 Proteus 仿真步骤，打开 Proteus ISIS 软件，按表 5-4 选择和放置元器件，并连接线路，画出 Proteus 仿真电路如图 5-10 所示。

(2) 双击 Proteus ISIS 仿真电路中 AT89C51，装入 Keil 调试后自动生成的 Hex 文件。

（3）单击全速运行按钮，虚拟电路中数码管显示小数点。单击任一按键盖帽"▢"（BUTTON 按键两种运行功能已在上例中说明），数码管显示该键序号，延时 1 s 后熄灭，仍显示小数点。再次单击任一按键盖帽，数码管显示该键序号，延时 1 s 后熄灭，仍显示小数点。

表 5 - 4　实例 68 Proteus 仿真电路元器件

名　称	编　号	大　类	子　类	型号/标称值	数　量
80C51	U1	Microprocessor Ics	80C51 family	AT89C51	1
74LS148	U2	TTL 74LS series		74LS148	1
数码管		Optoelectronics	7-Segment Displays	7SEG-MPX1-CA	1
按键	K0～K7	Switches & Relays	Switches	BUTTON	8
排阻	RP1	Resistors	Resistor Packs	RESPACK-8	1

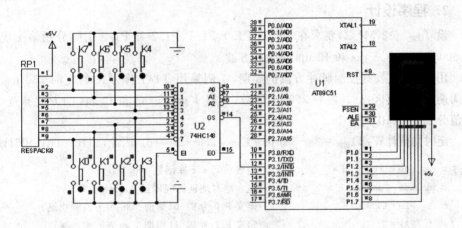

图 5 - 10　74HC148 扩展外中断 Proteus 仿真电路

需要说明的是，单击 K7 时，仿真电路未显示该键序号，原因是属于 Proteus 的 bug。根据 74HC148 功能表 5 - 3，148 输入端 $\overline{I0}$～$\overline{I7}$ 有信号输入时，GS=0、EO=1（包括 $\overline{I7}$）。但 Proteus ISIS 仿真电路中的 148 在 $\overline{I0}$～$\overline{I6}$ 有信号输入时均正常，在 $\overline{I7}$ 有信号输入时，却不正常：GS=1、EO=0，因而 AT89C51 未产生中断，也就未显示 $\overline{I7}$ 序号。但是，实际电路证明，74HC148 编码器扩展外中断，$\overline{I7}$ 输入信号有效。编者认为，Proteus 软件仍有不足之处，其元器件库仍在不断扩充发展和完善之中，并非 74HC148 编码器不能用于扩展外中断。

（4）终止程序运行，可按停止按钮。

6. 思考与练习

利用 74HC148 编码器扩展外中断，主要有什么好处？Proteus 仿真有什么问题？

5.2　定时 /计数器应用

定时/计数器是单片机系统一个重要的部件,其工作方式灵活、编程简单、使用方便,可用来实现定时控制、延时、频率测量、脉宽测量、信号发生、信号检测和串行通信中波特率发生器等。

实例 69　输出周期脉冲方波(示波器显示)

1. 电路设计

单片机输出周期脉冲方波电路很简单,任一 I/O 端口均能输出特定周期的脉冲方波。若需观测,只需外接示波器。为节省版面,未画出原理电路,读者可直接观看 Proteus 仿真电路。

2. 程序设计

设 $f_{osc}=12$ MHZ,要求在 80C51 P1.0、P1.1、P1.2 和 P1.3 引脚分别输出周期为 500 μs、1 ms、5 ms 和 10 ms 的脉冲方波。

用定时/计数器控制脉冲方波的周期,本例采用 T1 工作方式 2,定时 250 μs,方波周期正好是 500 μs。再对 250 μs 计数,可得 1 ms、5 ms 和 10 ms 的方波脉宽,计数值分别为 2、10 和 20。

定时初值计算:T1$_{初值}=2^8-250$ μs $/1$ μs=256-250=6。因此,TH1=TL1=06H。

```
# include <reg51.h>              //包含访问 sfr 库函数 reg51.h
# include <absacc.h>             //包含绝对地址访问库函数 absacc.h
sbit   P10 = P1^0;               //定义 P10 为 P1.0(周期 500 μs 方波输出端)
sbit   P11 = P1^1;               //定义 P11 为 P1.1(周期 1 ms 方波输出端)
sbit   P12 = P1^2;               //定义 P12 为 P1.2(周期 5 ms 方波输出端)
sbit   P13 = P1^3;               //定义 P13 为 P1.3(周期 10 ms 方波输出端)
unsigned char  p1ms = 0;         //定义 1 ms 计数器,并清 0 赋值
unsigned char  p5ms = 0;         //定义 5 ms 计数器,并清 0 赋值
unsigned char  p10ms = 0;        //定义 10 ms 计数器,并清 0 赋值
void   main() {                  //主函数
   TMOD = 0x20;                  //TMOD = 00100000B,置 T1 定时器方式 2
   TH1 = 0x06; TL1 = 0x06;       //置 T1 定时初值 250 μs
   IP = 0x08;                    //IP = 00001000B,置 T1 高优先级
   IE = 0xff;                    //IE = 11111111B,全部开中
   TR1 = 1;                      //T1 运行
   P10 = 0; P11 = 0; P12 = 0; P13 = 0;//脉冲方波初始输出为低电平
   while(1);}                    //无限循环,等待 T1 中断
void   t1()   interrupt 3 {      //T1 中断函数
```

```
P10 = !P10;                        //P1.0 引脚端输出电平取反(输出周期 500 μs 脉冲方波)
p1ms++; p5ms++; p10ms++;           //1 ms,5 ms,10 ms 计数器分别计数加 1
if(p1ms == 2){                     //若 1 ms 计数器到位,则:
  P11 = !P11;                      //P1.1 引脚端输出电平取反(输出周期 1 ms 脉冲方波)
  p1ms = 0;}                       //1 ms 计数器清 0
if(p5ms == 10){                    //若 5 ms 计数器到位,则:
  P12 = !P12;                      //P1.2 引脚端输出电平取反(输出周期 5ms 脉冲方波)
  p5ms = 0;}                       //5 ms 计数器清 0
if(p10ms == 20){                   //若 10 ms 计数器到位,则:
  P13 = !P13;                      //P1.3 引脚端输出电平取反(输出周期 10ms 脉冲方波)
  p10ms = 0;}}                     //10 ms 计数器清 0
```

3. Keil 调试

（1）按实例 1 所述步骤,编译链接,语法纠错,并进入调试状态。

（2）打开 P1 对话窗口（主菜单"Peripherals"→"I/O-Port"→"Port1"）。其中,上面一行（标记"Px"）为 I/O 口输出变量,下面一行（标记"Pins"）为模拟 I/O 口引脚输入信号。"√"为"1","空白"为"0",单击可修改。

（3）打开定时/计数器 T1 对话窗口（主菜单"Peripherals"→"Timer"→"Timer1"）。

（4）单击全速运行图标,看到 P1 对话窗口中,P1.0、P1.1、P1.2 和 P1.3 的"√"（代表"1"）与"空白"（代表"0"）快速跳变,表示该 4 个端口输出不同频率的脉冲方波。但由于变化太快,看不清楚变化规律。

（5）为了看清 4 个端口输出变化规律,在主程序"while(1);"（等待 T1 中断）语句行和 T1 中断函数"void t1() interrupt 3"语句行分别设置断点（设置方法参阅 8.2.2 小节）。

① 单击全速运行图标,程序首先全速运行至断点"while(1);"处,等待新的命令。同时看到 P1 对话框中 P1.0～P1.3,全部从"√"（代表"1"）变为"空白"（代表"0"）,表示该 4 个端口初始输出为低电平。

② 单击定时/计数器 T1 对话窗口中 TF1 设置框,使其从"空白"（代表"0"）变为"√"（代表"1"）,即 T1 定时计数溢出,将触发 T1 中断。

③ 单击全速运行图标,程序进入 T1 中断函数。继续全速运行,看到 P1 对话框中 P1.0 从"空白"变为"√",表示 P1.0 输出高电平。

④ 继续全速运行,程序又在第一个断点处停顿,重复②③操作,看到 P1 对话框中 P1.0 从"√"变为"空白",表示 P1.0 输出低电平,完成了输出一个周期的脉冲方波。同时看到 P1.1 从"空白"变为"√",表示 P1.1 输出高电平。

（6）不断重复上述②③操作,会看到 P1 对话窗口中,P1.0、P1.1、P1.2 和 P1.3 不断地从"空白"变为"√",又从"√"变为"空白",表示该 4 个端口不断输出输出不同周期的脉冲方波。P1.0 是重复 2 次②③操作,输出一个周期 500 μs 的脉冲方波;

P1.1 是重复 4 次②③操作，输出一个周期 1 ms 的脉冲方波；P1.2 是重复 20 次②③操作，输出一个周期 5 ms 的脉冲方波；P1.3 是重复 40 次②③操作，输出一个周期 10 ms 的脉冲方波。

　　(7) 检测脉宽时间。单击去除断点图标(图)，去除上述两个断点；单击 CPU 复位图标(图)，程序从头重新运行；再在 T1 中断函数"P10＝!P10;"语句行设置断点，单击全速运行图标，至断点处停顿，记录寄存器窗口(参阅图 8 - 27)中 sec 值为 0.000 782；再次单击全速运行图标，再次查看寄存器窗口中 sec 值为 0.001 031。两者之差 249 μs，即为 P1.0 输出的方波的脉宽时间。似乎有些误差，但若继续单击全速运行图标，sec 值分别为 0.001 281 和 0.001 532，脉冲周期为 500 μs，没有误差。至于高低电平时间略有些许误差，这是指令执行需要时间的缘故。

　　同理，在 T1 中断函数"P11＝!P11;"、"P12＝!P12;"、"P13＝!P13;"语句行依次分别设置断点，按上述步骤操作，可检测 1 ms、5 ms 和 10 ms 脉冲方波的脉宽时间。

4. Proteus 仿真

　　(1) 按实例 23 所述 Proteus 仿真步骤，打开 Proteus ISIS 软件，连接线路，画出 Proteus 仿真电路，如图 5 - 11 所示。

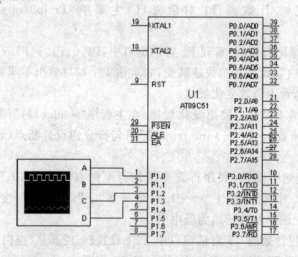

图 5 - 11　Proteus ISIS 虚拟仿真示波器电路

　　其中，放置虚拟示波器，可单击 Proteus 用户编辑界面左侧配件模型工具栏中虚拟仪表图标"图"，在其下拉窗口菜单中选择"OSCILLOSCOPE"，放置到图面上后，虚拟示波器 ABCD4 个输入端分别与 AT89C51 P1.0、P1.1、P1.2 和 P1.3 引脚分别连接。

　　(2) 双击 Proteus ISIS 仿真电路中 AT89C51，装入 Keil 调试后自动生成的 Hex 文件。

　　(3) 单击全速运行按钮，虚拟电路弹出示波器，并显示 4 种周期的脉冲方波，如

图 5-12 所示。

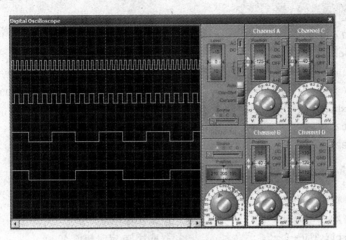

图 5-12　示波器显示 4 种周期的脉冲方波

虚拟示波器有 4 个通道 Channel A、Channel B、Channel C 和 Channel D,可按实体示波器那样设置幅度、脉宽和波形位置,进行测量和调节(具体操作可参阅下例)。本例可设置纵向幅度为 5 V/格,横向幅度为 0.5 ms/格,观测 4 种方波脉冲周期是否符合要求。还可改变程序中计数设置,观测运行后的变化。

(4) 终止程序运行,可按停止按钮。

5. 思考与练习

设 $f_{osc} = 6$ MHz,试用 T0 工作方式 1,在 P1.0 引脚输出周期为 400 μs 的脉冲方波,编制程序,Keil 调试,Proteus 仿真。

实例 70　输出矩形脉冲波(示波器显示)

单片机不但可以输出脉冲方波,而且可以控制输出不同占空比的矩形脉冲波。

1. 电路设计

电路同实例 69。

2. 程序设计

设 $f_{osc} = 6$ MHz,要求 80C51 P1.7 输出如图 5-13 所示连续矩形脉冲。

40 ms　　　360 ms

图 5-13　连续矩形脉冲波

将 T0 用作定时器方式 1,定时 40 ms。

定时初值计算：$T0_{初值} = 2^{16} - 40000\ \mu s/2\ \mu s = 65536 - 20000 = 45536 = B1E0H$。

```
# include <reg51.h>              //包含访问 sfr 库函数 reg51.h
sbit  P17 = P1^7;                //定义位标识符 P17 为 P1.7
unsigned char  i = 0;            //定义 40ms 计数器,并置初值
void  main() {                   //主函数
    TMOD = 0x01;                 //置 T0 定时器方式 1,TMOD = 00000001B
    TH0 = 0xb1; TL0 = 0xe0;      //置 T0 定时初值 40 ms
    IP = 0x02;                   //置 T0 为高优先级
    IE = 0x82;                   //T0 开中
    P17 = 0;                     //P1.7 输出高电平
    TR0 = 1;                     //T0 启动
    while(1);}                   //无限循环,并等待 T0 中断
void  t0()  interrupt 1 {        //T0 中断函数
    TH0 = 0xb1; TL0 = 0xe0;      //重置 T0 定时初值 40 ms
    if(P17 == 1)  P17 = 0;       //若 P1.7 高电平,则 P1.7→低电平
    else  {i++;                  //若 P1.7 低电平,则 40 ms 计数
    if(i == 9) {                 //判 360 ms 满否?
        P17 = 1;                 //满 360 ms,P1.7→高电平
        i = 0;}}}               //40 ms 计数器清 0
```

3. Keil 调试

Keil 调试同上例。

4. Proteus 仿真

Proteus 仿真同上例。注意 AT89C51 的 f_{osc} 应设置为 6 MHz。

虚拟示波器可按实体示波器那样设置幅度、脉宽和波形位置，进行测量和调节，如图 5 - 14 所示。

（1）设置 D 通道纵向幅度。鼠标对准右下绿色三角箭头，按住左键拖曳调节为 1 V/格。

设置横向幅度　横向幅度微调　波形横向移位　设置纵向幅度　波形纵向移位

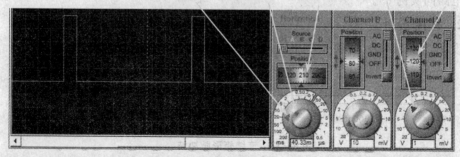

图 5 - 14　Proteus 仿真虚拟示波器矩形脉冲波

（2）波形纵向移位。鼠标对准右下 D 通道纵向移位转盘，按住左键拖曳上下移动调节，使低电平横线与虚拟示波器网格横线重合。可看到输出的矩形脉冲波，纵向幅度为 5 格（5 V）。

（3）设置横向幅度。鼠标对准中右下棕色大三角箭头，按住左键拖曳调节为 20 ms/格；对准中右下棕色小三角箭头，按住左键可微调横向幅度。

（4）波形横向移位。鼠标对准中右横向移位转盘，按住左键拖曳左右移动调节，使脉冲波上升沿与虚拟示波器网格纵线重合。可看到输出的矩形脉冲波，高电平宽度为 1 格（因虚拟示波器图宽有限，用 1 格代表 40 ms）；低电平宽度为 9 格（40 ms× 9＝360 ms）。

5. 思考与练习

设 f_{osc}＝12 MHz，试用 T1 工作方式 2，设置 TH1≠TL1，使 P1.0 输出高电平 200 μs，低电平 500 μs 的连续矩形脉冲。编制程序，Keil 调试，Proteus 仿真。

实例 71　统计 T0 引脚上 10 min 内的脉冲数

1. 电路设计

设计 T0 引脚上脉冲计数电路如图 5-15 所示，计数脉冲从 80C51 T0 引脚输入，计数显示与实例 65 相同，80C51 P1.0～P1.2 作为地址译码输入信号，与 74LS138 ABC 连接（A 为低位）；138 $\overline{Y0}$～$\overline{Y7}$ 选通 6 位共阴 LED 数码管显示位码；138 片选端 E1 接＋5 V，$\overline{E2}$、$\overline{E3}$ 接地，始终有效。80C51 $\overline{WR}$ 接 74LS377 时钟端 CLK，P2.7 接门控端 $\overline{E}$，P0 口接数据输入端 D0～D7，377 Q0～Q7 输出段码，与数码管笔段 a～g-Dp 连接。

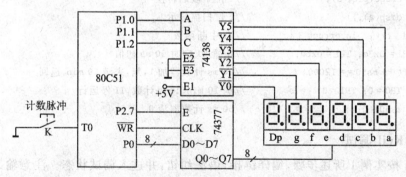

图 5-15　统计 T0 引脚上脉冲数并显示电路

74LS377 和 74LS138 特性已分别在实例 34 和实例 58 中介绍，此处不再赘述。

2. 程序设计

已知 f_{osc}＝12 MHz，按图 5-15 电路，要求检测统计 T0 引脚上 10 min 内的脉冲数（设 10 分钟内脉冲数≤65 535 个），并输出实时显示。

T0 引脚上 10 分钟内的脉冲数少于 65 535 个,可设置 T0 计数器方式 1,不会溢出,也不需中断。若 T0 初值为 0,启动 T0 后,T0 内数值就是脉冲个数。

定时 10 min,可设置 T1 定时 50 ms,然后对其计数 12 000 次。

定时初值计算:$T1_{初值} = 2^{16} - 50000 \ \mu s/1 \ \mu s = 65536 - 50000 = 15536 = 3CB0H$。

```
# include <reg51.h>                      //包含访问 sfr 库函数 reg51.h
# include <absacc.h>                     //包含绝对地址访问库函数 absacc.h
unsigned int  ms50 = 0;                  //定义 50 ms 计数器,并清 0
unsigned char  code  c[11] = {           //定义共阴字段码数组,存在 ROM 中
  0x3f,0x06,0x5b,0x4f,0x66,0x6d,0x7d,0x07,0x7f,0x6f,0x80};
void  chag6(unsigned long  x, unsigned char  y[6]);
                                         //6 位显示数字分离子函数,略,见实例 65
void  disp(unsigned char  x[6]);         //6 位显示子函数,形参显示数组 x[6] ,略,见实例 65
void  main() {                           //主函数
  unsigned int  pls = 0;                 //定义脉冲计数器 pls,并清 0
  unsigned char  a[6];                   //定义显示数组 a[6]
  TMOD = 0x15;                           //TMOD = 00010101B,置 T0 计数器方式 1,T1 定时器方式 1
  IP = 0x08;                             //IP = 00001000B,置 T1 高优先级
  IE = 0x8d;                             //IE = 10001101B,T0、串口不开中,其余开中
  TH0 = 0;TL0 = 0;                       //T0(脉冲计数器)清 0
  TH1 = 0x3c; TL1 = 0xb0;                //置 T1 定时 50 ms 初值
  TR1 = 1; TR0 = 1;                      //启动 T1、T0 运行
  while(1) {                             //无限循环显示
    pls = TH0 * 256 + TL0;               //记录脉冲个数
    chag6(pls, a);                       //6 位字段码转换
    disp(a);}}                           //6 位扫描显示
void  t1()  interrupt 3 {                //T1 中断函数
  TH1 = 0x3c; TL1 = 0xb0;                //重置 T1 定时 50 ms 初值
  if( ++ ms50 == 12000) {                //50 ms 计数器加 1,判:未满 10 min,返回
    TR0 = 0; TR1 = 0;                    //满 10 min,T0 停计数,T1 停运行
    ms50 = 0;}}                          //50 ms 计数器清 0
```

3. Keil 调试

(1) 按实例 1 所述步骤,编译链接,语法纠错,并进入调试状态。注意输入源程序时,须将 6 位显示数字分离子函数 chag6 和 6 位显示子函数 disp(见实例 65)插入,否则 Keil 调试将显示出错。

(2) 打开变量观测窗口,在 Watch #1 页中设置全局变量 pls 和 ms50,并将显示值形式选择为十进制数(Deciml)(设置方法见图 8 - 31)。

(3) 打开 P1、P3 对话窗口(主菜单 "Peripherals" → "I/O-Port" → "Port1"、"Port3")。其中,上面一行(标记 "Px")为 I/O 口输出变量,下面一行(标记 "Pins")为

模拟 I/O 口引脚输入信号。"√"为"1","空白"为"0",单击可修改。

（4）打开定时/计数器对话窗口（主菜单"Peripherals"→"Timer"→"Timer0"、"Timer1"）。

（5）全速运行。

① 看到定时/计数器 T1 对话窗口中，TL1、TH1 在 0xb0、0x3c 的基础上，飞速加 1，表明定时/计数器 T1 在定时计数；

② 同时看到变量观测窗口 Watch♯1 页中全局变量 ms50 的数据也飞速加 1，表明 50 ms 计数器不断累加。累加至 12 000，停止累加，表明计时 10 min 到。需要说明的是，Keil 中定时/计数器运行是经过软件处理的，仅表明运行过程，时间并不正确，实际上，Keil 10 min 只有约 20 s。

③ 单击 CPU 复位图标（🔄），程序重新从头运行。50 ms 计数器 ms50 复 0 后再次飞速加 1。双击 P3 对话窗口 P3.4（"√"→"空白"→"√"），表示从 T0 引脚输入一个计数脉冲，看到定时/计数器 T0 对话框中，TL0 从 0x00 变为 0x01，表明 T0 对输入脉冲计数；同时看到变量观测窗口 Watch♯1 页中全局变量脉冲计数器 pls 也从 0 变为 1，表明程序也对输入脉冲计数。快速双击 P3 对话窗口 P3.4，TL0 和 pls 快速同步加 1。至 50 ms 计数器 ms50 累加至 12 000，表明计时 10 min 到，双击 P3.4 变为无效，TL0 和 pls 停止加 1，TL0 和 pls 值即为 10 min 内输入脉冲数。

（6）在上述操作的同时，P1 对话窗口中的 P1.0～P1.2 不断快速跳变，表明 P1.0～P1.2 快速输出循环显示位码的编码。

4. Proteus 仿真

（1）按实例 23 所述 Proteus 仿真步骤，打开 Proteus ISIS 软件，按表 5-5 选择和放置元器件，并连接线路，画出 Proteus 仿真电路如图 5-16 所示。

表 5-5　实例 71 Proteus 仿真电路元器件

名 称	编 号	大 类	子 类	型号/标称值	数 量
80C51	U1	Microprocessor Ics	80C51 family	AT89C51	1
74LS373	U2	TTL 74LS series		74LS373	1
74LS138	U3	TTL 74LS series		74LS138	1
74LS02	U4	TTL 74LS series		74LS02	1
数码显示屏		Optoelectronics	7-Segment Displays	7SEG-MPX6-CC	1
按键	K	Switches & Relays	Switches	BUTTON	1
单刀 4 掷开关	SW1	Switches & Relays	Switches	SW-ROT-4	1
电阻	R1～R3	Resistors	Chip Resistor 1/8W 5%	10 kΩ	3

为便于脉冲计数，图中增添了 3 个脉冲信号源，分别为 100 Hz、10 Hz、5 Hz（设置方法见实例 65），再用一个单刀 4 掷开关切换控制。

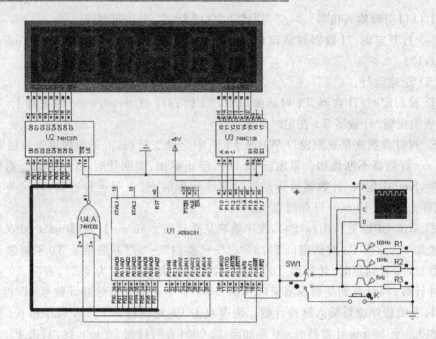

图 5 - 16　检测统计 T0 引脚上 10 分钟内的脉冲数并显示 Proteus 仿真电路

电路中用 74LS373 替代 74LS377 的原因已在实例 65 中说明,不再重复。

(2) 双击 Proteus ISIS 仿真电路中 AT89C51,装入 Keil 调试后自动生成的 Hex 文件。

(3) 将 SW1 切换至连接按键的位置,单击全速运行按钮,虚拟电路中数码显示屏显示 0。不断单击按键盖帽"□",显示屏脉冲数会每次加 1。

BUTTON 按键的操作功能和方法,已在实例 65 说明,不再重复。

(4) 将 SW1 分别切换至连接 3 个脉冲信号源的位置,显示屏计数脉冲数会按信号源脉冲频率的高低快速增 1。切换至 100 Hz 脉冲信号源时,10 min 脉冲数为 60 022(按理应为 60 000),若与真实时间对照,10 min 100 Hz 脉冲数只有 48 000,显然,Proteus 软件内脉冲信号源的基准频率不够精准。

(5) 终止程序运行,可按停止按钮。

5. 思考与练习

在 Keil 调试时,为何 T1 定时 10 min 运行时间明显很短(只有 20 s)?

实例 72　测量脉冲宽度

80C51 单片机定时/计数器有一个特殊功能,即定时/计数器工作方式控制寄存器 TMOD 中门控位 GATE 特性。GATE=1 时,定时/计数器的运行同时受 TR0/TR1 和外中断输入信号($\overline{INT0}/\overline{INT1}$)的双重控制,只有当 $\overline{INT0}/\overline{INT1}$=1 且 TR0/TR1=1 时 T0/T1 才能开始运行。运行后,若出现 $\overline{INT0}/\overline{INT1}$=0,T0/T1 立即停止

运行。这样,被测脉冲上升沿和下降沿就可自动作为启动和停止 T0/T1 计数运行的信号。利用 GATE 特性,可以比较精准地测量脉冲宽度。

1. 电路设计

设计测量脉冲宽度电路如图 5-17 所示。被测脉冲从 $\overline{INT0}$(P3.2)引脚输入,宽度显示电路部分与上例相同,不再重复。

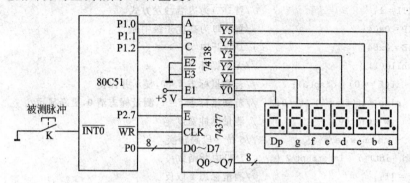

图 5-17　测量脉冲宽度并显示电路

74LS377 和 74LS138 特性已分别在实例 34 和实例 58 中介绍,此处不再赘述。

2. 程序设计

已知某正脉冲从 P3.2 引脚输入,宽度小于 65 536 μs,设 $f_{osc}=12$ MHz,试利用 80C51 定时/计数器测量该正脉冲宽度,并输出实时显示。

```
# include <reg51.h>          //包含访问 sfr 库函数 reg51.h
# include <absacc.h>         //包含绝对地址访问库函数 absacc.h
sbit  P32 = P3^2;            //定义 P32 为 P3.2(被测脉冲输入端)
bit  f = 0;                  //定义测量标志 f(全局位标志),并赋初值 0
unsigned char  code  c[11] = {  //定义共阴字段码数组,存在 ROM 中
  0x3f,0x06,0x5b,0x4f,0x66,0x6d,0x7d,0x07,0x7f,0x6f,0x80};
void  chag6(unsigned long  x, unsigned char  y[6]);
                             //6 位显示数字分离子函数,略,见实例 65
void disp(unsigned char x[6]);  //6 位显示子函数,形参显示数组 x[6] ,略,见实例 65
unsigned int  width() {      //测量脉冲宽度子函数,返回值脉宽 x
  unsigned int  x;           //定义脉冲宽度 x
  TR0 = 0;                   //T0 停
  TH0 = 0; TL0 = 0;          //计数器(脉冲宽度)清 0
  while(P32 == 1);           //等待 P3.2(INT0)引脚低电平
  TR0 = 1;                   //P3.2 低电平,启动 T0,但尚需 INT0 高电平才能真正运行
  while(P32 == 0);           //等待被测正脉冲前沿
  while(P32 == 1);           //正脉冲前沿到,T0 真正开始运行计时,并等待正脉冲后沿
  TR0 = 0;                   //正脉冲后沿到,T0 停(实际上,脉冲后沿能使 T0 自动停)
```

80C51 单片机实验实训 100 例——基于 Keil C 和 Proteus

```
    x = TH0 * 256 + TL0;              //记录脉冲宽度
    return  x;}                        //返回测量脉冲宽度值 x
void  main() {                         //主函数
    unsigned int w = 0;                //定义脉冲宽度 w
    unsigned char a[6] = {10,10,10,10,10,10};  //定义显示数组 a[6]，并赋初值（显示小数点）
    TMOD = 0x09;                       //置 T0 定时器方式 1，运行受INT0引脚控制
    IT1 = 1;                           //置INT1为边沿触发方式
    IP = 0x04;                         //置INT1为高优先级中断
    IE = 0x84;                         //INT1开中
    while(1) {                         //无限循环
      if(f == 0)   disp(a);            //若测量标志 f = 0，显示并保持
      else  if(f == 1) {f = 0;         //若测量标志 f = 1，测量标志清 0，更新显示
      w = width();                     //测量脉冲宽度
      chag6(w, a);}}}                   //6 位字段码转换
void  int1()  interrupt 2 {            //INT1中断函数
    f = !f;}                           //测量标志 f 取反
```

3. Keil 调试

(1) 按实例 1 所述步骤，编译链接，语法纠错，并进入调试状态。注意输入源程序时，须将 6 位显示数字分离子函数 chag6 和 6 位显示子函数 disp（见实例 65）插入，否则 Keil 调试将显示出错。

(2) 打开变量观测窗口，在 Locas 页中得到数组 a 首地址为 0x0A；在 Watch♯1 页中设置全局变量 f（位标志）、x（脉宽），并将显示值形式选择为十进制数（Deciml）（设置方法见图 8－31）。

(3) 打开存储器窗口，在 Memory♯1 窗口的 Address 编辑框内键入数组 a 存放首地址"d：0x0A"；在 Memory♯2 窗口 Address 编辑框内键入段码输出 74LS377 口地址"x：0x7fff"。

(4) 打开 P3 对话窗口（主菜单"Peripherals"→"I/O-Port"→"Port3"）。

(5) 打开定时/计数器 T0 对话窗口（主菜单"Peripherals"→"Timer"→"Timer0"）。

(6) 单步运行，进入无限循环"while(1)"，至"if(f == 0)   disp(a);"语句行处停顿，在 Watch♯1 页中改设 f = 1（激活方法是 2 次单击）。

(7) 继续单步运行，程序进入测量脉冲宽度子函数 width 中。

① 运行至"while(P32 == 1)"语句行，等待 P3.2 出现低电平，单击 P3 对话窗口之 P3.2，改"√"（代表高电平）为"空白"（代表低电平），表示等待正脉冲前沿到来。

② 继续单步，运行"TR0 = 1;"，表示允许定时/计数器 T0 运行，但真正运行尚需INT0出现高电平。继续单步，运行至"while(P32 == 0)"语句行，等待 P3.2 出现高电平，单击 P3 对话窗口之 P3.2，改"空白"（代表低电平）为"√"（代表高电平），模拟

正脉冲前沿到来，T0 开始真正运行，即开始测量正脉冲宽度。

③ 继续单步，至"while(P32==1)"语句行，等待 P3.2 出现低电平，即等待正脉冲后沿到来。在此期间，继续单击单步运行图标按钮，单击 1 次，表示程序运行 1 个机器周期，可看到 T0 对话窗口中的 TL0 计数（即脉宽）加 1，即正脉冲宽度增加 1 个机器周期。

④ 单击 P3.2，改"√"（代表高电平）为"空白"（代表低电平），模拟正脉冲后沿到来。紧接着运行"TR0=0;"，表示定时/计数器 T0 停止运行，正脉冲宽度测量结束。继续单步运行，执行"x=TH0 * 256+TL0;"，计算脉宽 x，可看到 Watch♯1 页中 x 计数值，与上述③中左键反复单击单步运行图标的次数（即正脉冲延续机周时间）相同。

（8）继续单步，返回主程序，进入 6 位显示数字分离子函数 chag6，可"过程单步"，一步跳过，看到存储器窗口数组 a 首地址 0x0A 的 6 个单元已经存入了脉冲宽度计数值 x 分离后的 6 个显示数字。

（9）继续单步，返回无限循环中第一条语句"if(f==0)　disp(a);"，由于测量标志 f 先前已被清 0，因此进入执行 6 位显示子函数 disp。在 disp 中继续单步，可看到 Memory♯2 窗口 0x7fff 单元内依次存入 6 位显示字段码。

4. Proteus 仿真

（1）按实例 23 所述 Proteus 仿真步骤，打开 Proteus ISIS 软件，按表 5-4 选择和放置元器件，并连接线路，画出 Proteus 仿真电路如图 5-18 所示。

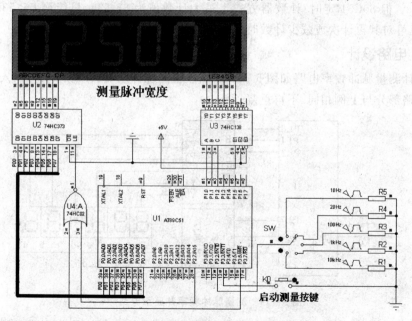

图 5-18　测量脉冲宽度并显示 Proteus 仿真电路

为便于脉冲计数，图中增添了 5 个脉冲信号源，分别为 10 Hz、20 Hz、100 Hz、1 kHz、10 kHz（设置方法见实例 65），再用一个单刀 5 掷开关（SW-ROT-5）切换控制。

电路中用 74LS373 替代 74LS377 的原因已在实例 65 中说明，不再重复。

（2）双击 Proteus ISIS 仿真电路中 AT89C51，装入 Keil 调试后自动生成的 Hex 文件。

（3）单击全速运行按钮，虚拟电路中数码显示屏显示 6 个小数点，表示等待脉宽测量。单击 K0 按键盖帽"⌐_⌐"（不锁定，操作功能和方法参阅实例 65），显示屏显示脉宽值。切换另一频率脉冲，再次单击 K0 按键盖帽，显示屏刷新显示。读者可核对计算显示值与脉冲频率是否相符（脉宽为方波脉冲周期的 1/2）。

（4）终止程序运行，可按停止按钮。

5．思考与练习

为何应用 80C51 GATE 特性，可以比较精准地测量脉冲宽度？

实例 73　测量脉冲频率

测量正脉冲宽度是用 T0/T1 计数从 $\overline{INT0}/\overline{INT1}$ 引脚输入正脉冲高电平期间内的机器周期数，而测量脉冲频率则是在 1 s 时间内，用 T0/T1 计数从 T0/T1 引脚输入的脉冲数。

80C51 单片机测量脉冲频率，其最高频率不能超过时钟频率的 1/24，因为 CPU 确认一次脉冲跳变需要 2 个机器周期。若 $f_{osc}=12$ MHz，被测脉冲最高频率可达 600 kHz。但 80C51 定时/计数器方式 1 最大计数值为 65 535，只能测 65.535 kHz（当然也可对其再计次或减少计数时间测量），1 s 内脉冲数即为脉冲频率值。

1．电路设计

设计测量脉冲频率电路如图 5-19 所示。被测脉冲从 T1(P3.5)引脚输入，频率显示电路部分与上例相同，不再重复。

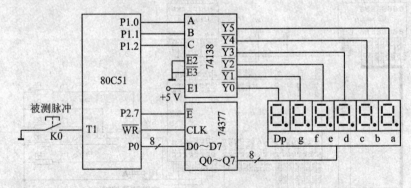

图 5-19　测量脉冲频率并显示电路

74LS377 和 74LS138 特性已分别在实例 34 和实例 58 中介绍，此处不再赘述。

2. 程序设计

已知 $f_{OSC}=12$ MHz,某脉冲从 T1(P3.5)引脚输入,其频率低于 50 kHz,试利用 80C51 定时/计数器测量该脉冲频率,并输出实时显示。

T0 定时 50 ms,计次 20 为 1 s。

定时初值计算:$T0_{初值}=2^{16}-50000\ \mu s/1\ \mu s=65536-50000=15536=3CB0H$。

```
# include <reg51.h>                              //包含访问 sfr 库函数 reg51.h
# include <absacc.h>                             //包含绝对地址访问库函数 absacc.h
bit   T = 0;                                      //定义 1 秒标志 T(全局位变量),并赋初值 0
unsigned char   ms50;                             //定义 50 ms 计数器
unsigned char   code  c[11] = {                   //定义共阴字段码数组,存在 ROM 中
  0x3f,0x06,0x5b,0x4f,0x66,0x6d,0x7d,0x07,0x7f,0x6f,0x80};
void  chag6(unsigned long  x, unsigned char  y[6]);
                                                  //6 位显示数字分离子函数,略,见实例 65
void  disp(unsigned char  x[6]);    //6 位显示子函数,形参显示数组 x[6],略,见实例 65
void  main() {                                    //主函数
  unsigned long s = 0;                            //定义脉冲数 s
  unsigned char a[6] = {10,10,10,10,10,10};       //定义显示数组 a[6],并赋初值(显示小数点)
  TMOD = 0x51;                                     //置 T1 计数器方式 1,T0 定时器方式 1
  IP = 0x06;                                        //置 T0、T1 为高优先级中断
  IT0 = 1;                                          //置 INT0 为边沿触发方式
  IE = 0x83;                                         //T0、INT0 开中
  while(1) {                                          //无限循环
    if(T == 0)  disp(a);                              //若 1 s 标志 T = 0,显示并保持
    else  if(T == 1) {T = 0;                          //若 1 s 标志 T = 1,1 s 标志清 0,更新显示
    s = TH1 * 256 + TL1;                              //计算脉冲频率
    chag6(s, a);}}}                                   //6 位字段码转换
void  int0()  interrupt 0 {                          //INT0 中断函数
  TH0 = 0x3c;TL0 = 0xb0;                              //置 T0 初值 50 ms(用于定时 1 s)
  TH1 = 0;TL1 = 0;                                    //置 T1 初值 0(用于计数脉冲频率)
  ms50 = 0;                                           //50 ms 计数器清 0
  TR0 = 1; TR1 = 1;}                                  //启动 T0、T1
void  t0 ()  interrupt 1 {                           //T0 中断函数(用于定时 1 s)
  TH0 = 0x3c;TL0 = 0xb0;                              //重置 T0 初值 50 ms
  ms50 ++ ;                                           //50 ms 计数器加 1
  if(ms50 == 20) {                                    //若计数满 1 s
    TR1 = 0; TR0 = 0; T = 1;}}                        //T1 停计数,T0 停,置 1 s 标志
```

3. Keil 调试

本例因牵涉被测脉冲,很难模拟该脉冲按一定频率快速输入,Keil 调试无法全面反映调试状态,意义不大。仅按实例 1 所述步骤,编译链接,语法纠错,自动生成

Hex 文件。注意输入源程序时,须将 6 位显示数字分离子函数 chag6 和 6 位显示子函数 disp(见实例 65)插入,否则 Keil 调试将显示出错。

4. Proteus 仿真

(1) 按实例 23 所述 Proteus 仿真步骤,打开 Proteus ISIS 软件,按表 5-4 选择和放置元器件,并连接线路,画出 Proteus 仿真电路如图 5-20 所示。

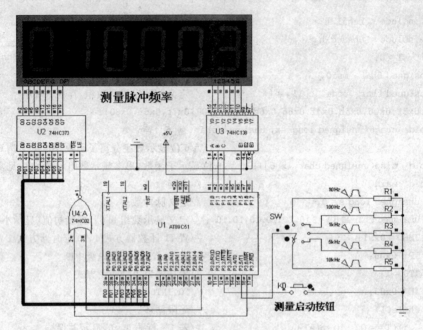

图 5-20 测量脉冲频率并显示 Proteus 仿真电路

为便于脉冲计数,图中增添了 5 个脉冲信号源,分别为 10 Hz、100 Hz、1 kHz、5 kHz、10 kHz(设置方法见实例 65),再用一个单刀 5 掷开关(SW-ROT-5)切换控制。

电路中用 74LS373 替代 74LS377 的原因已在实例 65 中说明,不再重复。

(2) 双击 Proteus ISIS 仿真电路中 AT89C51,装入 Keil 调试后自动生成的 Hex 文件。

(3) 单击全速运行按钮,虚拟电路中数码显示屏显示 6 个小数点,表示等待频率测量。单击 K0 按键盖帽"⊓"(不锁定,操作功能和方法参阅实例 65),显示屏显示频率值。切换另一频率脉冲,再次单击 K0 按键盖帽,显示屏刷新显示。读者可核对计算显示值与脉冲频率是否相符。

(4) 终止程序运行,可按停止按钮。

5. 思考与练习

80C51 单片机测量脉冲频率,若 $f_{osc}=6$ MHz,被测脉冲最高频率可达多少?

实例 74　定时器控制单灯闪烁

控制单灯闪烁已在实例 23 中给出解答,但控制闪烁间隙是用延时程序。用延时程序的好处是简单;缺点是要占用 CPU 工作时间,延时期间,除能响应中断,CPU 不能做其他事情。利用定时/计数器定时控制,替代延时程序,腾出时间,让 CPU 处理其他工作事务,是一种很好的选择。因此,前述各实例中,凡是延时程序,原则上均能用定时/计数器定时控制。

1. 电路设计

电路设计同图 2-1。

2. 程序设计

要求定时控制 P1.0 端口发光二极管闪烁。

设置 T0 定时 50 ms,计次 10 为 0.5 s。

定时初值计算:$T0_{初值} = 2^{16} - 50000\ \mu s/1\ \mu s = 65536 - 50000 = 15536 = 3CB0H$。

```
# include <reg51.h>              //包含访问 sfr 库函数 reg51.h
sbit  P10 = P1^0;                //定义 P10 为 P1 口第 0 位
unsigned char  ms50 = 0;         //定义 50 ms 计数器(全局变量)
void  main() {                   //主函数
  TMOD = 0x01;                   //T0 定时器方式 1
  TH0 = 0x3c;TL0 = 0xb0;         //置 T0 初值 50 ms
  IP = 0x02;                     //置 T0 为高优先级中断
  IE = 0x82;                     //T0 开中
  TR0 = 1;                       //T0 运行
  while(1);}                     //无限循环,等待 T0 中断
void  t0 ()  interrupt 1 {       //T0 中断函数
  TH0 = 0x3c;TL0 = 0xb0;         //重置 T0 初值 50 ms
  ms50 ++ ;                      //50 ms 计数器加 1
  if(ms50 == 10) {               //若计满 0.5 s
    P10 = !P10;                  //P1.0 取反
    ms50 = 0;}}                  //50 ms 计数器清 0
```

需要说明的是,由于中断函数无返回值,也不带参数。因此,在中断函数中计数,必须设置全局变量。否则,中断函数运行结束后,中断函数内的局部变量被释放,无法完成计数任务。另一种办法是在中断函数中设置全局位变量,在中断函数体外即主函数中完成计数,这种方法适用于中断函数中任务较多,运行时间较长,可能影响其他任务操作的场合。程序如下:

```
# include <reg51.h>              //包含访问 sfr 库函数 reg51.h
sbit  P10 = P1^0;                //定义 P10 为 P1.0
bit  f = 0;                      //定义中断标志(全局位变量)
```

```
void  main() {                    //主函数
  unsigned char  ms50 = 0;        //定义 50 ms 计数器
  TMOD = 0x01;                    //T0 定时器方式 1
  TH0 = 0x3c;TL0 = 0xb0;          //置 T0 初值 50 ms
  IP = 0x02;                      //置 T0 为高优先级中断
  IE = 0x82;                      //T0 开中
  TR0 = 1;                        //T0 运行
  while(1) {                      //无限循环,等待 T0 中断
    if(f == 1) {f = 0;            //若有中断标志,中断标志清 0
      ms50 ++ ;                   //50 ms 计数器加 1
      if(ms50 == 10) {            //若计满 0.5 s
        P10 = !P10;               //P1.0 取反
        ms50 = 0;}}}}             //50 ms 计数器清 0
void  t0 ()   interrupt 1 {       //T0 中断函数
  TH0 = 0x3c;TL0 = 0xb0;          //重置 T0 初值 50 ms
  f = 1;}                         //中断标志置 1
```

3. Keil 调试

(1) 按实例 1 所述步骤,编译链接,语法纠错,并进入调试状态。

(2) 打开 P1 对话窗口(主菜单"Peripherals"→"I/O-Port"→"Port1")。

(3) 打开定时/计数器 T0 对话窗口(主菜单"Peripherals"→"Timer"→"Timer0")。

(4) 全速运行。可看到 P1 对话窗口中 P1.0 在"√"(表示 1)与"空白"(表示 0)之间切换跳变,表明 P1.0 所接的发光二极管闪烁。

(5) 检测定时闪烁间隔时间。单击暂停图标,单击调试图标(🔍)第 1 次,退出调试状态,单击调试图标第 2 次,重新进入调试状态。

① 检测定时 50ms。在 T0 中断函数设置断点。单步运行,执行 T0 运行语句"TR0=1;"后,记录 sec 值;然后,全速运行,至 T0 中断函数断点处停顿,再次记录 sec 值,两者之差,即定时 50 ms 定时运行时间。

② 检测发光二极管闪烁间隔时间。在"P10=!P10;"语句行设置断点。然后,全速运行,至断点行停顿,记录 sec 值;再次全速运行,至断点行停顿,再次记录 sec 值,两者之差,即发光二极管闪烁间隔时间,也即 T0 10 次中断累计时间。

4. Proteus 仿真

(1) 直接使用实例 23 所画出 Proteus 仿真电路图 2-2,或按实例 23 所述 Proteus 仿真步骤,重新画出 Proteus 仿真电路。

(2) 双击 Proteus ISIS 仿真电路中 AT89C51,装入 Keil 调试后自动生成的 Hex 文件(上述两种程序均可)。

(3) 单击全速运行按钮,可看到 P1.0 端口所接发光二极管按亮暗各 0.5 s 不断

闪烁。

（4）终止程序运行，可按停止按钮。

5. 思考与练习

中断函数无返回值，如何在中断函数中计数？

实例 75　定时器控制播放生日快乐歌

实例 33 已给出延时控制的播放生日快乐歌程序。其中有两个问题：一是音符频率不够准确，且需要在 Keil 调试中测试和调准，比较麻烦；二是节拍延时不好掌握，因高低音符频率相差很大，不能用统一的延时程序控制。本例用定时器控制乐曲的音符频率和演奏节拍，相对能较好地解决上述两个问题。

1. 电路设计

电路设计同实例 33。

2. 程序设计

设 $f_{osc}=12$ MHz，试用定时器控制播放生日快乐歌。

本例用定时器 T0（方式 0）用于控制音符频率，计算音符频率定时初值：

$$TH0=(2^{13}-(1/f)/2)/2^5 ; TL0=(2^{13}-(1/f)/2)\%2^5$$

其中，f 为音符频率，$(1/f)/2$ 为音符半周期时间；TH0 取整，TL0 取余。按照表 2-7 半周期，计算每个音符频率定时初值，如表 5-6 所列。

表 5-6　音频频率及其半周期和定时时间常数（C 音调）

音 符	低音			中音			高音		
	频率/Hz	半周期/μs	TH0/TL0	频率/Hz	半周期/μs	TH0/TL0	频率/Hz	半周期/μs	TH0/TL0
1	262	1908	196/12	523	956	226/4	1046	478	241/2
2	294	1701	202/27	587	852	229/12	1175	426	242/22
3	330	1515	208/21	659	759	232/9	1318	379	244/5
4	349	1433	211/7	698	716	233/20	1397	358	244/26
5	392	1276	216/4	784	638	236/2	1568	319	246/1
6	440	1136	220/16	880	568	238/8	1760	284	247/4
7	494	1012	224/12	988	506	240/6	1976	253	248/3

按照图 2-19 所示曲谱，编制音符频率定时初值数组 th[22]（高 8 位）和 tl[22]（低 8 位），数组长度 22 即为歌曲音符个数。设音符为 n，低音：1～7；中音：8～14（$n+7$）；高音：15～21（$n+14$），可按音符序号取用。例如，生日快乐歌第 1 个音符"5"，位于中音第 5 位（5+7=12），其音符频率定时初值高 8 位为 th[12]=236，低 8 位为 tl[12]=2。

定时器 T1(方式 1)用于控制演奏节拍。s[26]为生日快乐歌曲音符序号数组,L[26]为生日快乐歌曲音符节拍长度数组(50 ms 整倍数),两数组序号有对应关系。例如,生日快乐歌第 1 个(数组序号为 0)音符"5",音符序号 s[0]=12;1/8 拍,节拍长度 L[0]=4(4×50 ms=200 ms)。第 3 个(数组序号为 2)音符"6",音符序号 s[2]=13;1/4 拍,节拍长度 L[2]=8(8×50 ms=400 ms)。以此类推。遇休止符 0,停发音频,但仍当作一个音符,按其节拍控制定时时间。当一个音符播放结束,T1 停,转入下一音符,中间间隔延时 10 ms。编程如下:

```
#include <reg51.h>              //包含访问 sfr 库函数 reg51.h
sbit   K0 = P1^0;               //定义启动键 K0 为 P1.0
sbit   SOND = P1^7;             //定义发声器 SOND 为 P1.7
unsigned char  i,j;             //定义字符型循环变量 i(音符序数)、j(50 ms 整倍数)
unsigned char code  th[22]={    //定义音符频率定时初值数组高 8 位(12 MHz,定时方式 0)
   0,196,202,208,211,216,220,224,226,229,232,233,236,238,240,241,242,244,244,
246,247,248};
unsigned char code  tl[22]={    //定义音符频率定时初值数组低 8 位(12 MHz,定时方式 0)
   0,12,27,21,7,4,16,12,4,12,9,20,2,8,6,2,22,5,26,1,4,3};
unsigned char  s[26]={          //定义生日快乐歌曲音符序数数组
   12,12,13,12,15,14,12,12,13,12,16,15,12,12,19,17,15,14,13,0,18,18,17,15,16,
15};
unsigned char  L[26]={          //定义生日快乐歌曲音符节拍长度数组(50 ms 整倍数)
   4,4,8,8,8,16,4,4,8,8,8,16,4,4,8,8,8,16,8,4,4,8,8,16};
void   main(){                  //主函数
  unsigned int  t;              //定义循环变量 t(用于音符发声后间隙延时)
  TMOD = 0x10;                  //T0 定时器方式 0,T1 定时器方式 1
  TH1 = 0x3c;TL1 = 0xb0;        //置 T1 初值 50 ms
  IP = 0x02;                    //置 T0 为高优先级中断
  IE = 0x8a;                    //T0、T1 开中
  while(1) {                    //无限循环
    while(K0 == 1);             //等待 K0 按下
    while(K0 == 0);             //等待 K0 释放
    for(i = 0; i<26; i++) {     //歌曲音符节拍循环
      if(s[i] == 0) {SOND = 0;  //若歌曲音符序数为 0,停发声
        TR0 = 0;}               //T0 停运行
      else   {TH0 = th[s[i]];   //否则,置 T0 初值高 8 位(音符方波半周期)
        TL0 = tl[s[i]];         //置 T0 初值低 8 位(音符方波半周期)
        TR0 = 1;}               //T0 运行
      j = L[i];                 //置 50 ms 计数器初值
      TR1 = 1;                  //T1 运行
      while(TR1 == 1);          //等待 T1 停运行
      TR0 = 0;                  //T0 停运行
```

```
      SOND = 0;                          //停发声
      for(t = 0；t＜2000；t ++ )；}}}     //音符间隔延时 10 ms
void  t0 ()  interrupt 1 {              //T0 中断函数
  SOND = ～SOND;                         //输出取反(产生音频方波)
  TH0 = th[s[i]]；TL0 = tl[s[i]]；}      //重置 T0 初值
void  t1 ()  interrupt 3 {              //T1 中断函数
  TH1 = 0x3c；TL1 = 0xb0;                //重置 T1 初值 50 ms
  if((j-- ) == 0)  TR1 = 0；}           //若 50 ms 计数器减 1 为 0,T1 停
```

3. Keil 调试

本例 Keil 调试主要是定时/计数器 T0 置放音符频率定时初值,比较枯燥和冗长,意义不大,还是直接倾听 Proteus 仿真发出的实际声音吧！ 仅按实例 1 所述步骤,编译链接,语法纠错,自动生成 Hex 文件。

4. Proteus 仿真

(1) 直接使用实例 33 所画出 Proteus 仿真电路图 2 - 20,或按实例 23 所述 Proteus 仿真步骤,重新画出 Proteus 仿真电路。

(2) 双击 Proteus ISIS 仿真电路中 AT89C51,装入 Keil 调试后自动生成的 Hex 文件。

(3) 单击全速运行按钮,电路虚拟仿真运行。单击 K0 按键盖帽"▢"(不带锁),发声器播放一遍生日快乐歌。播放完毕,再次单击 K0,再次播放一遍。

(4) 终止程序运行,可按停止按钮。

5. 思考与练习

比较本例与实例 33 播放生日快乐歌,哪一种更动听些? 为什么?

实例 76   定时器控制播放世上只有妈妈好歌曲

1. 电路设计

同上例。

2. 程序设计

已知世上只有妈妈好曲谱如图 5 - 21 所示,试用定时器控制播放该歌曲,设 $f_{osc}=$ 12 MHz。

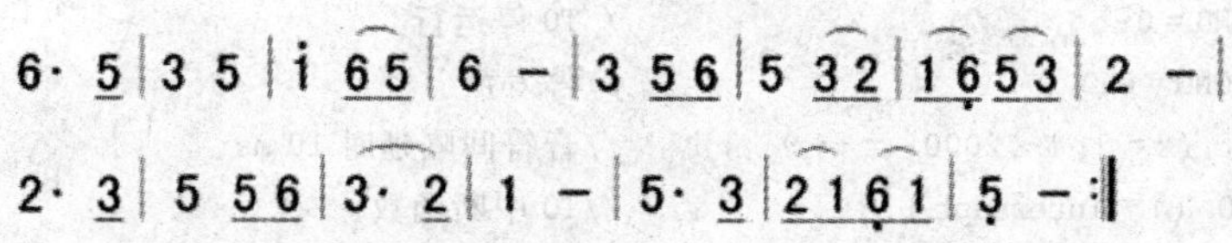

图 5 - 21   世上只有妈妈好歌谱

上例已给出定时器控制播放世上只有妈妈好歌曲的程序和方法,只需编制该曲音符序号数组 s[34]和音符节拍长度数组 L[34],替代上例中的 s[26]和 L[26],同时修改音符节拍循环的中止条件:i<34,其余全部相同。

```c
# include <reg51.h>                      //包含访问 sfr 库函数 reg51.h
sbit  K0 = P1^0;                          //定义启动键 K0 为 P1.0
sbit  SOND = P1^7;                        //定义发声器 SOND 为 P1.7
unsigned char  i,j;                       //定义字符型循环变量 i(音符序数)、j(50 ms 整倍数)
unsigned char code  th[22] = {            //定义音符频率定时初值数组高 8 位(12 MHz,定时方式 0)
    0,196,202,208,211,216,220,224,226,229,232,233,236,238,240,241,242,244,244,
246,247,248};
unsigned char code  tl[22] = {            //定义音符频率定时初值数组低 8 位(12 MHz,定时方式 0)
    0,12,27,21,7,4,16,12,4,12,9,20,2,8,6,2,22,5,26,1,4,3};
unsigned char  s[34] = {                  //定义生日快乐歌曲音符序数数组
    13,12,10,12,15,13,12,13,10,12,13,12,10,9,8,6,12,10,9,9,10,12,12,13,10,9,8,12,
10,9,8,6,8,5};
unsigned char  L[34] = {                  //定义生日快乐歌曲音符节拍长度数组(50 ms 整倍数)
    12,4,8,8,8,4,4,16,8,4,4,8,4,4,4,4,4,16,12,4,8,4,4,12,4,16,12,4,4,4,4,4,16};
void  main() {                            //主函数
    unsigned int  t;                      //定义循环变量 t(用于音符发声后间隙延时)
    TMOD = 0x10;                           //T0 定时器方式 0,T1 定时器方式 1
    TH1 = 0x3c;TL1 = 0xb0;                 //置 T1 初值 50 ms
    IP = 0x02;                             //置 T0 为高优先级中断
    IE = 0x8a;                             //T0、T1 开中
    while(1) {                             //无限循环
      while(K0 == 1);                      //等待 K0 按下
      while(K0 == 0);                      //等待 K0 释放
      for(i = 0; i<34; i++) {              //歌曲音符节拍循环
        if(s[i] == 0)  {SOND = 0;          //若歌曲音符序数为 0,停发声
          TR0 = 0;}                        //T0 停运行
        else  {TH0 = th[s[i]];             //否则,置 T0 初值高 8 位(音符方波半周期)
          TL0 = tl[s[i]];                  //置 T0 初值低 8 位(音符方波半周期)
          TR0 = 1;}                        //T0 运行
        j = L[i];                          //置 50 ms 计数器初值
        TR1 = 1;                           //T1 运行
        while(TR1 == 1);                   //等待 T1 停运行
        TR0 = 0;                           //T0 停运行
        SOND = 0;                          //停发声
        for(t = 0; t<2000; t++);}}}        //音符间隔延时 10 ms
void  t0 ()  interrupt 1 {                 //T0 中断函数
    SOND = ~SOND;                          //输出取反(产生音频方波)
    TH0 = th[s[i]]; TL0 = tl[s[i]];}       //重置 T0 初值
```

```
void  t1 ()  interrupt 3 {        //T1 中断函数
   TH1 = 0x3c;TL1 = 0xb0;         //重置 T1 初值 50 ms
   if((j-- ) == 0)   TR1 = 0;}    //若 50 ms 计数器减 1 为 0,T1 停
```

3. Keil 调试

同上例。

4. Proteus 仿真

同上例。

5. 思考与练习

怎样编制歌曲音符序号数组 s[] 和音符节拍长度数组 L[]? 任意选择一个简短曲谱,编制程序,Keil 调试,Proteus 仿真,播放新的音乐。

3.3　双机通信

80C51 串行通信有 4 种工作方式,方式 0 为同步移位寄存器输入/输出,主要用于串行扩展,已在实例 39~实例 48 中介绍;方式 1~方式 3 为 UART(Universal Asynohronous Receiver/Transmitter,通用异步接收/发送器),可实现双机串行通信。

实例 77　双机串行通信方式 1

1. 电路设计

80C51 双机串行通信电路如图 5-22 所示。串行方式 1~方式 3 是异步通信,波特率由收发双方各自控制,不需要移位 CLK 脉冲。发送方与接收方形成环形连接,甲机 TXD 与乙机 RXD 连接,乙机 TXD 与甲机 RXD 连接。为直观观测双机串行通信效果,甲机发送的数据送到 P1 口显示,乙机接收的数据送到 P2 口显示。

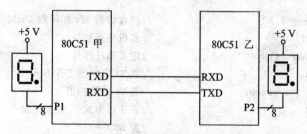

图 5-22　80C51 双机串行通信电路

2. 程序设计

已知甲乙机以串行方式 1 进行数据传送,f_{osc}=11.059 2 MHz,波特率为 1 200 b/s,SMOD=0。甲机发送 16 个数据(设为 16 进制数 0~9、A~F 的共阳字段码),间隔

1 s，发送后，输出到 P1 口显示；乙机接收后输出到 P2 口显示。

串行方式 1 波特率取决于 T1 溢出率（定时器方式 2），根据波特率计算 T1 定时初值：

$$T1_{初值} = 256 - \frac{2^0}{32} \times \frac{11059200}{12 \times 1200} = 232 = E8H。因此，TH1 = TL1 = 0xe8。$$

(1) 甲机发送程序

```
#include <reg51.h>                      //包含访问 sfr 库函数 reg51.h
unsigned char   code   c[16] = {        //定义共阳字段码数组，并赋值
  0xc0,0xf9,0xa4,0xb0,0x99,0x92,0x82,0xf8,0x80,0x90,0x88,0x83,0xc6,0xa1,0x86,
0x8e};
void   main(){                          //甲机主函数
  unsigned char   i;                    //定义循环序号 i
  unsigned long   t;                    //定义延时参数 t
  TMOD = 0x20;                           //置 T1 定时器工作方式 2
  TH1 = 0xe8; TL1 = 0xe8;               //置 T1 计数初值
  SCON = 0x40;                           //置串行方式 1，禁止接收
  PCON = 0;                              //置 SMOD = 0
  ET1 = 0;                               //禁止 T1 中断
  ES = 0;                                //禁止串行中断
  TR1 = 1;                               //T1 启动
  while(1){                              //无限循环
    for(i = 0; i<16; i++){               //依次串行发送 16 个数据
      SBUF = c[i];                       //串行发送一帧数据
      while(TI == 0);                    //等待一帧数据发送完毕
      TI = 0;                            //清发送中断标志
      P1 = c[i];                         //输出 P1 口显示
      for(t = 0; t<21740; t++);}}}       //约延时 1 s
```

(2) 乙机接收程序

```
#include <reg51.h>                      //包含访问 sfr 库函数 reg51.h
void   main(){                          //乙机主函数
  unsigned char   i;                    //定义循环序号 i
  TMOD = 0x20;                           //置 T1 定时器工作方式 2
  TH1 = 0xe8; TL1 = 0xe8;               //置 T1 计数初值
  SCON = 0x40;                           //置串行方式 1，禁止接收
  PCON = 0;                              //置 SMOD = 0
  ET1 = 0;                               //禁止 T1 中断
  ES = 0;                                //禁止串行中断
  TR1 = 1;                               //T1 启动
  while(1) {                             //无限循环
    for(i = 0; i<16; i++){               //依次串行接收 16 个数据
```

```
REN = 1;                        //启动串行接收
while(RI == 0);                 //等待一帧数据串行接收完毕
REN = 0;                        //禁止串行接收
RI = 0;                         //清接收中断标志
P2 = SBUF;}}}                   //输出 P2 口显示
```

3. Keil 调试

双机串行通信牵涉两片 80C51，发送和接收应分别编译调试，查看有否语法错误，若无错，分别生成发送和接收 Hex 文件。

（1）甲机发送程序

① 按实例 1 所述步骤，编译链接，语法纠错，并进入调试状态。

② 打开 P1 对话窗口（主菜单"Peripherals"→"I/O-Port"→"Port1"）；打开定时/计数器 T1 对话窗口（主菜单"Peripherals"→"Timer"→"Timer1"）；打开串行口对话窗口（主菜单"Peripherals"→"Serial"）。

③ 在串行发送一帧数据"SBUF＝c[i]；"语句行设置断点。

④ 全速运行，至断点行停顿，继续全速运行。看到串行口对话窗口 SBUF 中存入了串行发送的第一个数据"0"的共阳字段码"0xc0"；同时看到 P1 对话窗口中 8 位数据变为"1100 0000"（"√"表示"1"，"空白"表示"0"），左边数据框中标示"0xc0"，表示 P1 口输出显示第一个数据"0"。

⑤ 不断重复（4）中"断点停顿"—"全速运行"过程，甲机依次发送和显示 16 个数据。

（2）乙机接收程序

乙机接收程序 Keil 调试，因无法设置模拟串行接收缓冲寄存器 SBUF 中的数据，意义不大，仅按实例 1 所述步骤，编译链接，语法纠错，自动生成 Hex 文件。

4. Proteus 仿真

（1）按实例 23 所述 Proteus 仿真步骤，打开 Proteus ISIS 软件，按表 5-7 选择和放置元器件，并连接线路，画出 Proteus 仿真电路如图 5-23 所示。

表 5-7　实例 77 Proteus 仿真电路元器件

名　称	编　号	大　类	子　类	型号/标称值	数　量
80C51	U1、U2	Microprocessor Ics	80C51 family	AT89C51	2
数码管		Optoelectronics	7-Segment Displays	7SEG-MPX1-CA	2

（2）分别双击 Proteus ISIS 仿真电路中两片 AT89C51，分别装入发送和接收 Hex 文件，U1 发送，U2 接收。注意设置 AT89C51 的晶振频率，$f_{osc}=11.059\ 2$ MHz。

（3）单击全速运行按钮，虚拟电路中两个数码管依次显示串行发送和接收的 16 个数据：0～9、A～F，循环不断。

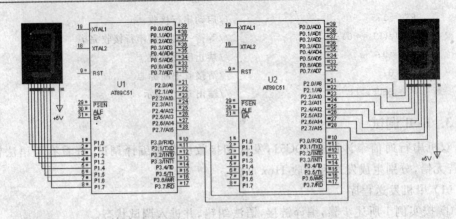

图 5 - 23 串行方式 1 双机通信 Proteus 仿真电路

(4) 终止程序运行,可按停止按钮。

5. 思考与练习

80C51 单片机双机串行通信时,为什么晶振频率要设置为:$f_{osc} = 11.0592$ MHz?

实例 78 双机串行通信方式 2

串行方式 2 与串行方式 1 的区别除了波特率不同,还有就是帧格式不同。方式 1 是 8 位,方式 2 是 9 位,第 9 位数据常用于奇偶校验。

1. 电路设计

80C51 双机串行通信方式 2 电路如图 5 - 24 所示。甲机 TXD 与乙机 RXD 连接,乙机 TXD 与甲机 RXD 连接,形成输入输出环形连接。甲机发送的数据送到 P1 口显示,乙机接收的数据送到 P2 口显示。与图 5 - 22 电路相比,本例甲机用 P2.7 显示(驱动 LED 灯)奇偶校验位(1 亮 0 暗);乙机用 P1.1 显示第 9 位数据(1 亮 0 暗),用 P1.0 显示接收数据的奇偶性(奇亮偶暗)。

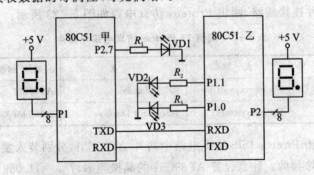

图 5 - 24 80C51 双机串行通信方式 2 电路

2. 程序设计

已知甲乙机以串行方式 2 进行数据传送，$f_{osc}=12$ MHz，SMOD＝0，TB8/RB8 作为奇偶校验位。甲机每发送一帧数据（设为 0～9 共阳字段码，存在外 ROM 中），同时在 P1 口显示；用 P2.7（驱动 LED 灯）显示奇偶校验位（1 亮 0 暗）；接到乙机回复信号后，显示暗 0.5 s（作为帧间隔）；然后发送下一数据，直至 10 个数据串送完毕；显示再暗 0.5 s（作为周期间隔），然后重新开始第 2 轮重复循环操作。乙机接收甲机发送的一帧数据后，送 P2 口显示；用 P1.1 显示第 9 位数据（1 亮 0 暗），用 P1.0 显示接收数据的奇偶性（奇亮偶暗）；并进行奇偶校验，向甲机发送回复信号（00H 表示校验正确，FFH 表示出错）。若正确，甲机继续串行发送（共 10 帧）；若出错，甲机再重发一遍，直至乙机发回正确回复信号。

串行方式 2 的波特率与方式 1 不同，固定为 f_{osc}/n，n 取决于 PCON 最高位 SMOD。SMOD＝0，$n=64$；SMOD＝1，$n=32$。

（1）甲机发送

```
# include <reg51.h>                        //包含访问 sfr 库函数 reg51.h
sbit  P27 = P2^7;                          //定义奇偶标志灯驱动端
bit   F = 0;                               //定义乙机回复标志,并清 0
unsigned char i;                           //定义发送数据序号 i(全局变量)
unsigned char  code  c[10] = {             //定义发送数据数组,并赋值
  0xc0,0xf9,0xa4,0xb0,0x99,0x92,0x82,0xf8,0x80,0x90};   //0～9 共阳字段码
void  main() {                             //甲机主函数
  unsigned long  t;                        //定义延时参数 t
  SCON = 0x90;                             //置串行方式 2,允许接收
  PCON = 0;                                //置 SMOD = 0
  IE = 0x90;                               //串口开中
  for(t = 0; t<10; t++);                   //延时 0.5 ms,以利乙机串行初始化
  while(1) {                               //无限循环
    for(i = 0; i<10; i++) {                //循环发送 10 个数据
      ACC = c[i];                          //取发送数据
      TB8 = P;                             //奇偶标志送 TB8
      P27 = !P;                            //奇偶标志送 P2.7 显示
      P1 = ACC;                            //串行发送数据送 P1 口显示
      SBUF = ACC;                          //串行发送一帧数据
      while(F == 0);                       //原地等待乙机回复
      F = 0;                               //有回复,清乙机回复标志
      P1 = 0xff;                           //P1 口停显示
      P27 = 1;                             //奇偶标志灯灭
      for(t = 0; t<11000; t++);}           //停显示 0.5 s 后,返回循环,继续发送下一数据
    for(t = 0; t<11000; t++);}}            //10 个数据发完,再延时 0.5 s,从头开始
void  insa()  interrupt 4 {                //甲机串行中断函数
```

```
    if(TI == 1)  TI = 0;              //若串行发送中断,清串行发送中断标志
    else {RI = 0;                      //否则是串行接收中断,清串行接收中断标志
      if(SBUF == 0xff) {              //若回复信号为 FFH,出错,执行下列语句:
        ACC = c[i];                    //取发送数据
        TB8 = P;                       //奇偶校验位送 TB8
        P27 = !P;                      //P2.7 显示奇偶校验位
        SBUF = ACC;                    //重发数据
        P1 = ACC;}                     //重发数据送 P1 口显示
      else  if(SBUF == 0)  F = 1;}}    //若回复 0,未出错,置乙机回复标志
```

(2) 乙机接收

```
# include <reg51.h>                   //包含访问 sfr 库函数 reg51.h
sbit  P10 = P1^0;                     //定义校验标志灯驱动端
sbit  P11 = P1^1;                     //定义奇偶标志灯驱动端
bit  f = 0;                           //定义串行信号接收标志,并清 0
bit  y = 0;                           //定义奇偶校验正确标志,并清 0
void  main() {                        //乙机主函数
  unsigned long  t;                   //定义延时参数 t
  SCON = 0x90;                        //置串行方式 2,允许接收
  PCON = 0;                           //置 SMOD = 0
  IE = 0x90;                          //串口开中
  while(1){                           //无限循环
    while(f == 0);                    //等待串行信号接收
    f = 0;                            //清串行信号接收标志
    if(y == 1)  {y = 0;               //若奇偶校验正确,清奇偶校验正确标志
      for(t = 0; t<11000; t++);       //保持显示 0.5 s
      P2 = 0xff;                      //灭显示
      P11 = 1; P10 = 1;              //奇偶标志灯灭,校验标志灯灭
      SBUF = 0;}                      //发送回复正确信号
    else  SBUF = 0xff;}}             //否则校验出错,发送回复出错信号
void  ins()  interrupt 4 {          //乙机串行中断函数
  if(TI == 1)  TI = 0;              //若串行发送中断,清串行发送中断标志
  else  {RI = 0;                     //否则是串行接收中断,清串行接收中断标志
    ACC = SBUF;                       //读甲机发送信号,并在 PSW 中产生接收数据的奇偶值 P
    P2 = ACC;                         //接收数据送 P2 口显示
    P11 = !RB8;                       //第 9 位数据送 P1.1 显示
    P10 = !P;                         //奇偶校验送 P1.0 显示
    if(P == RB8)  y = 1;             //若奇偶校验正确,置奇偶校验正确标志
    else  y = 0;                      //否则校验出错,清奇偶校验正确标志
    f = 1;}}                          //置串行信号接收标志
```

3. Keil 调试

双机串行通信牵涉两片80C51,发送和接收应分别编译调试,查看有否语法错误,若无错,分别生成发送和接收 Hex 文件。

(1) 甲机发送程序

① 按实例1所述步骤,编译链接,语法纠错,并进入调试状态。

② 打开变量观测窗口,在 Watch♯1 页中设置全局位变量 F(设置方法见图 8-30)。打开 P1、P2 对话窗口(主菜单"Peripherals"→"I/O-Port"→"Port1"、"Port2"、"Port3");打开定时/计数器 T1 对话窗口(主菜单"Peripherals"→"Timer"→"Timer1");打开串行口对话窗口(主菜单"Peripherals"→"Serial")。

③ 在甲机主函数中"ACC=c[i];"语句行设置断点。

④ 全速运行,至断点行停顿。单步运行"ACC=c[i];"后,看到寄存器窗口中累加器 a 存入了串行发送的第1个数据"0"的共阳字段码"0xc0"。

⑤ 继续单步,运行"TB8=P;"后,看到串行口对话框窗口中 TB8 装入了串行发送数据"0xc0"的奇偶特性"空白"(表示"0")。

⑥ 继续单步,运行"P27=!P;"后,看到 P2 对话窗口中 P2.7 装入了串行发送数据"0xc0"的奇偶特性的反码"√"(表示"1")。

⑦ 继续单步,运行"SBUF=ACC;"后,看到串行口对话框窗口中 SBUF 装入了串行发送数据"0xc0"。

⑧ 继续单步,运行"P1=ACC;"后,看到 P1 对话窗口中 8 位数据变为"1100 0000"("√"表示"1","空白"表示"0"),左边数据框中标示"0xc0",表示 P1 口输出显示第1个数据"0"。

⑨ 继续单步运行,程序停留在"while(F==0);"语句行,置变量观测窗口 Watch♯1 页全局位变量 F=1(2 次单击可激活修改)。

⑩ 全速运行,重复上述④~⑨操作过程,可看到甲机依次发送和显示 1~9,同时看到 P2.7 和 TB8 显示该发送数据的奇偶特性(奇1偶0)。

(2) 乙机接收程序

乙机接收程序 Keil 调试,因无法设置模拟串行接收缓冲寄存器 SBUF 中的数据,意义不大,仅按实例1所述步骤,编译链接,语法纠错,自动生成 Hex 文件。

4. Proteus 仿真

(1) 按实例23所述 Proteus 仿真步骤,打开 Proteus ISIS 软件,按表 5-8 选择和放置元器件,并连接线路,画出 Proteus 仿真电路如图 5-25 所示。

(2) 分别双击 Proteus ISIS 仿真电路中两片 AT89C51,分别装入发送和接收 Hex 文件,U1 发送,U2 接收。

(3) 单击全速运行按钮,虚拟电路中两个数码管依次显示串行发送和接收的 10 个数据:0~9;同时,VD1 显示甲机发送数据共阳字段码奇偶特性(奇亮偶暗),VD2

显示乙机接收到的第 9 位数据(1 亮 0 暗),VD3 显示乙机接收数据的奇偶特性(奇亮偶暗),循环不断。

表 5-8　实例 78 Proteus 仿真电路元器件

名　称	编　号	大　类	子　类	型号/标称值	数　量
80C51	U1、U2	Microprocessor Ics	80C51 family	AT89C51	2
数码管		Optoelectronics	7-Segment Displays	7SEG-MPX1-CA	2
电阻	R1~R3	Resistors	Chip Resistor 1/8W 5%	10 kΩ、330 Ω	3
发光二极管	VD1~VD3	Optoelectronics	LEDs	红	3

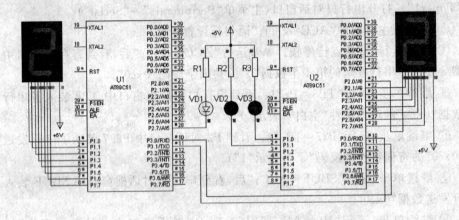

图 5-25　串行方式 2 双机通信 Proteus 仿真电路

需要说明的是,Proteus 串行方式 2 虚拟仿真时,不能传送第 9 位数据 TB8/RB8,这是 Proteus 的 bug(但串行方式 3 能传送第 9 位数据 TB8/RB8)。运行至传送数据 2 时,就停止了。原因是当接收到数据 2 时,2 的共阳字段码为 A4,P=1,而 Proteus 的 TB8/RB8 始终为 0,因而奇偶校验出错,程序停留于反复重发阶段。但是,本程序已经实际硬件电路验证,能正常运行,因而程序本身没问题。

若去除乙机串行中断函数中判断奇偶校验的 if-else 语句,直接置奇偶校验正确标志,可使数据传送不停止,但乙机 P1.1 驱动的 VD2(显示第 9 位数据)始终不亮,读者可分别演示验证。

```
void  ins()  interrupt 4 {      //乙机串行中断函数
  if(TI == 1)  TI = 0;          //若串行发送中断,清串行发送中断标志
  else   {RI = 0;               //否则是串行接收中断,清串行接收中断标志
  ACC = SBUF;                   //读甲机发送信号,并在 PSW 中产生接收数据的奇偶值 P
  P2 = ACC;                     //接收数据送 P2 口显示
  P11 = !RB8;                   //第 9 位数据送 P1.1 显示
  P10 = !P;                     //奇偶校验送 P1.0 显示
  y = 1;                        //置奇偶校验正确标志
  f = 1;}}                      //置串行信号接收标志
```

另外,在甲机程序中,有一条延时 0.5 ms 语句,若去除该条语句,会发现乙机丢失显示甲机发送的第 1 个数据"0"(后面均正常,包括第 2 轮发送"0")。若加上延时 0.5 ms 语句(不必延时 0.5ms,本例最少 22μs),一切正常。原因是乙机串行初始化未充分完成,但在汇编语言程序中不存在这种现象,这是 C51 程序独有的,这也正证实了 C51 实时性比汇编差一些。

(4)终止程序运行,可按停止按钮。

5. 思考与练习

在甲机程序中,为什么要加一条延时 0.5 ms 语句?

实例 79　双机串行通信方式 3

串行方式 3 与方式 2 比较是波特率不同,帧格式相同;与方式 1 比较是波特率相同,帧格式不同。

1. 电路设计

串行方式 3 双机通信电路与方式 2 相同,如图 5-24 所示。

2. 程序设计

已知甲乙机以串行方式 3 进行数据传送,$f_{osc}=11.0592$ MHz,波特率为 4 800 b/s,SMOD=1,其余要求同上例。

串行方式 3 的波特率取决于 T1 溢出率,根据波特率计算 T1 定时初值:

$$T1_{初值}=256-\frac{2^{SMOD}}{32}\times\frac{f_{osc}}{12\times波特率}=256-\frac{2^1}{32}\times\frac{11059200}{12\times4800}=256-12=244=F4H$$

(1)甲机发送程序

```
# include <reg51.h>          //包含访问 sfr 库函数 reg51.h
sbit P27 = P2^7;             //定义奇偶标志灯驱动端
bit f = 0;                   //定义乙机回复标志,并清 0
unsigned char i = 0;         //定义发送数据序号 i,并赋值
unsigned char  code  c[10] = {   //定义发送数据数组,并赋值
   0xc0,0xf9,0xa4,0xb0,0x99,0x92,0x82,0xf8,0x80,0x90};
void  main() {               //甲机主函数
   unsigned long  t;         //定义延时参数 t
   TMOD = 0x20;              //置 T1 定时器工作方式 2
   TH0 = 0xf4; TL0 = 0xf4;   //置 T1 定时计数初值
   SCON = 0xd0;              //置串行方式 3,允许接收
   PCON = 0x80;              //置 SMOD = 1
   IE = 0x90;                //串口开中,T1 禁中
   TR1 = 1;                  //T1 启动
   for(t = 0; t<10; t++);    //延时 0.5 ms,以利乙机串行初始化
   while(1) {                //无限循环
      for(i = 0; i<10; i++) {   //循环发送 10 个数据
```

```
        ACC = c[i];              //取发送数据
        TB8 = P;                 //奇偶标志送 TB8
        P27 = !P;                //奇偶标志送 P2.7 显示
        P1 = ACC;                //串行发送数据送 P1 口显示
        SBUF = ACC;              //串行发送一帧数据
        while(f == 0);           //原地等待乙机回复
        f = 0;                   //有回复,清乙机回复标志
        P1 = 0xff;               //P1 口停显示
        P27 = 1;                 //奇偶标志灯灭
        for(t = 0; t<11000; t++);}  //停显示 0.5 s 后,返回循环,继续发送数据
    for(t = 0; t<11000; t++);}}  //10 个数据发完,再延时 0.5 s,从头开始
void ins() interrupt 4 {         //甲机串行中断函数
  if(TI == 1) TI = 0;            //若串行发送中断,清串行发送中断标志
  else {RI = 0;                  //否则是串行接收中断,清串行接收中断标志
    if(SBUF == 0xff) {           //若回复信号为 FFH,出错,重发数据并显示
      ACC = c[i];                //取发送数据
      TB8 = P;                   //奇偶校验位送 TB8
      P27 = !P;                  //奇偶校验位送 P2.7 显示
      SBUF = ACC;                //重发数据
      P1 = ACC;}                 //重发数据送 P1 口显示
    else if(SBUF == 0) f = 1;}}  //若回复 0,未出错,置乙机回复标志
```

(2) 乙机接收程序

```
# include <reg51.h>             //包含访问 sfr 库函数 reg51.h
sbit P10 = P1^0;                //定义校验标志灯驱动端
sbit P11 = P1^1;                //定义奇偶标志灯驱动端
bit f = 0;                      //定义串行信号接收标志,并清 0
bit y = 0;                      //定义奇偶校验正确标志,并清 0
void main() {                   //乙机主函数
  unsigned long t;             //定义延时参数 t
  TMOD = 0x20;                  //置 T1 定时器工作方式 2
  TH0 = 0xf4; TL0 = 0xf4;       //置 T1 定时计数初值
  SCON = 0xd0;                  //置串行方式 3,允许接收
  PCON = 0x80;                  //置 SMOD = 1
  IE = 0x90;                    //串口开中,T1 禁中
  TR1 = 1;                      //T1 启动
  while(1){                     //无限循环
    while(f == 0);             //等待串行信号接收
    f = 0;                      //清串行信号接收标志
    if(y == 1) {y = 0;          //若奇偶校验正确,清奇偶校验正确标志
    for(t = 0; t<11000; t++);  //保持显示 0.5 s
    P2 = 0xff;                  //灭显示
    P11 = 1; P10 = 1;           //奇偶标志灯灭,校验标志灯灭
    SBUF = 0;}                  //发送回复正确信号
```

```
    else   SBUF = 0xff;}}            //否则校验出错,发送回复出错信号
void  ins()  interrupt 4 {           //乙机串行中断函数
  if(TI == 1)  TI = 0;               //若串行发送中断,清串行发送中断标志
  else    {RI = 0;                   //否则是串行接收中断,清串行接收中断标志
    ACC = SBUF;                      //读甲机发送信号,并在 PSW 中产生接收数据的奇偶值 P
    P2 = ACC;                        //接收数据送 P2 口显示
    P11 = !RB8;                      //第 9 位数据送 P1.1 显示
    P10 = !P;                        //奇偶校验送 P1.0 显示
    if(P == RB8)  y = 1;             //若奇偶校验正确,置奇偶校验正确标志
    else  y = 0;                     //否则校验出错,清奇偶校验正确标志
    f = 1;}}                         //置串行信号接收标志
```

3. Keil 调试

同上例。

4. Proteus 仿真

同上例。可直接使用上例 Proteus 仿真电路。

读者看到,串行方式 3 的程序格式与上例方式 2 基本相同,但方式 3 能传送第 9 位数据 TB8/RB8。当发送/接收数据(2、3、5、7、8)的共阳字段码(0xa4、0xb0、0x92、0xf8、0x80)为"奇"时,甲机表示发送数据奇偶性 P 的 VD1 灯和乙机表示接收第 9 位数据 RB8 的 VD2 灯均亮,而表示校验正确的 VD3 灯每次都亮。

5. 思考与练习

80C51 单片机双机通信串行方式 3 与方式 1、方式 2 在编制程序时有什么区别?

实例 80　带 RS-232 接口的双机通信

TTL 电平电压较低,易受干扰,双机通信直接连线只适用于双机在同一块印制板或同一台设备、距离很短(<1.5 m)的场合,距离较长时,应用 RS-232、RS-485 等标准接口。

1. RS-232 简介

RS-232 是美国电子工业联盟(EIA)制定的串行数据通信的接口标准。目前,在 IBM PC 机上的 COM1、COM2 接口,就是 RS-232C 接口。RS-232 对电气特性、逻辑电平和各种信号线功能都作了规定。连接器主要有 DB-25 和 DB-9 二种型号,单片机一般用 DB-9 型,其引脚编号如图 5-26 所示。其中,单片机常用的有 3 个引脚:♯2 为 RXD(接收数据),♯3 为 TXD(发送数据),♯5 为 GND(信号地)。

RS-232 采用负逻辑,−5～−15 V 为高电平,表示"1";+5～15 V 为低电平,表示"0"。驱动器允许有 25 00 pF 的电容负载,通信距离将受此电容限制;另外,RS-232 属单端信号传送,存在共地噪声和不能抑制共模干扰,因此一般用于 15 m 以内的串行通信。数据传输速率可为 50、75、100、150、300、600、1 200、2 400、4 800、

9 600、19 200、38 400 b/s。

由于 RS-232 逻辑电平与 TTL 电平完全不同,因此,采用 RS-232 标准接口时,需有转换电平的接口电路,通常选用可双向电平转换的 MAX232 集成电路。

MAX232 为 +5 V 单电源供电的 RS-232 电平转换芯片,内部集成电荷泵电路,能产生 +12 V 和 -12 V 两个电源,提供 RS-232 串口电平的需要,其引脚图如图 5-27 所示。其中,引脚 1、2、3、4、5、6 外接电容,组成电荷泵。$T1_{IN}$、$T2_{IN}$ 为 TTL 电平输入端,转换成 RS-232 电平后,分别从 $T1_{OUT}$、$T2_{OUT}$ 输出;$R1_{IN}$、$R2_{IN}$ 为 RS-232 电平输入端,转换成 TTL 电平后,分别从 $R1_{OUT}$、$R2_{OUT}$ 输出。

图 5-26 RS-232 DB-9 引脚编号

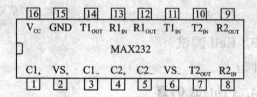

图 5-27 MAX232 引脚图

2. 电路设计

80C51 单片机串行方式 1~3 是异步通信,波特率由收发双方各自控制,不需要移位 CLK 脉冲,发送接收形成环形连接,带 RS-232 接口的双机通信电路如图 5-28 所示。

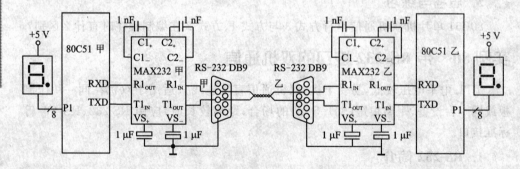

图 5-28 带 RS232 接口的双机通信电路

甲机发送、乙机接收连线:甲机 TXD 端与 MAX232 甲 $T1_{IN}$ 端连接;转换成 RS-232 电平后,从 $T1_{OUT}$ 端输出;并与 DB9 甲插头座 #3 引脚连接,在电缆线另一头,该线应与 DB9 乙插头座 #2 引脚连接;然后与 MAX232 乙 $R1_{IN}$ 端连接,转换成 TTL 电平后,从 $R1_{OUT}$ 端输出,并与乙机 RXD 端连接。

乙机发送、甲机接收:乙机 TXD 端与 MAX232 乙 $T1_{IN}$ 端连接;转换成 RS-232 电平后,从 $T1_{OUT}$ 端输出;并与 DB9 乙插头座 #3 引脚连接,在电缆线另一头,该线应与 DB9 甲插头座 #2 引脚连接;然后与 MAX232 甲 $R1_{IN}$ 端连接,转换成 TTL 电平后,从 $R1_{OUT}$ 端输出,并与甲机 RXD 端连接。

226

3. 程序设计

已知条件和要求同实例 77，但乙机接收数据后送 P1 口显示。因此，只需将实例 77 乙机接收程序中最后一条语句改为"P1＝SBUF"，其余完全相同。

4. Keil 调试

同实例 77。

5. Proteus 仿真

（1）按实例 23 所述 Proteus 仿真步骤，打开 Proteus ISIS 软件，按表 5 - 9 选择和放置元器件，并连接线路，画出 Proteus 仿真电路如图 5 - 29 所示。

表 5 - 9　实例 80 Proteus 仿真电路元器件

名　称	编　号	大　类	子　类	型号/标称值	数　量
80C51	U1、U2	Microprocessor Ics	80C51 family	AT89C51	2
MAX232	U3、U4	Microprocessor Ics		MAX232	2
数码管		Optoelectronics	7-Segment Displays	7SEG-MPX1-CA	2
电容	C3C4C7C8	Capacitors	Miniature Electronlytic	1 μF	4
电容	C1C2C5C6	Capacitors	Ceramic Disc	1 nF	4
RS232 插头座		Connectors	D-Type	CONN-D9	2

227

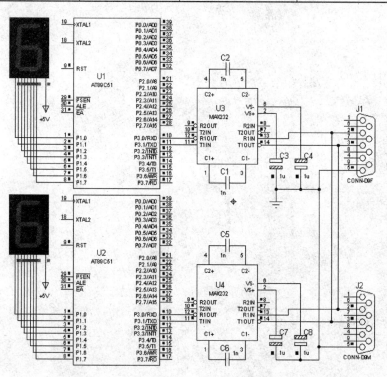

图 5 - 29　带 RS-232 接口的双机通信 Proteus 仿真电路

（2）分别双击 Proteus ISIS 仿真电路中两片 AT89C51，分别装入发送和接收 Hex 文件，U1 发送，U2 接收。注意设置 AT89C51 的晶振频率，$f_{osc} = 11.0592$ MHz。

（3）单击全速运行按钮，虚拟电路中两个数码管依次显示串行发送和接收的 16 个数据：0～9、A～F，循环不断。

（4）终止程序运行，可按停止按钮。

6. 思考与练习

RS-232 电平与 TTL 电平有何不同？

第**6**章

A-D 和 D-A

在单片机应用系统中,常需要将检测到的连续变化的模拟量,如电压、温度、压力、流量、速度等转换成数字信号,才能输入到单片机中进行处理。然后再将处理结果的数字量转换成模拟量输出,实现对被控对象的控制。将模拟量转换成数字量的过程称为 A-D 转换;将数字量转换成模拟量的过程称为 D-A 转换。

6.1 A-D 转换

随着单片机技术的发展,有许多新一代的单片机已经在片内集成了多路 A-D 转换通道,大大简化了连接电路和编程工作。本节主要介绍芯片内无 A-D 转换电路的80C51 系列单片机与 A-D 芯片的接口技术。

实例 81 ADC0808 中断方式 A-D(ALE 输出 CLK)

1. ADC0808 /0809 简介

ADC 0808/0809 是美国国家半导体公司生产的 8 通道 8 位 CMOS 逐次逼近式A-D 转换器,图 6 - 1 和图 6 - 2 分别为其引脚图和片内逻辑框图。

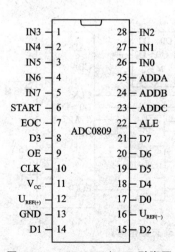

图 6 - 1 ADC 0808/0809 引脚图

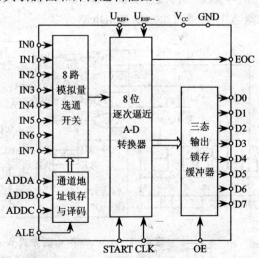

图 6 - 2 ADC 0808/0809 片内逻辑框图

（1）IN0～IN7：8 路模拟信号输入端。

（2）ADDA、ADDB、ADDC：3 位地址码输入端（A 为低位）。地址编码 000～111 用于选择 IN0～IN7 八路模拟信号通道 A-D 转换。

（3）CLK：外部时钟输入端，允许范围：10～1 280 kHz。0808/0809A-D 转换时间与 CLK 有固定关系，转换一次需 64 个时钟周期，时钟频率高，转换速度快。

（4）D0～D7：A-D 转换结果数字量输出端。

（5）OE：A-D 转换结果输出允许控制端。OE＝1 时，允许将 A-D 转换结果从 D0～D7 端输出。

（6）ALE：地址锁存允许信号输入端。ALE＝1 时，锁存 ADDC、B、A 端（A 为低位）输入的 3 位地址，根据地址编码选择 IN0～IN7 中的一路通道进行 A-D 转换（注意 0809 ALE 与 80C51 ALE 的区别）。

（7）START：启动 A-D 转换信号输入端。当 START 端输入一个正脉冲时，立即启动 0809 进行 A-D 转换。

（8）EOC：A-D 转换结束信号输出端。当启动 0808/0809 A-D 转换后，EOC 输出低电平；转换结束后，EOC 输出高电平，表示可以读取 A-D 转换结果。

（9）U_{REF+}、U_{REF-}：正负基准电压输入端。基准电压的典型值为＋5 V，可与电源电压（＋5 V）相连，但电源电压往往有一定波动，将影响 A-D 精度。因此，精度要求较高时，可用高稳定度基准电源输入。当模拟信号电压较低时，基准电压也可取低于 5 V 的数值。

（10）V_{CC}：正电源电压（＋5 V）。GND：接地端。

2. 电路设计

设计 0808/0809 A-D 转换并 4 位动态显示电路如图 6 - 3 所示，电路分成两部分：右半部分是传统经典的 ADC 0808/0809 A-D 转换电路，左半部分是为了验证和观测 A-D 效果而添加的显示电路。

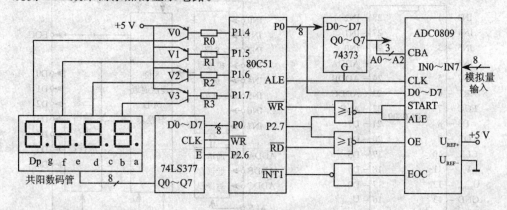

图 6 - 3　ADC 0809 中断方式 A-D 转换并动态显示电路

（1）A-D 转换电路

80C51 ALE 信号固定为 CPU 时钟频率的 1/6，若 f_{osc} ＝ 6 MHz，则 1/6 为 1 MHz，正好用于 0809 CLK（此时 A-D 转换时间为 64 μs）。因此，80C51 ALE 信号除用于 74LS373 锁存低 8 位地址外，还与 0809 CLK 端连接，用于 0809 A-D 转换的时钟信号。但若 f_{osc} ＝ 12 MHz，则 1/6 为 2 MHz，超出 0809 最高工作频率，就需要用分频器分频了。

8 路模拟信号从 IN0～IN7 输入，74LS373 锁存的低 8 位地址中的最低 3 位 Q2～Q0 与 0809 三位地址码输入端 ADDC、ADDB、ADDA（A 为低位）连接，当 0809 ALE 信号有效时，锁存当前转换通道的 3 位地址码（注意 0809 ALE 与 80C51 ALE 的区别）。

80C51 $\overline{WR}$ 和 P2.7（0809 片选）分别输入一个或非门，或非门输出端与 0809 的 START 和 ALE 连接。当写外 RAM 7FF8H～7FFFH 时，使 $\overline{WR}$ 和 P2.7 均有效，或非后，全 0 出 1，产生高电平，从而使 0809 的 START 和 ALE 有效。START 有效，将启动 0809 A-D 转换；ALE 有效，将锁定 0809 当前转换通道的 3 位地址码（7FF8H～7FFFH 分别对应 8 路模拟输入通道的地址）。

80C51 的 $\overline{RD}$ 端与 P2.7（0809 片选）分别输入另一个或非门，或非门输出端与 0809 OE 端连接。当读外 RAM 7FF×H 时，使 $\overline{RD}$ 和 P2.7 均有效，或非后，全 0 出 1，产生高电平，从而使 0809 OE 有效，0809 再将 A-D 转换结果从 D0～D7 输出，0809 D0～D7 直接与 80C51 数据总线 P0 连接。

0809 EOC 端通过一个反相器与 80C51 $\overline{INT1}$ 连接，A-D 转换结束后，EOC 输出高电平，反相后，触发 $\overline{INT1}$ 中断。

0809 基准电压输入端 U_{REF+} 接＋5 V，U_{REF-} 接地。

需要说明的是，有的教材认为，右半部分电路太烦杂，这种观点其实有点偏颇。早期的单片机最小应用系统几乎都是 8031＋2764＋373，是并行扩展。需要 A-D 转换时，通常应用并行 A-D 芯片 ADC 0809，电路中 74373 本属于最小系统的，利用了原有的数据总线、地址总线和读写控制线（$\overline{RD}$、$\overline{WR}$），还利用了 ALE 信号作为 0809 CLK，仅增加了 2 个或非门和一个反相器（用一片 7402 就可解决），单独占用 I/O 端线只有一条，不失为并行 A-D 最佳线路。学习这一"传统经典"电路及其应用，有利于进一步理解 80C51 读写外设和 0809 A-D 转换过程。

（2）显示电路

显示电路部分与实例 56 相似，仅多出一路位码驱动。P1.4～P1.7 低电平时，VT0～VT3 导通，选通相应显示位。字段码由 P0 口并行输出，经 74LS377 锁存后，低电平驱动共阳型数码管显示。按图 6-3，74LS377 口地址为 bfff（P2.6＝0，1011 1111 1111 1111＝bfff）。

由晶体管作字位驱动的特点是：LED 数码管位驱动电流大，亮度高。若晶体管 β 足够大，则 80C51 I/O 端口的激励电流会很小，有利于 CPU 工作稳定。且晶体管为

80C51单片机实验实训100例——基于Keil C 和 Proteus

PNP 型,基极经限流电阻 R0~R2 接 P1.0~P1.2,低电平驱动输出。

需要说明的是,80C51 输出高电平与输出低电平时的驱动能力是不同的。输出高电平时,拉电流较小;输出低电平时,灌电流较大。因此,通常采用低电平有效输出控制。而且,80C51 复位时,P0~P3 均复位为 FFH,高电平驱动会引起误触发(当然误触发显示问题不大,但若误触发其他执行元件就可能造成误动作)。

74LS373 和 74LS377 特性已在实例 34 中介绍,此处不再重复。

3. 程序设计

按图 6-3 所示电路,$f_{osc}=6$ MHz,对 8 路输入信号 A-D 转换,并依次输出,循环显示。第 1 位显示 A-D 通道号,加小数点以示分隔区别;后 3 位为 A-D 转换值,单位(V)。

```c
# include <reg51.h>              //包含访问 sfr 库函数 reg51.h
# include <absacc.h>             //包含绝对地址访问库函数 absacc.h
unsigned char   i;               //定义 A-D 通道序号 i(全局变量)
unsigned char   a[8];            //定义 A-D 转换值存储数组 a[8]
unsigned char   b[4];            //定义显示数字数组 b[4]
unsigned char   code   c[10] = {  //定义共阳字段码数组,并赋值
  0xc0,0xf9,0xa4,0xb0,0x99,0x92,0x82,0xf8,0x80,0x90};
void   chag (unsigned char   r[],d) {  //显示数转换为 3 位显示数字子函数
                                 //形参:显示数 d,显示数字数组 r[]
  unsigned int   s = d;          //定义整型变量 s,并将显示数 d 转换为整型
                                 //因为(s % 51 * 10)有可能大于 255,超出字符
                                 //型数据值域,会出错
  r[1] = s/51;                   //取出整数位数字
  s = s % 51 * 10;               //取出余数,并扩大 10 倍
  r[2] = s/51;                   //取出十分位数字
  s = s % 51 * 10;               //取出余数的余数,并扩大 10 倍
  r[3] = s/51;                   //取出百分位数字
  if((s % 51)>25) {              //千分位四舍五入,若千分位过半
    r[3] = r[3] + 1;             //百分位加 1
    if(r[3]>9) {r[3] = 0;        //百分位加 1 后,若百分位大于 9,百分位清 0
      r[2] = r[2] + 1;           //十分位加 1
      if(r[2]>9) {r[2] = 0;      //十分位加 1 后,若十分位大于 9,十分位清 0
        r[1] = r[1] + 1;}}}}     //整数位加 1
void   disp (unsigned char   i) {  //扫描显示子函数,形参:通道序号 i
  unsigned char   j,n;           //定义扫描循环次数 j、显示字位码 n
  unsigned int   t;              //定义延时参数 t
  chag(b,a[i]);                  //调用转换显示字段码子函数
  b[0] = i;                      //第 0 位赋值 A-D 通道号
  for(j=0; j<50; j++) {          //每一通道循环显示 50 次
```

```
    for(n = 0; n<4; n++) {              //4 位扫描显示
      if(n>1)  XBYTE[0xbfff] = c[b[n]];  //输出字段码,后 2 位不带小数点
      else   XBYTE[0xbfff] = c[b[n]]&0x7f;//输出字段码,前 2 位带小数点
      P1 = ~(0x10<<n);                   //输出字位码(移至显示位并取反,0 有效)
      for(t = 0; t<350; t++);            //延时约 2 ms
      P1 = 0xff;}}}                      //关断字位驱动
void   main() {                          //主函数
  IT1 = 1;                               //INT1边沿触发
  IP = 0x04;                             //INT1高优先级
  EA = 1;                                //CPU 开中
  while(1) {i = 0;                       //无限循环(A-D 并显示),置 A-D 通道序号 0
    XBYTE[0x7ff8 + i] = i;               //启动通道 0 A-D
    EX = 1;                              //INT1开中
    while(EX1 != 0);                     //等待 8 通道 A-D 结束
    for(i = 0; i<8; i++) disp (i);}}     //8 通道循环显示
void int1() interrupt 2 {                //INT1中断函数
  a[i] = XBYTE[0x7ff8 + i];              //读 A-D 转换值,并存入数组 a
  i++;                                   //指向下一 A-D 通道
  if(i == 8)  EX1 = 0;                   //若 8 路通道 A-D 完成,INT1禁中
  XBYTE[0x7ff8 + i] = i;}                //8 路通道 A-D 未完,启动下一通道 A-D
```

需要说明的是,在显示数转换为显示数字子函数 chag 中,满量程 A-D 值 FFH (255)对应 U_{REF+}(5V),显示时需将 A-D 值按比例变换:255→500。变换方法为:(A-D值÷255)×500=(A-D 值÷51)×100 V。在变换过程中,数值会超出字符型数据值域(大于 255)。因此,应先将原来定义于字符型变量的 A-D 值转换为整型变量,然后进行 255→500 的数值变换,以免出错。

4. Keil 调试

本例因涉及接口元件 0809 及模拟输入信号,Keil 软件调试无法得到 A-D 值。因此,仅在 Keil C51 中编译连接,查看有否语法错误,若无错,则进入调试状态,打开变量观察窗口,在 Watch♯1 页中设置全局变量 a 和 b,获取数组 a(A-D 转换值)和数组 b(显示数字)的首地址分别为 0x08 和 0x10(用于在 Proteus 虚拟仿真中观测 A-D 转换值和显示数字)。

5. Proteus 仿真

(1) 按实例 23 所述 Proteus 仿真步骤,打开 Proteus ISIS 软件,按表 6-1 选择和放置元器件,并连接线路,画出 Proteus 仿真电路如图 6-4 所示。

有关问题说明如下:

① 由于 Proteus 中的 0809 不起作用,因此用 0808 替代。且注意,0808 引脚 OUT8(编号 17)是 LSB,OUT1(编号 21)是 MSB,即 0808 输出端 OUT1~OUT8 对应数据端 D7~D0,数据相位反。

表 6-1　实例 81 Proteus 仿真电路元器件

名　称	编　号	大　类	子　类	型号/标称值	数　量
80C51	U1	Microprocessor Ics	80C51 family	AT89C51	1
74LS373	U2、U5	TTL 74LS series		74LS373	2
74LS02	U3	TTL 74LS series		74LS02	1
ADC0808	U4	Data Converters		ADC0808	1
晶体管	V0～V3	Transistors	Bipolar	2N5771	4
数码显示屏		Optoelectronics	7-Segment Displays	7SEG-MPX4-CA	1
电阻		Resistors	Chip Resistor 1/8W 5%	1 kΩ、10 kΩ	11

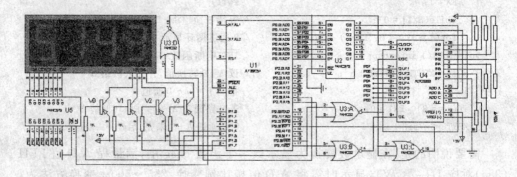

图 6-4　ADC0808 中断方式 A-D(ALE 输出 CLK)Proteus 仿真电路

② 由于 Proteus 中的 74LS377 在虚拟电路仿真时,软件提示"NO model apecified for 74LS377",无法仿真。但是,编者的累次项目实践证明,74LS377 扩展并行输出口有效而简便。编者认为,Proteus ISIS 软件仍有不足之处,其元器件库仍在不断扩充发展和完善之中,并非 74LS377 不能用于扩展并行输出口。本例用 74LS373 替代 74LS377 扩展并行输出口,只是需多用一个或非门。377 口地址为 0xbfff,写外 RAM 0xbfff 时,$\overline{WR}=0$,P2.6=0,LE=$\overline{WR}$+P2.6=1,或非门全 0 出 1,正好选通 373 从 P0 口置入数据。因此,虽然元件和连接线路变了,原用于 74LS377 的程序却不需修改。读者在实际应用时,建议仍用 74LS377,而不用 74LS373,377 性价比更高。

③ 为产生 8 路模拟输入信号,在 Proteus 虚拟电路中,用 7 个 10kΩ 电阻分压,产生 8 种电压信号,理论计算值依次为:5 V、4.285 7 V、3.571 4 V、2.857 1 V、2.142 9 V、1.428 6 V、0.714 3 V 和 0。对应十六进制数依次为:FF、DA、B6、92、6D、49、25 和 0,作为 8 通道 A-D 输入信号。

(2) 双击 Proteus ISIS 仿真电路中 AT89C51,装入 Keil 调试后自动生成的 Hex 文件。同时在"Advanced Properties"选项中,选择"Simulate Program Fetches",并

选 Yes(原因是在默认"Enable trace logging"情况下,80C51 ALE 端产生的 CLK 信号对 0808 不起作用);而且,须注意"Clock Frequency"设置栏中的频率不要大于 6 MHz(否则须分频);单击"OK"按钮。

(3) 全速运行,显示屏依次显示并循环不断:0.5.00、1.4.27、2.3.57、3.2.86、4.2.14、5.1.43、6.0.73 和 7.0.00,并循环不断。其中,第 0 位显示数字为 A-D 通道号,加小数点以示分隔区别;后 3 位为 A-D 转换值,单位(V)。该 8 通道 A-D 转换值与先前说明③中的理论计算数据相当吻合。

(4) 按暂停键,打开 80C51 片内 RAM(主菜单"Debug"→"80C51 CPU"→"Internal(IDATA)Memory -U1"),可看到:以 08H 为首地址的连续 8 个存储单元内已分别存储了 8 通道对应的十六进制 A-D 值:FF、DA、B6、92、6D、49、25、00,与先前说明③中的理论计算数据相同;以 10H 为首地址的 4 个连续存储单元内已分别存储了当前显示的通道序号及其 A-D 转换值。

十六进制 A-D 值与显示值的换算关系说明如下:例如,图 6 - 4 中显示值 5.1.43。是第 5 通道,A-D 值为 1.43。80C51 片内 RAM 08H 中的十六进制 A-D 值为 49,49H=73,(73/255)×5=1.4314,与显示值 1.43 相符。

(5) 按停止键,右击 10 kΩ 电阻网络中任一电阻,弹出右键菜单,选择"Edit Properties",再弹出元件编辑对话框,修改电阻元件标称值(例如 20 kΩ),单击"OK"按钮。先理论计算修改后的分压值,然后重新全速运行,观察 A-D 后的显示值与理论计算值是否相符。

6. 思考与练习

编制程序时,如何将 A-D 值按比例变换:255→500?

实例 82　ADC0808 查询方式 A-D(ALE 输出 CLK)

0808A-D 转换可有 3 种工作方式:中断方式、查询方式和延时等待方式。

中断方式是 0808 EOC 端通过一个反相器与 80C51 $\overline{INT0}$ 或 $\overline{INT1}$ 连接。方便灵活,但要占用一个外中断资源。

查询方式是 0808 EOC 端直接与 80C51 I/O 口中任一端线连接,启动 A-D 转换后,不断查询 EOC 电平,当 EOC 高电平时,表示 0808A-D 完成,即可读 0808A-D 值。查询方式不占用外中断资源,但要占用 CPU 工作时间和一条 I/O 口线。

延时等待方式是根据 0808A-D 转换时间与 CLK 有固定关系、转换一次需 64 个时钟周期的特点,而 80C51 一个机器周期发出 2 次 ALE 信号,因此需要 32 个机器周期,然后从 80C51 f_{osc} 推算出 0808A-D 转换时间。0808 EOC 端可不必与 80C51 相连,略微延长后直接读 A-D 转换值。延时等待方式,不占用 CPU 资源,但要占用 CPU 工作时间。

1. 电路设计

ADC0808 查询方式 A-D 电路如图 6 - 5 所示,0808 EOC 与 80C51 P1.0 连接,

235

其余部分与图 6-4 电路完全相同。

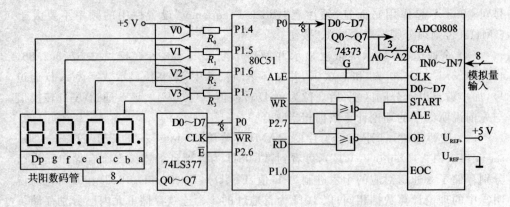

图 6-5　ADC 0808 查询方式 A-D 转换并动态显示电路

2. 程序设计

按图 6-5 电路,应用查询方式进行 A-D 转换,其余要求同上例。

```
# include <reg51.h>                        //包含访问 sfr 库函数 reg51.h
# include <absacc.h>                       //包含绝对地址访问库函数 absacc.h
sbit  EOC = P1^0;                          //定义位标识符 EOC 为 P1.0(查询 0808 EOC)
unsigned char  a[8];                       //定义 A-D 转换值存储数组 a[8]
unsigned char  b[4];                       //定义显示字段码数组 b[4]
unsigned char  code  c[10] = {             //定义共阳字段码数组,并赋值
  0xc0,0xf9,0xa4,0xb0,0x99,0x92,0x82,0xf8,0x80,0x90};
void  chag (unsigned char  r[],d);         //显示数转换为显示数字子函数。略,见上例
void  disp (unsigned char  i);             //扫描显示子函数。略,见上例
void  main() {                             //主函数
  unsigned char  i;                        //定义 A-D 通道序号 i
  while(1) {                                //无限循环(A-D 并显示)
    for(i = 0;  i<8;  i++) {                //8 通道依次 A-D
      XBYTE[0x7ff8 + i] = i;                //启动 i 通道 A-D
      while(EOC! = 1);                      //查询并等待 0809  A-D 完成信号 EOC
      a[i] = XBYTE[0x7ff8 + i];             //读 A-D 转换值,并存入数组 a
      disp (i);}}}                          //扫描显示
```

3. Keil 调试

Keil 调试同上例。注意输入源程序时,须将 A-D 值转换为显示数字子函数 chag 和扫描显示子函数 disp(见实例 81)插入,否则 Keil 调试将显示出错。

4. Proteus 仿真

画出 Proteus 仿真电路如图 6-6 所示,其余同上例。

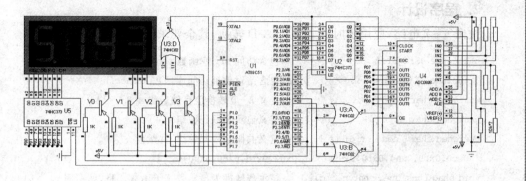

图 6-6　ADC0808 查询方式 A-D(ALE 输出 CLK)Proteus 仿真电路

5. 思考与练习

0808A-D 转换三种工作方式有什么区别?

实例 83　ADC0808 延时方式 A-D(ALE 输出 CLK)

0808A-D 转换时间与其控制转换工作节奏的时钟 CLK 有固定关系,转换一次需要 64 个时钟周期。因此,在 0808 开始 A-D 转换后,稍大于 64 个时钟周期,不必判断 EOC 是否已为高电平,即可去读 A-D 转换的结果。而输入到 0808 CLK 端的是 80C51 ALE 信号,该信号是 80C51 f_{osc} 的 1/6,80C51 一个机器周期内 2 次发出 ALE 信号,即需要延时大于 $(64 \div 2) = 32$ 机器周期,0808 就能完成 A-D 转换,取延时等待时间比 0808 A-D 转换时间的 32 个机器周期略长即可。

1. 电路设计

ADC0808 延时方式 A-D 电路如图 6-7 所示,0808 EOC 对外开路,其余部分与图 6-6 电路完全相同。

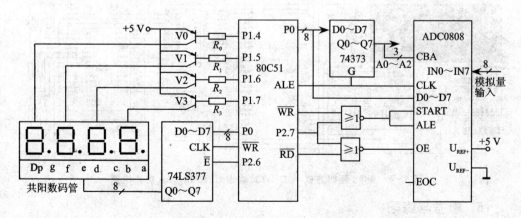

图 6-7　ADC 0808 延时方式 A-D 转换并动态显示电路

2. 程序设计

按图 6-7 电路，应用延时方式进行 A-D 转换，其余要求同实例 81。

```
# include <reg51.h>              //包含访问 sfr 库函数 reg51.h
# include <absacc.h>             //包含绝对地址访问库函数 absacc.h
unsigned char  a[8];             //定义 A-D 转换值存储数组 a[8]
unsigned char  b[4];             //定义显示字段码数组 b[4]
unsigned char  code  c[10] = {   //定义共阳字段码数组，并赋值
   0xc0,0xf9,0xa4,0xb0,0x99,0x92,0x82,0xf8,0x80,0x90};
void chag (unsigned char r[],d);  //显示数转换为显示数字子函数。略，见实例 81
void  disp  (unsigned char  i);   //扫描显示子函数。略，见实例 81
void  main() {                    //主函数
   unsigned char  i,t;            //定义 A-D 通道序号 i,延时等待时间参数 t
   while(1) {                     //无限循环(A-D 并显示)
     for(i = 0; i<8; i++) {       //8 通道依次 A-D
     XBYTE[0x7ff8 + i] = i;       //启动 i 通道 A-D
     for(t=0; t<11; t++);         //延时 35 机周(可在 Keil 调试中获得),2×35 = 70 CLK
     a[i] = XBYTE[0x7ff8 + i];    //读 A-D 转换值,并存入数组 a
     disp (i);)}}                 //扫描显示
```

3. Keil 调试

Keil 调试同上例。注意输入源程序时，须将 A-D 值转换为显示数字子函数 chag 和扫描显示子函数 disp(见实例 81)插入，否则 Keil 调试将显示出错。

4. Proteus 仿真

画出 Proteus 仿真电路如图 6-8 所示，其余同实例 81。

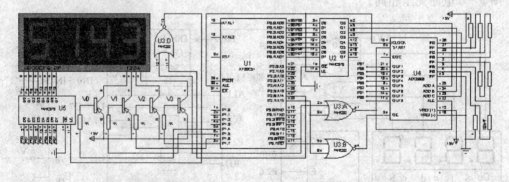

图 6-8　0808 延时方式 A-D(ALE 输出 CLK)Proteus 仿真电路

5. 思考与练习

0808 延时方式 A-D 需要延时多少时间？

实例 84　ADC0808 并行 A-D(虚拟 CLK)

实例 81～实例 83 给出了 0808 A-D 转换传统经典的电路和程序,利用 ALE 信号作为 0808 CLK,但也可采用虚拟 CLK 控制 0808 A-D。所谓虚拟 CLK,是用某一通用 I/O 端线,模拟 CLK 输出脉冲信号。但是,由于 ADC0808 属于并行 A-D 芯片,必须占用一个 8 位 I/O 口。因此采用虚拟 CLK 将占用较多 I/O 端线,程序更复杂。真正能简化电路的是串行 A-D。

1. 电路设计

设计虚拟 CLK 控制 0808 A-D 转换并动态显示电路如图 6-9 所示,电路分为两部分:

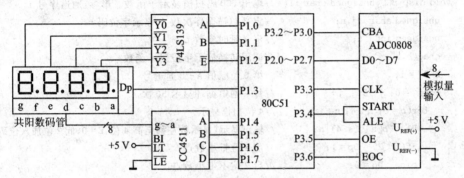

图 6-9　虚拟 CLK 控制 0808 A-D 转换并动态显示电路

(1) A-D 转换电路

80C51 P2 口与 0808 D0～D7 连接;P3.2～P3.0 输出 A-D 转换 8 通道编码地址,与 0808 ADDC、ADDB、ADDA 连接;P3.3 输出虚拟 CLK,与 0808 CLK 连接;P3.4 控制输出 A-D 启动信号 START 和 A-D 通道编码地址锁存信号 ALE;P3.5 控制 0808 输出允许端 OE;P3.6 接收 0808 A-D 转换结束信号 EOC。

(2) 显示电路

显示电路部分与实例 57 相同。80C51 P1.0、P1.1 与 139 A、B 译码输入端(A 为低位)连接,P1.2 与门控端 $\overline{E}$ 连接,139 译码输出端 $\overline{Y0}$～$\overline{Y3}$(低电平有效)片选共阴型 LED 数码管。80C51 P1.4～P1.7 输出 BCD 码显示数,CC4511 译码后转换为 7 位段码信号,与数码管笔段相应端连接,P1.3 控制小数点,4511 消隐控制端 $\overline{BI}$、灯测试端 $\overline{LT}$ 接 +5 V,输入信号锁存端 $\overline{LE}$ 接地,始终有效。

74LS139 特性已在实例 57 中介绍,CC4511 特性已在实例 53 中介绍,此处不再重复。

2. 程序设计

设 $f_{osc}=6$ MHz,对 8 路输入信号 A-D 转换,并依次输出显示,第 1 位显示 A-D

通道号,加小数点以示分隔区别;后 3 位为 A-D 转换值,单位(V)。

```
# include <reg51.h>              //包含访问 sfr 库函数 reg51.h
sbit   CLK = P3^3;                //定义 CLK 为 P3.3(CLK 脉冲输出端)
sbit   STAT = P3^4;               //定义 STAT 为 P3.4(启动信号输出端)
sbit   OE = P3^5;                 //定义 OE 为 P3.5(允许读 A-D 转换值信号输出端)
sbit   EOC = P3^6;                //定义 EOC 为 P3.6(A-D 转换结束信号输入端)
sbit   Dp = P1^3;                 //定义 Dp 为 P1.3(小数点驱动输出端)
sbit   E = P1^2;                  //定义 E 为 P1.2(139 译码允许端)
unsigned char  a[8];              //定义 A-D 转换值存储数组 a[8]
unsigned char  b[4];              //定义显示数字存储数组 b[4]
void chag (unsigned char r[],d);  //显示数转换为显示数字子函数。略,见实例 81
void disp_BCD(unsigned char i){   //输出 BCD 码扫描显示子函数。形参:通道序号 i
  unsigned char   j,n;            //定义扫描循环次数 j、显示字位码 n
  unsigned int  t;                //定义延时参数 t
  chag(b,a[i]);                   //调用转换显示字段码子函数
  b[0] = i;                       //第 0 位赋值 A-D 通道号
  for(j = 0; j<50; j++) {         //每一通道循环显示 50 次
    for(n = 0; n<4; n++) {        //4 位扫描显示
      P1 = (b[n]<<4)|n;           //输出显示(显示数左移至高 4 位,E = 0,低 2 位加入位码)
      if(n<2)   Dp = 1;           //前 2 位带小数点
      else  Dp = 0;               //后 2 位不带小数点
      for(t = 0; t<350; t++);     //延时约 2 ms
      E = 1;}}}                   //关显示
void  main() {                    //主函数
  unsigned char  i,j;             //定义通道序号 i、CLK 脉冲数 j
  while(1) {                      //无限循环(A-D 并显示)
    for(i = 0; i<8; i++) {        //8 通道循环 A-D
      P3 = 0xc0 + i;              //输出 A-D 通道地址,P3.6 置输入态(EOC = 1)
      STAT = 1;                   //发出 START 和 ALE 信号
      STAT = 0;                   //
      for(j = 0;j<70; j++) {      //循环发出 CLK 脉冲,多于 64 个时钟
        CLK = 1;                  //发 CLK 脉冲
        CLK = 0;}                 //
      OE = 1;                     //发允许读 A-D 转换值信号
      a[i] = P2;                  //读 A-D 转换值,存入数组 a
      OE = 0;                     //读完 A-D 转换值,关闭允许读信号
      disp_BCD (i);}}}            //显示当前 A-D 通道转换值
```

3. Keil 调试

(1) 按实例 1 所述步骤,编译链接,语法纠错,并进入调试状态。注意输入源程序时,须将显示数转换为显示数字子函数 chag(实例 81)插入,否则 Keil 调试将显示

出错。

（2）打开变量观测窗口，观测到数组 a（A-D 转换值）和 b（显示数字）的首地址分别为 0x08 和 0x10（注意不同程序的 a、b 存储单元可能不同）。

（3）打开存储器窗口，在 Memory♯1 窗口的 Address 编辑框内键入"d:0x08"。右击 0x08 单元，弹出右键子菜单，选择"unsigned char"，该存储单元就会按 8 位无符号字符型数据格式显示。

（4）打开 P1、P2、P3 对话窗口（主菜单"Peripherals"→"I/O-Port"→"Port1"、"Port2"、"Port3"）。其中，上面一行（标记"Px"）为 I/O 口输出变量，下面一行（标记"Pins"）为模拟 I/O 口引脚输入信号。"√"为"1"，"空白"为"0"，单击可修改。

（5）在主程序"OE＝1;"语句行设置断点（设置方法参阅 8.2.2 小节）。

（6）单步运行，进入 8 通道循环 A-D。执行完"P3＝0xc0+i;"语句后，可看到 P3 对话窗口中的数据变为 0xc0（1100 0000，"√"为"1"，"空白"为"0"），表示当前即将 A-D 的通道地址（最后 3 位 P3.2～P3.0）为 000（通道 0）；P3.3＝0，尚未发 CLK；P3.4＝0，尚未发 A-D 启动信号 START 和锁定通道地址的 ALE 信号；P3.5＝0，尚未发允许读 A-D 转换值信号 OE；P3.6＝1，该端口置输入态，准备接受 0808 A-D 转换结束后发出的 EOC 信号；P3.7＝1，无关位。

（7）继续单步运行，执行完"STAT＝1;"和"STAT＝0;"语句后，可看到 P3 对话窗口中 P3.4 出现了从"空白"→"√"→"空白"的跳变，表示发出 A-D 启动信号 START 和锁定通道地址的 ALE 信号。

（8）继续单步运行，执行完"CLK＝1;"和"CLK＝0;"语句后，可看到 P3 对话窗口中 P3.3 出现了从"空白"→"√"→"空白"的跳变，表示发出一个 CLK 脉冲。若有耐心，可不断单击单步运行图标，但是，需要发出 70 个 CLK 脉冲，才能完成一次 A-D。因此，单击全速运行图标，程序全速运行，瞬间发完 70 个 CLK 脉冲，至已设置的"OE＝1;"断点处停顿。继续单步运行，执行完"OE＝1;"语句后，可看到 P3 对话窗口中 P3.5 从"空白"→"√"，表示发出发允许读 A-D 转换值信号。

（9）继续单步运行。由于涉及 Keil 软件中并不存在的 0808，a[i]无法读到真实的 A-D 值，为继续 Keil 调试，可人为设置一个 P2 值（单击 P2 口对话窗口下面一行（标记为"Pins"）数据），例如，7BH（0111 1011）。执行完"a[i]＝P2;"语句后，可看到存储器窗口 Memory♯1 标签页 0x08 存储单元（a[0]）读入通道 0 的 A-D 值 7B。

（10）继续单步运行，程序进入输出 BCD 码扫描显示子函数 disp。至"chag(b, a[i]);"程序行，单击过程单步运行图标（🌣），一步跳过，可看到存储器窗口 Memory♯1 标签页 0x10～0x13 存储单元已存入通道 0 A-D 值 7BH 转换后的显示数字：00、02、04、01，其中"00"是 A-D 通道序号，后 3 单元为 7BH（十进制数 123）按比例变换（255→500。变换方法为：（A-D 值÷255）×500＝（A-D 值÷51）×100 V）后的模拟信号电压值 241。

（11）继续单步运行,执行完"P1＝(b[n]<<4)|n;"和"if(n<2)　Dp=1;"语句后,可看到 P1 对话窗口中的数据变为"0000 1000"。其中前 4 位"0000"为显示值"0"的 BCD 码;后 2 位"00"为扫描显示位 0 的编码;P1.2＝0,表示选通 74LS139 译码;P1.3＝1,表示小数点亮(分隔通道序号与电压显示值)。

（12）继续单步运行,程序返回循环,再次执行完"P1＝(b[n]<<4)|n;"和"if(n<2)　Dp=1;"语句后,可看到 P1 对话窗口中的数据变为"0010 1001"。其中前 4 位"0010"为显示值"2"的 BCD 码;后 2 位"01"为扫描显示位 1 的编码;P1.2＝0,表示选通 74LS139 译码;P1.3＝1,表示小数点亮(分隔通道序号与电压显示值)。

（13）继续单步运行,程序返回循环,再次执行完"P1＝(b[n]<<4)|n;"和"if(n<2)　Dp=1;","else　Dp=0;"语句后,可看到 P1 对话窗口中的数据变为"0100 0010"。其中前 4 位"0100"为显示值"4"的 BCD 码;后 2 位"10"为扫描显示位 2 的编码;P1.2＝0,表示选通 74LS139 译码;P1.3＝0,表示小数点暗。

（13）继续单步运行,程序返回循环,再次执行完"P1＝(b[n]<<4)|n;"和"if(n<2)　Dp=1;","else　Dp=0;"语句后,可看到 P1 对话窗口中的数据变为"0001 0011"。其中前 4 位"0001"为显示值"1"的 BCD 码;后 2 位"11"为扫描显示位 3 的编码;P1.2＝0,表示选通 74LS139 译码;P1.3＝0,表示小数点暗。

⒁继续单步运行,上述(11)~(13)将循环 50 次,然后返回主程序,启动下一通道 A-D 并显示。

4. Proteus 仿真

（1）按实例 23 所述 Proteus 仿真步骤,打开 Proteus ISIS 软件,按表 6-2 选择和放置元器件,并连接线路,画出 Proteus 仿真电路如图 6-10 所示。

表 6-2　实例 84 Proteus 仿真电路元器件

名　称	编号	大　类	子　类	型号/标称值	数　量
80C51	U1	Microprocessor Ics	80C51 family	AT89C51	1
ADC0808	U2	Data Converters		ADC0808	1
74LS139	U3	TTL 74LS series		74LS139	1
CC4511	U4	CMOS 4000 series		4511	1
电阻		Resistors	Chip Resistor 1/8W 5%	10 kΩ	7
数码显示屏		Optoelectronics	7-Segment Displays	7SEG-MPX4-CC	1

需要说明的是,由于 Proteus 中的 0809 不起作用,因此用 0808 替代。且注意,0808 引脚 OUT8(编号 17)是 LSB,OUT1(编号 21)是 MSB,即 0808 输出端 OUT1~OUT8 对应数据端 D7~D0,数据相位反。

另外,为产生 8 路模拟输入信号,在 Proteus 虚拟电路中,用 7 个 10kΩ 电阻分压,产生 8 种电压信号,理论计算值依次为:5 V、4.285 7 V、3.571 4 V、2.857 1 V、2.142 9 V、1.428 6 V、0.714 3 V 和 0。对应十六进制数依次为:FF、DA、B6、92、6D、

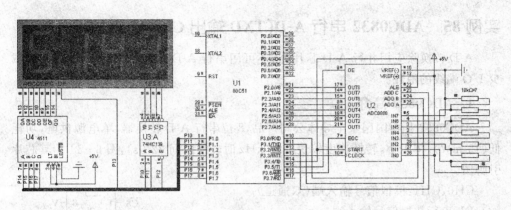

图 6 - 10　0808 A-D(虚拟 CLK)Proteus 仿真电路

49、25 和 0,作为 8 通道 A-D 输入信号。

（2）双击 Proteus ISIS 仿真电路中 AT89C51,装入 Keil 调试后自动生成的 Hex 文件。同时在"Advanced Properties"选项中,选择"Simulate Program Fetches",并选 Yes(原因是在默认"Enable trace logging"情况下,80C51 ALE 端产生的 CLK 信号对 0808 不起作用);而且,须注意"Clock Frequency"设置栏中的频率不要大于 6 MHz(否则须分频);单击"OK"按钮。

（3）单击全速运行按钮,显示屏依次显示并循环不断:0.5.00、1.4.27、2.3.57、3.2.86、4.2.14、5.1.43、6.0.73 和 7.0.00,并循环不断。其中,第 0 位显示数字为 A-D 通道号,加小数点以示分隔区别;后 3 位为 A-D 转换值,单位(V)。该 8 通道 A-D 转换值与先前说明中的理论计算数据相当吻合。

（4）按暂停键,打开 80C51 片内 RAM(主菜单"Debug"→"80C51 CPU"→"Internal(IDATA)Memory -U1"),可看到:以 08H 为首地址的连续 8 个存储单元内已分别存储了 8 通道对应的十六进制 A-D 值:FF、DA、B6、92、6D、49、25、00,与先前说明的理论计算数据相同;以 10H 为首地址的 4 个连续存储单元内已分别存储了当前显示的通道序号及其 A-D 转换值。

十六进制 A-D 值与显示值的换算关系说明如下:例如,图 6 - 10 中显示值 5.1.43,是第 5 通道,A-D 值为 1.43。80C51 片内 RAM 08H 中的 16 进制 A-D 值为 49,49H=73,(73/255)×5=1.4314,与显示值 1.43 相符。

（5）按停止键,右击 10 kΩ 电阻网络中任一电阻,弹出右键菜单,选择"Edit Properties",再弹出元件编辑对话框,修改电阻元件标称值(例如 20 kΩ),单击"OK"按钮。先理论计算修改后的分压值,然后重新全速运行,观察 A-D 后的显示值与理论计算值是否相符。

（6）终止程序运行,可按停止按钮。

5. 思考与练习

编制程序时,如何产生虚拟 CLK 脉冲?

实例 85　ADC0832 串行 A-D(TXD 输出 CLK)

A-D 转换除应用并行 A-D 芯片外,还可用串行 A-D 芯片。串行 A-D 可大大减少 I/O 端线的消耗。

1. ADC0832 简介

ADC0832 是美国国家半导体公司产品,8 位串行 A-D 转换器,单电源供电,功耗低(15 mW),体积小,转换速度较快(250 kHz 时转换时间 32 μs),图 6 - 11 为其芯片引脚图。

CH0、CH1:模拟信号输入端(双通道)。

DI:串行数据信号输入端。

DO:串行数据信号输出端。

CLK:时钟信号输入端,低于 600 kHz。

$\overline{CS}$:片选端,低电平有效。

V_{DD}:电源端,同时兼任 U_{REF}。

V_{SS}:接地端。

```
      ┌─────────┐
 CS ─┤1      8├─ V_DD
CH0 ─┤2 ADC  7├─ CLK
CH1 ─┤3 0832 6├─ DO
V_SS ┤4      5├─ DI
      └─────────┘
```

图 6 - 11　ADC0832 引脚图

图 6 - 12 为 ADC0832 串行 A-D 转换工作时序,从图中看出,其工作时序分为两个阶段:第 1 阶段为起始和通道配置,由 CPU 发送,从 ADC0832 DI 端输入;第 2 阶段为 A-D 转换数据输出,由 ADC0832 从 DO 端输出,CPU 接收。

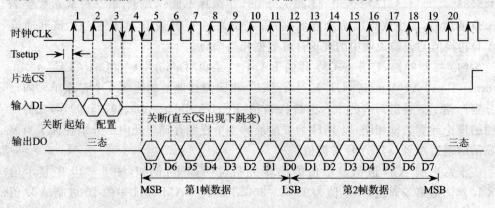

图 6 - 12　ADC 0832 串行 A-D 转换工作时序

(1) 起始和通道配置

该阶段由 4 个时钟组成。在片选 $\overline{CS}$ 满足条件(完成从高到低的跳变)后,第 1 个时钟脉冲的上升沿,测得 DI＝1,即启动 ADC0832;第 2、3 个时钟上升沿输入 A-D 通道地址选择:00 和 01 为差分输入,10 和 11 为单端输入,如表 6 - 3 所列;第 3 个时钟下降沿,DI 关断;第 4 个时钟是

表 6 - 3　ADC 0832 通道选择

编码	通道选择	
	CH0	CH1
00	+	−
01	−	+
10	+	
11		+

244

ADC0832 使多路转换器选定的通道稳定,DO 脱离高阻状态。

（2）A-D 转换数据串行输出

ADC0832 输出的 A-D 转换数据分为两帧:第 1 帧从高位（MSB）到低位（LSB）,第 2 帧从低位到高位,2 帧数据合用一个最低位,共需要 15 个时钟。

2. 电路设计

设计 ADC0832 串行 A-D 电路如图 6-13 所示,电路分为两部分:

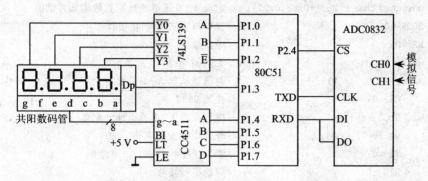

图 6 - 13　ADC 0832 串行 A-D(80C51 TXD 输出 CLK)并动态显示电路

（1）A-D 转换电路

80C51 P2.4 片选 0832 $\overline{CS}$;TXD 发送时钟信号,与 CLK 端连接;RXD 与 DI、DO 端连接在一起,发送 A-D 通道地址配置信号和接收串行 A-D 数据。根据 ADC0832 特点,DI 端在接收主机起始和通道配置信号后关断,直至 $\overline{CS}$ 再次出现下跳变,DO 端在 DI 端有效期间始终处于三态,因此 DI 端与 DO 端可与 RXD 端连接在一起,不会引起冲突。

（2）显示电路

显示电路部分与实例 57、实例 84 相同。80C51 P1.0、P1.1 与 139 A、B 译码输入端（A 为低位）连接,P1.2 与门控端 $\overline{E}$ 连接,139 译码输出端 $\overline{Y0} \sim \overline{Y3}$（低电平有效）片选共阴型 LED 数码管。80C51 P1.4～P1.7 输出 BCD 码显示数,CC4511 译码后转换为 7 位段码信号,与数码管笔段相应端连接,P1.3 控制小数点,4511 消隐控制端 $\overline{BI}$、灯测试端 $\overline{LT}$ 接+5 V,输入信号锁存端 $\overline{LE}$ 接地,始终有效。

74LS139 和 CC4511 特性已分别在实例 57、实例 53 中介绍,此处不再重复。

3. 程序设计

设 $f_{OSC} = 6$ MHz,对 2 路输入信号 A-D 转换,并依次输出显示,显示电路同上例,第 1 位显示 A-D 通道号,加小数点以示分隔区别;后 3 位为 A-D 转换值,单位(V)。

```
# include <reg51.h>              //包含访问 sfr 库函数 reg51.h
# include <intrins.h>            //包含内联函数 intrins.h
sbit   CS = P2^4;                //定义 CS 为 P2.4(片选 0832)
sbit   Dp = P1^3;                //定义 Dp 为 P1.3(小数点驱动输出端)
```

```
    sbit   E = P1^2;                          //定义 E 为 P1.2(139 译码允许端)
    unsigned char  a[2];                      //定义 A－D 转换值存储数组 a[2]
    unsigned char  b[4];                      //定义显示数字存储数组 b[4]
    void   chag  (unsigned char  r[],d);      //显示数转换为显示数字子函数。略，见实例 81
    void   disp_BCD(unsigned char  i);        //输出 BCD 码扫描显示子函数。略，见实例 84
    void   main() {                           //主函数
      unsigned char  i;                       //定义通道序号 i
      unsigned char c[2] = {0x03,0x07};       //定义 A－D 通道地址配置数组 c 并赋值
      SCON = 0;                                //置串口方式 0,禁止接收
      ES = 0;                                  //串口禁中
      while(1) {                               //无限循环(A－D 并显示)
        for(i = 0; i<2; i++) {                 //两通道依次 A－D 并显示
          CS = 0;                              //片选 0832
          SBUF = c[i];                         //串行发送 A－D 通道地址配置
          while(TI == 0);                      //等待串行发送完毕
          TI = 0;                              //清发送中断标志
          REN = 1;                             //启动串行接收
          while(RI == 0);                      //等待串行接收第一字节完毕
          REN = 0;                             //接收完毕,禁止接收
          RI = 0;                              //清接收中断标志
          a[i] = SBUF&0xf8;                    //读第 1 字节 A－D 数值,并屏蔽低 3 位
          REN = 1;                             //再次启动串行接收
          while(RI == 0);                      //等待串行接收第 2 字节完毕
          REN = 0;                             //接收完毕,禁止接收
          RI = 0;                              //清接收中断标志
          CS = 1;                              //清 0832 片选
          a[i] = a[i]|(SBUF&0x07);             //第 2 字节屏蔽高 5 位,并与第 1 字节(低 5 位)组合(或)
          a[i] = _crol_(a[i],5);               //循环左移 5 位,组成正确 A－D 数值
          disp_BCD (i);}}}                     //扫描显示
```

说明:80C51 串行口发送和接收数据次序均为先低位后高位,ADC0832 启动和通道配置信号:03H = 00000011B,80C51 发送时先发低位,次序为:11000000,ADC0832 接收的第 1 个"1"为启动信号,紧跟着的"10"为通道配置信号 CH0,再后面的一个"0"为稳定位(对应于第 4 个 CLK)。稳定位后,ADC0832 串行输出 A-D 数据 D7D6D5D4(对应最后 4 位"0000")。由于 80C51 尚未允许串行接收(REN＝0),因此丢失,直至 80C51 允许串行接收(REN＝1),80C51 TXD 端再次发出 CLK 脉冲,接收数据从 D3 开始,至 80C51 SBUF 装满,接收第 1 字节的 8 位数据如图 6－14(a)所示(注意先接收低位 D3);再次启动串行接收后,第 2 字节从上次未接收 D5 开始,其数据如图 6－14(b)所示;组合后的 8 位数据如图 6－14(c)所示;循环左移 5 位后的 8 位数据如图 6－14(d)所示。

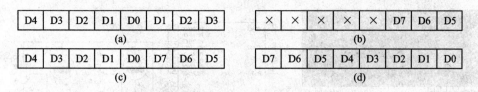

图 6 - 14　实例 85 程序串行接收数据及变换过程

4. Keil 调试

本例因涉及接口元件 ADC0832 及模拟输入信号，Keil 软件调试无法得到 A-D 值。因此，仅在 Keil C51 中编译连接。注意输入源程序时，须将显示数转换为显示数字子函数 chag（实例 81）和输出 BCD 码扫描显示子函数（实例 84）插入，否则 Keil 调试将显示出错。然后，查看有否语法错误，若无错，则进入调试状态，打开变量观察窗口，在 Watch♯1 页中设置全局变量 a 和 b，获取数组 a（A-D 转换值）和数组 b（显示数字）的首地址分别为 0x08 和 0x10（用于在 Proteus 虚拟仿真中观测 A-D 转换值和显示数字）。

5. Proteus 仿真

（1）按实例 23 所述 Proteus 仿真步骤，打开 Proteus ISIS 软件，按表 6 - 4 选择和放置元器件。连接线路，画出 Proteus 仿真电路如图 6 - 15 所示。

表 6 - 4　实例 85 Proteus 仿真电路元器件

名　　称	编　号	大　类	子　类	型号/标称值	数　量
80C51	U1	Microprocessor Ics	80C51 family	AT89C51	1
ADC0832	U2	Data Converters		ADC0832	1
74LS139	U3	TTL 74LS series		74LS139	1
CC4511	U4	CMOS 4000 series		4511	1
滑动变阻器		Resistors	Variable	POT-HG 型 10 kΩ	2
数码显示屏		Optoelectronics	7-Segment Displays	7SEG-MPX4-CC	1
电压表		左侧辅工具栏	虚拟仪表（图标）	DC VOLTMETER	1
电压探针		左侧辅工具栏	电压探针（图标）		1

（2）双击 Proteus ISIS 仿真电路中 AT89C51，装入 Keil 调试后自动生成的 Hex 文件。

（3）单击全速运行按钮，显示屏依次显示两通道串行 A-D 值。例如：0.4.00、1.2.00（本例原始数据）。其中，第 0 位为串行 A-D 通道序号，第 1～3 位为串行 A-D 值。

（4）按暂停按钮，打开 80C51 片内 RAM（主菜单"Debug"→"80C51 CPU"→"Internal（IDATA）Memory -U1"），观察 08H、09H（A-D 转换值数组 a 首地址，可在

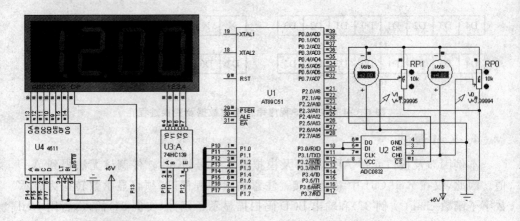

图 6 - 15   ADC 0832 串行 A-D(TXD 输出 CLK)Proteus 仿真电路

Keil 软调时,在变量观察窗口 Watch♯1 页中设置 a 和 b 获得),依次存放了两通道串行 A-D 值(16 进制数:CC、66);0AH～0DH(显示数字数组 b 首地址)依次存放了即时显示通道的中 A-D 转换数字(00、04、00、00 或 01、02、00、00,与按暂停按钮瞬时操作有关)。

(5)分别调节两分压电位器,串行 A-D 显示值随之改变。

(6)终止程序运行,可按停止按钮。

6. 思考与练习

试述串行 A-D 数据接收和组合过程。

实例 86   ADC0832 串行 A-D(虚拟 CLK)

ADC 0832 串行 A-D 既可用 80C51 串行口 TXD 和 RXD 控制操作,也可用 P0～P3 口中任一端线虚拟 CLK 时钟脉冲,实现串行 A-D 转换。

1. 电路设计

虚拟 CLK 控制 ADC0832 串行 A-D 电路如图 6 - 16 所示,电路也分为两部分。

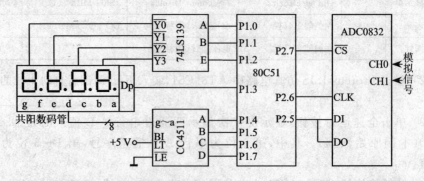

图 6 - 16   ADC 0832 串行 A-D(虚拟 CLK)并动态显示电路

248

与上例电路相比,显示电路部分完全相同。A-D 转换电路部分:由 80C51 P2.7 片选 0832 $\overline{CS}$;P2.6 发送时钟信号,与 CLK 端连接;P2.5 与 DI、DO 端连接在一起,发送 A-D 通道地址配置信号和接收串行 A-D 数据。

74LS139 和 CC4511 特性已分别在实例 57、实例 53 中介绍,ADC0832 特性已在上例中介绍,此处不再重复。

2. 程序设计

```
# include <reg51.h>                       //包含访问 sfr 库函数 reg51.h
# include <absacc.h>                      //包含绝对地址访问库函数 absacc.h
sbit  DIO = P2^5;                         //定义 DIO 为 P2.5(0832 输入输出控制端)
sbit  CLK = P2^6;                         //定义 CLK 为 P2.6(0832 时钟控制端)
sbit  CS = P2^7;                          //定义 CS 为 P2.7(0832 片选控制端)
sbit  Dp = P1^3;                          //定义 Dp 为 P1.3(小数点驱动输出端)
sbit  E = P1^2;                           //定义 E 为 P1.2(139 译码允许端)
unsigned char  a[2];                      //定义 A-D 转换值存储数组 a[2]
unsigned char  b[4];                      //定义显示数字数组 b[4]
void  chag  (unsigned char  r[],d);       //显示数转换为显示数字子函数。略,见实例 81
void  disp_BCD(unsigned char  i);         //输出 BCD 码扫描显示子函数。略,见实例 84
void  main() {                            //主函数
  unsigned char  i,j;                     //定义通道序号 i、循环序数 j
  unsigned char  ad;                      //定义 A-D 值寄存器 ad
  while(1) {                              //无限循环。A-D 并显示
   for(i = 0; i<2; i++ ) {                //依次进行双通道 A-D
    CS = 0;                               //片选 0832
    CLK = 0; DIO = 1; CLK = 1;            //发 0832 启动信号
    CLK = 0; DIO = 1; CLK = 1;            //发 A-D 通道选择码第 1 位"1"
    switch  (i) {                         //switch 语句,根据 i 值发通道选择码第 2 位
       case 0: {CLK = 0; DIO = 0; CLK = 1;} break;  //i = 0,A-D 通道选择码第 2 位为"0"
       case 1: {CLK = 0; DIO = 1; CLK = 1;}}        //i = 1,A-D 通道选择码第 2 位为"1"
    CLK = 0; CLK = 1;                     //第 4 个脉冲为稳定位
    DIO = 1;                              //置 DIO 端为输入态
    CLK = 0;                              //脉冲准备
    for(j = 0; j<8; j++ ) {               //依次读 8 位 A-D 值
      ad<< = 1;                           //A-D 值寄存器左移 1 位
      CLK = 1;                            //产生 CLK 上升沿
      ad = ad|DIO;                        //读 1 位串行 A-D 值
      CLK = 0;}                           //CLK 脉冲复位
    CS = 1;                               //清 0832 片选
    a[i] = ad;                            //存 A-D 值
    disp_BCD(i);}}}                       //转换并显示 A-D 值
```

3. Keil 调试

同上例。注意输入源程序时,须将显示数转换为显示数字子函数 chag(实例 81)和输出 BCD 码扫描显示子函数(实例 84)插入,否则 Keil 调试将显示出错。

4. Proteus 仿真

(1) 按实例 23 所述 Proteus 仿真步骤,打开 Proteus ISIS 软件,按表 6-4 选择和放置元器件连接线路;或直接利用上例 Proteus 仿真电路,仅修改 80C51 控制 0832 的 3 条端线:P2.7 与 $\overline{CS}$ 连接,P2.6 与 CLK 连接,P2.5 与 DI、DO 连接;画出 Proteus 仿真电路如图 6-17 所示。

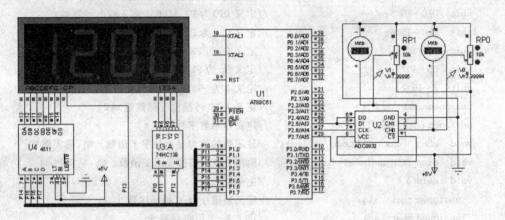

图 6-17 ADC 0832 串行 A-D(TXD 输出 CLK)Proteus 仿真电路

(2) 其余 Proteus 仿真过程及结果与上例完全相同。

5. 思考与练习

虚拟 CLK,如何发送 A-D 通道地址配置信号和接收串行 A-D 数据?

实例 87 PCF8591 I²C 串行 A-D(1602 显示)

1. PCF 8591 简介

PCF8591 是具有 I²C 总线接口的 8 位 A-D 及 D-A 转换器,有 4 路 A-D 转换输入和一路 D-A 模拟输出。

(1) 引脚功能

图 6-18 为 PCF8591 引脚图。其中:

SDA:I²C 总线数据线。

SCL:I²C 总线时钟线。

AIN0~AIN3:模拟信号输入端。

A2~A0:引脚地址输入端。

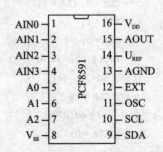

图 6-18 PCF 8591 引脚图

250

AOUT:D-A 转换模拟量输出端。

U_{REF}:基准电压输入端。

EXT:内/外部时钟选择端(EXT=0,选择内部时钟)。

OSC:外部时钟输入/内部时钟输出端。

AGND:模拟信号地。

V_{DD}、V_{SS}:电源(2.5～6 V)端、接地端。

(2) 命令控制字

PCF8591 内部有一个控制寄存器,用来存放控制命令,其格式如图 6-19 所示。

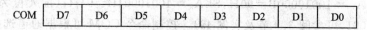

COM	D7	D6	D5	D4	D3	D2	D1	D0

图 6-19　PCF 8591 命令控制字

D1、D0:A-D 通道编码。00～11 分别对应 A-D 转换通道 0～通道 3。

D2:自动增量选择。D2=1 时,A-D 转换将按通道 0～3 依次自动递增转换。

D3、D7:不论 A-D 或 D-A,D3、D7 必须为 0。

D5、D4:模拟量输入方式选择位。有 4 种:D5、D4 编码 00～11 分别对应 A-D 转换输入方式 0～方式 3,如图 6-20 所示。

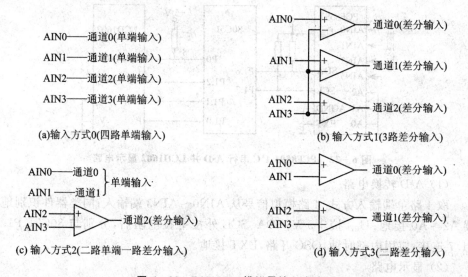

(a)输入方式0(四路单端输入)

(b) 输入方式1(3路差分输入)

(c) 输入方式2(二路单端一路差分输入)

(d) 输入方式3(二路差分输入)

图 6-20　PCF 8591 模拟量输入方式

D6:模拟输出允许。用于 D-A 转换,D6=1,模拟量输出有效。

PCF8591 上电复位后,控制寄存器的初始状态为 00H,D-A 转换器和振荡器被禁止而处于节电方式,模拟量输出端为高阻态。

(3) A-D 转换操作格式

PCF8591 A-D 转换时,由 80C51 先发出控制命令,后进行读操作,其格式如

图 6-21 所示。

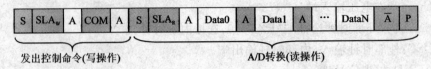

发出控制命令(写操作)　　　　　　A/D 转换(读操作)

图 6-21　PCF 8591A-D 转换操作格式

其中,灰色部分由 80C51 发送,PCF8591 接收;白色部分由 PCF8591 发送, 80C51 接收。SLA$_W$ 为写 8591 寻址字节,SLAR 为读 PCF8591 寻址字节。A2A1A0 接地时,SLA$_W$ = 10010000B = 90H,SLA$_R$ = 10010001B = 91H;(前 4 位为 PCF8591 器件地址 1001,可参阅 3.3 节及实例 49)。控制命令 COM 可根据通道选择、模拟量 输入方式、通道是否自动转换等编码,PCF8591 在接收到 SLAR 后启动 A-D,前后发 出两个 A-D 转换数据。其中,data0 是先前 A-D 转换数据,data1 才是本次 A-D 转换 数据。data0 可用来校验上次转换结果,不用可作废删去。

2. 电路设计

设计 PCF8591 A-D 转换并 LCD 1602 显示电路如图 6-22 所示,电路分为两 部分。

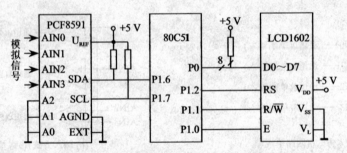

图 6-22　PCF8591 I²C 串行 A-D 并 LCD1602 显示电路

(1) A-D 转换电路

取 4 路单端输入方式,4 路模拟信号从 AIN0~AIN3 端输入;同类器件识别地址 端 A2~A0 接地;U$_{REF}$ 接 +5 V;SDA、SCL 外接上拉电阻后,分别与 80C51 P1.6、 P1.7 连接;应用内部时钟,OSC 开路,EXT 接地。

(2) 显示电路

显示电路部分与实例 61 相同。80C51 P0 与 1602 数据线 D0~D7 连接,排阻 10 kΩ×8 作为 P0 口上拉电阻;P1.0~P1.2 分别与 LCD 1602 E、R/$\overline{W}$、RS 连接。 LCD 1602 特性已在实例 61 中介绍,此处不再重复。

3. 程序设计

按图 6-22 电路,要求 LCD 显示屏第一行显示 AIN0、AIN1 通道 A-D 值,第二 行显示 AIN2、AIN3 通道 A-D 值。

```
# include <reg51.h>                        //包含访问 sfr 库函数 reg51.h
sbit  SCL = P1^7;                          //定义时钟线 SCL 为 P1.7
sbit  SDA = P1^6;                          //定义数据线 SDA 为 P1.6
sbit  RS = P1^2;                           //定义 RS(1602 寄存器选择)为 P1.2
sbit  RW = P1^1;                           //定义 RW(1602 读/写控制)为 P1.1
sbit  E = P1^0;                            //定义 E(1602 使能片选)为 P1.0
void  STAT();                              //启动信号子函数。略,见 3.3 及实例 49
void  STOP();                              //终止信号子函数。略,见 3.3 及实例 49
void  ACK();                               //发送应答 A 子函数。略,见 3.3 及实例 49
void  NACK();                              //发送应答 Ā 子函数。略,见 3.3 及实例 49
bit   CACK();                              //检查应答子函数。略,见 3.3 及实例 49
void  WR1B(unsigned char  x);              //发送一字节子函数,发送数据 x。略,见实例 49
unsigned char  RD1B();                     //接收一字节子函数,返回接收数据。略,见实例 49
void  RD8591(unsigned char ad[]){          //读 8591A-D 转换值子函数。形参:ad[](A-D 值
                                           //数组)
  unsigned char  i;                        //定义循环序号 i
  STAT();                                  //发启动信号
  WR1B(0x90);                              //发送写寻址字节(8591 SLAw = 0x90)
  CACK();                                  //检查应答
  WR1B(0x04);                              //发送操作命令:4 路单端输入方式,自动增量选择
  CACK();                                  //检查应答
  STAT();                                  //再次发启动信号
  WR1B(0x91);                              //发送读寻址字节(8591 SLAR = 0x91)
  CACK();                                  //检查应答
  ad[0] = RD1B();                          //空读一次,读次序调整
  ACK();                                   //发送应答 A
  for(i = 0; i<3; i++){                    //循环读出前 3 路 A-D 值
    ad[i] = RD1B();                        //读一路 A-D 值
    ACK();}                                //发送应答 A
  ad[3] = RD1B();                          //读最后一路 A-D 值
  NACK();                                  //发送应答 Ā
  STOP();}                                 //接收完毕,发终止信号
void  out(unsigned char  x);               //并行数据输出子函数。输出数据 x。略,见实例 61
void  init1602();                          //1602 初始化设置子函数。略,见实例 61
void  wr1602(unsigned char  d[],a);        //写 1602 子函数,写入数据 d[],写入地址 a,见实例 61
void  chag(unsigned char  r[],d);          //显示数转换为 3 位显示数字子函数,见实例 81
void  asc(unsigned char  u[],a,b){         //转换为 ASCII 码子函数。形参:显示数组 u[],
                                           //显示数 a、b
  unsigned char  m[4];                     //定义中间暂存数组 m[4]
  chag(m,a);                               //显示数 a 转换为显示数组 m[]
  u[2] = m[1] + 0x30;                      //整数位数字转换为 ASCII 码,并存相应显示位
  u[4] = m[2] + 0x30;                      //十分位数字转换为 ASCII 码,并存相应显示位
```

```
    u[5] = m[3] + 0x30;                  //百分位数字转换为 ASCII 码,并存相应显示位
    chag (m,b);                          //显示数 b 转换为显示数组 m[]
    u[11] = m[1] + 0x30;                 //整数位数字转换为 ASCII 码,并存相应显示位
    u[13] = m[2] + 0x30;                 //十分位数字转换为 ASCII 码,并存相应显示位
    u[14] = m[3] + 0x30;}                //百分位数字转换为 ASCII 码,并存相应显示位
void  main() {                           //主函数
unsigned char  x[16] = {"0 - 0.00V   1 - 0.00V"};  //定义第 1 行显示数组 x,并赋初值
unsigned char  y[16] = {"2 - 0.00V   3 - 0.00V"};  //定义第 2 行显示数组 y,并赋初值
unsigned char  ad[4];                    //定义 A - D 值存入数组 ad[4]
unsigned int  t;                         //定义延时参数 t
E = 0;                                   //片选 1602
init1602();                              //1602 初始化设置
while(1) {                               //无限循环,不断 AD 并显示
    RD8591(ad);                          //调用读 8591A - D 转换值子函数,存入数组 ad[4]
    asc (x,ad[0],ad[1]);                 //第 1 行显示数组转换
    asc (y,ad[2],ad[3]);                 //第 2 行显示数组转换
    wr1602(x, 0x80);                     //写 1602 第 1 行数据
    wr1602(y, 0xc0);                     //写 1602 第 2 行数据
    for(t = 0; t<2000; t ++);}}          //延时约 10 ms
```

4. Keil 调试

由于本题涉及外围元件 PCF8591 及 4 路模拟输入信号,在 Keil 软件调试中无法得到真实的 A-D 值。因此,仅在 Keil C51 中,按实例 1 所述步骤,编译链接,语法纠错,自动生成 Hex 文件。但应注意引用前述实例中的 11 个子函数必须插入,否则 Keil 调试将显示出错。好在该 11 个子函数已经实践验证,需要调试的只有"读 8591A-D 转换值子函数 RD8591()"、"转换为 ASCII 码子函数 asc()"和主函数。"RD8591()"可参阅比较"读 AT24Cxx n 字节子函数 RDNB()"(两子函数基本相同)。"asc()"属于直线式,比较好理解。主函数中主要是引用实例 61 中的 3 个子函数,有两条赋值语句可以在 Keil 软件调试中看一下,有助于理解,步骤如下:

(1) 按实例 1 所述步骤,编译链接,语法纠错,并进入调试状态。

(2) 打开变量观测窗口,在 Locals 标签页中,观测到数组变量 x、y、ad 的首地址分别为 0x08、0x18 和 0x28。

(3) 打开存储器窗口,在 Memory♯1 窗口的 Address 编辑框内键入"d:0x08"。调节存储器窗口宽度,使第 2 行起始地址为 0x18。并设置数据显示类型为"Unsigned Char"(设置方法参阅图 8 - 32)。

(4) 单步运行,执行完赋值 xy 的两条语句后,可看到 Memory♯1 窗口 0x08 ～ 0x17 和 0x18 ～ 0x27 存储单元已分别存入了第 1 行显示数组 x 和第 2 行显示数组 y 的初始赋值数据:

0x08:30、2D、30、2E、30、30、56、20、20、31、2D、30、2E、30、30、56

0x18:32、2D、30、2E、30、30、56、20、20、33、2D、30、2E、30、30、56

上述数据分别是第 1 行显示"0-0.00V　1-0.00V"和第 2 行显示"2-0.00V　3-0.00V"的 ASCII 码,包括破折号(2D)、小数点(2E)、大写英文字母 V(56)和空格(20),至于每行显示数中 2 个"0.00"(位序号即"asc()"子函数中数组序号 2、4、5、11、13、14),A-D 后会修改其数值。

5. Proteus 仿真

(1) 按实例 23 所述 Proteus 仿真步骤,打开 Proteus ISIS 软件,按表 6-5 选择和放置元器件。连接线路,画出 Proteus 仿真电路如图 6-23 所示。

表 6-5　实例 87 Proteus 仿真电路元器件

名　称	编　号	大　类	子　类	型号/标称值	数　量
80C51	U1	Microprocessor Ics	80C51 family	AT89C51	1
PCF8591	U2	Microprocessor Ics		PCF8591	1
LCD 1602	LCD1	Optoelectronics	Alphanumeric LCDs	LM016L	1
排阻	RP1	Resistors	Resistor Packs	RESPACK-8	1
电阻	R1	Resistors	Chip Resistor 1/8W 5%	10 kΩ	5
电压表		左侧辅工具栏	虚拟仪表(图标🖳)	DC VOLTMETER	1

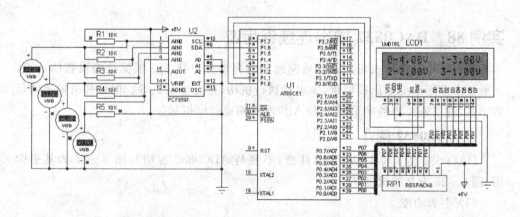

图 6-23　PCF8591 I2C 串行 A-D 并 LCD1602 显示 Proteus 仿真电路

(2) 双击 Proteus ISIS 仿真电路中 AT89C51,装入 Keil 调试后自动生成的 Hex 文件。

(3) 单击全速运行按钮,1602 显示屏第 1 行显示:"0-4.00V　1-3.00V";第 2 行显示:"2-2.00V　3-1.00V"。

(4) 按暂停键,打开 80C51 片内 RAM(主菜单"Debug"→"80C51 CPU"→"Internal(IDATA)Memory -U1"),可看到以 08H、18H 为首地址的连续存储单元内已

255

分别存储了第 1、2 行显示 ASCII 码，28H 为首地址的连续存储单元内依次存储了 4 通道 A-D 值（CC、99、66、33），如图 6 - 24 所示。

（5）按停止键，右击 10 kΩ 电阻网络中任一电阻，弹出右键菜单，选择"Edit Properties"，再弹出元件编辑对话框，修改电阻元件标称值（例如 20 kΩ），单击 "OK"按钮。先理论计算修改后的分压值，然后重新全速运行，观察 A-D 后的显示值与理论计算值是否相符。

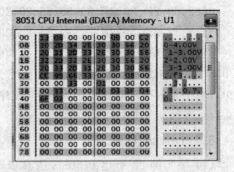

图 6 - 24　80C51 内 RAM 串行 A-D 数据

需要说明的是，满量程 A-D 值 FFH（255）对应 U_{REF}（5V），显示时需将 A-D 值按比例变换：255→500。具体方法是（A-D 值）÷255×5V＝（A-D 值）÷51 V。

（6）终止程序运行，可按停止按钮。

6. 思考与练习

PCF8591 A-D，前后发出两个转换数据，应如何取舍？

6.2　D-A 转换

实例 88　DAC0832 输出连续锯齿波

D-A 转换是单片机应用系统后向通道的典型接口技术。根据被控设备的特点，一般要求应用系统输出模拟量，如电动执行机构、直流电动机等。但单片机输出的是数字量，这就需要将数字量通过 D-A 转换成相应的模拟量。

1. DAC0832 简介

DAC0832 是 8 位 D-A 芯片（注意：不要与 ADC0832 混淆），图 6 - 25 为其引脚图，图 6 - 26 为其逻辑框图。

（1）引脚功能

DI0～DI7：8 位数据输入端。

ILE：输入数据允许锁存信号，高电平有效。

$\overline{CS}$：片选端，低电平有效。

$\overline{WR1}$：输入寄存器写选通信号，低电平有效。

$\overline{WR2}$：DAC 寄存器写选通信号，低电平有效。

$\overline{XFER}$：数据传送信号，低电平有效。

I_{OUT1}、I_{OUT2}：电流输出端。当输入数据为全 0 时，$I_{OUT1}＝0$；当输入数据为全 1 时，

I_{OUT1} 为最大值,$I_{OUT1}+I_{OUT2}=$ 常数。

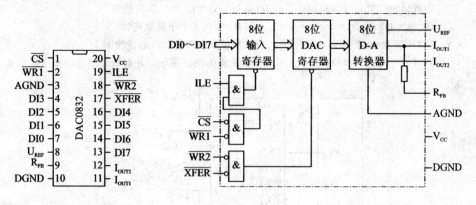

图 6-25　DAC 0832 引脚图　　　　　图 6-26　　DAC 0832 逻辑框图

R_{FB}:反馈电流输入端,内部接有反馈电阻 15 kΩ。

U_{REF}:基准电压输入端。

V_{CC}:正电源端;AGND:模拟地;DGND:数字地。

（2）工作方式

从图 6-26 可以看出,在 DAC0832 内部有两个寄存器:输入寄存器和 DAC 寄存器。输入信号要经过这两个寄存器,才能进入 D-A 转换器进行 D-A 转换。而控制这两个寄存器的控制信号有 5 个:输入寄存器由 ILE、$\overline{CS}$、$\overline{WR1}$ 控制;DAC 寄存器由 $\overline{WR2}$、$\overline{XFER}$ 控制。因此,用软件指令控制这 5 个控制端,可实现 3 种工作方式:直通工作方式(不选通)、单缓冲工作方式(1 次选通)和双缓冲工作方式(分 2 次选通)。

双缓冲工作方式一般用于要求同步输出的场合,例如智能示波器,要求同步输出 X 轴信号和 Y 轴信号。

2. 电路设计

设计 DAC0832 D-A 单缓冲电路如图 6-27 所示,80C51 P0 口与 0832 数据线 DI0～DI7 连接;P2.6 片选 DAC0832 $\overline{CS}$和$\overline{XFER}$;$\overline{WR}$控制 0832 $\overline{WR1}$和$\overline{WR2}$;ILE 接+5 V,始终有效;基准电压输入端 U_{REF}接+5V;电流输出端 I_{OUT1} 和 I_{OUT2} 分别接集成运放反相和同相输入端,R_{FB}接反馈电阻 RP 后,与运放输出端相接。

3. 程序设计

设 $f_{OSC}=12$ MHz,按图 6-27 所示电路,要求输出图 6-28 所示连续锯齿波。

```
# include <reg51.h>          //包含访问 sfr 库函数 reg51.h
# include <absacc.h>         //包含绝对地址访问库函数 absacc.h
void  main() {               //主函数
  unsigned char  i;          //定义循环序数 i(兼输出加减)
  while(1) {                 //反复循环,不断输出锯齿波
    for(i = 0; i <= 255; i++) {   //循环,输出 1 个上升锯齿波
```

```
    XBYTE[0xbfff] = i;               //输出值从 0 起依次加 1
    if(i == 255)  break;}            //若加至最大值 255,跳出循环
for(i = 255; i > = 0; i-- ) {         //循环,输出 1 个下降锯齿波
    XBYTE[0xbfff] = i;               //输出值从最大值 255 起依次减 1
    if(i == 0)  break;}}}            //若减至 0,跳出循环。并重新开始循环输出锯齿波
```

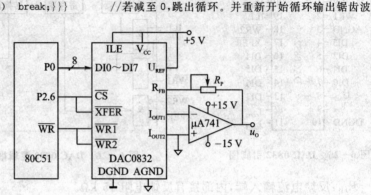

图 6 - 27　DAC0832 D-A 单缓冲电路

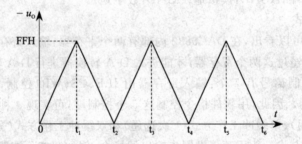

图 6 - 28　DAC0832 D-A 输出连续锯齿波

　　需要说明的是,单片机进行 D-A 转换时,有个时间过程。因此,输出锯齿波从微观上看并不连续,而是有台阶的锯齿波。但若台阶很小(时间过程很短),从宏观上看相当于一个连续的锯齿波,台阶时间长短与程序有关。

4. Keil 调试

　　(1) 按实例 1 所述步骤,编译链接,语法纠错,并进入调试状态。

　　(2) 打开变量观测窗口,在 Locals 标签页中,看到变量 i = 0,并将其数据类型设置为十进制数。

　　(3) 打开存储器窗口,在 Memory#2 窗口的 Address 编辑框内键入"x:0xbfff",并将其数据类型设置为十进制数。

　　(4) 单步运行,进入上升锯齿波循环,Locals 标签页中序数变量 i 和 Memory#2 窗口 0xbfff 单元中的输出锯齿波数据从 0 开始,在循环中每次加 1,表示输出锯齿波不断上升。但要加到 255,太慢长了。可左键 2 次单击(不是双击)变量 i 的值,改为 254。再加 1,跳出上升锯齿波循环。

（5）继续单步运行，进入下降锯齿波循环，Locals 标签页中序数变量 i 和 Memory #2 窗口 0xbfff 单元中的输出锯齿波数据从 255 开始，在循环中每次减 1，表示输出锯齿波不断下降。但要减到 0，太慢长了。可左键 2 次单击（不是双击）变量 i 的值，改为 1。再减 1，跳出下降锯齿波循环。

至此，程序输出一个完整的锯齿波。

（6）继续单步运行，程序不断重复上述（4）（5）过程，输出连续锯齿波。

（7）为了检测锯齿波上升和下降周期，可分别在 2 个 for 循环前设置断点（设置方法参阅 8.2.2 小节和图 8-23）。然后全速运行，在 2 个断点处，依次多次记录寄存器窗口中 sec 值（记录后再次全速运行），前后 2 个 sec 值之差，即为锯齿波上升或下降周期时间（$f_{osc}=12$ MHz 时，分别为 3.58 ms 和 3.838 ms），检测具有可重复性。

（8）除了检测锯齿波上升和下降周期，还可检测锯齿波每一小台阶时间。将断点设置在 "XBYTE[0xbfff]=i;" 语句行，按上述（7）中步骤，检测小台阶时间（$f_{osc}=$ 12 MHz 时，小台阶时间为 14 μs）。

（9）需要说明的是，C51 程序产生的台阶明显大于汇编程序产生的台阶。例如，编者以相同思路形式编成的汇编程序，$f_{osc}=12$ MHz 时，小台阶时间为 5 μs；上升或下降周期时间相等，且只有 1.278 ms。此情在 Proteus 仿真时也能得到验证，该现象说明，C51 程序的实时控制性能劣于汇编程序，在要求较高的场合，可能不能满足需要。

5．Proteus 仿真

（1）按实例 23 所述 Proteus 仿真步骤，打开 Proteus ISIS 软件，按表 6-6 选择和放置元器件。连接线路，画出 Proteus 仿真电路如图 6-29 所示。

表 6-6　实例 88 Proteus 仿真电路元器件

名 称	编 号	大 类	子 类	型号/标称值	数 量
80C51	U1	Microprocessor Ics	80C51 family	AT89C51	1
DAC 0832	U2	Data Converters		DAC0832	1
集成运放	U3	Operational Amplifiers		741	1
滑动变阻器	RP1	Resistors	Variable	POT-HG	2
示波器		左侧辅工具栏	虚拟仪表（图标☎）	OSCILLOSCOPE	1

（2）双击 Proteus ISIS 仿真电路中 AT89C51，装入 Keil 调试后自动生成的 Hex 文件。

（3）全速运行后，示波器跳出所求锯齿波，如图 6-30 所示。示波器 Y 轴（幅度）可选 1V/格，若短路 RP2（运放增益为 0），则锯齿波幅度为 5 格（5 V）。调节 RP2，可调节运放增益，从而增加锯齿波幅度（RP2 取 10 kΩ 或以上，运放正负电源取 ±15 V）。示波器 X 轴（时间）可选 2 ms/格。

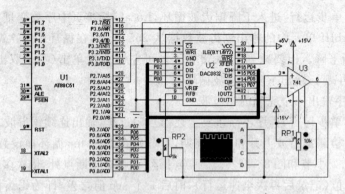

图 6 – 29　DAC0832 输出连续锯齿波 Proteus 仿真电路

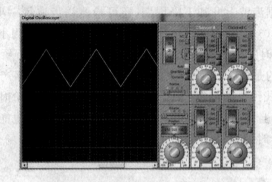

图 6 – 30　0832 D-A 虚拟输出锯齿波形

（4）终止程序运行,可按停止按钮。

6. 思考与练习

分别从微观上和宏观上分析,由单片机 D-A 转换输出的锯齿波是怎样形状的?

实例 89　PCF8591 I²C 串行 D-A 输出连续锯齿波

PCF8591 同时具有 A-D 和 D-A 转换功能。

1. 电路设计

设计 PCF8591 D-A 转换电路如图 6 – 31 所示,U_{REF} 接 +5 V;SDA、SCL 外接上拉电阻后,分别与 80C51 P1.6、P1.7 连接;应用内部时钟,OSC 开路,EXT 接地;同类器件识别地址端 A2～A0 接地;AOUT 端输出 D-A 转换后的模拟信号。

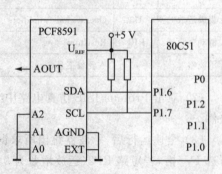

图 6 – 31　PCF8591 I2C 串行 D-A 电路

2. 程序设计

按图 6 - 31 电路,要求输出图 6 - 28 所示连续锯齿波。

PCF8591 用于 D-A 转换时,命令控制字中的 D6＝1,模拟量输出有效。

```
# include <reg51.h>          //包含访问 sfr 库函数 reg51.h
sbit   SCL  = P1^7;          //定义时钟线 SCL 为 P1.7
sbit   SDA  = P1^6;          //定义数据线 SDA 为 P1.6
void   STAT ();              //启动信号子函数。略,见 3.3 及实例 49
void   STOP ();              //终止信号子函数。略,见 3.3 及实例 49
bit    CACK ();              //检查应答子函数。略,见 3.3 及实例 49
void   WR1B (unsigned char  x); //发送一字节子函数,发送数据 x。略,见 3.3 及实例 49
void   main() {              //主函数
  unsigned char  i;          //定义循环序号 i
  STAT ();                   //发启动信号
  WR1B (0x90);               //发送写寻址字节(8591 SLAw = 0x90)
  CACK ();                   //检查应答
  WR1B (0x40);               //发送 D - A 转换操作命令(D6 = 1,其余为 0)
  CACK ();                   //检查应答
  while(1){                  //无限循环
    for(i = 0; i<255; i++){  //锯齿波上升循环
      WR1B (i);              //发送 D - A 转换值 i
      CACK ();}              //检查应答
    for(i = 255; i>0; i--){  //锯齿波下降循环
      WR1B (i);              //发送 D - A 转换值 i
      CACK ();}}             //检查应答
  STOP();}                   //发送完毕(实际运行不到),发终止信号
```

3. Keil 调试

本题因涉及外围元件 PCF8591,在 Keil 软件调试中无法真实 D-A 过程。因此,仅在 Keil C51 中,按实例 1 所述步骤,编译链接,语法纠错,自动生成 Hex 文件。但应注意引用实例 49 中的 4 个 I²C 子函数必须插入,否则 Keil 调试将显示出错。

4. Proteus 仿真

(1) 按实例 23 所述 Proteus 仿真步骤,打开 Proteus ISIS 软件,按表 6 - 7 选择和放置元器件。放置连接线路,画出 Proteus 仿真电路如图 6 - 32 所示。

读者可能发现,PCF 8591 SDA 和 SCL 端没有上拉电阻,实际上,80C51 P1 口内部含有上拉电阻,因此就免接了。另外,为更直观观测 D-A 模拟量输出,在 8591 输出端并接一个电压表和一个 LED 灯。

(2) 双击 Proteus ISIS 仿真电路中 AT89C51,装入 Keil 调试后自动生成的 Hex 文件。

表6-7　实例89 Proteus 仿真电路元器件

名　称	编　号	大　类	子　类	型号/标称值	数　量
80C51	U1	Microprocessor Ics	80C51 family	AT89C51	1
DAC 0832	U2	Data Converters		DAC0832	1
发光二极管	D0～D7	Optoelectronics	LEDs	Yellow	8
电阻	R1	Resistors	Chip Resistor 1/8W 5%	10 kΩ	1
示波器		左侧辅工具栏	虚拟仪表(图标☎)	OSCILLOSCOPE	1
电压表		左侧辅工具栏	虚拟仪表(图标☎)	DC VOLTMETER	1

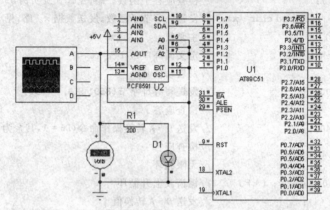

图6-32　DAC0832 输出连续锯齿波 Proteus 仿真电路

（3）全速运行后，示波器跳出所求锯齿波，如图6-33所示。示波器 Y 轴（幅度）可选1 V/格，则锯齿波幅度为5格（5 V）。示波器 X 轴（时间）可选2 ms/格。

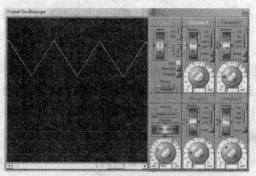

图6-33　0832 D-A 虚拟输出锯齿波形

另外，图6-32中的 LED 灯也随着锯齿波上升下降而闪烁。

（4）终止程序运行，可按停止按钮。

5. 思考与练习

PCF8591 用于 D-A 转换时，命令控制字应如何设置？

第 **7** 章

常用测控电路

在单片机应用系统中,最常用的测控电路有时钟、测温、控制电机等。

7.1 时 钟

实例 90 开机显示 PC 机时间的时钟 1302(LCD1602 显示)

实时时钟是单片机控制系统的常见课题。若采用单片机片内定时/计数器,一方面需要占用宝贵的硬件资源;另一方面,停电、关机等因素又使得计时不连续,复位时需要重新初始化和校时。采用外接实时时钟芯片,则能很好地解决这个问题。

1. DS 1302 简介

用于单片机控制的实时时钟芯片很多。目前,性价比较高、应用较广的是美国DALLAS 公司推出的 DS1302,该芯片是一种高性能、低功耗、带有 RAM 的实时时钟电路,采用 32.768 kHz 晶振,可对年、月、日、星期、时、分、秒进行计时,具有闰年补偿功能。工作电压为 2.5～5.5 V,可为掉电保护电源提供可编程的涓细电流充电功能;采用三线接口与 CPU 进行串行数据传输,并可采用突发方式一次传送多个字节的时钟信号或 RAM 数据。

(1) 引脚功能

DS1302 芯片引脚图如图 7－1 所示。

X1、X2:外接 32 768 Hz 晶振。

SCLK:串行时钟脉冲输入端。

I/O:串行数据输入/输出端。

$\overline{RST}$:复位/片选端。$\overline{RST}=0$, DS 1302 复位;

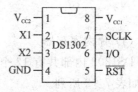

图 7－1 DS1302 引脚图

$\overline{RST}=1$,允许对 DS1302 读写操作。

V_{CC1} 和 V_{CC2}:V_{CC2} 为主电源,接＋5 V 电源;V_{CC1} 为备用电源,可外接 3.6 V 锂电池。

GND:接地端。

(2) 操作控制字

操作控制字实际上是一个地址,有着固定的结构,其中包含了操作对象和操作命令,如表 7 - 1 所列。

表 7 - 1　DS1302 操作控制字

位编号	D7	D6	D5	D4	D3	D2	D1	D0
功能	1	RAM/$\overline{\text{CK}}$	A4	A3	A2	A1	A0	RD/$\overline{\text{WR}}$

D7:操作使能位。1 有效,允许操作;0 无效,禁止操作。

D6:操作数据区选择位。1 选择操作 RAM,0 选择操作时钟。

D5～D1:被操作单元 A4～A0 位地址,与其余各位共同组成操作单元 8 位地址信号,即操作控制字。

D0:读写选择位。1 表示进行读操作,0 表示进行写操作。因此,读操作单元地址(控制字)均为奇数,写操作单元地址(控制字)均为偶数。

读写 DS 1302 首先要写入操作控制字。

(3) 读写时序

图 7 - 2 为 DS 1302 读写时序,其串行数据传输的顺序与 80C51 串行口相同,无论输入输出,均从低位→高位。控制字最低位"RD/$\overline{\text{WR}}$"最先串出,待最后操作使能位"1"串出后,紧接着下一个 SCLK 脉冲就是数据读写。写 DS 1302 是上升沿触发,读 DS 1302 是下降沿触发。

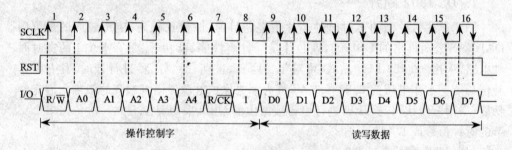

图 7 - 2　DS1302 读写时序

(4) 片内寄存器

DS1302 内部共有 12 个寄存器,具有时钟读写、RAM 读写、充电和写保护等功能,如表 7 - 2 所列。

1) 时钟。有年、星期、月、日、时、分、秒等日历时钟单元。寄存器读单元地址与写单元地址分开,读时用单数(81H～8DH),写时用双数(80H～8CH)。

需要注意的是,DS1302 在第 1 次加电后,必须进行初始化操作。初始化后就可以按正常方法调整时间,数据格式为 BCD 码。其中:

① 秒单元(80H/81H)中的 bit7 功能特殊,定义为时钟暂停标志 CH。CH＝1,时钟振荡器停,DS1302 处于低功耗状态;CH＝0,时钟振荡器运行。

② 小时单元(84H/85H)可有 12 小时模式或 24 小时模式,由 bit7 确定:bit7＝0,

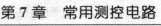

24 小时模式,此时 bit5 为 20 小时标志位;bit7＝1,12 小时模式,此时 bit5 处于 AM/PM 模式:bit5＝0,AM(上午);bit5＝1,PM(下午)。

表 7－2　DS 1302 寄存器

寄存器名称	寄存器地址(控制字)		数据								范围
	读单元	写单元	bit7	bit6	bit5	bit4	bit3	bit2	bit1	bit0	
时钟	81H	80H	CH		10 秒			秒			00～59
	83H	82H			10 分			分			00～59
	85H	84H	12/$\overline{24}$	0	10 时/($\overline{AM}$/PM)	时		时			1～12/0～23
	87H	86H	0	0	10 日			日			1～31
	89H	88H	0	0	0	10 月		月			1～12
	8BH	8AH	0	0	0	0	0	星期			1～7
	8DH	8CH			10 年			年			00～99
写保护	8FH	8EH	WP＝1	0	0	0	0	0	0	0	
充电	91H	90H			TCS			DS		RS	
时钟突发	BFH	BEH									
RAM	C1H～FDH	C0H～FCH									
RAM 突发	FFH	FEH									

③ 星期单元(8BH/8AH)中 bit3 的数据 1 对应星期日,2～7 对应星期 1～星期 6。

2) 写保护。写保护单元(8EH/8FH)中,bit7 为写保护位 WP,当 WP＝1 且其余各位均为 0 时,禁止写 DS1302,保护各寄存器数据不被改写,防止误操作。WP＝0,允许写 DS1302。

3) 充电。DS1302 有两个电源端:V_{CC1} 和 V_{CC2},图 7－3 为 V_{CC2} 与 V_{CC1} 之间片内连接电路和控制操作示意图,由表 7－3 充电单元中的 TCS、DS 和 RS 控制或选择电路中各个开关。

① TCS 为涓流充电选择位,只有两种选择:TCS＝1010,选择涓流充电,充电开关闭合;TCS 为其他数值时,禁止充电,充电开关断开。

② DS 为充电电路中串接二极管(作用是降压)选择:DS＝01,串接一个二极管;DS＝10,串接两个二极管;DS 为 00 或 11,开关均断开禁止充电(与 TCS 无关)。

③ RS 为充电电路中串接电阻(作用是限流)选择:RS＝00,禁用充电功能(与 TCS 无关);RS＝01、10 和 11 时,串接电阻分别为 2 kΩ、4 kΩ 和 8 kΩ。

4) RAM。DS1302 内部有 31 字节 8 位 RAM,因其有备用电源,供电连续有保障,因此可将一些需要保护的数据存入其中。RAM 地址范围为 C0H～FDH,其中

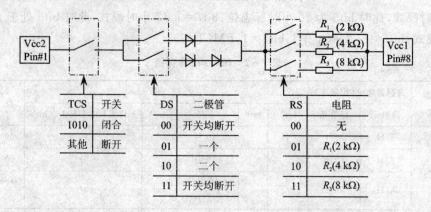

TCS	开关
1010	闭合
其他	断开

DS	二极管
00	开关均断开
01	一个
10	二个
11	开关均断开

RS	电阻
00	无
01	R_1(2 kΩ)
10	R_2(4 kΩ)
11	R_3(8 kΩ)

图 7-3　DS1302 充电方式示意图

奇数为读操作,偶数为写操作。

5) 突发操作。DS1302 每次读写一个字节,均要先写入操作控制字,比较繁琐。突发操作用于连续读写,分为时钟突发(Clock Burst)和 RAM 突发(RAM Burst),可一次性顺序读写多字节时钟数据或 RAM 数据。时钟突发控制字为 BEH(写)/BFH(读),RAM 突发控制字为 FEH(写)/FFH(读)。需要注意的是,突发写时钟必须一次性写满 8 字节时钟数据(包括写保护寄存器),若少写一个字节,将出错。但突发读时钟可只读 7 字节时钟数据。

(5) 读写子程序

读写 DS1302 可以编制几个通用的子程序,在应用程序中调用。前提是在头文件中先定义 3 个引脚的位标识符,例如:时钟端 SCLK、数据端 IO 和复位/片选端 RST。

① 写 8 位数据

```
void  Wr8b (unsigned char  d){      //写 8 位数据子函数。形参:写入数据 d
  unsigned char  i;                 //定义循环序数 i
  SCLK = 0;                         //时钟端清 0,时钟准备
  for(i = 0; i<8; i++){             //循环发送 8 位数据
    IO = d&0x01;                    //数据端取出最低位(只有两种:0 或 1)
    SCLK = 1;                       //时钟上升沿,发送 1 位数据(即 IO 中的位数据)
    d>> = 1;                        //数据右移 1 位(准备下一位)
    SCLK = 0;}}                     //时钟端复位
```

② 读 8 位数据(须事先定义 ACC7 为 ACC.7)

```
unsigned char  Rd8b(){             //读 8 位数据子函数
  unsigned char  i;                //定义循环序数 i
  IO = 1;                          //数据端置输入态
  for(i = 0; i<8; i++){            //循环读 8 位数据
    ACC>> = 1;                     //数据右移 1 位,最高位准备接收 1 位数据
```

```
ACC7 = IO;                          //读入数据端 IO 值→ACC.7
SCLK = 1;                           //时钟端置 1,时钟准备
SCLK = 0;}                          //时钟下降沿,完成接收(实际是指向下一位数据)
return   ACC;}                      //返回读出数据
```

③ 命令读一字节

"命令读一字节"与"读 8 位数据"有什麼区别呢? DS1302 读写操作均要先写入命令控制字(被操作单元地址),"命令读一字节"完成一次读操作,须先写入地址,再读出该地址单元内存储的数据。而"读 8 位数据"是单纯的读 8 位数据操作,不涉及具体存储单元,被"命令读一字节"调用读出 8 位数据。

```
unsigned char   Cmd_Rd(unsigned char c){ //命令读一字节子函数。形参:读出单元地址 c
    unsigned char   d;                    //定义 8 位数据返回值 d
    RST = 1;                              //片选有效
    Wr8b(c);                              //写读出单元地址
    d = Rd8b();                           //读出数据存 d
    RST = 0;                              //RST 复位
    return   d;}                          //返回读出数据
```

④ 命令写一字节

"命令写一字节"与"写 8 位数据"的区别同"命令读一字节"与"读 8 位数据"的区别。"命令写一字节"完成一次写操作,须先写入操作单元地址,再写入该地址单元内存储的数据。而"写 8 位数据"是单纯的写 8 位数据操作,不涉及具体存储单元,被"命令写一字节"调用写入 8 位数据。

```
void   Cmd_Wr(unsigned char c,d){ //命令写一字节子函数。形参:写入单元地址 c、写入数据 d
    RST = 1;                      //片选有效
    Wr8b(c);                      //写入写入单元地址(实参 c)
    Wr8b(d);                      //写入写入单元数据(实参 d)
    RST = 0;}                     //RST 复位
```

⑤ 突发写时钟

DS1302 中的"突发"(Burst)操作就是连续读写,可一次性顺序读写多字节时钟数据或 RAM 数据。

```
void   Bst_Wr(unsigned char t[]){ //突发写时钟子函数。形参:时钟初始化数据数组 t[]
    unsigned char   i;            //定义循环序数 i
    RST = 1;                      //片选有效
    Wr8b(0xbe);                   //写入突发写时钟控制字 0xbe
    for(i = 0; i<8; i++)          //循环。依次连续写入 8 字节时钟数据
    Wr8b(t[i]);                   //写入时钟数据 t[i]
    RST = 0;}                     //8 字节时钟数据写完,RST 复位
```

⑥ 突发读时钟

```
void  Bst_Rd(unsigned char t[]){   //突发读时钟子函数。形参:时钟读出数据存储数组 t[]
    unsigned char   i;             //定义循环序数 i
    RST = 1;                       //片选有效
    Wr8b(0xbf);                    //写入突发读时钟控制字 0xbf
    for(i = 0;  i<7;  i++)         //循环。依次读出 7 字节时钟数据
    t[i] = Rd8b();                 //读出时钟数据,并存 t[i]
    RST = 0;)                      //7 字节时钟数据读完,RST 复位
```

2. 电路设计

设计时钟 DS1302 并 1602 液晶显示电路如图 7-4 所示,电路分成两部分:左半部分是时钟 DS1302 读写控制电路,右半部分是 1602 液晶显示屏电路。

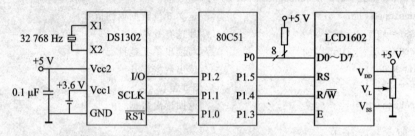

图 7-4 DS1302 时钟并 1602 液晶屏显示电路

(1) 时钟 DS1302 读写控制电路

晶振 32768Hz 与 DS1302 X1、X2 端连接;V_{CC2} 为主电源,接 +5 V 电源;V_{CC1} 为备用电源,接 3.6 V 锂电池;串行数据输入/输出端 I/O、串行时钟脉冲输入端 SCLK 和复位/片选端 $\overline{RST}$ 分别与 80C51 P1.2、P1.1 和 P1.0 连接。

(2) 1602 液晶显示屏电路

显示电路与实例 61 图 4-28 相同。80C51 P0 与 1602 数据线 D0~D7 连接,排阻 10 kΩ×8 作为 P0 口上拉电阻;P1.0~P1.2 分别与 1602 使能端 E、读/写控制端 R/$\overline{W}$ 和寄存器选择端 RS 连接,10 kΩ 电位器用于调节 1602 显示对比度。

3. 程序设计

按图 7-4 电路,要求开机即能直接显示 PC 机时间。其中,1602 第 1 行显示年月日和周日,第 2 行显示时分秒。

```
#include <reg51.h>          //包含访问 sfr 库函数 reg51.h
sbit  RST = P1^0;           //定义 RST 为 P1.0(1302 复位/片选端)
sbit  SCLK = P1^1;          //定义 SCLK 为 P1.1(1302 时钟端)
sbit  IO = P1^2;            //定义 IO 为 P1.2(1302 数据端)
sbit  E = P1^3;             //定义 E 为 P1.3(1602 使能片选端)
sbit  RW = P1^4;            //定义 RW 为 P1.4(1602 读/写控制端)
sbit  RS = P1^5;            //定义 RS 为 P1.5(1602 寄存器选择端)
sbit  ACC7 = ACC^7;         //定义 ACC7 为累加器 A 第 7 位 ACC.7
```

```
void  Wr8b(unsigned char  d);          //1302 写 8 位数据子函数。略,见前文
unsigned char  Rd8b();                 //1302 读 8 位数据子函数。略,见前文
void  Bst_Rd(unsigned char  t[]);      //1302 突发读时钟子函数。形参 t[]。略,见前文
void  out(unsigned char x);            //1602 并行数据输出子函数。略,见实例 61
void  init1602();                      //1602 初始化设置子函数。略,见实例 61
void  wr1602(unsigned char d[],a);     //写 1602 子函数。略,见实例 61
void  chag(unsigned char y[],unsigned char h[],unsigned char b[]){
                                       //时钟数据转换显示数字子函数
  //形参:1602 第 1 行显示数组 y[](年月日)、第 2 行显示数组 h[](时分秒)、时钟数据数组 b[]
  y[2] = (0x30 + b[6]/16);             //年十位数转换为年显示 ASCII 码(除以 16 为高 8 位)
  y[3] = (0x30 + b[6]%16);             //年个位数转换为年显示 ASCII 码(除以 16 的余数为
                                       //低 8 位)
  y[5] = (0x30 + b[4]/16);             //月十位数转换为月显示 ASCII 码(加 30 是转换为
                                       //ASCII 码)
  y[6] = (0x30 + b[4]%16);             //月个位数转换为月显示 ASCII 码
  y[8] = (0x30 + b[3]/16);             //日十位数转换为日显示 ASCII 码
  y[9] = (0x30 + b[3]%16);             //日个位数转换为日显示 ASCII 码
  if(b[5] == 1)  y[15] = 7 + 0x30;     //若周日数据为 1,转换为星期 7(日)
  else  y[15] = b[5] - 1 + 0x30;       //否则,周日数据减 1。2~7 对应星期 1~星期 6
  h[0] = (0x30 + b[2]/16);             //时十位数转换为时显示 ASCII 码
  h[1] = (0x30 + b[2]%16);             //时个位数转换为时显示 ASCII 码
  h[3] = (0x30 + b[1]/16);             //分十位数转换为分显示 ASCII 码
  h[4] = (0x30 + b[1]%16);             //分个位数转换为分显示 ASCII 码
  h[6] = (0x30 + b[0]/16);             //秒十位数转换为秒显示 ASCII 码
  h[7] = (0x30 + b[0]%16);}            //秒个位数转换为秒显示 ASCII 码
void  main(){                          //主函数
  unsigned char  b[7];                 //定义时钟数据数组 b,内存秒分时日月周年即时读出值
  unsigned char  y[] = "2000-00-00-Week0";
                                       //定义 1602 第 1 行年月日数组 y:20××-××-××-Week×
  unsigned char  h[] = "00:00:00--------";
                                       //定义 1602 第 2 行时分秒数组 h:××:××:×× --------
  E = 0;                               //LCD1602 使能端 E 低电平,准备
  init1602();                          //1602 初始化设置
  while(1){                            //无限循环(读时钟并显示)
    Bst_Rd(b);                         //突发读时钟即时值
    chag(y,h,b);                       //时钟数据转换显示数字子函数
    wr1602(y, 0x80);                   //写 1602 第 1 行数据
    wr1602(h, 0xc0);}}                 //写 1602 第 2 行数据
```

需要说明的是,DS1302 中的周数据与我们习惯用的星期序数不一致。例如,1302 星期日序数为 1,星期六序数为 7。因此,显示程序中做了修正。

4. Keil 调试

本题涉及外围元件 DS1302 和 LCD1602,在 Keil 软件调试中无法得到外围元件的有效信号。因此,仅在 Keil 中,按实例 1 所述步骤,编译链接,语法纠错,自动生成 Hex 文件,并在变量观察窗口 Locals 页中获得时钟数据数组 b[]、第 1 行年月日数组 y[]和第 2 行时分秒数组 h[]的首地址(分别为 0x08、0x0f、0x20,用于在 Proteus 仿真中观测)。

需要注意的是,引用前文和实例 61 的 6 个子函数必须插入,否则 Keil 调试将显示出错。好在其中 3 个子函数已经前例实践中验证,其余子函数可分别 Keil 调试。

5. Proteus 仿真

(1) 按实例 23 所述 Proteus 仿真步骤,打开 Proteus ISIS 软件,按表 7-3 选择和放置元器件,并连接线路,画出 Proteus 仿真电路如图 7-5 所示。

表 7-3　实例 90 Proteus 仿真电路元器件

名　称	编　号	大　类	子　类	型号/标称值	数　量
80C51	U1	Microprocessor Ics	80C51 family	AT89C51	1
DS1302	U2	Microprocessor Ics	All Sub Categories	DS1302	1
LCD 1602	LCD1	Optoelectronics	Alphanumeric LCDs	LM016L	1
排阻	RP1	Resistors	Resistor Packs	RESPACK-8	1
石英晶体	X1	Miscellaneous	CRYSTAL	32 768 Hz	1

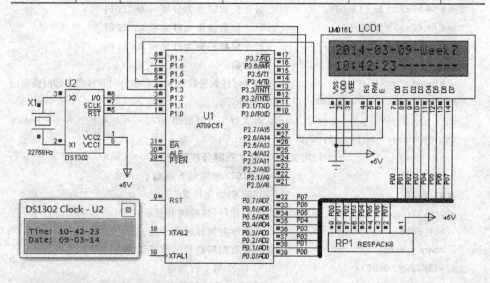

图 7-5　DS1302 时钟开机显示 PC 机时间并 1602 液晶屏显示 Proteus 仿真电路

(2) 双击 Proteus ISIS 仿真电路中 AT89C51,装入 Keil 调试后自动生成的 Hex 文件。

（3）全速运行后，1602 显示实时时钟，初始值 PC 机即时时间，并随后不断更新实时数值。

（4）右击 DS1302，弹出右键子菜单，鼠标指向最后一行 DS1302，跳出下拉式子菜单，单击"Clock-U2"；或单击主菜单"Debug"→"DS1302"→"Clock-U2"，跳出 DS1302 内部时钟寄存器显示框，框内显示实时时钟数据。

（5）按暂停按钮，打开 80C51 片内 RAM（主菜单"Debug"→"80C51 CPU"→"Internal(IDATA) Memory -U1"），可看到 08H～0EH、0FH～1EH 和 20H～2FH 中，已经依次存放了时钟数据数组 b[]、第 1 行年月日数组 y[] 和第 2 行时分秒数组 h[] 的即时数据。

（6）终止程序运行，可按停止按钮。

6. 思考与练习

DS1302 中的周数据与我们习惯用的星期序数不一致，如何处理？

实例 91 具有校正功能的时钟 1302（LCD1602 显示）

上例时钟电路是开机显示 PC 机时间，无时钟校正功能，本例具有时钟校正功能。

1. 电路设计

在上例时钟电路的基础上，加入 3 个时钟修正按键：K0（修正）、K1（移位）和 K2（加 1），分别与 80C51 P2.7、P2.5 和 P2.3 连接，如图 7-6 所示。

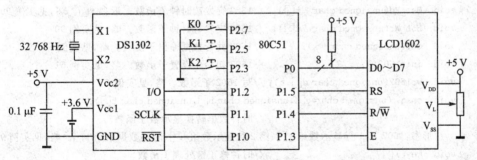

图 7-6 带校正时分秒的 DS1302 时钟并 1602 液晶显示电路

2. 程序设计

按图 7-6 电路，要求开机显示 2012 年 1 月 1 日 13 时 47 分 58 秒，星期日（7），且要求 K0、K1 和 K2 具有时钟校正功能，其控制过程为：按下 K0（带锁），进入时钟修正；首先年数据（12）快速闪烁，表示可被修正；按一次 K1（不带锁），被修正位（快速闪烁）按年、周、月、日、时、分、秒次序循环往复；按一次 K2（不带锁），被修正位加 1（最大值不超过时钟规定值，超过复 0）；时钟修正期间，计时继续运行；释放 K0，退出时钟修正。

```
#include <reg51.h>                     //包含访问 sfr 库函数 reg51.h
sbit   RST = P1^0;                     //定义 RST 为 P1.0(1302 复位/片选端)
sbit   SCLK = P1^1;                    //定义 SCLK 为 P1.1(1302 时钟端)
sbit   IO = P1^2;                      //定义 IO 为 P1.2(1302 数据端)
sbit   E = P1^3;                       //定义 E 为 P1.3(1602 使能片选端)
sbit   RW = P1^4;                      //定义 RW 为 P1.4(1602 读/写控制端)
sbit   RS = P1^5;                      //定义 RS 为 P1.5(1602 寄存器选择端)
sbit   K0 = P2^7;                      //定义 K0 为 P2.7(时钟修正标志键)
sbit   K1 = P2^5;                      //定义 K1 为 P2.5(时钟修正移位键)
sbit   K2 = P2^3;                      //定义 K2 为 P2.3(时钟修正加 1 键)
sbit   ACC7 = ACC^7;                   //定义 ACC7 为累加器 A 第 7 位 ACC.7
bit    f = 0;                          //定义 0.15 s 标志 f
unsigned char   m = 0;                 //定义 50 ms 计数器 m,并赋初值 0
unsigned char   n = 6;                 //定义修正位序号 n,n 赋初值 6(年序号)
unsigned char   b[8];                  //定义时钟数据数组 b,内存秒分时日月周年即时读出
                                       //值(BCD 码)
unsigned char   y[] = "2000 - 00 - 00 - Week0";
                    //定义 1602 第 1 行年月日数组 y:20××-××-××-Week×
unsigned char   h[] = "00:00:00 --------";
                    //定义 1602 第 2 行时分秒数组 h:××:××:×× --------
void   Wr8b (unsigned char   d);       //1302 写 8 位数据子函数(写入数据 d)。略,见实例 90
unsigned char   Rd8b();                //1302 读 8 位数据子函数。略,见实例 90
void   Cmd_Wr(unsigned char   c,d);    //1302 命令写一字节子函数。略,见实例 90
void   Bst_Rd(unsigned char   t[]);    //1302 突发读时钟子函数。形参 t[]。略,见实例 90
void   Bst_Wr(unsigned char   t[]);    //1302 突发写时钟子函数。略,见实例 90
void   out(unsigned char   x);         //1602 并行数据输出子函数。略,见实例 61
void   init1602();                     //1602 初始化设置子函数。略,见实例 61
void   wr1602(unsigned char d[],a);    //写 1602 子函数。略,见实例 61
void   chag (unsigned char y[],unsigned char h[],unsigned char b[]);
                                       //时钟数据转换显示数子函数
   //形参:1602 第 1 行显示数组 y[]、第 2 行显示数组 h[]、时钟数据数组 b[]。略,见实例 90
void   key(){                          //时钟修正键处理子函数
   unsigned char   i;                  //定义循环序号 i
   unsigned char   d[7];//定义时钟数据修正数组 d,内存秒分时日月周年修正值(十六进制数)
   if(K1 == 0){                        //若移位键按下,则
     while(K1 == 0);                   //等待移位键释放
     n--;                              //移位键释放后,修正位序号减 1
     if(n>6)   n = 6;}                 //若修正位序号超限,复 6
   if(K2 == 0){                        //若加 1 键按下,则
     while(K2 == 0);                   //等待加 1 键释放
     for(i = 0; i<7; i++)              //7 位时钟数据(BCD 码)依次转换为十六进制数
       d[i] = (((b[i]/16) * 10) + (b[i] % 16));   //时钟数据(BCD 码)转换为十六进制数
```

```c
    d[n]++;                         //修正位数据(十六进制数)加1
    if(d[6]>99)  d[6]=0;            //年数>99,复0
    if(d[5]>7)  d[5]=1;             //周数>7,复1
    if(d[4]>12)  d[4]=1;            //月数>12,复1
    if(((d[6]%4)==0)&(d[4]==2)&(d[3]>29))
      d[3]=1;                       //闰年2月,日数>29,复1
    else  if(((d[6]%4)!=0)&(d[4]==2)&(d[3]>28))
      d[3]=1;                       //非闰年2月,日数>28,复1
    else  if(((d[4]==4)|(d[4]==6)|(d[4]==9)|(d[4]==11))&(d[3]>30))
      d[3]=1;                       //4、6、9、11月,日数>30,复1
    else  if(d[3]>31)  d[3]=1;      //其余月份,日数>31,复1
    if(d[2]>23)  d[2]=0;            //时数>23,复0
    if(d[1]>59)  d[1]=0;            //分数>59,复0
    if(d[0]>59)  d[0]=0;            //秒数>59,复0
    ET0=0;                          //时钟修正期间T0禁中
    for(i=0; i<7; i++)              //7位十六进制时钟数据依次转换为BCD码
      b[i]=((d[i]/10)*16)+(d[i]%10);   //十六进制时钟数据转换为BCD码时钟数据
    Bst_Wr(b);                      //突发写时钟
    ET0=1;}}                        //时钟修正完毕,T0开中
void  main() {                      //主函数
  unsigned char  a[8]={             //定义数组a,内存秒分时日月周年初始值(BCD码)
    0x58,0x47,0x13,0x01,0x01,0x01,0x12,0};
                                    //2012年1月1日13时47分58秒,星期日(7)
  TMOD=1;                           //置T0定时器方式1
  TH0=0x3c; TL0=0xb0;               //置T0初值50ms
  IP=0x02;                          //置T0为高优先级中断
  IE=0x82;                          //T0开中
  Cmd_Wr(0x8e,0);                   //关闭写保护
  Bst_Wr(a);                        //突发写时钟初始值
  E=0;                              //LCD1602使能端E低电平,准备
  init1602();                       //1602初始化设置
  Bst_Rd(b);                        //突发读时钟即时值
  chag (y,h,b);                     //时钟数据转换显示数
  wr1602(y, 0x80);                  //写1602第1行数据
  wr1602(h, 0xc0);                  //写1602第2行数据
  TR0=1;                            //T0运行
  while(1) {                        //无限循环
    while(K0==1);                   //等待时钟修正键按下
    if(K0==0)  key();}}             //修正键按下,调用时钟修正键处理子函数
void  t0()  interrupt 1{            //T0中断函数
  TH0=0x3c; TL0=0xb0;               //重置T0初值50ms
  m++;                              //50ms计数器加1
```

```
    if((K0==0)&(m>=3)) {m=0;          //若时钟修正键按下且满 0.15 s,50 ms 计数器清 0
      Bst_Rd(b);                      //突发读时钟即时值
      chag (y,h,b);                   //时钟数据转换显示数子函数
      f=!f;                           //0.15 s 标志取反
      if(f==1){                       //若满 0.3 s,修正位闪烁
        switch(n){                    //根据 n,选择相应修正位闪烁
          case 0:{h[6]=0; h[7]=0;} break;    //秒闪烁,跳出 switch 语句
          case 1:{h[3]=0; h[4]=0;} break;    //分闪烁,跳出 switch 语句
          case 2:{h[0]=0; h[1]=0;} break;    //时闪烁,跳出 switch 语句
          case 3:{y[8]=0; y[9]=0;} break;    //日闪烁,跳出 switch 语句
          case 4:{y[5]=0; y[6]=0;} break;    //月闪烁,跳出 switch 语句
          case 5: y[15]=0;    break;         //周闪烁,跳出 switch 语句
          case 6:{y[2]=0; y[3]=0;} break;    //年闪烁,跳出 switch 语句
          default:    break;}}               //否则不闪烁
      wr1602(y, 0x80);                //写 1602 第 1 行数据
      wr1602(h, 0xc0);}               //写 1602 第 2 行数据
    if((K0!=0)&(m>=20)) {m=0;         //若时钟修正键未按下,且满 1 s,50 ms 计数器清 0
      Bst_Rd(b);                      //突发读时钟即时值
      chag (y,h,b);                   //时钟数据转换显示数子函数
      wr1602(y, 0x80);                //写 1602 第 1 行数据
      wr1602(h, 0xc0);}}              //写 1602 第 2 行数据
```

3. Keil 调试

本题 Keil 调试同上例。因涉及外围元件 DS1302 和 LCD1602,在 Keil 软件调试中无法得到外围元件的有效信号。因此,仅在 Keil 中,按实例 1 所述步骤,编译链接,语法纠错,自动生成 Hex 文件,并在变量观察窗口 Watch 页中设置(设置方法参阅图 8-30)全局变量 b(时钟数据数组)、y(第 1 行年月日数组)和 h(第 2 行时分秒数组),获得数组 b[]、y[]和 h[]的首地址(分别为 0x21、0x3c、0x29,用于在 Proteus 仿真中观测)。

需要注意的是,引用前述实例中的 9 个子函数必须插入,否则 Keil 调试将显示出错。

4. Proteus 仿真

(1) 按实例 23 所述 Proteus 仿真步骤,打开 Proteus ISIS 软件,按表 7-4 选择和放置元器件,并连接线路,画出 Proteus 仿真电路如图 7-5 所示。

(2) 双击 Proteus ISIS 仿真电路中 AT89C51,装入 Keil 调试后自动生成的 Hex 文件。

(3) 全速运行后,1602 显示实时时钟,初始值为程序中设置的 2012 年 1 月 1 日 13 时 47 分 58 秒,周 7(日),并随后不断更新实时数值。

(4) 按下 K0(锁定),进入时钟修正。

表 7-4　实例 91 Proteus 仿真电路元器件

名　称	编　号	大　类	子　类	型号/标称值	数　量
80C51	U1	Microprocessor Ics	80C51 family	AT89C51	1
DS1302	U2	Microprocessor Ics	All Sub Categories	DS1302	1
LCD 1602	LCD1	Optoelectronics	Alphanumeric LCDs	LM016L	1
排阻	RP1	Resistors	Resistor Packs	RESPACK-8	1
石英晶体	X1	Miscellaneous	CRYSTAL	32 768 Hz	1
按键	K0～K2	Switches & Relays	Switches	BUTTON	3

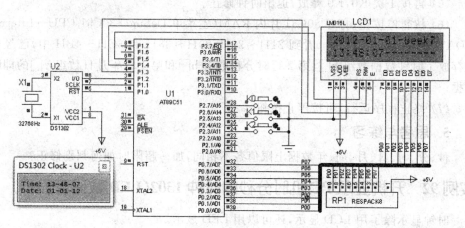

图 7-7　带校正时分秒 DS1302 时钟并 1602 液晶屏显示 Proteus 仿真电路

需要说明的是,本例选用的 BUTTON 按键有两种运行功能:有锁运行和无锁运行。作有锁运行时,单击按键图形中小红圆点,单击第 1 次闭锁,第 2 次开锁。作无锁运行时,单击按键图形中键盖帽"⌐⌐",单击 1 次,键闭合后弹开 1 次,不闭锁。

① 首先年数据快速闪烁,表示年数据允许修正。此时每按 1 次 K2(单击键图形中键盖帽"⌐⌐",单击 1 次,键闭合后弹开 1 次,不闭锁),年数据显示数加 1,但不超过年最大值 2099,超过时复位 2000。

② 若再按 1 次 K1(不闭锁,方法同 K2),被修正位(快速闪烁,表示该位允许修正)移至周数据,每按 1 次 K2,周数据显示数加 1,但不超过周最大值 7,超过时复位 1。

③ 再按 1 次 K1,被修正位(快速闪烁)移至月数据,每按 1 次 K2,月数据显示数加 1,但不超过月最大值 12,超过时复位 1。

④ 再按 1 次 K1,被修正位(快速闪烁)移至日数据,每按 1 次 K2,日数据显示数加 1,但不超过规定的最大值(闰年 2 月,日数≤29;非闰年 2 月,日数≤28;4、6、9、11 月,日数≤30;其余月份,日数≤31),超过时复位 1。

⑤ 再按 1 次 K1,被修正位(快速闪烁)移至时数据,每按 1 次 K2,时数据显示数加 1,但不超过最大值 23,超过时复位 0。

⑥ 再按 1 次 K1,被修正位(快速闪烁)移至分数据,每按 1 次 K2,分数据显示数加 1,但不超过最大值 59,超过时复位 0。

⑦ 再按 1 次 K1,被修正位(快速闪烁)移至秒数据,每按 1 次 K2,秒数据显示数加 1,但不超过最大值 59,超过时复位 0。

⑧ 再按 1 次 K1,被修正位(快速闪烁)重新移至年数据。这样,按年周月日时分秒次序循环往复;按 1 次 K2(不带锁),被修正位加 1(最大值不超过时钟规定值);释放 K0,退出时钟修正。

(5) 再按 1 次 K0,K0 释放,退出时钟修正。

(6) 按暂停按钮,打开 80C51 片内 RAM(主菜单 Debug→80C51 CPU→Internal(IDATA)Memory -U1),可看到 21H～28H、29H～38H 和 3CH～4BH 中,已经依次存放了时钟数据数组 b[]、第 2 行时分秒数组 h[]和第 1 行年月日数组 y[]的即时数据。

(7) 终止程序运行,可按停止按钮。

5. 思考与练习

秒、分、时、日、月、周、年数据上限值各不相同,加一超限时如何判别修正?

实例 92　开机显示 PC 机时分秒的时钟 1302(LED 数码管显示)

时钟显示除了用 LCD 显示,还可以用 LED 显示。

1. 电路设计

设计时钟 DS1302 并 LED 数码管显示电路如图 7-8 所示,电路分成两部分:左半部分是时钟 DS1302 读写控制电路,右半部分是 LED 数码管动态显示电路。

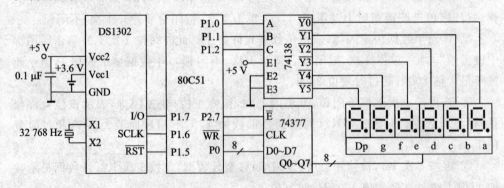

图 7-8　开机显示 PC 机时分秒的 1302 时钟并 LED 数码管显示电路

(1) 时钟 DS1302 读写控制电路

时钟 DS1302 读写控制电路与实例 90、91 中相同,晶振 32768Hz 与 DS1302 X1、

X2 端连接；V_{CC2} 为主电源，接＋5 V 电源；V_{CC1} 为备用电源，接 3.6 V 锂电池；串行数据输入/输出端 I/O、串行时钟脉冲输入端 SCLK 和复位/片选端 $\overline{RST}$ 分别与 80C51 P1.7、P1.6 和 P1.5 连接。

（2）LED 数码管动态显示电路

LED 数码管动态显示电路与实例 65、66、71、72、73 中相同，80C51 P1.2～P1.0 与 138 译码输入端 CBA（A 为低位）连接；译码输出端 $\overline{Y0}$～$\overline{Y6}$（低电平有效）作为位码，选通 6 位共阴型 LED 数码管；138 片选端 E1 接＋5V，$\overline{E2}$、$\overline{E3}$ 接地，始终有效；80C51 $\overline{WR}$ 接 74LS377 时钟端 CLK；P2.7 接门控端 $\overline{E}$；P0 口接数据输入端 D0～D7，377 Q0～Q7 输出段码，与数码管笔段 a～g、Dp 连接。

74LS377 和 74LS138 特性已分别在实例 34 和实例 58 中介绍，此处不再重复。

2. 程序设计

按图 7-8 电路，要求开机即能直接显示 PC 机时分秒数据，时分秒数据间用小数点分隔，其中秒数据闪烁（亮 600 ms，暗 400 ms），并不断更新。

```
# include <reg51.h>                   //包含访问 sfr 库函数 reg51.h
# include <absacc.h>                  //包含绝对地址访问库函数 absacc.h
sbit   RST = P1^5;                    //定义 RST 为 P1.5(复位/片选端)
sbit   SCLK = P1^6;                   //定义 SCLK 为 P1.6(时钟端)
sbit   IO = P1^7;                     //定义 IO 为 P1.7(数据端)
sbit   ACC7 = ACC^7;                  //定义位标识符 ACC7 为 ACC.7
unsigned char   b[7];                 //定义时钟数据数组 b,内存秒分时日月周年即时读出值
unsigned char   d[6];                 //定义时钟显示数组 d,内存秒分时显示字段码
unsigned char * code   c[10] = {      //定义共阴字段码表数组,存在 ROM 中
  0x3f,0x06,0x5b,0x4f,0x66,0x6d,0x7d,0x07,0x7f,0x6f};
unsigned char   m = 0;                //定义显示位编号 m(用于位扫描显示)
unsigned char   s;                    //定义秒数据寄存器(用于比较确定秒数据更新)
unsigned char   j = 0;                //定义 4 ms 计数器 j(用于秒闪烁和 0.99 2 s 后读 1302)
void   chag1() {                      //时分秒数据转换显示数字子函数
  d[0] = (b[2]/16);                   //时十位数转换为显示数字
  d[1] = (b[2] % 16);                 //时个位数转换为显示数字
  d[2] = (b[1]/16);                   //分十位数转换为显示数字
  d[3] = (b[1] % 16);                 //分个位数转换为显示数字
  d[4] = (b[0]/16);                   //秒十位数转换为显示数字
  d[5] = (b[0] % 16);}                //秒个位数转换为显示数字
void   Wr8b(unsigned char d);         //写 8 位数据子函数。略,见实例 90
unsigned char   Rd8b();               //读 8 位数据子函数。略,见实例 90
void   Bst_Rd(unsigned char   t[]);   //突发读时钟子函数。略,见实例 90
void   main(){                        //主函数
```

```
    Bst_Rd(b);                              //突发读时钟即时值
    chag();                                 //转换为时分秒显示数字
    s = b[0];                               //记录秒数据
    TMOD = 1;                               //置 T0 定时器方式 1
    TH0 = 0xf0; TL0 = 0x60;                 //置 T0 初值 4 ms(用于动态扫描显示及闪烁计数)
    IP = 0x02;                              //置 T0 为高优先级中断
    TR0 = 1;                                //T0 运行
    IE = 0x82;                              //T0 开中
    while(1);}                              //无限循环,等待中断
void  t0() interrupt 1 {                    //T0 中断函数
    TH0 = 0xf0; TL0 = 0x60;                 //重置 T0 初值 4 ms(用于动态扫描显示)
    m ++ ;                                  //显示位编号加 1
    if(m == 6)   m = 0;                     //若编号超限,复 0
    P1 = (P1&0xf8)|m;                       //驱动显示位
    if((m % 2) == 0)   XBYTE[0x7fff] = c[d[m]];     //输出显示字段码,十位不加小数点
    else   XBYTE[0x7fff] = c[d[m]]|0x80;            //输出显示字段码,个位加小数点
    j ++ ;                                  //4 ms 计数器加 1(用于秒闪烁及读 1302)
    if((j >= 150)&(m >= 4))                 //若显示位是秒(m≥4)且闪烁计数器大于 600 ms(j≥150)
      XBYTE[0x7fff] = 0;                    //秒显示暗(闪烁:前 600 ms 亮,后 400 ms 暗)
    if(j > 249) {                           //大于 0.996 s,则
      Bst_Rd(b);                            //突发读时钟即时值
      if(s! = b[0]) {                       //若秒数据已更新,则
        chag();                             //时分秒数据转换为显示数字
        s = b[0];                           //记录更新秒数据
        j = 0;}}}                           //4 ms 计数器复 0
```

需要说明的是,T0 4 ms 中断有 3 个作用:一是用于动态扫描显示,每隔 4 ms 更换显示位;二是用于秒闪烁,4 ms 计数,前 600 ms 亮,后 400 ms 暗;三是用于在接近 1 s(0.996 s)时突发读时钟。然后隔 4 ms 再读一次,即在 0.996 s 和 1 s 两个时点突发读时钟。若在这两个时点发现秒数据更新,就更新显示值,尔后 4 ms 计数重新开始。既做到及时更新,又避免在 T0 每一次 4 ms 中断时均去突发读时钟。为什么不在 4 ms 计数 1 s 时一次性去突发读时钟呢?主要考虑 4 ms 计数与 1302 实时时钟可能(多数)存在时差,若 4 ms 计数 1 s 小于 1302 实时时钟 1 s,实时时钟显示滞后将超过 1 s,而且这种"滞后"几乎会一直保持下去(需累计时差大于 1 s 后才"正确"一次)。但若在 0.996 s 和 1 s 两个时点突发读时钟,有时差时,"滞后"只有 1 次,第 2 次即被更正,而且这种"正确"几乎会一直保持下去(需累计时差大于 4 ms 后才再"滞后"1 次)。

3. Keil 调试

本题 Keil 调试同上例。因涉及外围元件 DS1302,在 Keil 软件调试中无法得到

外围元件的有效信号。因此,仅在 Keil 中,按实例 1 所述步骤,编译链接,语法纠错,自动生成 Hex 文件,并在变量观察窗口 Watch 页中设置(设置方法参阅图 8-30)全局变量 b(时钟数据数组)和 d(时钟显示数组),获得数组 b[]和 d[]的首地址(分别为 0x08、0x0f,用于在 Proteus 仿真中观测)。

需要注意的是,引用实例 90 的 3 个子函数必须插入,否则 Keil 调试将显示出错。

4. Proteus 仿真

(1)按实例 23 所述 Proteus 仿真步骤,打开 Proteus ISIS 软件,按表 7-5 选择和放置元器件,并连接线路,画出 Proteus 仿真电路如图 7-9 所示。

表 7-5　实例 92 Proteus 仿真电路元器件

名　称	编　号	大　类	子　类	型号/标称值	数　量
80C51	U1	Microprocessor Ics	80C51 family	AT89C51	1
74LS373	U2	TTL 74LS series		74LS373	1
74LS138	U3	TTL 74LS series		74LS138	1
74LS02	U4	TTL 74LS series		74LS02	1
DS1302	U5	Microprocessor Ics	All Sub Categories	DS1302	1
数码显示屏		Optoelectronics	7-Segment Displays	7SEG-MPX6-CC	1
石英晶体	X1	Miscellaneous	CRYSTAL	32 768 Hz	1

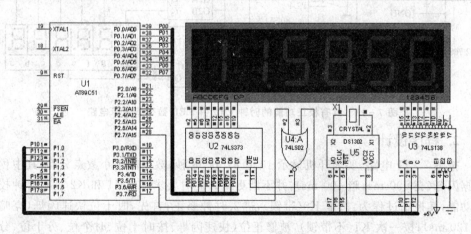

图 7-9　开机显示 PC 机时分秒时钟 1302 并 LED 显示 Proteus 仿真电路

(2)双击 Proteus ISIS 仿真电路中 AT89C51,装入 Keil 调试后自动生成的 Hex 文件。

(3)全速运行后,LED 显示屏显示 PC 时分秒实时数据,中间用小数点分隔,秒数据闪烁。

80C51 单片机实验实训 100 例——基于 Keil C 和 Proteus

280

（4）按暂停按钮，打开 80C51 片内 RAM（主菜单"Debug"→"80C51 CPU"→"Internal（IDATA）Memory -U1"），可看到 08H～0EH 和 0FH～14H 已经依次存放了时钟数据数组 b[]和显示字段码数组 d[]的即时数据，如图 7-10 所示。

（5）终止程序运行，可按停止按钮。

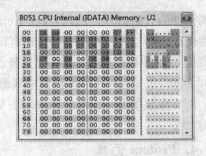

图 7-10　80C51 片内 RAM 时钟数据

5. 思考与练习

本例程序中，T0 4 ms 中断有什么作用？

实例 93　具有校正功能的时钟 1302（LED 数码管显示）

上例 LED 显示的 1302 时钟电路无时钟校正功能，本例加上时钟校正功能（校正方法与实例 91 略有不同）。

1. 电路设计

在上例时钟电路的基础上，加入 3 个时钟修正按键：K0（修正）、K1（移位）和 K2（加 1），分别与 80C51 P2.0、P2.2 和 P2.4 连接，如图 7-11 所示。

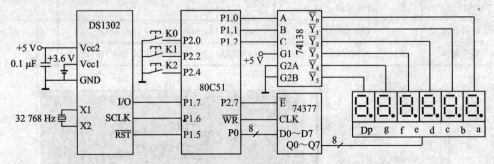

图 7-11　具有校正功能的时钟 1302 并 LED 数码管显示电路

2. 程序设计

按图 7-11 电路，要求开机显示 13 时 47 分 58 秒，数据间用小数点分隔，其中秒数据闪烁（亮 600 ms，暗 400 ms），并不断更新。同时要求 K0、K1 和 K2 具有时钟校正功能，其控制过程为：按下 K0（带锁），进入时钟修正；首先，时十位快速闪烁（亮暗各 120 ms）；按一次 K1（不带锁），被修正位（快速闪烁）按时十位、时个位、分十位、分个位、秒十位、秒个位次序向右移一位（循环往复）；按一次 K2（不带锁），被修正位加 1（最大值不超过时钟规定值，超过复 0）；时钟修正期间，计时继续运行；释放 K0，退出时钟修正。

```
# include <reg51.h>              //包含访问 sfr 库函数 reg51.h
# include <absacc.h>             //包含绝对地址访问库函数 absacc.h
```

80C51 单片机实验实训 100 例——基于 Keil C 和 Proteus

```
sbit    RST = P1^5;                      //定义 RST 为 P1.5(复位/片选端)
sbit    SCLK = P1^6;                     //定义 SCLK 为 P1.6(时钟端)
sbit    IO = P1^7;                       //定义 IO 为 P1.7(数据端)
sbit    K0 = P2^0;                       //定义 K0 为 P2.0(时钟修正标志键)
sbit    K1 = P2^2;                       //定义 K1 为 P2.2(修正移位键)
sbit    K2 = P2^4;                       //定义 K2 为 P2.4(修正加 1 键)
sbit    ACC7 = ACC^7;                    //定义 ACC7 为 ACC.7
unsigned char    b[7];                   //定义时钟数据数组 b,内存秒分时日月周年即时读出值
unsigned char    d[6];                   //定义时钟显示数组 d,内存秒分时显示字段码
unsigned char code    c[10] = {          //定义共阴字段码表数组,存在 ROM 中
  0x3f,0x06,0x5b,0x4f,0x66,0x6d,0x7d,0x07,0x7f,0x6f};
unsigned char    m = 0,n = 0;            //定义显示位编号 m,修正位序号 n,并赋值
unsigned char    s;                      //定义秒数据寄存器(用于比较确定秒数据更新)
unsigned char    j,k;                    //定义 4 ms 计数器 j(秒闪烁)、k(修正位闪烁)
void    chag1();                         //时分秒数据转换显示数字子函数。略,见实例 91
void    Wr8b(unsigned char    d);        //写 8 位数据子函数。略,见实例 90
unsigned char    Rd8b();                 //读 8 位数据子函数。略,见实例 90
void    Cmd_Wr(unsigned char    c,d);    //命令写 1 字节子函数。略,见实例 90
void    Bst_Wr(unsigned char    t[]);    //突发写时钟子函数。略,见实例 90
void    Bst_Rd(unsigned char    t[]);    //突发读时钟子函数。略,见实例 90
void    key(){                           //时钟修正键处理子函数
  if(K1 == 0) {                          //若移位键按下,则
    while(K1 == 0);                      //等待移位键释放
    n ++ ;                               //移位键释放后,修正位序号加 1
    if(n == 6)   n = 0;}                 //若序号超限,复 0
  if(K2 == 0) {                          //若加 1 键按下,则
    while(K2 == 0);                      //等待加 1 键释放
    d[n] ++ ;                            //加 1 键释放后,修正位数据寄存器中显示数字加 1
    if(d[0] > = 3)   d[0] = 0;           //时十位显示数字不能大于等于 3,否则复 0
    if((d[0] > = 2)&(d[1] > = 4))   d[1] = 0;  //时十位 2 时,时个位不能大于等于 4,否则复 0
    if((d[0] < = 1)&(d[1] > = 10))   d[1] = 0;
                                         //时十位小于 2 时,时个位不能大于等于 10,否则复 0
    if(d[2] > = 6)   d[2] = 0;           //分十位显示数字不能大于等于 6,否则复 0
    if(d[3] > = 10)   d[3] = 0;          //分个位显示数字不能大于等于 10,否则复 0
    if(d[4] > = 6)   d[4] = 0;           //秒十位显示数字不能大于等于 6,否则复 0
    if(d[5] > = 10)   d[5] = 0;          //秒个位显示数字不能大于等于 10,否则复 0
    if((n == 0)|(n == 1))   Cmd_Wr(0x84,((d[0] << 4)|d[1]));
                                         //时位修正,修正数据写入 1302
    if((n == 2)|(n == 3))   Cmd_Wr(0x82,((d[2] << 4)|d[3]));
```

```
                                          //分位修正,修正数据写入 1302
    if((n==4)|(n==5))  Cmd_Wr(0x80,((d[4]<<4)|d[5]));}}
                                          //秒位修正,修正数据写入 1302
void  main(){                             //主函数
  unsigned char  a[8] = {                 //定义数组 a,内存秒分时日月周年初始值
    0x58,0x47,0x13,0x01,0x09,0x06,0x12,0};
                                          //12 年 9 月 1 日 13 时 47 分 58 秒,周 6
  Cmd_Wr(0x8e,0);                         //关闭写保护
  Bst_Wr(a);                              //突发写时钟初始值
  TMOD = 1;                               //置 T0 定时器方式 1
  TH0 = 0xf0; TL0 = 0x60;                 //置 T0 初值 4 ms(用于动态扫描显示)
  IP = 0x02;                              //置 T0 为高优先级中断
  TR0 = 1;                                //T0 运行
  IE = 0x82;                              //T0 开中
  Bst_Rd(b);                              //突发读时钟即时值
  chag();                                 //转换为时分秒显示数字
  s = b[0];                               //记录秒数据(用于比较确定秒数据更新)
  while(1) {                              //无限循环
    while(K0 == 1);                       //等待时钟修正键按下
    if(K0 == 0)  key();}}                 //修正键按下,调用时钟修正键处理子函数
void  t0() interrupt 1 {                  //T0 中断函数
  TH0 = 0xf0; TL0 = 0x60;                 //重置 T0 初值 4 ms(用于动态扫描显示)
  m++ ;                                   //显示位编号加 1
  if(m==6)  m = 0;                        //若编号超限,复 0
  P1 = (P1&0xf8)|m;                       //驱动显示位
  if((m%2)==0)  XBYTE[0x7fff] = c[d[m]];  //输出显示字段码,十位不加小数点
  else  XBYTE[0x7fff] = c[d[m]]|0x80;     //输出显示字段码,个位加小数点
  j++ ;                                   //4ms 计数器加1(用于秒闪烁及读 1302)
  k++ ;                                   //修正位闪烁计数器加 1
  if(k>=54)  k = 0;                       //若闪烁计数器超限,复 0
  if((K0==0)&(m==n)&(k>=30))  XBYTE[0x7fff] = 0;
                                          //若满足修正位闪烁条件,修正位暗
  //条件:时钟修正键按下(K0=0),修正位与显示位相同(m=n),闪烁计数器大于 120 ms(k>30)
  if((K0!=0)&(j>=150)&(m==4))  XBYTE[0x7fff] = 0; //若满足秒闪烁条件,秒显示暗
  //条件:时钟修正键未按下(K0≠0),显示位是秒(m>4),闪烁计数器大于 600 ms(j≥130)
  if(j>=249) {                            //大于 0.996 s,则
    Bst_Rd(b);                            //突发读时钟即时值
    if(s!=b[0]) {                         //若秒数据已更新,则
      chag();                             //时分秒数据转换为显示数字
```

```
s = b[0];                    //记录更新秒数据
j = 0;}}}                    //4 ms 计数器复 0
```

3. Keil 调试

本题 Keil 调试同上例。因涉及外围元件 DS1302,在 Keil 软件调试中无法得到外围元件的有效信号。因此,仅在 Keil 中,按实例 1 所述步骤,编译链接,语法纠错,自动生成 Hex 文件,并在变量观察窗口 Watch 页中设置(设置方法参阅图 8-30)全局变量 b(时钟数据数组)和 d(时钟显示数组),获得数组 b[]和 d[]的首地址(分别为 0x08、0x0f,用于在 Proteus 仿真中观测)。

需要注意的是,引用先前实例的 6 个子函数必须插入,否则 Keil 调试将显示出错。

4. Proteus 仿真

(1) 按实例 23 所述 Proteus 仿真步骤,打开 Proteus ISIS 软件,按表 7-6 选择和放置元器件,并连接线路,画出 Proteus 仿真电路如图 7-12 所示。

表 7-6　实例 93 Proteus 仿真电路元器件

名　称	编　号	大　类	子　类	型号/标称值	数　量
80C51	U1	Microprocessor Ics	80C51 family	AT89C51	1
74LS373	U2	TTL 74LS series		74LS373	1
74LS138	U3	TTL 74LS series		74LS138	1
74LS02	U4	TTL 74LS series		74LS02	1
DS1302	U5	Microprocessor Ics	All Sub Categories	DS1302	1
数码显示屏		Optoelectronics	7-Segment Displays	7SEG-MPX6-CC	1
石英晶体	X1	Miscellaneous	CRYSTAL	32768Hz	1
按键	K0~K2	Switches & Relays	Switches	BUTTON	3

283

(2) 双击 Proteus ISIS 仿真电路中 AT89C51,装入 Keil 调试后自动生成的 Hex 文件。

(3) 全速运行后,6 位 LED 显示初始值:13 时 47 分 58 秒,时分秒数据间用小数点分隔,其中秒数据闪烁并不断更新。

(4) 按下 K0(锁定),进入时钟修正。

需要说明的是,本例选用的 BUTTON 按键有两种运行功能:有锁运行和无锁运行。作有锁运行时,单击按键图形中小红圆点,单击第 1 次闭锁,第 2 次开锁。作无锁运行时,单击按键图形中键盖帽"⊏",单击 1 次,键闭合后弹开 1 次,不闭锁。

① 首先时十位快速闪烁,表示时十位允许修正。此时每按 1 次 K2(单击键图形中键盖帽"⊏",单击 1 次,键闭合后弹开 1 次,不闭锁),时十位显示数加 1,但不超

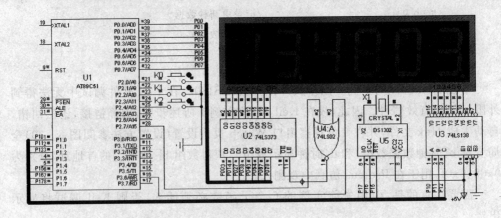

图 7-12 带校正时分秒时钟 1302 并 LED 显示 Proteus 仿真电路

过时十位最大值 2,超过时复 0。

② 若按 1 次 K1(不闭锁,方法同 K2),被修正位(快速闪烁)移至时个位数据,每按 1 次 K2,时个位数据显示数加 1,但不超过规定的最大值(时十位为 0 和 1 时,时个位不超过 9;时十位为 2 时,时个位不超过 3),超过时复位 0。

③ 再按 1 次 K1,被修正位(快速闪烁)移至分十位,每按 1 次 K2,分十位数据显示数加 1,但不超过分十位最大值 5,超过时复位 0。

④ 再按 1 次 K1,被修正位(快速闪烁)移至分个位,每按 1 次 K2,分个位数据显示数加 1,但不超过分个位最大值 9,超过时复位 0。

⑤ 再按 1 次 K1,被修正位(快速闪烁)移至秒十位,每按 1 次 K2,秒十位数据显示数加 1,但不超过秒十位最大值 5,超过时复位 0。

⑥ 再按 1 次 K1,被修正位(快速闪烁)移至秒个位,每按 1 次 K2,秒个位数据显示数加 1,但不超过秒个位最大值 9,超过时复位 0。

⑦ 再按 1 次 K1,回复到时十位修正(继续按 K1,重复上述 ①~⑤ 过程)。

⑧ 释放 K0,退出时钟修正,恢复正常计时显示。

(6) 打开 80C51 片内 RAM(主菜单 Debug→80C51 CPU→Internal(IDATA) Memory -U1),可看到 08H~0EH 和 0FH~14H 已经依次存放了时钟数据数组 b[]和显示字段码数组 d[]的即时数据,与图 7-10 所示相似。

(7) 终止程序运行,可按停止按钮。

5. 思考与练习

本例程序中,T0 4 ms 中断的作用与上例有什么不同?

实例 94 模拟电子钟(由 80C51 定时器产生秒时基)

实例 90~实例 93 时钟采用了专用的实时时钟芯片 DS1302,由 80C51 读出其时钟数据并驱动显示。本例由 80C51 定时器产生秒时基,再计数生成时分秒数据,与

74LS595 组成模拟电子钟。

1. 电路设计

设计模拟电子钟电路如图 7-13 所示,由 80C51 RXD 端与控制时十位输出显示的 74HC595 DS 端连接,595 串行输出端 QS 与下一片 595 串行输入端 DS 端连接,595 并行输出端 Q0~Q7 与数码管笔段 a~g、Dp 端连接,依次输出 6 位时分秒数据;80C51 TXD 端与 6 片 595 CLK 端连接,串行输出时钟脉冲,控制 595 串行移位;80C51 P1.6 与 6 片 595 RCK 端连接,控制输出触发 595 片内缓冲寄存器中数据进入输出寄存器的正脉冲;80C51 P1.5、P1.4、P1.3 分别与时、分、秒 595 输出允许端 $\overline{OE}$ 端连接,控制 6 片 595 输出显示;80C51 P1.7 与 2 组发光二极管(共 4 个)连接,控制秒闪烁;80C51 P1.2~P1.0 与 K0~K2 连接,控制时钟时分秒校正。

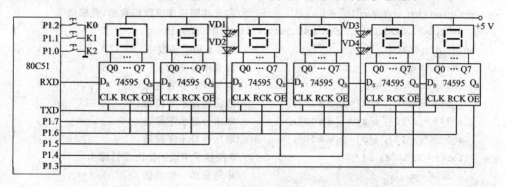

图 7-13　由 80C51 定时器产生秒时基的模拟电子钟

74HC595 特性已在实例 44 中介绍,此处不再赘述。

2. 程序设计

设 $f_{osc}=6$ MHz,按图 7-13 电路,要求开机显示 0 时 0 分 0 秒,随后开始计时运行,2 组发光二极管秒闪烁(亮暗各 500ms)。同时要求 K0、K1 和 K2 具有时钟校正功能,其控制过程为:按下 K0(带锁),进入时钟修正;首先,时数据(包括时十位、时个位)快速闪烁(亮暗各 131 ms);按 1 次 K1(不带锁),被修正数据(快速闪烁)按时、分、秒(同时包括十位、个位)次序右移(循环往复);按 1 次 K2(不带锁),被修正数据整体加 1(最大值不超过时钟规定值,超过复 0);时钟修正期间,计时继续运行;释放 K0,退出时钟修正。

秒时基产生:$f_{osc}=6$ MHz 时,由 T0 定时器方式 2 定时 500 μs。对 500 μs 计数 2 000 次,可得到 1 s 时基;再对 1 s 计数 60 次,可得 1 min(分钟);对 1 分计数 60 次,可得 1 h(小时);对 1 h(小时)计数 24 次,可得 1 d(天)。

T0$_{初值}=2^8-500\ \mu s/2\ \mu s=256-250=6$。因此,TH0=TL0=06H。

时钟修正位闪烁控制:由 T1 定时器方式 1,不需设置和重装定时初值,最大定时可达 131 ms,正好用于时钟修正位闪烁。

```
# include <reg51.h>                          //包含访问 sfr 库函数 reg51.h
sbit   K0 = P1^2;                            //定义 K0 为 P1.2(时钟修正标志键)
sbit   K1 = P1^1;                            //定义 K1 为 P1.1(修正移位键)
sbit   K2 = P1^0;                            //定义 K2 为 P1.0(修正加 1 键)
sbit   OEs = P1^3;                           //定义 OEs 为 P1.3(秒输出控制端,0 有效)
sbit   OEm = P1^4;                           //定义 OEm 为 P1.4(分输出控制端,0 有效)
sbit   OEh = P1^5;                           //定义 OEh 为 P1.5(时输出控制端,0 有效)
sbit   RCK = P1^6;                           //定义 RCK 为 P1.6(输出锁存控制端,上升沿有效)
sbit   LED = P1^7;                           //定义 LED 为 P1.7(秒闪烁控制端,0 有效)
unsigned int ms05 = 0;                       //定义 0.5 ms 计数器 ms05,并清 0
unsigned char  h = 0, m = 0, s = 0;          //定义时分秒计数器 h、m、s,并清 0
unsigned char  n = 0;                        //定义修正位序号 n
unsigned char code  c[10] = {                //定义共阳逆序字段码数组,并赋值
  0x03,0x9f,0x25,0x0d,0x99,0x49,0x41,0x1f,0x01,0x09};
void  disp6(){                               //6 位显示子函数
  unsigned char  i;                          //定义序号变量 i
  unsigned char  a[6];                       //定义时分秒数组 a[6]
  a[5] = c[h/10]; a[4] = c[h % 10];          //取出时显示字段码
  a[3] = c[m/10]; a[2] = c[m % 10];          //取出分显示字段码
  a[1] = c[s/10]; a[0] = c[s % 10];          //取出秒显示字段码
  for(i = 0; i<6; i + + ){                    //6 位显示字段码依次串行输出
    SBUF = a[i];                             //串行发送一帧数据
    while(TI = = 0); TI = 0;}                //等待一帧数据串行发送完毕,完毕后 TI 清 0
  RCK = 0; RCK = 1;}                          //595 RCK 端输入触发正脉冲
void  key(){                                 //时钟修正键处理子函数
  TR1 = 1;                                   //时钟修正键按下,T1 运行(用于修正位闪烁)
  if(K1 = = 0){                               //若移位键按下,则
    while(K1 = = 0);                          //等待移位键释放
    n + + ;                                   //移位键释放后,修正位序号加 1
    if(n = = 3)  n = 0;}                       //若序号超限,复 0
  if(K2 = = 0){                               //若加 1 键按下,则
    while(K2 = = 0);                          //等待加 1 键释放
    switch (n){                              //switch 散转,根据修正位序号修正时分秒
      case 0: {h + + ;                        //时计数器加 1
              if(h = = 24)  h = 0; break;}    //若时计数器超限,复 0,跳出加 1 循环
      case 1: {m + + ;                        //分计数器加 1
              if(m = = 60)  m = 0; break;}    //若分计数器超限,复 0,跳出加 1 循环
      case 2: {s + + ;                        //秒计数器加 1
              if(s = = 60)  s = 0; break;}}   //若秒计数器超限,复 0,跳出加 1 循环
    disp6();}}                                //刷新显示
void  main(){                                //主函数
  TMOD = 0x12;                               //置 T0 定时器方式 2,T1 定时器方式 1(定时
```

```
                                          //131 ms)
    SCON = 0;                             //置串口方式 0
    TH0 = TL0 = 0x06;                     //置 T0 定时 0.5 ms 初值(f OSC = 6 MHz)
    IP = 0x02;                            //置 T0 高优先级
    TR0 = 1;                              //T0 运行
    IE = 0x8a;                            //T0、T1 开中,串行禁中
    P1 = 0xc7;                            //秒闪烁暗
    disp6();                              //595 允许输出,初始显示 0
    while(1) {                            //无限循环
      while(K0 == 1);                     //等待时钟修正键按下
      if(K0 == 0)  key();}}               //修正键按下,调用时钟修正键处理子函数
void  t0() interrupt 1{                   //T0 中断函数(0.5 ms 中断)
    ms05 ++ ;                             //0.5 ms 计数器加 1
    if(K0 == 1) {TR1 = 0;                 //若时钟修正键已释放,T1 停运行
      OEh = 0; OEm = 0; OEs = 0;}         //时分秒显示停闪烁
    if(ms05 == 1000)   LED = !LED;        //0.5 s 到,秒闪烁亮
    if(ms05 == 2000) {LED = !LED;         //1 s 到,秒闪烁暗
      ms05 = 0;                           //0.5 ms 计数器清 0
      if( ++ s == 60) {s = 0;             //秒计数器加 1,满 60 s,秒计数器清 0
        if( ++ m == 60) {m = 0;           //分计数器加 1,满 60 m,分计数器清 0
          if( ++ h == 24)   h = 0;}}      //时计数器加 1,满 24 h,时计数器清 0
      disp6();}}                          //满 1 s,刷新显示
void  t1() interrupt 3{                   //T1 中断函数(修正位闪烁中断)
    switch(n) {                           //switch 散转,根据修正位序号闪烁
      case 0: {OEh = !OEh; OEm = 0; OEs = 0; break;}    //时显示闪烁
      case 1: {OEm = !OEm; OEh = 0; OEs = 0; break;}    //分显示闪烁
      case 2: {OEs = !OEs; OEh = 0; OEm = 0; break;}}}  //秒显示闪烁
```

3. Keil 调试

本题 Keil 调试同上例。因涉及串行口外围元件,在 Keil 软件调试中无法得到外围元件的有效信号。因此,仅在 Keil 中,按实例 1 所述步骤,编译链接,语法纠错,自动生成 Hex 文件。

4. Proteus 仿真

(1) 按实例 23 所述 Proteus 仿真步骤,打开 Proteus ISIS 软件,按表 7 - 7 选择和放置元器件,并连接线路,画出 Proteus 仿真电路如图 7 - 14 所示。

(2) 双击 Proteus ISIS 仿真电路中 AT89C51,装入 Keil 调试后自动生成的 Hex 文件。

(3) 全速运行后,6 位 LED 显示 00:00:00,然后计时运行,4 个发光二极管秒闪烁。

表 7 - 7　实例 94 Proteus 仿真电路元器件

名　称	编　号	大　类	子　类	型号/标称值	数　量
80C51	U1	Microprocessor Ics	80C51 family	AT89C51	1
74LS595	U2～U7	TTL 74LS series		74LS595	6
发光二极管	VD1～VD4	Optoelectronics	LEDs	绿	4
数码管		Optoelectronics	7-Segment Displays	7SEG-MPX1-CA	6
按键	K0～K2	Switches & Relays	Switches	BUTTON	3

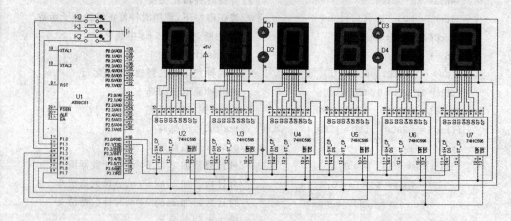

图 7 - 14　模拟电子钟(由 80C51 定时器产生秒时基)Proteus 仿真电路

（4）按下 K0(锁定)，进入时钟修正。

需要说明的是，本例选用的 BUTTON 按键有两种运行功能：有锁运行和无锁运行。作有锁运行时，单击按键图形中小红圆点，单击第 1 次闭锁，第 2 次开锁。作无锁运行时，单击按键图形中键盖帽"⌐"，单击 1 次，键闭合后弹开 1 次，不闭锁。

① 首先 2 位时数据快速闪烁，表示时数据允许修正。此时每按 1 次 K2(单击键图形中键盖帽"⌐"，单击 1 次，键闭合后弹开 1 次，不闭锁)，时显示数加 1，但不超过最大值 23，超过时复 0。

② 若按 1 次 K1(不闭锁，方法同 K2)，被修正位(快速闪烁)移至分数据位，每按 1 次 K2，分显示数加 1，但不超过最大值 59，超过时复位 0。

③ 再按 1 次 K1(不闭锁，方法同 K2)，被修正位(快速闪烁)移至秒数据位，每按 1 次 K2，秒显示数加 1，但不超过最大值 59，超过时复位 0。

④ 再按 1 次 K1，回复到时数据修正(继续按 K1，重复上述①～③过程)。

⑤ 释放 K0，退出时钟修正，恢复正常计时显示。

（5）终止程序运行，可按停止按钮。

5. 思考与练习

秒时基是怎样产生的？

实例 95　99.9 秒秒表

1. 电路设计

设计 99.9 秒秒表电路如图 7-15 所示,该电路与上例相似,删除 3 位显示、一个校正按键和 4 个秒闪烁发光二极管,就组成了 99.9 秒秒表电路。

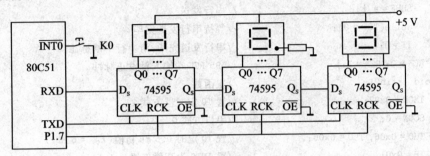

图 7-15　99.9 秒秒表电路

由 80C51 RXD 端与控制秒十位输出显示的 74HC595 DS 端连接,595 串行输出端 QS 与下一片 595 串行输入端 DS 端连接,595 并行输出端 Q0～Q7 与数码管笔段 a～g、Dp 端连接,依次输出 3 位秒数据;小数点固定在第 2 位,通过电阻接地;TXD 端与 3 片 595 CLK 端连接,串行输出时钟脉冲,控制 595 串行移位;P1.7 与 3 片 595 RCK 端连接,控制输出触发 595 片内缓冲寄存器中数据进入输出寄存器的正脉冲;$\overline{INT0}$ 与 K0 连接,按下 K0,触发 $\overline{INT0}$ 中断,控制秒表快速响应,立即计时。

74HC595 特性已在实例 44 中介绍,此处不再赘述。

2. 程序设计

设 $f_{osc}=6$ MHz,按图 7-15 电路,要求一键三用:按第 1 次,秒表运行计时,最大计时 99.9 s,超过复 0。按第 2 次,秒表停运行,但保持最后显示秒数。按第 3 次,秒表清 0。

T0 定时器方式 2 定时 500 μs,计数 200,即为 0.1 s,作为秒表最小计时单位。

$T0_{初值}=2^8-500$ μs$/2$ μs$=256-250=6$。因此,TH0=TL0=06H。

```
# include <reg51.h>          //包含访问 sfr 库函数 reg51.h
sbit  RCK = P1^7;            //定义 RCK 为 P1.7(输出锁存控制端,上升沿有效)
bit   one = 0;               //K0 第 1 次标志
bit   two = 0;               //K0 第 2 次标志
unsigned char  ms05 = 0;     //定义 0.5 ms 计数器 ms05,并清 0
unsigned int   s = 0;        //定义 0.1 s 计数器 s,并清 0
unsigned char code c[10] = { //定义共阳逆序字段码数组,并赋值
  0x03,0x9f,0x25,0x0d,0x99,0x49,0x41,0x1f,0x01,0x09};
void  disp3 () {             //3 位显示子函数
```

```
    unsigned char   i;                      //定义序号变量 i
    unsigned char   a[3];                   //定义秒表显示数组 a[3]
    a[2] = c[s/100];                        //取出秒十位显示字段码
    a[1] = c[(s % 100)/10];                 //取出秒个位显示字段码
    a[0] = c[s % 10];                       //取出秒十分位显示字段码
    for(i = 0; i<3; i++) {                  //3 位显示字段码依次串行输出
      SBUF = a[i];                          //串行发送
      while(TI == 0);                       //等待串行发送完毕
      TI = 0;}                              //串行发送完毕,清串行中断标志
    RCK = 0; RCK = 1;}                      //595 RCK 端输入触发正脉冲
void   main(){                              //主函数
    TMOD = 0x02;                            //置 T0 定时器方式 2
    SCON = 0;                               //串口方式 0
    TH0 = 0x06; TL0 = 0x06;                 //置 T0 定时 0.5 ms 初值(f_osc = 6 MHz)
    IP = 0x01;                              //置 INT0 为高优先级
    IT0 = 1;                                //置 INT0 边沿触发
    IE = 0x83;                              //INT0、T0 开中,串行禁中
    disp3();                                //初始显示 0
    while(1);}                              //无限循环,等待中断
void   t0()   interrupt 1 {                 //T0 中断函数(0.5 ms 中断)
  ms05 ++ ;                                 //0.5 ms 计数器加 1
  if(ms05 == 200) {                         //0.1 s 到
    ms05 = 0;                               //0.5 ms 计数器清 0
    s ++ ;                                  //0.1 s 计数器加 1
    if(s == 1000)   s = 0;                  //秒表超限,复 0
    disp3();}}                              //刷新显示
void   int0()   interrupt 0 {               //INT0 中断函数(秒表运行中断)
  if(one == 0) {                            //若 K0 第 1 次
    TR0 = 1;                                //T0 运行
    one = 1;}                               //置 K0 第 1 次标志
  else   if((one == 1)&(two == 0)) {        //若 K0 第 2 次
    TR0 = 0;                                //T0 停运行
    two = 1;}                               //置 K0 第 2 次标志
  else   if((one == 1)&(two == 1)) {        //若 K0 第 3 次
    one = 0; two = 0;s = 0;                 //清 K0 第 1、2 次标志
    s = 0;                                  //秒表清 0
    disp3();}}                              //刷新显示
```

3. Keil 调试

因涉及串行口外围元件,在 Keil 软件调试中无法得到外围元件的有效信号。因此,仅在 Keil 中,按实例 1 所述步骤,编译链接,语法纠错,自动生成 Hex 文件。

4．Proteus 仿真

（1）按实例 23 所述 Proteus 仿真步骤，打开 Proteus ISIS 软件，按表 7－7 选择和放置元器件，并连接线路，画出 Proteus 仿真电路如图 7－16 所示。

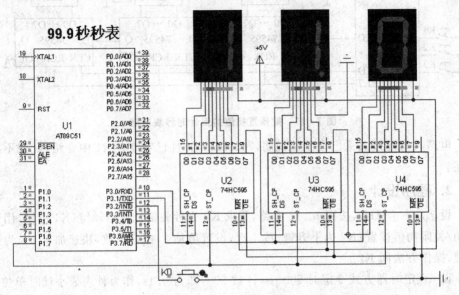

图 7－16　99.9 秒秒表 Proteus 仿真电路

（2）双击 Proteus ISIS 仿真电路中 AT89C51，装入 Keil 调试后自动生成的 Hex 文件。

（3）全速运行后，3 位 LED 显示 00.0，然后计时运行。

（4）按第 1 次 K0（不闭锁），秒表按 0.1 s 快速计时运行。最大计时 99.9 s，超过复 0。

需要说明的是，本例选用的 BUTTON 按键有两种运行功能：有锁运行和无锁运行。作有锁运行时，单击按键图形中小红圆点，单击第 1 次闭锁，第 2 次开锁。作无锁运行时，单击按键图形中键盖帽"⌐⌐"，单击 1 次，键闭合后弹开 1 次，不闭锁。

（5）按第 2 次 K0（不闭锁），秒表停运行，但保持最后显示秒数。

（6）按第 3 次 K0（不闭锁），秒表显示清 0。

（7）终止程序运行，可按停止按钮。

5．思考与练习

如何做到一键三用：运行、停止、清 0？

实例 96　能预置初值的倒计时秒表

1．电路设计

设计能预置初值的倒计时秒表电路如图 7－17 所示，该电路在上例基础上，增添了 3 个按键,分别接 80C51 P1.6～P1.4,由软件编程实现预置初值和倒计时功能。

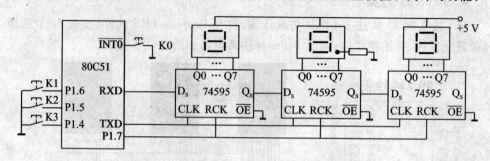

图 7 - 17　能预置初值的倒计时秒表电路

电路其余连接关系已在上例说明,74HC595 特性已在实例 44 中介绍,此处不再赘述。

2. 程序设计

设 $f_{osc} = 6$ MHz,按图 7 - 17 电路,要求 K0 为秒表倒计时启动键;K1 可锁,用于启动/关闭初值设置;K2 为上升键,按 1 次,设置值加 1,按住不放,快速加 1;K3 为下降键,操作方法同 K2。

设 T0 定时器方式 2 定时 500 μs,计数 200,即为 0.1s,作为秒表最小计时单位。$T0_{初值} = 2^8 - 500\ \mu s / 2\ \mu s = 256 - 250 = 6$。因此,TH0 = TL0 = 06H。

```
# include <reg51.h>                //包含访问 sfr 库函数 reg51.h
sbit   RCK = P1^7;                  //定义 RCK 为 P1.7(输出锁存控制端,上升沿有效)
sbit   K1 = P1^6;                   //定义 K1 为 P1.6(初值设置键)
sbit   K2 = P1^5;                   //定义 K2 为 P1.5(上升键)
sbit   K3 = P1^4;                   //定义 K3 为 P1.4(下降键)
bit  K0 = 0;                        //定义 K0 为秒表运行标志(K0 = 1 运行)
unsigned char ms05 = 0;            //定义 0.5 ms 计数器 ms05,并清 0
unsigned int s = 0;                //定义 0.1 s 计数器 s,并清 0
unsigned char  code  c[10] = {     //定义共阳逆序字段码数组,并赋值
  0x03,0x9f,0x25,0x0d,0x99,0x49,0x41,0x1f,0x01,0x09};
void  disp3 ();                     //3 位显示子函数。略,见上例
void  up () {                       //上升键子函数
  unsigned char  n = 0;            //定义长按钮计数器 n
  unsigned int  t;                 //定义延时参数 t
  if(s! = 999)  s ++ ;             //若 0.1 s 计数器 s 未超上限,加 1
  else  s = 0;                     //否则,0.1 s 计数器 s 从 0 开始
  disp3();                         //刷新显示
  for(t = 0; t<10000; t ++ );      //延时 50 ms
  while(K2 == 0) {                 //若上升键持续按下,则
    for(t = 0; t<2000; t ++ );     //延时 10 ms
    n ++ ;                         //长按钮计数器加 1
```

```
    if(n==10) {n=9;                //若长按钮时间大于 0.15 s,长按钮计数器保持临界状态
      if(s!=999)  s++;             //若 0.1 s 计数器 s 未超上限,s 加 1
      else  s=0;                   //否则,0.1 s 计数器 s 从 0 开始
      disp3();}}}                  //刷新显示
void  down () {                    //下降键子函数
  unsigned char  n=0;              //定义长按钮计数器 n
  unsigned int  t;                 //定义延时参数 t
  if(s!=0)  s--;                   //若 0.1 s 计数器 s 未超下限,s 减 1
  else  s=999;                     //否则,0.1 s 计数器 s 转为最大值 999
  disp3();                         //刷新显示
  for(t=0; t<10000; t++);          //延时 50 ms
  while(K3==0) {                   //若下降键持续按下,则
    for(t=0; t<2000; t++);         //延时 10 ms
    n++;                           //长按钮计数器加 1
    if(n==10) {n=9;                //若长按钮时间大于 0.15 s,长按钮计数器保持临界状态
      if(s!=0)  s--;               //若 0.1 s 计数器 s 未超下限,s 减 1
      else  s=999;                 //否则,0.1 s 计数器 s 转为最大值 999
      disp3();}}}                  //刷新显示
void  main(){                      //主函数
  TMOD = 0x02;                     //置 T0 定时器方式 2
  SCON = 0;                        //串口方式 0
  TH0 = 0x06; TL0 = 0x06;          //置 T0 定时 0.5 ms 初值(f_osc = 6 MHz)
  IP = 0x01;                       //置 INT0 为高优先级
  IT0 = 1;                         //置 INT0 边沿触发
  IE = 0x83;                       //INT0、T0 开中,串行禁中
  disp3();                         //初始显示 0
  while(1) {                       //无限循环,等待中断,并处理秒表初值设置
    while(K1==1);                  //等待初值设置键 K1 按下,K1 按下才能进入后续程序
    if((K2==0)&(K3!=0))            //若上升键按下,且下降键未按下(上升键与下降键互锁)
      up ();                       //调用上升键子函数
    if((K3==0)&(K2!=0))            //若下降键按下,且上升键未按下(上升键与下降键互锁)
      down ();}}                   //调用下降键子函数
void  t0() interrupt 1 {           //T0 中断函数(0.5 ms 中断)
  ms05 ++ ;                        //0.5ms 计数器加 1
  if(ms05 == 200) {ms05 = 0;       //0.1 s 到,0.5 ms 计数器清 0
    if(s!=0)  s--;                 //若 s≠0,计数器 s 减 1
    else {s=0;                     //若倒计时已达 0,s 保持 0
      TR0 = 0;}                    //T0 停运行
    disp3();}}                     //刷新显示
void  int0() interrupt 0 {         //INT0 中断函数(秒表运行中断)
  if(K1!=0){                       //若 K1 不闭锁,则按 K0 有效
  K0 = !K0;                        //秒表运行标志取反
  if(K0==1)  TR0 = 1;              //K0 = 1,T0 运行
  else  TR0 = 0;}}                 //K0 = 0,T0 停运行
```

293

3. Keil 调试

因涉及串行口外围元件,在 Keil 软件调试中无法得到外围元件的有效信号。因此,仅在 Keil 中,按实例 1 所述步骤,编译链接,语法纠错,自动生成 Hex 文件。

4. Proteus 仿真

(1) 按实例 23 所述 Proteus 仿真步骤,打开 Proteus ISIS 软件,按表 7-7 选择和放置元器件,并连接线路,画出 Proteus 仿真电路如图 7-18 所示。

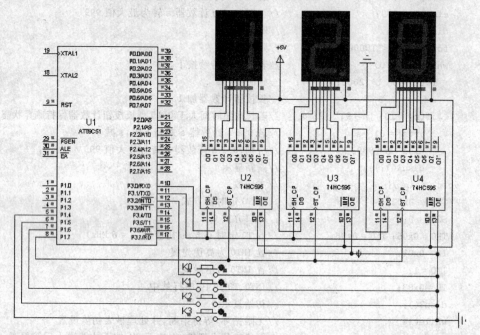

图 7-18 能预置初值的倒计时秒表 Proteus 仿真电路

(2) 双击 Proteus ISIS 仿真电路中 AT89C51,装入 Keil 调试后自动生成的 Hex 文件。

(3) 全速运行后,3 位 LED 显示 00.0。

(4) 按 K1(闭锁),进入初值设置。

① 按 1 次 K2,初值设置值加 1;按住 K2 不放或闭锁,初值设置值快速加 1;若超出最大值 99.9,回复 0。

② 按 1 次 K3,初值设置值减 1;按住 K3 不放或闭锁,初值设置值快速减 1;若减至 0,从 99.9 再开始减。

③ 释放 K1,退出初值设置。

需要说明的是,本例选用的 BUTTON 按键有两种运行功能:有锁运行和无锁运行。作有锁运行时,单击按键图形中小红圆点,单击第 1 次闭锁,第 2 次开锁。作无锁运行时,单击按键图形中键盖帽"凸",单击 1 次,键闭合后弹开 1 次,不闭锁。

（5）初值设置完毕（须释放 K1）后，按第 1 次 K0（不闭锁），秒表倒计时开始；按第 2 次 K0（不闭锁），秒表倒计时停运行；再按 K0，倒计时继续，直至 0；倒计时至 0 后，再按 K0，无作用。

（6）终止程序运行，可按停止按钮。

5. 思考与练习

程序中，如何处理上升键和下降键，"按 1 次"与"按住不放"的不同操作功能？

7.2　DS18B20 测温

测温、控温是单片机控制系统常见的课题。首先要测温，然后才是控温。测温的元件和方法很多，本节介绍性价比较高的 DS18B20"1-Wire"单总线测温电路及其控制程序。

实例 97　一线式 DS18B20 测温

1. DS18B20 简介

DS18B20 是美国 DALLAS 公司生产的"1-Wire"单总线测温器件，体积小，线路简单，不需要额外的 A-D 转换器和外围元件，可直接读取温度数字值。测温范围为 $-55 \sim +125 ℃$，最高分辨率 12 位，最长周期 750 ms，还可设置上下限温度告警。

（1）内部组织结构

DS18B20 主要由 64 位 ROM、温度传感器、高速缓存器和配置寄存器组成。

1）64 位 ROM。由生产厂商刻录固定编码，用于芯片识别和检测。

2）温度传感器。是 DS18B20 核心部分，可完成对温度的测量和记录。

3）高速缓存器。由 9 字节 RAM 和 3 字节 E^2PROM 组成。

① E^2PROM。第 1、2 字节存放高温上限值 TH 和低温下限值 TL；第 3 字节存放配置寄存器中的信息。

② RAM。第 1、2 字节存放测温值低 8 位和高 8 位；第 3、4 字节分别存放高温限值 TH 和低温限值 TL；第 5 字节是配置寄存器；第 6～8 字节保留；第 9 字节为前 8 字节的 CRC 校验码，如表 7-8 所列。RAM 数据在上电复位时被刷新。

表 7-8　DS18B20 RAM 数据内容

字节编号	1	2	3	4	5	6	7	8	9
数据内容	温度低 8 位	温度高 8 位	高温限值 TH	低温限值 TL	配置寄存器	保留			CRC 校验值
初始数据	50	05	FF	FF	7F				P

其中，第 1、2 字节温度值数据格式如表 7-9 所列，初始数据为 0x0550（表示 85 ℃）。

表 7 - 9　DS18B20 温度值数据格式

温度数据高 8 位								温度数据低 8 位							
D15	D14	D13	D12	D11	D10	D9	D8	D7	D6	D5	D4	D3	D2	D1	D0
S	S	S	S	S	2^6	2^5	2^4	2^3	2^2	2^1	2^0	2^{-1}	2^{-2}	2^{-3}	2^{-4}
温度值符号位(0 正 1 负)					温度值整数位(−55 ～+125℃)							温度值小数位(2^{-4}=0.062 5)			

4）配置寄存器。即高速缓存器 RAM 第 5 字节,该字节 D6D5 位为 R0、R1,可编程设定测温分辨率,如表 7 - 10 所示。一般来说,温度惯性都比较大,若不要求快速测温,可选 12 位(默认值)分辨率;若希望快速测温,可选 9 位分辨率。

表 7 - 10　DS18B20 测温分辨率设定

R1	R0	分辨率	最大转换时间/ms
0	0	9 位	93.75
0	1	10 位	187.5
1	0	11 位	375
1	1	12 位	750

(2) 操作步骤和操作指令

根据 DS18B20 的通信协议,主机(单片机)对 DS18B20 操作须分 3 步:

① 复位(每次必须)。复位操作要求主机将数据线先下拉 480～960 μs,后释放 15～60 μs,待 DS18B20 发出 60～240 μs 的低电平应答脉冲,表示复位成功,复位时序图如图 7 - 19 所示。

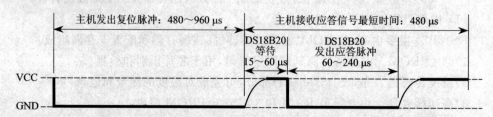

图 7 - 19　DS18B20 复位时序图

② 发送 ROM 操作指令。

③ 发送 RAM 操作指令。ROM 和 RAM 操作指令如表 7 - 11 所列。

表 7 - 11　DS18B20 主要操作指令

功　能	代　码	说　明
读 ROM	0x33	只有一片 DS18B20 时,允许读 DS18B20 ROM 中的 64 位编码
匹配 ROM	0x55	有多片 DS18B20 时,片选编码符合条件的 DS18B20
跳过 ROM	0xcc	只有一片 DS18B20 时,不核对 64 位编码,直接向其发出操作命令
搜索 ROM	0xf0	确定总线上 DS18B20 的片数及其 64 位识别编码
报警搜索	0xec	执行后只有温度超过设定值上限或下限的片子才做出响应

功能	代码	说明
写 RAM	0x4e	向 DS18B20 RAM 写上、下限温度数据和测温精度要求(3字节)
读 RAM	0xbe	读 DS18B20 RAM 中 9 字节数据
复制 RAM	0x48	将 DS18B20 RAM 中第 3、4 字节 TH 和 TL 值复制到 EEPROM 中
复制 E²PROM	0xb8	将 DS18B20 E2PROM 中 TH 和 TL 值复制到 RAM 第 3、4 字节中
温度转换	0x44	启动 DS18B20 温度转换,结果存入 DS18B20 RAM 第 1、2 字节中
读供电方式	0xb4	寄生供电时 DS1820 发送"0",外接电源供电? DS1820 发送"1"

2. 电路设计

设计 DS18B20 测温电路如图 7 - 20 所示,电路分成两部分:左半部分是 DS18B20 测温电路,右半部分是 LED 数码管动态显示电路。

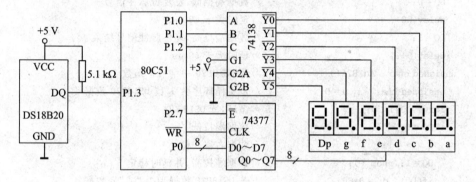

图 7 - 20　DS18B20 测温电路

(1) DS18B20 测温电路

DS18B20 是一线式测温元件,与外部通信只有一条线,其输入输出端 DQ 接上拉电阻后,与 80C51 P1.3 连接。

(2) LED 数码管动态显示电路

LED 数码管动态显示电路与实例 92、93 完全相同,80C51 P1.2~P1.0 与 138 译码输入端 CBA(A 为低位)连接;译码输出端 Y0~Y6(低电平有效)作为位码,选通 6 位共阴型 LED 数码管;138 片选端 E1 接 +5 V,E2、E3 接地,始终有效;80C51 WR 接 74LS377 时钟端 CLK;P2.7 接门控端 E;P0 口接数据输入端 D0~D7,377 Q0~ Q7 输出段码,与数码管笔段 a~g、Dp 连接。

74LS377 和 74LS138 特性已分别在实例 34 和实例 57 中介绍,此处不再重复。

3. 程序设计

按图 7 - 20 电路,要求实时测温并显示温度值,最高位显示温度正负,最低位显示摄氏符号"C",中间 4 位为百、十、个、十分位温度值,小数点固定在个位。

```
# include<reg51.h>                        //包含访问 sfr 库函数 reg51.h
# include <absacc.h>                       //包含绝对地址访问库函数 absacc.h
# include<intrins.h>                       //包含内联库函数 intrins.h
sbit  DQ = P1^3;                           //定义 DS18B20 DQ 端与 80C51 连接端口
unsigned char  a[6] = {                    //定义显示字段码数组 a
  0x40,0x40,0x40,0x40,0x40,0x40};          //先赋值未测温标志符号"------"
unsigned char  b[] = {                     //定义温度二进制小数→十进制小数转换数组 b
  0,1,1,2,3,3,4,4,5,6,6,7,8,8,9,9};
unsigned char code  c[10] = {              //定义共阴字段码表数组
  0x3f,0x06,0x5b,0x4f,0x66,0x6d,0x7d,0x07,0x7f,0x6f};
void  delay(unsigned char  i){             //延时子函数,形参 i
  while(i--);}                             //递减延时
void  reset1820(){                         //DS18B20 复位子函数
  DQ = 1; _nop_();                         //数据端拉高,并延时稳定
  DQ = 0;                                  //数据端拉低,发复位脉冲信号
  delay(80);                               //延时大于 480 μs
  DQ = 1;                                  //数据端拉高,复位脉冲信号结束
  delay(9);}                               //延时大于 60 μs
unsigned char  rd1820(){                   //读 DS18B20 一字节子函数
  unsigned char  i, d = 0;                 //定义循环序数 i,读 DS18B20 数据 d
  for(i = 0;i<8;i++){                       //循环,读 DS18B20
    DQ = 0;                                //数据端拉低
    d>>= 1;                                //数据右移一位
    DQ = 1; _nop_();                       //数据端拉高,并延时稳定
    if(DQ)  d|= 0x80;                      //若 DS18B20 数据为 1,"或"入数据 d
    delay(9);}                             //延时大于 60 μs
  return  d;}                              //返回读出数据
void  wr1820(unsigned char  d){            //写 DS18B20 一字节子函数,形参:写入数据 d
  unsigned char  i;                        //定义循环序数 i
  for(i = 0;i<8;i++){                       //循环,写 DS18B20
    DQ = 0; _nop_();                       //数据端拉低,并延时稳定
    DQ = d&0x01;                           //发送一位数据(最低位)
    delay(9);                              //延时大于 60 μs
    DQ = 1;                                //数据端拉高
    d>>= 1;}}                              //数据右移一位
void  chag (unsigned char  x[],unsigned char  y[]){
                                           //温度数据转换为显示字段码子函数
                                           //形参:温度数据数组 x[],显示字段码数组 y[]
  y[5] = 0x39;                             //最低显示位置摄氏温度符号 C 字段码(BCD 码)
  y[0] = 0;                                //最高显示位暂先置消隐(表示正值)字段码
  if ((x[1]&0xf8) == 0xf8){                //若温度数据高 5 位为 11111,温度为负值,则:
    x[1] = ~x[1];                          //高 8 位取反
```

```
    x[0] = ~x[0] + 1;                      //低 8 位取反加 1(补码转换为原码)
    if (x[0] == 0)  x[1] = x[1] + 1;       //若低 8 位为 0(进位),高 8 位再加 1
    y[0] = 0x40;}                          //最高显示位置负号("-")字段码(BCD 码)
  y[4] = b[x[0]&0x0f];                     //取出温度数据小数位,先查表转换为十进制小数
  y[4] = c[y[4]];                          //再转换为显示字段码
  x[1] = (x[1]&0x0f)<<4;                   //取出高 8 位温度数据中低 4 位,并左移至高 4 位
  x[0] = (x[0]&0xf0)>>4;                   //取出低 8 位温度数据中高 4 位,并右移至低 4 位
  x[0] = x[0] | x[1];                      //组合(或)形成温度整数值
  y[1] = x[0]/100;                         //取出温度整数数据百位数字
  y[2] = (x[0] % 100)/10;                  //取出温度整数数据十位数字
  y[3] = c[x[0] % 10]|0x80;                //取出温度整数数据个位数字,转换为显示字段码并
                                           //加小数点
  if (y[1]! = 0)  y[1] = c[y[1]];          //若百位数字不是 0,百位转换为相应显示字段码,否
                                           //则消隐
  if ((y[1]! = 0)|(y[2]! = 0))             //若百、十位数字中有一个不是 0
    y[2] = c[y[2]];}                       //十位转换为相应显示字段码,否则消隐
void  disp(unsigned char  n){              //循环扫描显示 n 次子函数
  unsigned char  i,j;                      //定义循环序数 i、j
  for(j = 0; j<n; j++){                    //循环显示 n 次
    for(i = 0; i<6; i++){                  //6 位依次输出
      P1 = (P1&0xf8) + i;                  //输出显示位码
      XBYTE[0x7fff] = a[i];                //输出相应位显示字段码
      delay(250);}}}                       //延时约 1.5 ms
void  main(){                              //主函数
  unsigned char  t[2];                     //定义 DS18B20 温度数据数组 t
  while(1){                                //无限循环:测温→扫描显示 100 次(约 0.9 s)→再
                                           //测温
    reset1820();                           //DS18B20 复位
    if(DQ == 0){                           //若 DS18B20 正确复位,则:
    delay(12);                             //延时大于 80 μs,等待 DS18B20 复位释放过程结束
    wr1820(0xcc);                          //发跳过 ROM 操作指令
    wr1820(0x44);                          //发启动温度转换操作指令
    reset1820();                           //DS18B20 再次复位
    delay(12);                             //延时大于 80 μs,等待 DS18B20 复位释放过程结束
    wr1820(0xcc);                          //发跳过 ROM 操作指令
    wr1820(0xbe);                          //发读温度转换数据操作指令
    t[0] = rd1820();                       //读温度转换数据低 8 位
    t[1] = rd1820();                       //读温度转换数据高 8 位
    chag (t,a);}                           //温度数据 t[]转换为显示字段码 a[]
  disp(100);}}                             //循环扫描显示 100 次(约 0.9 s)
```

4. Keil 调试

实时测温因涉及外围元器件 DS18B20 和显示电路，无法进行全面软件调试，只能按实例 1 所述步骤，编译链接，语法纠错，自动生成 Hex 文件。

或者，将每个子函数分段调试。此时，需将子函数名改为 main，否则无法进行。可重点察看延时子函数延时时间、温度数据 x[] 转换为显示字段码 y[] 子函数（须先设置温度数据）、循环扫描显示 n 次子函数等功能。

5. Proteus 仿真

（1）按实例 23 所述 Proteus 仿真步骤，打开 Proteus ISIS 软件，按表 7－12 选择和放置元器件，并连接线路，画出 Proteus 仿真电路如图 7－21 所示。

表 7－12　实例 97 Proteus 仿真电路元器件

名　称	编号	大　类	子　类	型号/标称值	数　量
80C51	U1	Microprocessor Ics	80C51 family	AT89C51	1
74LS373	U2	TTL 74LS series		74LS373	1
74LS138	U3	TTL 74LS series		74LS138	1
74LS02	U4	TTL 74LS series		74LS02	1
DS18B20	U5	Data Converters		DS18B20	1
数码显示屏		Optoelectronics	7-Segment Displays	7SEG-MPX6-CC	1
电阻	R1	Resistors		Chip Resistor 1/8W 5% 5.1 kΩ	1

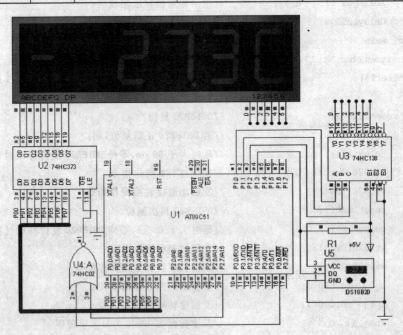

图 7－21　DS18B20 测温并显示 Proteus 仿真电路

（2）双击 Proteus ISIS 仿真电路中 AT89C51，装入 Keil 调试后自动生成的 Hex 文件。

（3）全速运行后，6 位 LED 先瞬间显示 85.0C，然后显示 27.0C。

（4）停止运行，右击 DS18B20，弹出右键菜单，选择"Edit Properties"，打开元件特性编辑对话框，在"Current Value"框内改变温度设置值（例如"－27.26"）。再次全速运行后，温度显示值随之改变。

（5）暂停运行，单击主菜单"Debug"，弹出下拉式子菜单，打开 DS18B20 片内 RAM（主菜单 Debug→DS18×××　Temp Sensor →Scratch RAM－U5），可看到第 1、2 字节温度数据"4B　FE"，如图 7-22 所示。

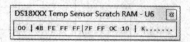

图 7-22　DS18B20 片内 RAM 数据

低 8 位 4B（0100 1011），高 8 位 FE（1111 1110），其中高 5 位为 11111，表明温度为负值（补码）。剩余 11 位温度数据为 110 0100 1011，转换为原码（取反加 1）：001 1011 0101。前 7 位为温度整数值 1BH，转换为十进制数即 27；后 4 位二进制小数"0101"，转换为十进制小数 0.3125≈0.3。因此，温度显示值：－27.3C。

（6）读者可设置各种正负温度值，观察电路虚拟仿真运行情况。还可修改 DS18B20 复位子函数中各段延时时间，分析其对 DS18B20 复位操作的影响。

（7）终止程序运行，可按停止按钮。

6. 思考与练习

DS18B20 与 CPU 只有一根连线，如何识别芯片、输入输出控制命令和检测数据？

7.2　电机驱动

用单片机控制驱动步进电机和直流电机，简便易行。但是，驱动电机转动需要较大电流，单片机负载能力有限，而且电流脉冲边沿需有一定要求。因此，一般需用功率集成电路作为单片机驱动接口，例如 L298 和 ULN2003 等。

实例 98　驱动四相步进电机

步进电机是一种数控电动机，对其发出一个脉冲信号，电机就转动一个角度，可以通过控制脉冲个数来控制角位移量，控制脉冲信号频率来控制电机转动的速度和加速度，控制脉冲的正负极性来控制电机的正反转，控制脉冲的激励方式来控制电机的机械特性。近年来，随着微控制器的广泛应用，步进电机的应用也越来越广泛。

1. 四相步进电机激励方式和驱动电路

（1）激励方式

四相步进电机有 4 组线圈，通常采用单极性激励方式，即 4 个线圈中电流始终单向流动,不改变方向。设 4 组线圈分别为 A、B、C、D,常用的激励方式如表 7 - 13 所列。

80C51 单片机实验实训 100 例——基于 Keil C 和 Proteus

302

表 7 - 13　四相步进电机驱动控制数据

驱动模式	通电绕组	二进制数 DCBA	驱动数据 D7~D0	驱动模式	通电绕组	二进制数 DCBA	驱动数据 D7~D0
单 4 拍	A	0001	0x01	8 拍	A	0001	0x01
	B	0010	0x02		AB	0011	0x03
	C	0100	0x04		B	0010	0x02
	D	1000	0x08		BC	0110	0x06
双 4 拍	AB	0011	0x03		C	0100	0x04
	BC	0110	0x06		CD	1100	0x0c
	CD	1100	0x0c		D	1000	0x08
	DA	1001	0x09		DA	1001	0x09

(2) 驱动电路 ULN2003 简介

四相步进电机因通常采用单极性激励方式,不需改变驱动电流流向,因此可用 ULN2003 作为驱动接口电路。

ULN2003 内部结构和引脚图如图 7 - 23 所示,有 7 组达林顿管(复合晶体管),输入电压兼容 TTL 或 COMS 电平,输出端灌电流可达 500 mA,并能承受 50 V 高电压,可外接步进电机驱动电源 Vs(例如 12 V),且并联了续流二极管,可消除电机线圈通断切换时产生的反电势副作用,适用于驱动电感性负载。

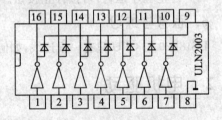

图 7 - 23　ULN2003 内部结构和引脚图

2. 电路设计

设计四相步进电机驱动电路如图 7 - 24 所示,80C51 P1.0～P1.3 作为 4 组线圈驱动控制端口,P1.6、P1.7 分别接 Kp(正转)、Kn(反转)控制按钮;ULN2003 Out1～Out4 分别接步进电机 4 组线圈 ABCD;公共端接步进电机额定电压 Vs。

3. 程序设计

按图 7 - 18 电路和表 7 - 13 中 8 拍激励方式,按下 Kp 为正转(顺时针),按下 Kn 反转(逆时针),编制驱动程序。

```
#include<reg51.h>              //包含访问 sfr 库函数 reg51.h
sbit  Kp = P1^6;               //定义 Kp 为 P1.6(正转按键)
```

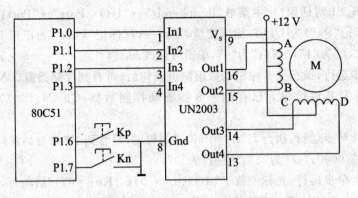

图 7-24 四相步进电机驱动电路

```
sbit   Kn = P1^7;                         //定义 Kn 为 P1.7(反转按键)
void main(){                              //主函数
  unsigned char i;                        //定义循环序数 i
  unsigned int  t;                        //定义延时参数 t
  unsigned char  r[8] = {                 //定义 8 拍驱动数组,并赋值
    0xc1,0xc3,0xc2,0xc6,0xc4,0xcc,0xc8,0xc9};
  P1 = 0xf0;                              //清 P1 口低 4 位数据
  while(1){                              //无限循环执行下列语句
    if((Kp == 0)&(Kn! = 0)){            //若正转键单独按下(正反转按键互锁)
    for(i=0;i<8;i++){                    //循环正转
      P1 = (P1&0xf0)|r[i];               //依次输出正转控制字
      for(t=0;t<10000;t++);}}           //约延时 60 ms
    else  if((Kn == 0)&(Kp! = 0)){      //若反转键单独按下(正反转按键互锁)
    for(i=7;i<8;i--){                    //循环反转
      P1 = (P1&0xf0)|r[i];               //依次输出反转控制字
      for(t=0;t<10000;t++);}}           //约延时 60 ms
    else P1& = 0xf0;}}                   //否则,停转
```

说明:(1) 程序中 8 拍驱动数组将表 7-13 中 8 拍驱动数据高 4 位从"0"改为"c"的原因是始终保持 P1.6、P1.7 输入态。

(2) 步进电机每拍驱动之间需有一定延时,调节延时时间,可调节步进电机转速。但若延时时间过少、激励脉冲频率过高,步进电机来不及响应,将发生丢步或堵转。

4. Keil 调试

(1) 按实例 1 所述步骤,编译链接,语法纠错,并进入调试状态。

(2) 打开变量观测窗口,观测到数组 r[] 被存放在 D:0x0B 单元。

(3) 打开存储器窗口,在 Memory # 1 标签页的 Address 编辑框内键入"d:0x0b"。

（4）打开 P1 对话窗口（主菜单"Peripherals"→"I/O－Port"→"Port1"）。其中，上面一行（标记"Px"）为 I/O 口输出变量，下面一行（标记"Pins"）为模拟 I/O 口引脚输入信号。"√"为"1"，"空白"为"0"，单击可修改。

（5）单步运行，执行完 8 拍驱动数组赋值语句后，可看到存储器窗口 Memory＃1 标签页 0x0b 及其后续单元已存储了 8 拍驱动控制数据：C1、C3、C2、C6、C4、CC、C8、C9。

（6）继续单步运行，执行完"P1＝0xf0;"语句后，可看到 P1 口对话窗口中数据变为 0xF0（1111 0000，"√"为"1"，"空白"为"0"）。

（7）继续单步运行，光标停留于"if((Kp==0)&(Kn!=0))"语句行，单击 P1.6 下面一行（标记为"Pins"），该引脚从"√"→"空白"，表示按下 Kp 正转按键。程序在正转循环中运行，P1 依次输出正转控制字（低 4 位）:0xF1、0xF3、0xF2、0xF6、0xF4、0xFC、0xF8、0xF9、…，并继续不断循环。再次单击 P1.6 下面一行（标记为 Pins），该引脚从"空白"→"√"，表示释放按键 Kp，停止正转。

（8）继续单步运行，光标停留于"else if((Kn==0)&(Kp!=0))"语句行，单击 P1.7 下面一行（标记为"Pins"），该引脚从"√"→"空白"，表示按下 Kn 反转按键。程序在反转循环中运行，P1 依次输出反转控制字（低 4 位）:0xF9、0xF8、0xFC、0xF4、0xF6、0xF2、0xF3、0xF1、…，并继续不断循环。再次单击 P1.7 下面一行（标记为 Pins），该引脚从"空白"→"√"，表示释放按键 Kn，停止反转。

5. Proteus 仿真

（1）按实例 23 所述 Proteus 仿真步骤，打开 Proteus ISIS 软件，按表 7-14 选择和放置元器件，并连接线路，画出 Proteus 仿真电路如图 7-25 所示。

表 7-14 实例 98 Proteus 仿真电路元器件

名 称	编 号	大 类	子 类	型号/标称值	数 量
80C51	U1	Microprocessor Ics	80C51 family	AT89C51	1
ULN2003A	U2	Analog Ics	Miscellaneous	ULN2003A	1
四相步进电机		Electromechanical		MOTOR-STEPPER	1
按键	Kp、Kn	Switches & Relays	Switches	BUTTON	2
示波器		左侧辅工具栏	虚拟仪表（图标🔲）	OSCILLOSCOPE	1

（2）双击 Proteus ISIS 仿真电路中 AT89C51，装入 Keil 调试后自动生成的 Hex 文件。

（3）全速运行后，按下 Kp 键（单击右侧小红点，键盖帽"▭"按下，锁定），步进电机顺时针正转;释放 Kp 键，按下 Kn 键，步进电机逆时针反转。若同时按下 Kp、Kn 键，则电机不转。

（4）打开示波器（主菜单"Debug"→"Digital Oscilloscope"），可看到步进电机

ABCD 4 相激励电流波形,如图 7 - 26 所示(说明:图中 A 相电流波形似乎不够挺拔,这是 Proteus 的问题,不是电路或程序的问题。可将原接示波器 A 相的 2003 输出端 1C 改接 BCD 中任一相显示加一证明)。

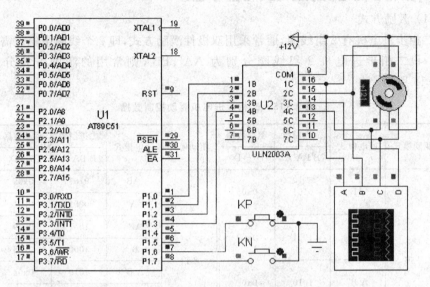

图 7 - 25　驱动四相步进电机 Proteus 仿真电路

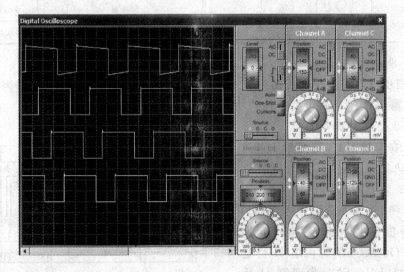

图 7 - 26　四相步进电机驱动电流波形

(5) 修改程序中步进电机每拍间隙(延时)时间,可调节步进电机转速。

(6) 终止程序运行,可按停止按钮。

6. 思考与练习

表 7 - 13 中 8 拍驱动数据高 4 位为"0",程序中被改为"c",为什么?

实例 99　驱动二相步进电机

1. 二相步进电机激励方式和驱动电路

（1）激励方式

二相步进电机有 2 组线圈，通常采用双极性激励方式，即 2 个线圈中电流需改变方向。设二相步进电机 2 组线圈分别为 AA′、BB′，则常用的激励方式分别如表 7-15 所列。

表 7-15　二相步进电机驱动控制数据

驱动模式	通电模式	二进制数 B′BA′A	驱动数据 D7~D0	驱动模式	通电模式	二进制数 B′BA′A	驱动数据 D7~D0
4拍	AB	0101	0x05	8拍	AB	0101	0x05
					A	0001	0x01
	AB′	1001	0x09		AB′	1001	0x09
					B′	1000	0x08
	A′B′	1010	0x0a		A′B′	1010	0x0a
					A′	0010	0x02
	A′B	0110	0x06		A′B	0110	0x06
					B	0100	0x04

（2）驱动电路 L298 简介

二相步进电机需改变线圈中驱动电流流向，因此不能用 ULN2003 作为驱动接口电路，需用具有 H 桥电路结构的功率集成电路作为驱动接口。

L298 是一种高电压大电流驱动芯片，响应频率高，有两组 H 桥，正好驱动二相步进电机 2 组线圈。图 7-27 为其内部结构和引脚图，In1、In2 和 In3、In4 分别为 A 组和 B 组 H 桥电路控制输入端；Out1、Out2 和 Out3、Out4 为两组 H 桥电路输出端；ENa、ENb 为两组 H 桥电路使能端，低电平禁止输出；SNa、SNb 为两组 H 桥电路电流反馈端，

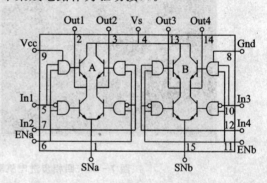

图 7-27　L298 内部结构和引脚图

不用时可以直接接地；Vcc 为 L298 内部电路电源，接＋5 V；Vs 为驱动电源，取步进电机额定电源电压；Gnd 为接地端。

2. 电路设计

设计二相步进电机驱动电路如图 7-28 所示,80C51 P1.0~P1.3 作为驱动控制端口,与 L298 A、B 两组 H 桥电路控制输入端 In1、In2 和 In3、In4 分别连接;P1.6、P1.7 分别接 Kp(正转)、Kn(反转)控制按钮;L298 使能端 ENa、ENb 接高电平,始终有效;电流反馈端 SNa、SNb 直接接地;4 个输出端 Out1~Out4 分别接步进电机 2 组线圈 AA′、BB′;因 L298 内部无续流二极管,外接 8 个二极管消除反电势影响;Vs 接步进电机额定电压。

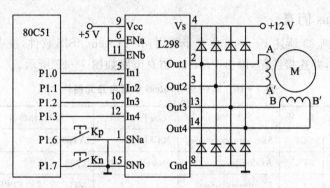

图 7-28 二相步进电机驱动电路

3. 程序设计

图 7-28 所示二相步进电机电路的驱动程序与图 7-24 所示四相步进电机电路的驱动程序相似,只需将四相步进电机的 8 拍驱动数组更换为表 7-15 中二相步进电机的 8 拍驱动数组,就可实现二相步进电机的正反向运转。

```
#include<reg51.h>                        //包含访问 sfr 库函数 reg51.h
sbit  Kp = P1^6;                         //定义 Kp 为 P1.6(正转按键)
sbit  Kn = P1^7;                         //定义 Kn 为 P1.7(反转按键)
void  main(){                            //主函数
  unsigned char  i;                      //定义循环序数 i
  unsigned int  t;                       //定义延时参数 t
  unsigned char  r[8] = {                //定义 8 拍驱动数组,并赋值
    0xc5,0xc1,0xc9,0xc8,0xca,0xc2,0xc6,0xc4};
  P1 = 0xf0;                             //清 P1 口低 4 位数据
  while(1){                              //无限循环执行下列语句
    if((Kp == 0)&(Kn! = 0)){             //若正转键单独按下(正反转按键互锁)
     for(i = 0;i<8;i++){                 //循环正转
        P1 = (P1&0xf0)|r[i];             //依次输出正转控制字
        for(t = 0;t<10000;t++);}}        //约延时 60 ms
    else  if((Kn == 0)&(Kp! = 0)){       //若反转键单独按下(正反转按键互锁)
     for(i = 7;i<8;i--){                 //循环反转
```

```
        P1 = (P1&0xf0)|r[i];        //依次输出反转控制字
        for(t = 0;t<10000;t++);}}    //约延时 60 ms
    else  P1& = 0xf0;}}              //否则,停转
```

说明:程序中 8 拍驱动数组将表 7-15 中 8 拍驱动数据高 4 位从"0"改为"c"的原因是始终保持 P1.6、P1.7 输入态。

4. Keil 调试

同上例。

5. Proteus 仿真

(1) 按实例 23 所述 Proteus 仿真步骤,打开 Proteus ISIS 软件,按表 7-16 选择和放置元器件,并连接线路,画出 Proteus 仿真电路如图 7-29 所示。

表 7-16　实例 99 Proteus 仿真电路元器件

名　称	编　号	大　类	子　类	型号/标称值	数　量
80C51	U1	Microprocessor Ics	80C51 family	AT89C51	1
L298	U2	Analog Ics	Miscellaneous	L298	1
二相步进电机		Electromechanical		MOTOR-BISTEPPER	1
按键	Kp、Kn	Switches & Relays	Switches	BUTTON	2
示波器		虚拟仪表(图标)		OSCILLOSCOPE	1

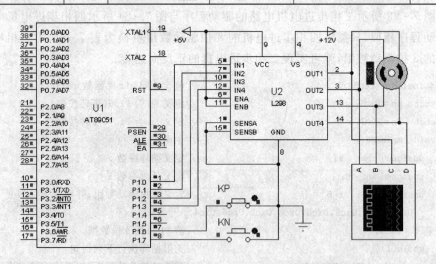

图 7-29　二相步进电机 Proteus 仿真电路

(2) 双击 Proteus ISIS 仿真电路中 AT89C51,装入 Keil 调试后自动生成的 Hex 文件。

(3) 全速运行后,按下 Kp 键(单击右侧小红点,键盖帽"⎍"按下,锁定),步进电机顺时针正转;释放 Kp 键,按下 Kn 键,步进电机逆时针反转。若同时按下 Kp、

Kn 键,则电机不转。

　　(4) 打开示波器(主菜单"Debug"→"Digital Oscilloscope"),可看到步进电机 AA′、BB′ 端激励电流波形,如图 7 - 30 所示。

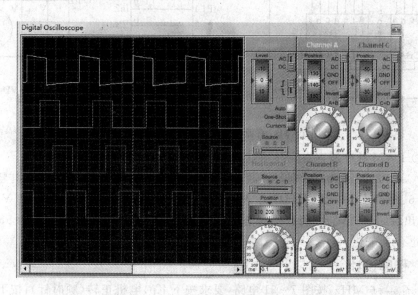

图 7 - 30　四相步进电机驱动电流波形

　　(5) 修改程序中步进电机每拍间隙(延时)时间,可调节步进电机转速。

　　(6) 终止程序运行,可按停止按钮。

6. 思考与练习

程序中,为什么需设置正反转按键互锁?

实例 100　直流电机正反转及 PWM 调速

　　由单片机控制功率集成电路 L298,并驱动直流电机正反转,同时还可发出 PWM 脉冲波调速(Pulse Width Modulation,脉冲宽度调制)。

1. 电路设计

　　设计直流电机正反转及 PWM 调速电路如图 7 - 31 所示,电路分成两部分:右半部分是直流电机正反转及 PWM 调速电路,左半部分是 PWM 脉冲波占空比显示电路。

　　(1) 直流电机正反转及 PWM 调速电路

　　80C51 P1.4~P1.7 分别与加速键 up、减速键 dn、正转键 Kp、反转键 Kn 连接; P1.0、P1.1 与 L298 In1、In2 连接,作为驱动直流电机正反转控制端口;P1.2 与 ENa 连接,控制 L298a 组 H 桥输出 PWM 脉冲;L298 Out1、Out2 接直流电机;VD1~VD4 为续流二极管,消除直流电机线圈反电势影响。

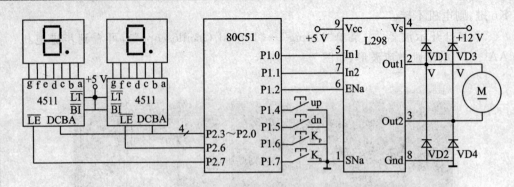

图 7 - 31　直流电机驱动并 PWM 调速电路

（2）PWM 脉冲波占空比显示电路

80C51 P2.0～P2.3 分别与 2 片 4511 BCD 码输入端 ABCD 连接，输出显示段码；P2.6、P2.7 分别接 2 片 4511 输入信号锁存控制端 LE；4511 $\overline{LT}$、$\overline{BI}$ 接 +5 V；译码笔段输出端 abcdefg 与共阴数码管笔段端直接连接。CC4511 特性已在实例 53 中介绍，此处不再赘述。

2. 程序设计

设 $f_{osc}=6$ MHz，按图 7 - 31 电路，要求按下 Kp，电机正转（顺时针）；按下 Kn，电机反转（逆时针）。两位数码管显示 PWM 脉冲波占空比，初始值为 70（脉冲高电平占比 70%）。按 1 次加速键 up，占空比加 1；按住不放，快速加 1，最大值 100（显示 00）。按 1 次减速键 up，占空比减 1；按住不放，快速减 1；最小值 20。

将 T0 用作定时器方式 2，高 8 位定时 TH0 = 256 - 2w，低 8 位定时 TL0 = 256 - 2(100 - w)。其中，w 为占空比。

```
#include<reg51.h>              //包含访问 sfr 库函数 reg51.h
sbit  In1 = P1^0;              //定义 In1 为 P1.0(a 组 H 桥正转控制输入端)
sbit  In2 = P1^1;              //定义 In2 为 P1.1(a 组 H 桥反转控制输入端)
sbit  ENa = P1^2;              //定义 ENa 为 P1.2(a 组 H 桥使能端)
sbit  up = P1^4;               //定义 up 为 P1.4(加速按键)
sbit  dn = P1^5;               //定义 dn 为 P1.5(减速按键)
sbit  Kp = P1^6;               //定义 Kp 为 P1.6(正转按键)
sbit  Kn = P1^7;               //定义 Kn 为 P1.7(反转按键)
sbit  LE1 = P2^6;              //定义 LE1 为 P2.6(个位 BCD 码锁存控制)
sbit  LE2 = P2^7;              //定义 LE2 为 P2.7(十位 BCD 码锁存控制)
bit  p = 0;                    //定义激励脉冲电平标志，并赋值(低电平标志)
unsigned char  w = 70;         //定义激励脉冲宽度 w，并赋初值
void  disp2(){                 //2 位显示子函数
  if(w == 100) {               //若脉冲宽度为 100，显示 00 代表 100
    P2 = P2&0xf0;              //P2 口低 4 位输出 BCD 段码
    LE2 = 0; LE2 = 1;          //十位锁存
```

```
    LE1 = 0; LE1 = 1;}          //个位锁存
  else {                        //若脉冲宽度不是100,则正常显示
    P2 = (P2&0xf0)|(w/10);      //P2 口输出十位 BCD 段码
    LE2 = 0; LE2 = 1;           //十位锁存
    P2 = (P2&0xf0)|(w%10);      //P2 口输出个位 BCD 段码
    LE1 = 0; LE1 = 1;}}         //个位锁存
void  k_up() {                  //加速键子函数
  unsigned char  n = 0;         //定义长按钮计数器 n
  unsigned int  t;              //定义延时参数 t
  if(w! = 100)  w++;            //若脉冲宽度未达上限,脉冲宽度加1
  else  w = 100;                //否则,脉冲宽度保持上限值
  disp2();                      //脉冲宽度刷新显示
  for(t = 0; t<5000; t++);      //延时 50 ms(f_osc = 6 MHz)
  while(up == 0) {              //若加速键持续按下,则
    for(t = 0; t<2000; t++);    //延时 20 ms(f_osc = 6 MHz)
    n++;                        //长按钮计数器加1
    if(n == 10) {n = 9;         //若长按钮时间大于 0.25 s,长按钮计数器保持临界状态
      if(w! = 100)  w++;        //若脉冲宽度未达上限,脉冲宽度加1
      else  w = 100;            //否则,脉冲宽度保持上限值
      disp2();}}}               //脉冲宽度刷新显示
void  k_dn() {                  //减速键子函数
  unsigned char  n = 0;         //定义长按钮计数器 n
  unsigned int  t;              //定义延时参数 t
  if(w! = 20)  w--;             //若脉冲宽度未达下限,脉冲宽度减1
  else  w = 20;                 //否则,脉冲宽度保持下限值
  disp2();                      //脉冲宽度刷新显示
  for(t = 0; t<5000; t++);      //延时 50 ms(f_osc = 6 MHz)
  while(dn == 0) {              //若减速键持续按下,则
    for(t = 0; t<2000; t++);    //延时 20 ms(f_osc = 6 MHz)
    n++;                        //长按钮计数器加1
    if(n == 10){                //若长按钮时间大于 0.25 s
      n = 9;                    //长按钮计数器保持临界状态
      if(w! = 20)  w--;         //若脉冲宽度未达下限,脉冲宽度减1
      else  w = 20;             //否则,脉冲宽度保持下限值
      disp2();}}}               //脉冲宽度刷新显示
void  main(){                   //主函数
  TMOD = 0x10;                  //置 T0 定时器方式 2
  TH0 = 256 - w * 2;            //置 T0 定时高 8 位初值:低电平 30
  TL0 = 256 - (100 - w) * 2;    //置 T0 定时低 8 位初值:高电平 70
  IP = 0x02;                    //置 T0 为高优先级
  IE = 0x82;                    //T0 开中
  TR0 = 1;                      //T0 运行
```

```
    disp2();                                //脉冲宽度显示
    while(1){                               //无限循环
      if((up == 0)&(dn! = 0))  k_up();      //若加速键按下,调用加速键子函数
      if((up! = 0)&(dn == 0))  k_dn();}}    //若减速键按下,调用减速键子函数
void  t0()   interrupt 1 {                  //T0 中断函数
    if(w == 100)   p = 1;                   //若脉冲宽度已达上限,脉冲电平标志永置高电平
    else  p = ~p;                           //否则,脉冲电平标志取反
    if(p == 0) TH0 = 256 - (100 - w) * 2;   //若脉冲标志为 0,置定时初值高 8 位为低电平宽度
    else   TH0 = 256 - w * 2;               //否则,置定时初值高 8 位为高电平宽度
    if((Kp == 0)&(Kn! = 0)){                //若正转键单独按下(正反转按键互锁),则
      if(p == 1) {ENa = 1;                  //若脉冲标志为高电平,置 L298 a 组使能端有效
      In1 = 1; In2 = 0;}                    //L298 a 组输出正转激励脉冲
      else  ENa = 0;}                       //若脉冲电平标志为低电平,L298 a 组停止输出
    if((Kn == 0)&(Kp! = 0)){                //若反转键单独按下(正反转按键互锁),则
      if(p == 1) {ENa = 1;                  //若脉冲标志为高电平,置 L298 a 组使能端有效
      In1 = 0; In2 = 1;}                    //L298 a 组输出反转激励脉冲
      else  ENa = 0;}                       //若脉冲电平标志为低电平,L298 a 组停止输出
    if(((Kp == 0)&(Kn == 0))|((Kp! = 0)&(Kn! = 0)))
                                            //若正、反转键均按下或均未按下,停转
      ENa = 0;}                             //L298 a 组停止输出
```

3. Keil 调试

本题 Keil 调试因涉及外围元器件,并需设置多种状态,无法进行全面软件调试,只能按实例 1 所述步骤,编译链接,语法纠错,自动生成 Hex 文件。

4. Proteus 仿真

(1) 按实例 23 所述 Proteus 仿真步骤,打开 Proteus ISIS 软件,按表 7 - 17 选择和放置元器件,并连接线路,画出 Proteus 仿真电路如图 7 - 32 所示。

表 7 - 17　实例 100 Proteus 仿真电路元器件

名　称	编　号	大　类	子　类	型号/标称值	数　量
80C51	U1	Microprocessor Ics	80C51 family	AT89C51	1
L298	U2	Analog Ics	Miscellaneous	L298	1
CC4511	U3、U4	CMOS 4000 series		4511	2
数码管		Optoelectronics	7-Segment Displays	7SEG-MPX1-CC	2
直流电机		Electromechanical		MOTOR-DC	1
按键		Switches & Relays	Switches	BUTTON	4
示波器		左侧辅工具栏	虚拟仪表(图标🔲)	OSCILLOSCOPE	1

(2) 双击 Proteus ISIS 仿真电路中 AT89C51,装入 Keil 调试后自动生成的 Hex 文件。

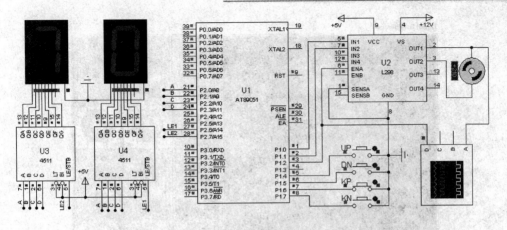

图 7-32 直流电机驱动并 PWM 调速 Proteus 仿真电路

（3）全速运行后，两位数码管显示 PWM 初值 70。

（4）按下 Kp 键（单击右侧小红点，键盖帽"□"按下，锁定），直流电机正转（顺时针）。打开示波器（主菜单"Debug"→"Digital Oscilloscope"），可看到 80C51 P1.2 输出至 L298 Ena 端的激励脉冲波形和 L298 Out1 输出至电机端的激励电流波形，如图 7-33 所示。

（5）按一下加速键 up（不锁定），两位数码管显示占空比加 1。按住不放，快速加 1。最大值 100（显示 00）。与此同时，直流电机转速加快；示波器显示波形的占空比也增大。占空比显示 90 时，如图 7-34 所示。占空比显示 100（显示 00）时，波形变为一条直线。

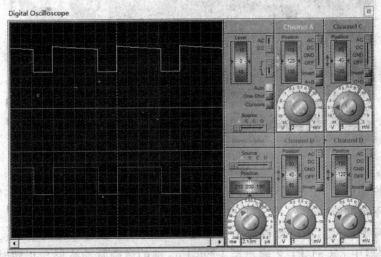

图 7-33 占空比 70% 时直流电机驱动波形

（6）按一下减速键 dn（不锁定），两位数码管显示占空比减 1。按住不放，快速减 1。最小值 20。与此同时，直流电机转速减慢；示波器显示波形的占空比也减小。占

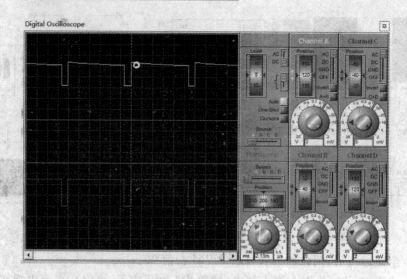

图7-34 占空比90%时直流电机驱动波形

空比显示 50 和 20 时,分别如图 7-35、图 7-36 所示。

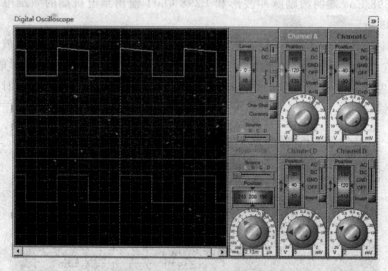

图7-35 占空比50%时直流电机驱动波形

314

需要说明的是,由于 C51 编译及定时器中断切换需要时间,两位数码管显示的占空比并不精准(除 50%),数值只能作为应用参考。

(7)释放 Kp 键,电机慢慢停下来。按下 Kn 键(不锁定),直流电机反转(逆时针)。示波器中 80C51 P1.2 输出至 L298 Ena 端的激励脉冲波形与正转时相同,但 L298 Out1 输出至电机端的激励电流波形与正转时反相。

(8)若同时按下 Kp、Kn,则电机不转。

(9)终止程序运行,可按停止按钮。

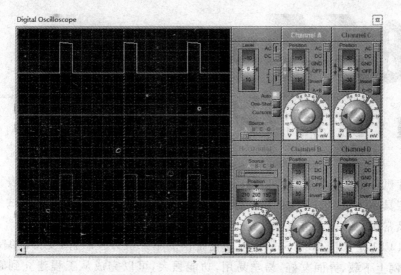

图 7 - 36　占空比 20％时直流电机驱动波形

5. 思考与练习

什么是 PWM？如何用于直流电机调速？

第 8 章

Keil C51 编译软件操作基础

　　单片机应用系统在软、硬件设计过程中,很难不出一点差错,仅靠万用表、示波器等常规工具纠错显然是不够的,通常需要借助于单片机开发工具来仿真调试。目前,最流行及常用的编译和仿真软件是 Keil C51。

　　Keil C51 是德国 Keil Software 公司推出的单片机开发软件,支持汇编和 C 语言,能从网上下载,界面友好,易学易用,功能强大,可以完成从工程建立到管理、编译、链接、目标代码生成、软件仿真、硬件仿真等完整的开发流程。

　　Keil C51 可在 μVision 集成开发环境中简便地进行操作,大致包括 5 个环节:

　　(1) 创建或打开一个工程项目,并向其中添加文件;

　　(2) 设置项目和文件的工程属性;

　　(3) 编写源程序文件,并添加到项目管理器中;

　　(4) 编译、链接源程序,并修改纠正其中的语法错误;

　　(5) 项目调试,通过后生成可执行 Hex 代码文件。

8.1　项目建立和设置

8.1.1　创建工程项目

1. 启动

　　双击桌面图标 μVision(▨)后,弹出如图 8-1 所示启动界面。然后进入工程编辑界面,如图 8-2 所示。

2. 创建新项目

　　单击主菜单"Project",弹出下拉菜单,选择"New Project";若打开已有项目,可选择"Open Project",如图 8-3 所示。

　　单击"New Project"后,弹出创建新项目对话框,如图 8-4 所示。然后输入新项目名,选择路径,保存新项目,默认扩展名为".uV2"。

3. 选择单片机型号

　　保存新项目后,系统弹出选择单片机型号的对话框,如图 8-5 所示。用户可按

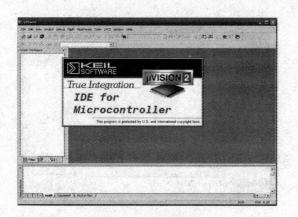

图 8-1　Keil C51 启动界面

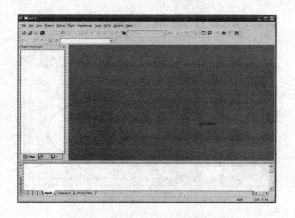

图 8-2　Keil C51 工程编辑界面

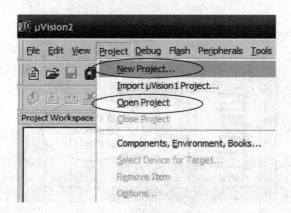

图 8-3　Project 下拉菜单

需选择使用的单片机型号。例如,选择 Atmel 公司的 AT89C51 单片机,如图 8-6 所示。

图 8-4 保存新文件对话框

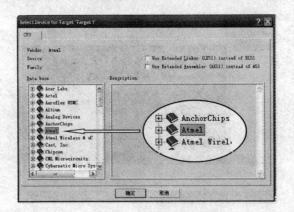

图 8-5 选择单片机型号对话框

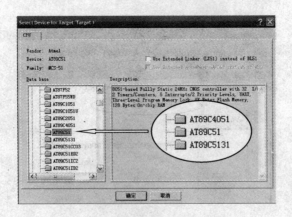

图 8-6 选择 AT89C51 单片机

此后,会弹出一个对话框:Copy Standard 8051 Startup Code to Project Folder and Add File to Project? 单击"是(Y)"按钮即可。

8.1.2　设置工程属性

设置工程属性,首先右击左侧项目工作区窗口(Project Workspace)中的"Target 1",弹出右键菜单如图 8-7 所示,单击菜单中的"Options for Target 'Target 1'",弹出工程属性设置对话框如图 8-8 所示。对话框中有 10 个标签页:Device(设备)、Target(目标)、Output(输出)、Listing(清单)、C51(编译器 C51 操作相关属性)、A51(汇编器 A51 操作相关属性)、BL51 Locate(BL51 定位)、BL51 Misc(BL51 混合)、Debug(调试)、Utilities(功能),大部分设置项都可以按默认值设置,其中,Device 是选择 CPU 芯片,已在上节介绍。另有几项需要注意、选择或修改的,说明如下:

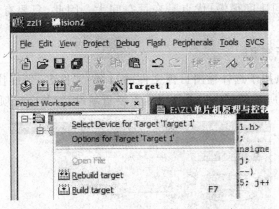

图 8-7　选择设置工程属性界面

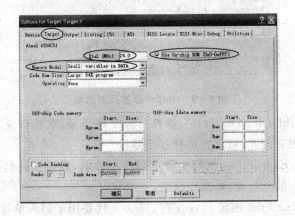

图 8-8　Target 标签页对话框

1. Target 标签页

Target 标签页用于选择目标系统的基本属性,包括时钟频率、是否使用片内 ROM、存储器编译模式、代码规模、片外 ROM、RAM 配置情况等,如图 8-8 所示。其中:

（1）Xtal(MHz)：设置单片机的工作频率。该设置项与最终产生的目标代码无关，仅用于软件模拟调试时显示程序执行时间，一般应将其设置为实际使用的晶振频率。

（2）Use On-chip Rom：选择是否使用片内 ROM，应打勾。

（3）Memorl Model：设置存储器编译模式。有 3 个选项：Small、Compact 和 Large，默认选项为 Small。Small 模式默认的存储器类型是 data，访问速度很快。但由于片内 RAM 容量有限，堆栈易溢出，所以适用于小型应用程序。Compact 模式属于紧凑型，默认的存储器类型是 pdata，访问速度比 Small 模式慢，比 Large 模式快。Large 模式默认的存储器类型是 xdata，访问空间是片外 RAM 64 kB，编译为机器代码时效率很低，访问速度很慢；优点是变量空间大。因此，只要有可能，应尽量选择 Small 模式。

2. Output 标签页

Output 标签页用于选择输出目标文件的目录、文件名、生成代码形式及后续有关事务，如图 8-9 所示。其中有 3 项可能需要重新设置，其余选项一般可默认。

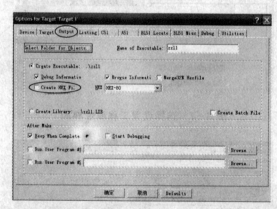

图 8-9　Output 标签页对话框

（1）Select Folder for Objects…：选择目标文件目录，默认目录是当前工程项目所在目录路径。如有需要，可重新选择目录路径。

（2）Name of Executable：执行工程项目的文件名，默认文件名是创建工程项目时输入的项目名。如有需要，可重新修改。

（3）Create Hex File：创建 Hex 文件，Hex 文件是用于写入单片机 ROM 的十六进制代码可执行文件，默认为未选。若需要生成该文件（Proteus 虚拟仿真也需要），则应选中打勾。

3. Listing 标签页

Listing 标签页用于选择生成列表文件，如图 8-10 所示。其中"Assembly Code"选项默认为未选，若需要生成汇编代码，则应选中打勾。

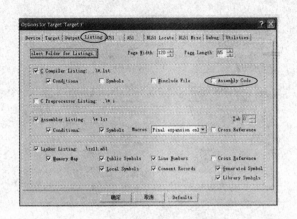

图 8 - 10　Listing 标签页对话框

4. C51 标签页

C51 标签页用于设置编译器 C51 操作的相关属性,如图 8 - 11 所示。其中:

(1) Level:优化等级。对 C51 源程序编译时,有 0~9 级优化等级,默认为第 8 级。一般不必修改,若编译中出现问题可降低优化等级试一试。

(2) Emphasis:编译优先方式。对 C51 源程序编译时,有 3 种选择。第 1 种是代码量优先"Faver size"(生成代码量小,占据 ROM 空间少);第 2 种是速度优先"Faver speed"(生成代码执行速度快);第 3 种是缺省(无所谓,不需考虑);默认的是速度优先。

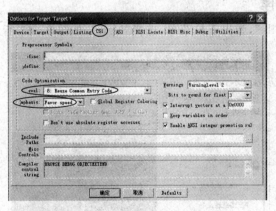

图 8 - 11　C51 标签页对话框

5. Debug 标签页

Debug 标签页用于设置调试方式和调试参数,分为两部分:左半部分为软件仿真,右半部分为硬件仿真,如图 8 - 12 所示。其中:

(1) Use Simulator:选择 Keil 内置的软件模拟调试,默认有效。

80C51 单片机实验实训 100 例——基于 Keil C 和 Proteus

322

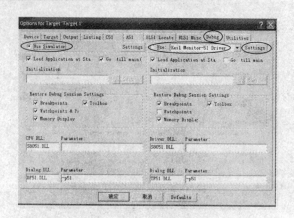

图 8-12　Debug 标签页对话框

（2）Use：选择硬件仿真，默认未选。若要硬件电路板仿真或与 Proteus 虚拟电路联合仿真，则需选中 Use（选中后出现小圆点），并在同一行右侧下拉菜单中选择硬件系统。Keil 硬件电路板选"Keil Monitor-51 Drive"；Proteus 虚拟电路仿真选"Proteus VSM Monitor-51 Driver"。

（3）Settings 按钮：单击该按钮后，可选择硬件仿真后所用的端口和波特率。

8.1.3　输入源程序

设置工程属性后，就可向工程项目内输入源程序了。

1. 输入源程序

单击主菜单"File"，弹出下拉菜单，选择"New"，如图 8-13 所示。

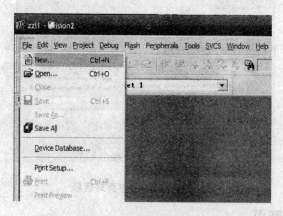

图 8-13　File 下拉菜单

单击"New"后，会产生一个默认名为 Text 的源程序编辑窗口，如图 8-14 所示。

然后就可以在该编辑窗口输入用户的源程序了，输入完毕后，在主菜单"File"中选择"Save as"，保存源程序文件（可修改默认文件名），如图 8-15 所示。若源程序文件是 C51 文本,则扩展名用“. c”;若源程序文件是汇编文本,则扩展名用“. asm”。

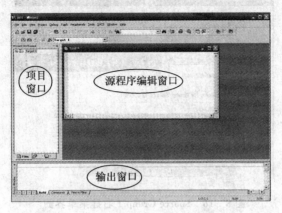

图 8 - 14　源程序编辑窗口界面

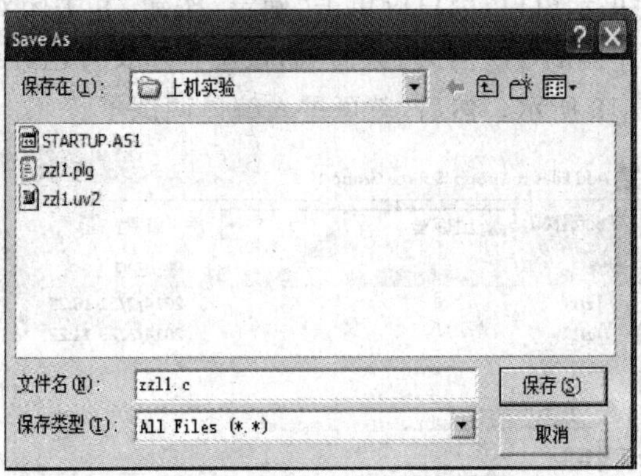

图 8 - 15　保存源程序对话框

　　需要说明的是,uVsion 程序编写窗口,幅面和字体较小,且用户一般不熟悉其功能图标和快捷键,编写相对不便。因此,编者建议,先在 word 界面西文状态下编写源程序,然后再把该文本程序 copy 到 uVsion2 程序编写窗口。但是,程序语句中不能加入全角符号。例如全角的分号、逗号、圆括号、引号、大于小于号等。否则,编译器都将这些全角符号视作语法出错。

2. 源程序文件添加到目标项目组

　　编写好的源程序文件还必须添加到目标项目组,先用单击图 8 - 16 中“Target”前面的“＋”号,展开“Target 1”的下属子目录——源文件组“Source Group 1”,右击“Source Group 1”,弹出右键菜单,如图 8 - 16 所示。

　　单击“Add Files to Group 'Source Group 1'”,弹出添加源程序文件对话框,如图 8 - 17 所示,选择源程序文件,单击“Add”按钮,源程序文件就添加到“Target”项目了,然后关闭对话框。注意,单击“Add”按钮后,对话框不会自动关闭,而是等待继续

80C51 单片机实验实训 100 例——基于 Keil C 和 Proteus

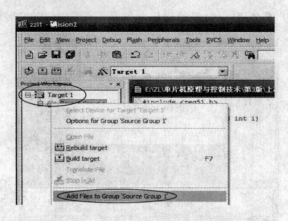

图 8 - 16　Source Group 1 右键菜单界面

加入其他文件,初学者往往误认为未操作成功,会再次单击"Add"按钮,此时会弹出如图 8-18 中所示的提示窗口,用户应单击"确定"按钮,并关闭对话框。此时,若单击"Source Group 1"左侧的"＋"号,可以看到,该源程序文件已经装在"Source Group 1"文件夹中,如图 8-19 所示。然后,就可进入编译调试了。

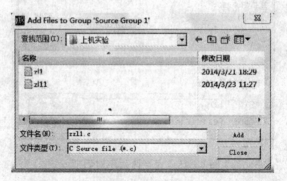

图 8 - 17　添加源程序文件对话框

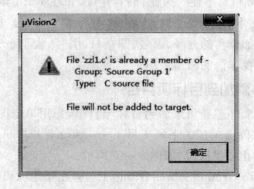

图 8 - 18　添加源程序文件对话框

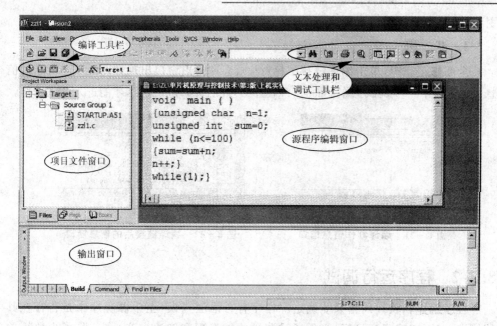

图 8-19　源程序输入完毕后的界面

　　需要说明的是,输入源程序与设置工程属性的次序不分先后,可先设置工程属性,后输入源程序;也可先输入源程序,后设置工程属性。

8.2　程序编译运行

　　程序编译运行可利用菜单、快捷键或图标操作,其中用图标操作较为方便。

8.2.1　程序编译链接

1. 编译工具栏

编译工具栏在图 8-19 中上方,如图 8-20 所示。

2. 编译

　　程序编译(Build)就是对源程序进行编译、软件纠错。首先,单击图 8-20 中第一个编译图标(⏬),此时,编译信息将出现在屏幕下方输出窗口的 Build 页中,如图 8-21 所示。如果源程序中有语法错误,会有错误报告示出。双击该行,可以定位到出错的位置(注意,不一定是问题的产生处),修改后重新编译,直至出现“0 Error(s),0 Warning(s)”。

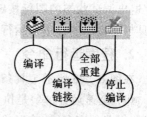

图 8-20　编译工具栏

　　需要注意的是,程序语句中不能加入全角符号。例如全角的分号、逗号、圆括号、引号、大于小于号等。否则,编译器都将这些全角符号视作语法出错。

3. 链 接

全部修正完毕,单击编译链接图标(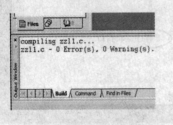),会在输出窗口出现如图 8-22 所示的信息。可进入下一步调试工作。而且,源程序必须经过编译和链接,才能进入调试工作。

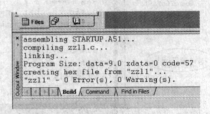

图 8-21 编译制作信息窗口   图 8-22 编译链接后的信息窗口

8.2.2 程序运行调试

程序编译和软件纠错只能确定源程序有否语法错误,至于源程序中是否存在其他错误,能否实现程序目标,必须通过调试才能发现和解决。实际上,除了少数简单程序外,绝大多数的源程序都要通过反复调试才能达到程序目标。

1. 调试工具栏

在图 8-19 中上方,文本处理和调试工具栏如图 8-23 所示。

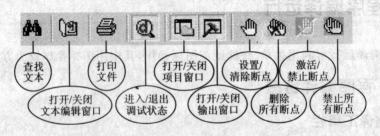

图 8-23 文本处理和调试工具栏

在对项目程序成功地进行编译和链接后,可在图 8-23 所示工具栏中,单击进入/退出调试状态的图标按钮(),此时,会出现如图 8-24 所示程序调试界面,并在工具栏中多出一行用于运行和调试的工具条,如图 8-25 所示。

2. 程序运行命令

在图 8-25 所示工具条左侧,有 7 个调试常用的程序运行命令,说明如下:

(1) 全速运行()是执行整个程序中间不停顿,程序执行速度很快,可得到最终结果,但若程序有错,难以确认错在哪里。

(2) 单步执行()是每执行一行语句停一停,等待下一行执行命令。此时可以观察该行指令执行效果,若有错便于及时发现和修改。

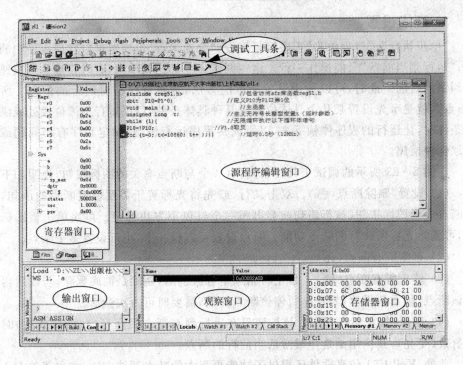

图 8 - 24　程序调试界面

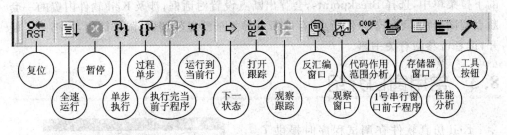

图 8 - 25　调试工具条

（3）过程单步（⦿）是将 C 程序中的子函数（或汇编程序中的子程序）当作一条语句全速运行，弥补单步执行速度慢、效率低的缺陷。

（4）执行完当前子程序（⦿）工具图标只有在执行到子程序时才能有效（变亮），有些子程序没有必要单步执行（已知其正确或已调试过，例如延时程序等），此时可运用"执行完当前子程序"，一步跳过。

（5）运行到当前行（⦿）是预先将光标置于某行需要停顿观察的语句，执行该调试命令后，系统会全速运行至该行，可以快速得到运行到该行语句的结果。

（6）CPU 复位（⦿）是将单片机芯片 80C51 复位。

（7）暂停（⦿）图标原为灰色，当程序运行结束或需要暂停，等待用户操作指令时，会变成红色，此时单击该图标，会复原为灰色。

3. 断点设置

"单步执行"、"过程单步"程序运行很慢;"全速运行"虽快但难以发现程序中的错误;"运行到当前行"只能操作一行。这些调试命令都比较单调,有时较难达到快速调试纠错的目的。此时,可以运用设置断点的方法,观察程序即时运行的信息。所谓"断点",就是事先设置某几个具体位置或某种具体条件,程序运行至该位置处或满足该条件时,让运行的程序停顿下来,以便观察程序运行情况,确定程序有否问题或该采取何种措施。

在图 8-23 所示的调试工具栏右侧,有 4 个与断点有关的图标按钮,说明如下:

(1) 设置/删除断点(🖐)。双击某行,或先将光标置于需要设置断点的语句,单击断点设置图标按钮,该行语句前会出现一个红色小方块标记。再次单击该图标按钮,可删除光标所在行的断点功能。断点设置可以设一个,也可设置多个断点。

(2) 删除所有断点(🖐)。

(3) 禁止所有断点(🖐)。禁止与删除是有区别的,删除是彻底删除,若以后再需要该断点,须重新设置;禁止是暂停该断点功能,需要时可再次激活。

(4) 激活/禁止断点(🖐)。该按钮只有运行到有断点程序行(包括被禁止)时才能有效(变亮),其作用是禁止或激活当前行的断点。

此外,Keil C51 仿真软件还提供了功能更强大的断点调试方法,在主菜单 Debug 的下拉菜单中,选择 Breakpoints,会弹出断点设置对话框,涉及 Keil 软件内置的一套断点调试语法,可用于条件断点、存取断点等复杂断点的调试,限于篇幅,本书未予展开,读者可参阅有关书籍。

8.3　常用窗口介绍

Keil 仿真软件在调试程序时提供了多个变量观察窗口,主要有源程序编辑窗口、项目文件/寄存器窗口、输出窗口、变量观察窗口、存储器窗口和外围设备窗口(中断、定时/计数器、串行口、并行 I/O口)等。单击主菜单 View,弹出下拉菜单,如图 8-26 所示。打开/关闭各窗口,也可直接利用图 8-23 和图 8-25 中的图标按钮。

源程序编辑窗口,创建新项目、打开已有项目和输入源程序已分别在 8.1.1 和 8.1.2 中介绍,此处不再赘述。

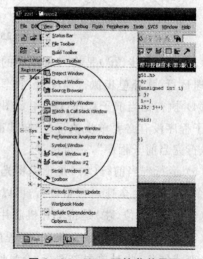

图 8-26　View 下拉菜单界面

8.3.1　项目文件/寄存器窗口

单击图 8 - 23 工具栏中图标（▣），或按图 8 - 26 所示，单击主菜单"View"→ "Project Window"，就能打开/关闭该窗口（Project Workspace）。该窗口有 3 个标签页，单击该窗口下方相应标签，就能相互切换。

1. Files 标签页

Files 标签页如图 8 - 19 中左侧"项目文件窗口"所示。实际上，该标签页是一个项目文件管理器，一般分为 3 级结构：项目目标（Target）、文件组（Group）和文件（File）。

2. Regs 标签页

Regs 标签页（Register）如图 8 - 27 中左侧所示。该标签页分为两部分：上方为通用寄存器组"Regs"，即 r0～r7。下方为系统特殊功能寄存器组"Sys"，包括 a、b、sp、pc、dptr、psw 等。

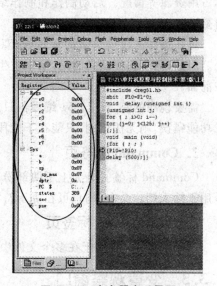

每当程序执行到对其中某个寄存器操作时，该寄存器会以反色显示，此时若单击后按下 F2 键，即可修改该值。或预先两次单击（不是双击）某寄存器数据值（Value），该数据值也会以反色显示，此时可对其进行设置和修改。

其中，系统特殊寄存器组"Sys"中有一项"sec"和"states"，可查看程序执行时间和运行周期数。例如，执行到延时子程序时，记录

图 8 - 27　寄存器窗口界面

进入该子程序的 sec 值，然后按过程单步键，快速执行该子程序完毕，再读取 sec 值，两者之差，即为该子程序执行时间。也可根据周期数 states 与图 8 - 8 中设置的晶振频率计算程序运行时间。

3. Books 标签页

Books 页显示系统提供的参考资料和说明手册，单击某一对象，可打开阅读。

8.3.2　输出窗口

单击图 8 - 23 工具栏中图标（▣），或按图 8 - 26 所示，单击主菜单"View"→ "Output Window"，就能打开/关闭位于屏幕下方的输出窗口，如图 8 - 28 中左侧窗口所示。该窗口有 3 个标签页，单击该窗口下方相应标签，就能相互切换。

图 8-28　输出窗口、变量观察窗口和存储器窗口

1. Build 标签页

Build 标签页用于制作(编译和链接)过程中产生的实时信息,包括编译和链接过程中产生的的错误和警告,错误发生的位置、原因和数量,有否生成目标及目标名、目标占用资源等情况。启动制作和制作结果已在图 8-21 和图 8-22 中表达,此处不再赘述。

若在编译阶段显示错误和警告,双击该错误提示,光标将迅速定位到错误发生处。但是,需要提醒读者的是,错误发生处不一定是错误产生处,错误产生处常常是在前面。

需要说明的是,Keil C51 编译器只能指出程序的语法错误,而对程序本身的逻辑或功能错误,则无法辨别,只能在下阶段功能调试和仿真中查找和纠错。

2. Command 标签页

Command 标签页分为上下两部份,上半部份显示系统已执行过的命令,下半部份用于输入用户命令,用户可在提示符">"后输入用户命令。

3. Find in Files 标签页

Find in Files 页用于在多个文件中查找字符串。

8.3.3　变量观察窗口

单击图 8-25 工具栏中图标(▨),或按图 8-26 所示,单击主菜单"View"→"Watch & Call Stack Window",就能打开/关闭位于屏幕下方的变量观察窗口。该窗口有 4 个标签页,单击该窗口下方相应标签,就能相互切换,如图 8-28 中中间窗口所示。

1. Locals 标签页

Locals 页用于观察和修改当前运行函数的所有局部变量,如图 8-29 所示。当前尚未运行函数的局部变量暂不显示。

2. Watch♯1 和 Watch♯2 标签页

Watch♯1 页和 Watch♯2 页均可以观察被调试的变量(包括全局变量和各函数的局部变量),但需要设置。设置的方法是:在该标签页窗口中单击<type F2 to edit>(单击后会出现虚线框),然后按 F2 健(或再次单击),再输入变量名,回车。若需同时观察几个变量,可再次单击＜type F2 to edit＞,重复上述操作,如图 8－30所示。

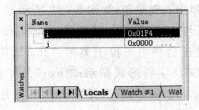

图 8－29　Locals 标签页界面

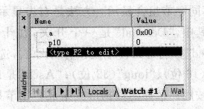

图 8－30　Watch♯1 标签页界面

Locals 页和 Watch♯1、Watch♯2 页中的显示值形式可选择十进制数(Deciml)或十六进制数(Hex),单击"Value",弹出"Number Base"选项及其下拉式菜单,如图 8－31 所示,可选择显示值形式。

图 8－31　选择显示值形式

变量显示值也可修改,方法同上,即:单击"Value"→ 按 F2 键(或再次单击)→输入修改值→回车。

若 Locals 页和 Watch♯1、Watch♯2 页中的变量是数组变量,则仅显示数组首地址,可根据该首地址在相应存储器窗口观测或修改数组元素。

3. Call Stack 标签页

Call Stack 页主要给出堆栈和调用子程序的信息。

以上 4 个标签页不能同时打开,但可逐个打开。

8.3.4　存储器窗口

单击图 8－25 工具栏中图标(▣),或按图 8－26 所示,单击主菜单"View"→"Memory Window",就能打开/关闭位于屏幕下方的存储器窗口,如图 8－28 中右侧窗口所示。该窗口有 4 个标签页,单击该窗口下方相应标签,就能相互切换。4 个标签页:Memory♯1、♯2、♯3、♯4,功能相同,均可观察不同的存储空间,但需先设置。程序运行中,被涉及存储单元中的数据会动态变化,也可由用户修改存储数据。

1. 设置存储空间首地址

在任一存储空间标签页 Address 编辑框内输入"字母:数字"。其中,字母有 4个,分别是 c、d、i 和 x(字母也可大写)。c 代表 code(ROM);d 代表 data(直接寻址片内 RAM);i 代表 idata(间接寻址片内 RAM);x 代表 xdata(片外 RAM);数字代表想要查看存储单元的首地址(十进制、十六进制数字均可)。例如,在 Address 编辑框内键入 d:100,则从直接寻址片内 RAM 0x64 单元起开始显示;键入 x:101,则从片外RAM 0x65 单元起显示。

2. 选择存储数据显示值形式

存储数据显示值可有多种形式：十进制、十六进制、字符等；还可以有不同数据类型、不同字节组合显示。方法是右击显示值，弹出右键菜单，如图 8 - 32 所示。

其中，"Decimal"是一个开关，在十进制与十六进制之间切换；"unsigned"和"signed"分别是无符号数和有符号数，选择时还会弹出下拉子菜单："char"（8 位）、"int"（16 位）、"long"（32 位）；"Ascii"是以 ASCII 字符形式显示；"float"是浮点型。系统按用户选择的数据形式组成多字节显示单元。例如，若选择"char"型，则每一字节单独显示；选择"int"型，则从起始单元起每 2 个字节（16 位）组合在一起显示；选择"long"型，则从起始单元起每 4 个字节（32 位）组合在一起显示。

3. 修改存储数据

存储单元中的数据，用户可在程序运行前或运行中修改设置。修改的方法是，右击需要修改的存储单元，弹出右键菜单，如图 8 - 32 所示。单击最下面一条"Modify Memory at ×:×"，会弹出修改存储器值对话框，如图 8 - 33 所示。键入修改值，然后单击"OK"按钮即可。

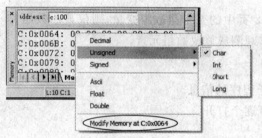

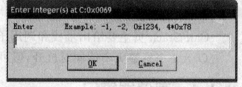

图 8 - 32　存储数据显示值形式右键菜单界面　　　　图 8 - 33　修改存储器值对话框

8.3.5　80C51 功能部件运行对话窗口

单击主菜单"Peripherals"，会弹出下拉菜单，如图 8 - 34 所示。"Peripherals"的西文含义是外围设备，可能是根据早期单片机结构取的名字。实际上，该主菜单下拉菜单中涉及的是中断、定时/计数器、并行 I/O 口和串行口等，均是 80C51 片内功能部件，不是单片机的外围设备。单击图 8 - 34 中某项，可打开该项功能部件运行对话窗口。程序运行中，可观测这些功能部件 SFR 单元中动态变化的数据，也可由用户修改这些数据。

1. 中断对话窗口

单击图 8 - 34 所示下拉菜单中"Interrupt"，会弹出图 8 - 35 所示中断对话窗口。上半部分为 5 个中断源和相关控制寄存器状态，可单击选择某个中断源。下半部分为被选中中断源的控制位状态，可单击设置或修改：置"1"（打勾）、清 0（空白）。

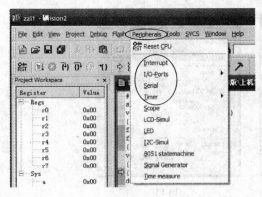

图 8-34　Peripherals 下拉菜单

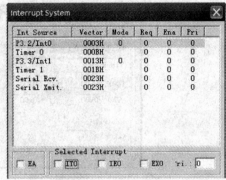

图 8-35　中断对话窗口

2. 并行 I/O 对话窗口

光标指向图 8-34 所示下拉菜单中"I/O-Port",会弹出子下拉菜单:Port0～Port3(P0 口～P3 口),单击观察调试所需 I/O 口,会弹出图 8-36 所示相应的并行 I/O 对话窗口。

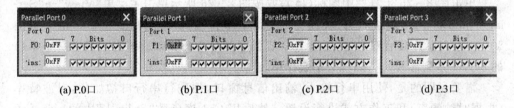

(a) P.0 口　　　　(b) P.1 口　　　　(c) P.2 口　　　　(d) P.3 口

图 8-36　并行 I/O 对话窗口

其中,上面一行(标记"Px")为 I/O 口输出变量,下面一行(标记"Pins")为模拟 I/O 口引脚输入信号。左侧框是该变量十六进制数,右侧 8 个小方框依次代表该 I/O 口每一端口位变量值:"打勾"表示"1","空白"表示"0",单击可设置或修改。

3. 串行口对话窗口

单击图 8-34 所示下拉菜单中"Serial",会弹出图 8-37 所示串行口对话窗口。该对话窗口用于观察调试 80C51 片内串行口功能部件和相关 SFR 参数,可设置或修改。

4. 定时/计数器对话窗口

光标指向图 8-34 所示下拉菜单中"Timer",弹出下拉式菜单:Timer0、Timer1,单击观察调试所需 Timer,会弹出图 8-38 所示相应的定时/计数器对话框,可设置或修改定时/计数器 SFR 参数。

图 8-37　串行口对话窗口

(a) T0　　　　　　　　　　　(b) T1

图 8 – 38　定时/计数器对话窗口

8.3.6　串行输入/输出信息窗口

串行输入/输出信息窗口并非 80C51 串行口功能部件的信息窗口,而是 C51 编译器利用 80C51 串行口,通过 C51 库函数"Stdio. h"在 PC 机上输入/输出数据信息。

单击图 8 – 25 工具栏中图标( ),或按图 8 – 26 所示单击主菜单"View"→"Serial Window #1",就能打开/关闭 Serial #1 串行输入/输出信息窗口。由于有的 80C51 系列芯片具有双串口,所以 Keil 提供了两个串行窗口。但对于只有一个串口的 80C51 系列芯片,Serial #2 不起作用。

需要说明的是,使用串行输入/输出信息窗口,须先行串行口初始化,对波特率(根据时钟频率)和工作方式进行设置。然后用 C51 库函数"Stdio. h"中的 printf 语句输出程序运行的结果和用 scanf 语句输入程序需要的参数。需要注意的是,scanf 语句输入时,一定要先将 Serial #1 窗口激活为当前窗口,才能有效输入操作。具体操作可参阅 1.3 节实例 11～实例 14。

第 **9** 章

Proteus 虚拟仿真软件操作基础

Proteus 软件由英国 Lab Center Electronics 公司推出，采用虚拟仿真技术，可在无单片机实际硬件的条件下，利用 PC 机，实现单片机软件和硬件的同步仿真。仿真结果可直接用于真实设计，极大地提高了单片机应用系统的设计效率，并使学习单片机应用开发过程变得直观和简单。

Proteus 软件主要包括原理图设计及仿真 ISIS(Intelligent Schematic Input System)和印制板设计 ARES(Advanced Routing and Editing Software)两项功能。其中，ISIS 除可以进行电路模拟仿真 SPICE(Simulation Program with Integrated Circuit Emphasis)外，还可以进行虚拟单片机系统仿真 VSM(Virtual System Modelling)。

Proteus ISIS 在 Windows 环境下运行，对 PC 的配置要求不高，一般在网上就能找到 Proteus 下载软件。

9.1 用户编辑界面

9.1.1 启动 Proteus ISIS

安装 Proteus ISIS 后，单击软件图标"ISIS"，启动即时界面如图 9-1 所示，然后弹出两个是否打开和显示示例电路的对话框，若读者不需阅览示例，关闭即可。为避免每次弹出该两个对话框，可在第一个对话框中"Don't show dialogue"选择框内打勾，如图 9-2 所示。以后再打开 Proteus ISIS，就不会再受该两个对话框的干扰。

图 9-1　Proteus ISIS 7 启动即时界面

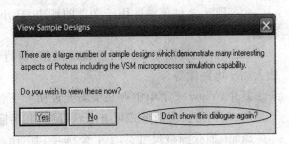

图 9-2　是否打开示例电路的对话框

关闭示例电路对话框后,弹出用户编辑界面如图 9-3 所示(为便于读者阅览,编者稍加处理,与实图略有不同)。用户编辑界面中有主菜单栏、主工具栏、辅工具栏、仿真运行工具栏、信息状态栏、原理图预览窗口、原理图编辑窗口和元器件选择窗口等。

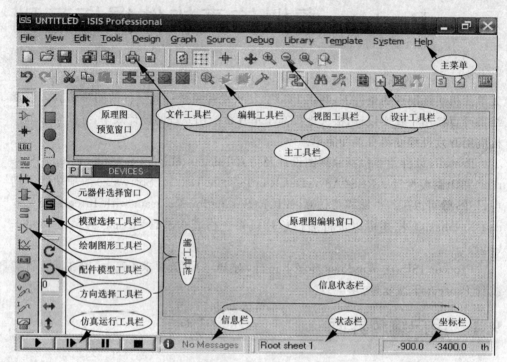

图 9-3　Proteus ISIS 用户编辑界面

9.1.2　Proteus ISIS 主菜单

Proteus ISIS 的主菜单栏包括 File(文件)、View(视图)、Edit(编辑)、Tools(工具)、Design(设计)、Graph(图形)、Source(源文件)、Debug(调试)、Library(库)、Template(模板)、System(系统)和 Help(帮助),单击任一主菜单后还有子菜单弹出。

(1) File:文件菜单。用于文件的新建、打开、保存、打印、显示和退出等文件操作功能。

(2) View:视图菜单。用于显示网格、设置格点间距、显示或隐藏各种工具栏、放大缩小电路图等。

其中,View 子菜单中有几项需要说明一下:

Grid:网格。网格形式可有点状、网状和消隐,单击可切换。

Snap:捕获栅格尺寸。有 4 个选项:10 th、50 th、0.1 in 和 0.5 in,默认 50 th (0.05 in)。Proteus ISIS 元件引脚之间的距离一般为 0.1 in,少数元件为 50 th。因

此,选 0.1 in,画起图来更方便快捷。但遇有图中有 50 th 引脚距离的元件,须切换至 50 th。

另外,View 子菜单中,有一项"Toolbars",可打开或关闭主工具栏中的 4 个子工具栏(参阅图 9 - 4)。

(3) Edit:编辑菜单。用于撤销/恢复操作、元器件查找与编辑、元器件剪切/复制/粘贴、设置多个对象的层叠关系等。

(4) Tools:工具菜单。用于实时标注、自动布线、查找并标记、属性分配工具、材料清单、电气规则检查、网络标号编译、模型编译、将网络标号导入 PCB 或从 PCB 返回原理设计等。

(5) Design:设计菜单。用于编辑设计属性、编辑图纸属性、编辑注释属性、配置电源线、新建或删除原理图、设计浏览等功能。

(6) Graph:图形菜单。用于编辑仿真图形、添加跟踪曲线、查看日志、导出数据、图形一致性分析等功能。

(7) Source:源文件菜单。用于添加/删除源文件、定义代码生成工具、设置外部文本编辑器和编译等。

(8) Debug:调试菜单。用于启动/停止调试、执行仿真、单步或断点运行、使用远程调试监控程序、重新排布弹出窗口等。

另外,暂停仿真运行后,Debug 子菜单,还能打开并查看虚拟电路中元器件片内寄存器和存储器状态。

(9) Library:库操作菜单。用于选择元器件及符号、制作元器件及符号、设置封装工具、分解元器件、编译到库、自动放置到库、校验封装和调用库管理器等。

(10) Template:模板菜单。用于设置图纸图形格式、文本格式、颜色、节点形状等。

(11) System:系统菜单。用于设置输出清单(BOM)格式、系统环境、路径、图纸尺寸、标注字体、快捷键以及仿真参数和模式等。

(12) Help:帮助菜单。包括版权信息、Proteus ISIS 学习教程和示例等。

9.1.3　Proteus ISIS 工具栏

Proteus ISIS 的快捷工具栏分为主工具栏、辅工具栏、仿真运行工具栏和信息状态栏。

1. 主工具栏

主工具栏位于主菜单下方,以图标形式给出,分为文件(File)工具栏、视图(View)工具栏、编辑(Edit)工具栏和设计(Design)工具栏 4 个部分,如图 9 - 4 所示。每个工具栏包括若干快捷按钮,均对应一个具体的菜单命令。通过执行菜单"View"→"Toolbar",可打开或关闭上述 4 个工具栏。

338

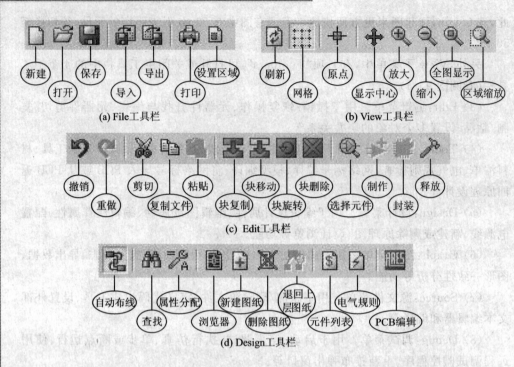

(a) File工具栏

(b) View工具栏

(c) Edit工具栏

(d) Design工具栏

图 9 - 4　Proteus ISIS 主工具栏

2. 辅工具栏

辅工具栏位于原理图预览窗口和元器件选择窗口左侧,包括模型选择、配件模型、绘制图形和方向选择 4 个部分,如图 9-5 所示。每个工具栏包括若干快捷按钮,其中多数按钮还有下拉子菜单。

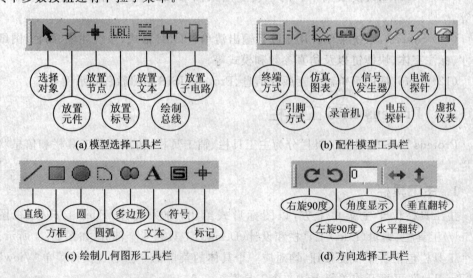

(a) 模型选择工具栏

(b) 配件模型工具栏

(c) 绘制几何图形工具栏

(d) 方向选择工具栏

图 9 - 5　Proteus ISIS 辅工具栏

3. 仿真运行工具栏

仿真运行工具位于原理图编辑窗口左下方,如图 9-6 所示。可在 Proteus ISIS 编辑窗口中运行原理电路图 Keil C51 程序,观测运行效果。

4. 信息状态栏

信息状态栏包括信息栏、状态栏和坐标栏,如图 9-7 所示。

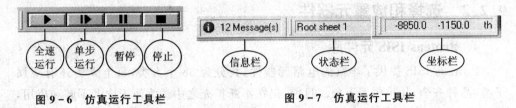

图 9-6　仿真运行工具栏　　　　　　　　图 9-7　仿真运行工具栏

9.2　电路原理图设计和编辑

学习电路原理图的设计和编辑,可以先浏览一下 Proteus ISIS 的示例。单击图 9-3 中主菜单栏"File"→"Open Design",弹出"Load ISIS Design File"对话框,在 "Sample"文件夹中列举了许多示例文件夹,双击"VSM for 8051",弹出下属 7 个示例文件夹,可选择其中几个浏览学习。

电路原理图的设计和编辑的流程如图 9-8 所示。

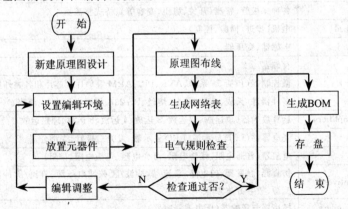

图 9-8　电路原理图的设计流程

9.2.1　新建原理图设计

1. 新建原理图设计

原理图设计之前,须先构思好原理电路,即明确所设计的项目需要哪些电路和元件来完成。用何种模板等。单击主菜单"File"→"New Design",弹出新建模板对话框,一般可选择 DEFAULT 模板。然后,单击"File"→"Save Design",取名保存,再打开文档,继续设计编辑。

2. 设置编辑环境

设置编辑环境一般可按默认值,后面还可随时调整。例如,图纸尺寸可以随时在系统菜单"System"→"Set Sheet Sizes"中修改。

9.2.2　选择和放置元器件

1. Proteus ISIS 元件库

Proteus ISIS 提供了丰富的电路元器件,共分为 38 个大类,每个大类还有下属子类,品种齐全,几乎包罗万象。目前,仍在不断扩充之中。为便于读者了解和应用,现列出常用且与单片机应用有关的元器件,如表 9-1 所列。

表 9-1　Proteus ISIS 元件库中常用元器件

大类名称	子类常用元器件
Analog Ics	模拟集成电路(运放、电压比较器、滤波器、稳压器和各种模拟集成电路)
Capacitors	各种电容器
CMOS 4000 series	CMOS 4000 系列数字集成电路
Connectors	连接器(插头、插座、各种连接端子)
Data Converters	模-数、数-模转换器、采样保持器、光传感器、温度传感器
Debugging Ttools	调试工具(逻辑激励源、逻辑状态探针、断点触发器)
Diodes	各种二极管(整流、开关、稳压、变容等)、桥式整流器
Electromechanical	电机(步进、伺服、控制)
Inductors	电感器、变压器
Memory Ics	存储器
Microprocessor Ics	微控制器(包括 51 系列、AVR、PIC、ARM 等单片机芯片和各类外围辅助芯片)
Miscellaneous	多种器件(天线、电池、晶振、熔丝、RS-232、模拟电压表、电流表、)
Operational Amplifiers	运算放大器(单运放、双运放、3 运放、4 运放、8 运放、理想运放)
Optoelectronics	光电器件(LCD 显示屏、LED 显示器、发光二极管、光耦合器、灯)
Resistors	电阻器(普通电阻、线绕电阻、可变电阻、热敏电阻、排阻)
Simulator Primitives	仿真源(触发器、门电路、直流/脉冲波/正弦波电压源、直流/脉冲波/正弦波电流源、数字方波源等)
Speakers & Sounders	扬声器与音响器(压电式蜂鸣器)
Switches & Relays	开关与继电器(键盘、开关、按钮、继电器)
Switching Devices	开关器件(单、双向晶闸管)
Transducers	传感器(距离、湿度、温度、压力、光敏电阻)
Transistors	晶体管(双极型晶体管、结型场效应管、MOS 场效应管、IGBT、单结晶体管)
TTL74LS series	74LS 系列低功耗肖特基数字集成电路
TTL 74HC series	74HC 系列数字集成电路
TTL 74HCT series	74HCT 系列数字集成电路

2. 选择和放置元器件

现以选择和放置元件 80C51 为例,说明选择和放置元器件的操作步骤:

(1) 打开元器件选择对话窗口。单击图 9-3 中左上侧放置元件图标"▸",再单击图 9-3 中元器件选择窗口左上方的"P",即弹出"Pick Devices"对话框,如图 9-9 所示。其中,左侧元器件种类窗口(Category)中列出如表 9-1 所示元器件大类名称,其余为空白。

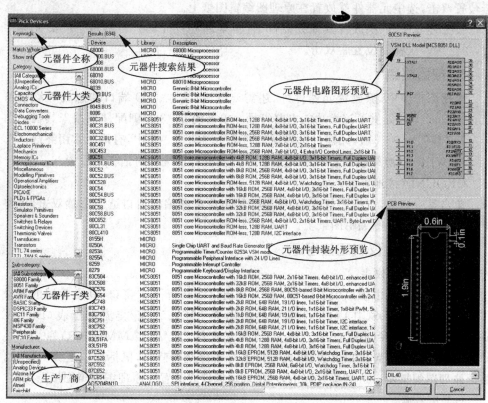

图 9-9　元器件选择对话框(选择 AT89C51)

(2) 选择元器件所在大类。根据表 9-1,在图 9-9 左侧元器件大类窗口(Category)中,选择元器件所在大类。例如,选择"Microprocessor Ics"(微控制器),元器件搜索结果窗口(Results)弹出大量微控制器芯片。

(3) 选择所需元器件。在元器件搜索结果窗口(Results)中选择所需元器件。例如,选择"AT89C51";也可在左上角"keywords"栏内直接键入"AT89C51",右侧元器件电路图形预览和元器件封装外形预览窗口会分别弹出电路图形和封装外形,如图 9-9 右侧所示。观察电路图形和封装外形是否符合要求,若不符合要求,则重选;若符合要求,则双击元器件搜索结果窗口的选中对象。此时,"AT89C51"会罗列在图 9-3 中左侧元器件选择窗口中。

（4）选择其他元器件。不必关闭"Pick Devices"对话框，按上述操作步骤继续选择其他元器件，宜一次性完成全部元器件选择。需要说明的是，由于元器件库十分庞大，有的元器件搜索过程时间较长，读者需耐心等待。

（5）在虚拟仿真电路图上放置元器件。全部完成元器件选择后，关闭"Pick Devices"对话框。选择已列在图 9-3 中左侧元器件选择窗口中的元器件，被选中元器件名所在行变为蓝色，将鼠标移进原理图编辑窗口，鼠标形状变为"笔"状，选择适当位置双击，选中元器件就放置在原理图编辑图纸上。

按上述方法，依次放置其他元器件，直至全部放置完毕。若有多个同类元器件时，可连续多次移动位置后双击。

3. 放置终端

电路原理图中，除放置元器件外，还需要电源、接地、I/O 端口和总线等终端符号，Proteus ISIS 提供了该类功能电路符号。单击图 9-3 左侧配件模型工具栏中图标"▤"（参阅图 9-5b），元器件选择窗口列出终端选项。其中，有两项常用终端：

POWER（电源终端）：⇑，电源电压可在元器件特性编辑对话框内设置。

GROUND（接地终端）：⏚。

单击某一终端，鼠标形状变为"笔"状，移至原理图编辑窗口适当位置双击，可将该终端放置在原理图编辑图纸上。

4. 放置测量仪表和信号源

（1）放置测量仪表

单击图 9-5b 中虚拟仪表图标"▱"，弹出仪表选择下拉窗口，其中常用的测量仪表有：示波器（OSCILLOSCOPE）（参阅图 5-12）、直流/交流电压表（DC/AC VOLTMETER）（参阅图 6-15）、直流/交流电流表（DC/AC AMMETER）等。

单击某一拟放置虚拟仪表，该虚拟仪表所在行变为蓝色，鼠标形状变为"笔"状，移至原理图编辑窗口适当位置双击，可将该虚拟仪表放置在原理图编辑图纸上。

（2）信号源

单击图 9-5b 中信号发生器图标"◉"，弹出信号发生器下拉窗口，其中常用的信号发生器有：脉冲信号发生器（PULSE）（参阅图 5-2）、时钟信号发生器（DPULSE）等，放置方法同上。

此外，还有电压、电流探针等也可按上述方法放置。

5. 放置文字说明

单击图 9-5a 中放置文字图标"A"，弹出编辑文字对话框，可对文字内容、字体、大小、位置等进行编辑，然后按上述方法放置。

9.2.3　对象操作

所谓"对象操作"是指对元器件（对象）移动、编辑和删除等操作。操作方法与

Protel 相似，同一操作要求，一般有多种手法：菜单操作、快捷键、图标、鼠标等，读者可根据自己的习惯来运用。其中，菜单操作不需记忆，适宜于初学者。

右击对象元件，弹出右键菜单如图 9 - 10 所示(不同元件对象，弹出的右键菜单略有不同)，单击右键菜单中某项，可对该元件进行相应的功能操作。

1. 选中与激活

鼠标指向对象元件，此时鼠标变为手形，对象四周生成红色(默认色)虚线框，表示对象被选中。单击对象，虚线框内对象也变为红色(默认色)，且在对象右下角生成十字箭头"✚"标志。此时对象被激活。被激活对象就可以对其进行移动、编辑和删除等操作。

需要说明的是，元件的显示内容除元件图形外，还有元件编号、型号(标称值)等。选中与激活，既可针对元件整体，也可针对元件部分属性进行操作。若针对元件整体激活，须元件图形带红色虚线框；若针对元件部分属性激活，只须元件部分属性带红色虚线框。

2. 移动与定位

对象被选中激活后，按下鼠标左键，可将对象拖曳至其他位置；释放左键，就可定位。若需精确定位，按下鼠标左键后，再按键盘上的上下左右方向键精细移位。

若需同时移动几个对象或某个整体电路，可用块操作方法，按下鼠标左键，用拖曳的方法，拉出一个虚框，框住该几个对象，然后按上述单个对象移动与定位方法操作。或鼠标右击，弹出块操作右键菜单如图 9 - 11 所示。单击右键菜单中"Block Move"，块移动。

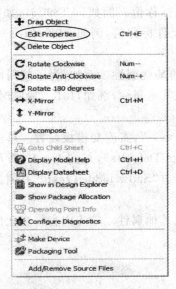

图 9 - 10　对象操作右键菜单

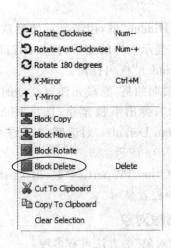

图 9 - 11　块操作右键菜单

　　若需将某一电路整体复制至另一电路图文件中,可用上述方法框住该复制电路后,单击图 9-11 中"Copy To Clipboard";然后在另一电路图文件中右击,在随之弹出的右键菜单中单击"Paste From Clipboard",即出现带十字箭头的粉红色框,移至适当位置单击即可。

3. 属性编辑

　　对象被选中激活后,单击;或鼠标直接指向对象,双击,可弹出对象属性编辑对话框如图 9-12 所示。也可右击,弹出右键菜单(图 9-10)后,单击"Edit Properties"。需要说明的是,不同元件对象,属性编辑对话框略有不同。

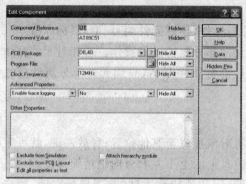
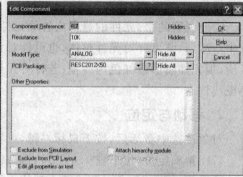

(a) 无标称值元件属性编辑　　　　　　(b) 电阻、电容、电感等属性编辑

图 9-12　属性编辑对话框

　　(1)"Component Reference"框:元件编号。

　　(2)"Component Value"框:元件型号或标称值。例如,AT89C51,如图 9-12(a)所示;若元件为电阻电容时,该位置显示元件标称值,例如,10K,如图 9-12(b)所示。

　　(3)"Hidden"框:用于显示或隐藏元件的某些属性。例如,为了使图面清晰整洁,通常只显示元件的编号,例如,R7;而隐藏其他属性,例如,10K。隐藏时,可在其相应的"Hidden"框内打勾。

　　需要说明的是,隐藏元件属性中的"<Text>",需改变模板设置。单击主菜单"Template",弹出下拉菜单,选择"Set Design Defaults",如图 9-13 所示。弹出"Edit Design Defaults"对话框,去除该框左下方"Show hidden text?"右侧方框内的勾,如图 9-14 所示。

　　(4)"Other Properties"框:用于编辑对象其他属性。输入内容将在元件下方的<TEXT>位置显示。

4. 删除对象

　　删除"对象"的方法可有多种:

　　① 对象被选中激活后,按键盘上的"Delete"键;

② 将鼠标移至拟删除元件，待该元件周围出现红色虚线方框（表示被选中），右键双击；

③ 右击拟删除元件，弹出右键菜单如图 9 – 10 所示，单击删除图标"✖ Delete Object"（删除连线为"Delete Wrie"）即可。

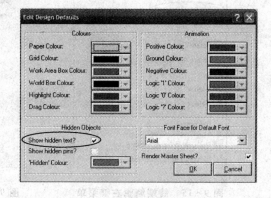

图 9 – 13　Template 下拉菜单　　　　图 9 – 14　编辑设计默认值对话框

若需同时删除几个对象，可按下鼠标左键，用拖曳的方法，拉出一个虚框，框住该几个对象，然后按"Delete"键；或右击，弹出块操作右键菜单如图 9 – 11 所示，单击右键菜单中"Block Delete"，块删除。

9.2.4　布　线

在原理图编辑窗口将元器件适当放置、排列后，就可以用导线将它们连接起来，构成一幅完整的电路原理图，这个过程称为布线。一般可分为 3 种形式：普通连接、终端无线连接和总线连接。

1. 普通连接

普通连接就是两个元件之间的连接。连接时，将白色箭形鼠标指向一个元件的引脚端点，此时白色箭形鼠标变为绿色笔形鼠标，并在该引脚端点处出现一个红色小虚线方框后单击；然后拖曳至另一元件的引脚端点，在该引脚端点处出现一个红色小虚线方框后，再次单击。若需中途拐弯，可在拐弯处再单击一次；若需中途放弃连线，可右击。注意，连线的起点和终点必须是元件的引脚端点。

需要说明的是，根据图中元件引脚之间的距离，恰当设置 Snap 尺寸，有助于准确快捷连接。连接 0.1in 引脚距离元件时，设置 Snap 0.1in；连接 50th 引脚距离元件时，设置 Snap 50th。

2. 终端无线连接

两个设有相同网络标号的终端符号，在电气上是等效于直接连接的。因此，为简洁图面，避免连接导线绕行过于繁杂，常用这种终端无线连接的形式。

　　首先在需要无线连接的两个端点装上终端符号,然后右击,弹出右键菜单如图 9-15 所示,选择"Edit Properties",弹出编辑终端标号对话框如图 9-16 所示,在"String"栏内直接键入终端标号,两个连接在一起的终端网络标号必须一致。

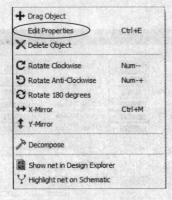

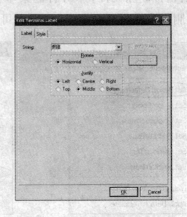

图 9-15　终端编辑右键菜单　　　　图 9-16　终端标号编辑对话框

　　无线连接还可用相同的导线标号设置,两条设有相同导线标号的导线,在电气上也等效于直接连接。右击导线,弹出右键菜单如图 9-17 所示,选择"LBL Place Wire Label",弹出编辑导线标号对话框如图 9-18 所示,在"String"栏内直接键入导线网络标号,两条连接在一起的导线网络标号必须一致。

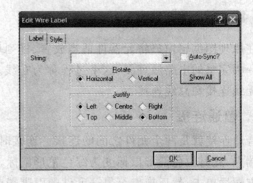

图 9-17　导线编辑右键菜单　　　　图 9-18　导线标号编辑对话框

　　需要注意的是,初学者往往将编辑终端标号(Edit Terminal Label)与编辑导线标号(Edit Wire Label)混淆。即使两者具有相同标号,在电气规则检查时,仍将显示"ERC errors found"。

3. 总线连接

　　在单片机电路图中,为使图面清晰整洁,常用总线代替多条 I/O 线。单击模型选择工具栏(参阅图 9-5a)中总线图标"┿",鼠标变为笔形,在拟放置总线的起始点单击;然后用笔形鼠标拖曳画出一条总线;若需拐弯,单击后拐弯;最后在总线的终止点双击。然后再将导线与总线连接（按<Ctrl>键可斜线连接），两条需要通过总线连接在一起的导线应编辑相同的标号，才能确立连接关系。

布线连接及放置标号后，电原理图就基本完成了。

9.2.5 电气规则检查

虚拟电路图画好后，还有几项后续工作。

1. 生成网络表

生成网络表的方法是：单击主菜单"Tools"→"Netlist Compiler"，如图 9 - 19 所示；弹出网络编辑器对话框，如图 9 - 20 所示。

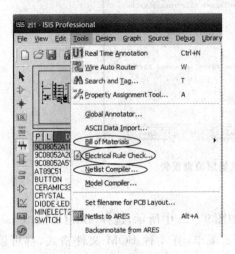

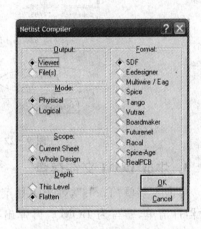

图 9 - 19 "Tools"下拉子菜单   图 9 - 20 网络编辑器对话框

单击"OK"按钮。若原理图网络连接无错，则弹出网络表报告，如图 9 - 21 所示，单击"Save As"按钮可存盘（TXT 文件）。若原理图网络连接有错，则弹出网络连接有错报告，可根据报告中列出的错误，修正后再重新生成网络表。

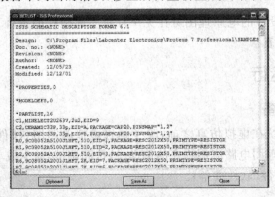

图 9 - 21 网络表报告

2. 电气规则检查(ERC)

Proteus 仿真电路画好以后,还需要检测一下有否错误(指电气规则上的错误,例如短路)。单击主菜单"Tools"→"Electricl Rule Check"(缩写为 ERC),如图 9-19 中所示。或单击主工具栏中电气规则检查图标" "。若电气规则检查通过,则弹出电气规则检查报告,如图 9-22 所示,其中有"No ERC errors found"(未发现 ERC 错误)语句。单击"Save As"按钮可存盘(ERC 文件)。若有 ERC 错误,必须排除,否则无法进行 VSM 虚拟单片机仿真。

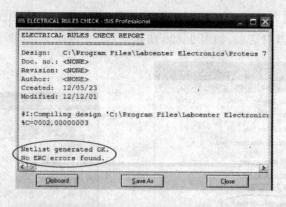

图 9-22　电气规则检查报告

3. 生成 BOM 文件存盘

单击主菜单"Tools",弹出下拉菜单,如图 9-19 中所示,选择"Bill Of Materials"(元器件清单,缩写为 BOM),再弹出下拉子菜单,有 4 种 BOM 文件格式,都可以。一般可选"Compact CSV Output"(紧凑格式输出),弹出该格式 BOM 文件,单击 File 菜单,选择"Save As"可存盘,然后关闭该格式 BOM 文件。至此,原理图设计完成。

9.3　虚拟仿真运行

Proteus ISIS 设计的电原理图可在无单片机实际硬件的条件下,利用 PC 机,协同 Keil C51 虚拟仿真。

9.3.1　仿真运行

1. 软硬件准备

单片机应用系统在虚拟仿真之前,除了画好虚拟电路图(硬件准备)外,还应在 Keil C51 中完成原理图电路应用程序的编译、链接和调试,并生成单片机可执行的十六进制代码 Hex 文件(软件准备)。

2. 装入 Hex 文件

在 Proteus ISIS 设计的虚拟单片机电原理图中,双击 AT89C51 单片机,弹出元件编辑对话框,如图 9-23 所示。单击"Program File"栏右侧图标"⬛",打开"Select File Name"对话框,如图 9-24 所示。调节 Hex 文件路径,单击"打开"按钮,返回图 9-23 后,单击"OK"按钮,完成装入 Hex 文件操作。

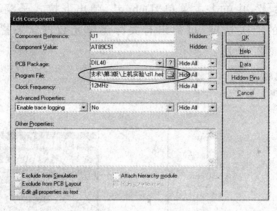

图 9-23　AT89C51 编辑对话框

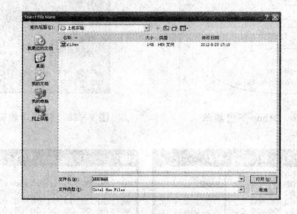

图 9-24　打开 HEX 文件对话框

3. 仿真运行

AT89C51 装入 HEX 文件后,只要单击位于原理图编辑窗口左下方的仿真运行工具栏(参阅图 9-6)中全速运行按钮"▶"(运行后按钮颜色变为绿色),该单片机应用系统就开始虚拟仿真运行。运行后的原理图中,各端点会出现红色或蓝色小方块,红色小方块代表高电平,蓝色小方块代表低电平。终止程序运行,可按停止按钮"■"。

若虚拟仿真运行不合要求,应从硬件和软件两个方面分析、查找原因,修改后重新仿真运行。

4. 查看 80C51 特殊功能寄存器和内 RAM 的数据状态

若需要查看程序单步运行的电路状态,可单击单步运行按钮"▶▌"。需要说明的是,单步运行是按汇编指令单步,而不是按 C51 语句单步。因此,C51 程序无法单步运行,除非 Proteus 与 Keil 联合仿真调试(参阅下节),但仍需按汇编指令单步。

若需要查看某一瞬时 80C51 特殊功能寄存器和内 RAM 或外围元件的数据状态,按暂停按钮"▐▐",并单击主菜单"Debug",弹出下拉式子菜单,如图 9-25 所示。分别单击下方的有关选项,可弹出有关存储单元数据状态栏框,分别如图 9-26、图 9-27 和图 9-28 所示。

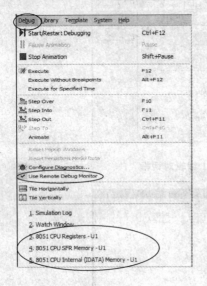

图 9-25　Debug 下拉菜单

图 9-26　特殊功能寄存器状态

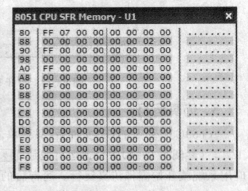

图 9-27　80C51 内 RAM 数据状态　　　图 9-28　80C51 SFR Memory 数据状态

除了可观察 80C51 某一瞬时特殊功能寄存器和内 RAM 的数据状态,一些智能 IC 芯片,也能在运行暂停后,观察其片内数据状态。例如 8255、AT24C02、

DS1302 等。

　　需要说明的是，Proteus ISIS 中虚拟存储器中的数据，刷新后会显示黄色。RAM 在重新运行后复位，每次均会显示黄色。而 ROM 写入数据后即保持不变，包括很早以前写入的，并不因重新运行而复位 FF。因此，重新运行后 ROM 新写入的数据不会显示黄色。这样，就分辨不清 ROM 中的数据是以前写入还是本次写入。为清楚查看 ROM 中的数据是否是本次新写入的，可单击主菜单"Debug"→"Reset Persistent Model Data"，弹出对话框：Reset all Persistent Model Data to initial values? 单击"OK"按钮，即可清除 ROM 中原数据（复位 FF），使重新运行后写入的数据显示黄色。

9.3.2　Proteus 与 Keil 联合仿真调试

　　一般来讲，Proteus 与 Keil 通常分别调试。即上一节所述方法：先用 Keil C51 软件调试，特别是一些不涉及外围电路的程序段，可一段段纠错调试，然后合并调试。软件调试通过后，再用 Proteus ISIS 画出单片机应用电路，载入在 Keil 调试中生成的 Hex 文件，进行虚拟仿真调试。但是，Keil 软件调试只能发现不涉及外围电路的程序错误，而 Proteus 仿真又很难观察到程序运行过程中出现的一些问题。因此，有时很有必要让这两个软件同时运行，进行联合仿真调试。

　　Proteus 与 Keil 联合仿真调试，首先需要将这两个软件相互链接，其方法和步骤如下：

1. 复制 VDM51.dll 文件

　　将 Proteus 安装目录下的\MODELS\VDM51.dll 文件复制到 Keil 安装目录下的\C51\BIN 目录中，若没有 VDM51.dll 文件，可以从网上下载。

2. 修补 TOOLS.INI 文件

　　打开 Keil 安装目录下的 TOOLS.INI 文件（记事本），如图 9 - 29 所示，在[C51]栏目下加入一条：

　　TDRV5＝BIN\VDM51.DLL("Proteus VSM Monitor-51 Driver")

　　注意，其中"TDRV5"中的序号"5"应根据实际情况编写，不要与文件中原有序号重复。

3. 在 Proteus ISIS 中设置远程调试

　　（1）打开 Proteus ISIS 软件，画好仿真电路，通过电气规则检查，排除 ERC 错误；

　　（2）在"Debug"菜单中，选中"use romote debuger monitor"（使用远程调试监控程序），如图 9 - 25 中所示。

4. 在 Keil C51 中设置 Proteus 虚拟仿真

　　（1）打开 Keil C51 软件，创建新项目。注意：此项目必须保存在与上述 Proteus

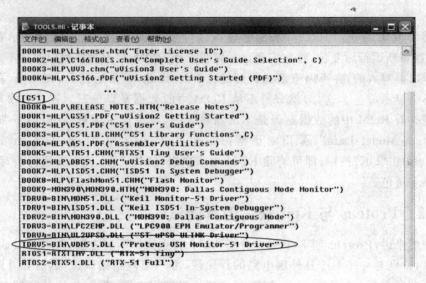

图 9 - 29　修补 TOOLS. INI 文件示意图

ISIS 仿真电路同一文件夹中,并在菜单"Project"→"Options for Target 'Target 1"→"Debug"选项,右半部硬件仿真对话框中选择"use"(单击圆框,选中后会出现小圆点),如图 9 - 30(a)所示。

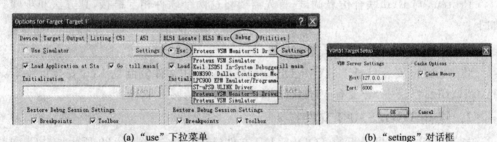

(a) "use"下拉菜单　　　　　　　　　　　　(b) "setings"对话框

图 9 - 30　设置 Debug 有关项

(2) 在同一行右侧下拉菜单里选中"Proteus VSM Monitor-51 Driver"。

(3) 单击同一行右侧"setings"按钮,弹出对话框。若 Keil 与 Proteus 属同一台电脑,则"Host"框内为"127.0.0.1";若不属同一台电脑,则应填入另一台电脑的 IP 地址。在"Port"框内填入"8000",如图 9 - 30(b)所示。

(4) 编写 C51 程序,并通过编译链接,排除程序中语法错误。

完成上述设置和操作后,就可以开始联合仿真调试了。单击 Keil C51 图标按钮(⬛),Keil C51 和 Proteus ISIS 同时进入联调状态,单步、断点、全速运行均可,如图 9 - 31 所示(实例 43)。

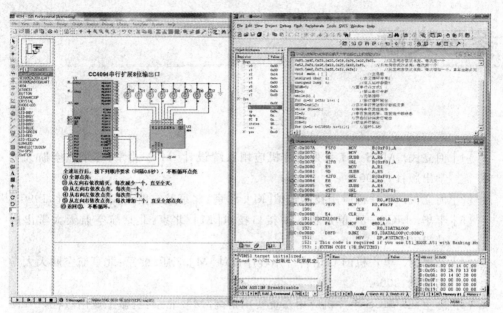

图 9 - 31　实例 43 Proteus 与 Keil 联合仿真调试图

参考文献

[1] 何立民. MCS-51系列单片机应用系统设计[M]. 北京:北京航空航天大学出版社,1990.

[2] 何立民. 单片机应用技术选编[M]. 北京:北京航空航天大学出版社,1990.

[3] 李华. MCS-51单片机实用接口技术[M]. 北京:北京航空航天大学出版社,1990.

[4] 马忠梅. 单片机的C语言应用程序设计[M]. 3版. 北京:北京航空航天大学出版社,2005.

[5] 陈宝江. MCS单片机应用系统实用指南[M]. 北京:机械工业出版社,1997.

[6] 陈涛. 单片机应用及C51程序设计[M]. 2版. 北京:机械工业出版社,2010.

[7] 彭伟. 单片机C语言程序设计实训100例[M]. 北京:电子工业出版社,2013.

[8] 陈忠平. 基于Proteus的51系列单片机设计与仿真[M]. 2版. 北京:电子工业出版社,2012.

[9] 张志良. 单片机原理与控制技术[M]. 3版. 北京.机械工业出版社,2013.

[10] 张志良. 单片机学习指导及习题解答[M]. 2版. 北京.机械工业出版社,2013.

[11] 张志良. 单片机应用项目式教程[M]. 北京.机械工业出版社,2014.

[12] 张志良. 数字电子技术基础[M]. 北京.机械工业出版社,2007.

[13] 张志良. 数字电子学习指导与习题解答[M]. 北京.机械工业出版社,2007.

[14] 张志良. 模拟电子技术基础[M]. 北京.机械工业出版社,2006.

[15] 张志良. 模拟电子学习指导与习题解答[M]. 北京.机械工业出版社,2006.

[16] 张志良. 电子技术基础[M]. 北京.机械工业出版社,2009.

[17] 张志良. 电工基础[M]. 北京.机械工业出版社,2010.

[18] 张志良. 电工基础学习指导与习题解答[M]. 北京.机械工业出版社,2010.

[19] 张志良. 计算机电路基础[M]. 北京.机械工业出版社,2011.

[20] 张志良. 计算机电路基础学习指导及习题解答[M]. 北京.机械工业出版社,2011.